普通高等教育"十四五"规划教材

北京高等教育精品教材
BEIJING GAODENG JIAOYU JINGPIN JIAOCAI

家畜环境卫生学

第2版

刘凤华　主编

中国农业大学出版社
·北京·

内 容 提 要

本书为《家畜环境卫生学》第2版，是动物科学或动物医学专业本科生的专业基础课教材。它体现了都市型农业道法自然、天人(动物)合一的指导思想；突出了大健康理念——动物的健康就是人类的健康。本书共分九章，以期通过学习家畜生产环境与健康的理论，掌握改善和控制环境的方法和手段；通过学习环境污染废弃物的利用与管理，为家畜提供良好的生活和生产环境，保证其健康和生产力的提高；通过理论与实验来解决实践能力、创新能力的培养。本书既可用作畜牧学、兽医学、农业工程学等一级学科的本科教材，也可作为畜牧兽医、农业工程工作者的拓展环境科学知识的参考书。

图书在版编目(CIP)数据

家畜环境卫生学 / 刘凤华主编. —2版. —北京：中国农业大学出版社，2021.7(2024.5重印)

ISBN 978-7-5655-2557-5

Ⅰ.①家…　Ⅱ.①刘…　Ⅲ.①家畜卫生－环境卫生学－高等学校－教材　Ⅳ.①S851.2

中国版本图书馆CIP数据核字(2021)第110326号

书　　名　家畜环境卫生学　第2版

作　　者　刘凤华　主编

策划编辑　张秀环　　**责任编辑**　石　华

封面设计　郑　川

出版发行　中国农业大学出版社

社　　址　北京市海淀区圆明园西路2号　　**邮政编码**　100193

电　　话　发行部 010-62733489,1190　　读者服务部 010-62732336

编辑部 010-62732617,2618　　出　版　部 010-62733440

网　　址　http://www.caupress.cn　　**E-mail**　cbsszs@cau.edu.cn

经　　销　新华书店

印　　刷　北京时代华都印刷有限公司

版　　次　2021年7月第2版　　2024年5月第3次印刷

规　　格　787 mm×1 092 mm　16开本　16.5印张　410千字

定　　价　49.00元

第 2 版编审委员会

主　编　刘凤华(北京农学院)

副主编　齐德生(华中农业大学)
　　　　刘继军(中国农业大学)
　　　　吴银宝(华南农业大学)

参　编　(按姓氏笔画排序)
　　　　王　燕(华南农业大学)
　　　　米见对(华南农业大学)
　　　　李春梅(南京农业大学)
　　　　李银生(上海交通大学)
　　　　李焕荣(北京农学院)
　　　　吴中红(中国农业大学)
　　　　吴学壮(安徽科技学院)
　　　　沈思军(石河子大学)
　　　　张建斌(天津农学院)
　　　　张鹤平(河北工程大学)
　　　　陈昭辉(中国农业大学)
　　　　邵庆均(浙江大学)
　　　　赵建国(海南大学)
　　　　施正香(中国农业大学)
　　　　高玉红(河北农业大学)
　　　　郭晓红(山西农业大学)
　　　　郭凯军(北京农学院)
　　　　蒋林树(北京农学院)
　　　　舒邓群(江西农业大学)
　　　　蒲德伦(西南大学)
　　　　臧一天(江西农业大学)
　　　　潘晓亮(石河子大学)
　　　　戴四发(九江学院)

主　审　颜培实(南京农业大学)

第 1 版编审委员会

主　编　刘凤华（北京农学院）

副主编　刘继军（中国农业大学）
　　　　齐德生（华中农业大学）

参　编　王　军（华南农业大学）
　　　　潘晓亮（石河子大学）
　　　　施正香（中国农业大学）
　　　　鲁　琳（北京农学院）
　　　　李　昂（福建农林大学）
　　　　赵立欣（中国农业科学院）

主　审　王新谋（中国农业大学）

第 2 版前言

一、编写背景

现代畜牧业聚焦新任务、新要求，以“优供给、强安全、保生态”为目标，稳步提升畜牧业综合生产能力和核心竞争力，实现农业绿色发展，必然要求都市型畜牧业走出生产、生活、生态的“三生”协调发展道路。本书是在北京高等教育精品教材、普通高等教育“十一五”精品课程建设教材《家畜环境卫生学》(第 1 版)的基础上进行修订，经由 17 所高校教师多次讨论后编制而成。

二、编写思路及主要特色

家畜环境卫生学是以维护动物健康为宗旨，揭示家畜环境的基本规律，传授改善与保护家畜环境的应用技术，倡导动物福利、节约资源，提高畜牧生产转化效率的一门学科。本书在编写中将全部内容分为两大部分，共九章。其上篇阐述了环境卫生学的基本理论(适应和应激理论、热平衡理论及环境生理等内容)以及应用这些理论改善和控制畜牧生产环境的技术和措施；其下篇是保障畜牧业可持续发展的畜牧场环境评价、畜牧场规划以及环境卫生防护。作为一门应用型的专业基础课，本书强调了内部体系的结合、基本理论与应用技术的内在联系，环境控制技术的每一项措施都有据可依。

具有鲜明的时代特色、科技特色的主要内容与绿色动物生产实践相结合。在畜牧场规划、设计、环境管理、生产工艺、设备设施、畜牧场废弃物的处理和利用等方面，力求体现可持续发展和家畜饲养观念的更新，强调以畜为本的动物福利及其相应饲养管理方式的改变，为家畜创造良好的生活和生产环境。它把现代化畜牧业家畜环境卫生学思维与最先进的畜牧科学技术相结合，满足动物的生理、行为要求，体现了天人合一、动物与自然和谐、现代化畜牧业与动物福利发展的自然和社会规律。

三、教学建议

在本书内容更新、体系设计和信息整合上首次将大健康的理念引入畜牧生产中。通过课程的传授，大健康的理念被设计成一种带有以畜为本的动物福利观念的饲养与环境管理实践来贯彻。因此，在教学中须体现新的理念以及符合新时代畜牧业转型中的人才培养要求，在授课中着力培养学生的社会责任感、实践精神、创造能力与专业素质，进一步拓宽专业口径，增强大学生对未来的适应能力、与实际应用的接轨能力以及大学生就业的针对性。

四、编写分工

绪论：刘凤华；第一章　家畜环境与应激：刘凤华、赵建国、李焕荣、郭凯军；第二章　气象因素与家畜健康：齐德生、邵庆均；第三章　畜牧场空气中的有害物质：李春梅；第四章　光与声环境：张建斌、张鹤平；第五章　水与土壤环境：戴四发、吴学壮；第六章　畜舍环境的改善与控制：刘继军、吴中红、陈昭辉、蒲德伦；第七章　可持续发展中的畜牧场规划：施正香、刘凤华、蒋林树、郭晓红、李银生；第八章　畜牧场的环境污染与废弃物处理与利用：吴银宝、米见对、王燕；第九章　畜牧场的卫生管理：舒邓群、臧一天、高玉红、沈思军、潘晓亮。

在本书第 2 版的修订讨论中，中国农业大学许剑琴教授、北京农学院王有年教授对修订思路进行指导，各院校参编教师对各个章节、教学法的研究和把握构成了本书能够顺利修订的坚实基础，在此表示衷心的感谢！南京农业大学颜培实教授百忙中为本书的审校付出了耐心、细致劳动。颜培实教授在编写指导思想时的整体编排思维使本书受益匪浅，在此编写组表示衷心的感谢。鉴于学术能力有限，在面对新时代的家畜环境卫生学时，本书内容的更新难免会出现瑕疵。对于这些不足，我们将在新一轮的教材使用中不断改进。通过不断完善，本书将更符合当今畜牧业的发展需求。

刘凤华

2020 年 6 月 30 日于北京

第 1 版前言

本书是北京农学院申报的 2001 年北京市高等教育精品教材项目，项目编号：2001-2-09-003。2000 年 8 月中国畜牧兽医学会家畜环境卫生学分会四届代表大会期间，与会的 27 所农业院校任课教师提议原有教材应尽快修订，以适应我国现代化畜牧生产发展的需要，鼓励教材多样化。因此，为满足当前畜牧生产实践和学科发展需要，本书在编写中做了大胆尝试。本书将全部内容共 9 章分为两大部分，上篇阐述环境卫生学的基本理论(适应和应激理论、热平衡理论及环境生理内容)以及应用这些理论改善和控制畜牧生产环境的技术和措施；下篇是保障畜牧业可持续发展的畜牧场环境评价、畜牧场设置以及环境卫生防护。本书主要特色体现在以下几方面。

1. 强调教材内部体系的结合

作为一门应用型的专业基础课，强调了基本理论与应用技术之间的内在联系，使环境控制技术的每一项措施都有据可依。

2. 具有鲜明的时代与科技特色

一是主要内容与“从土地到餐桌”的全程无公害养殖生产实践相结合，把可持续发展的概念贯彻到养殖生产中的每一个环节，在畜牧场规划、设计、环境管理、生产工艺、设备设施及畜牧场废弃物的处理和利用等方面，力求体现可持续发展和畜禽养殖观念的更新，强调以畜为本、动物福利及相应饲养管理方式的改变，为家畜创造良好的生活生产环境。二是将标准化的概念引入本教材，按照畜牧业的国家标准对畜牧场生产进行规范化管理，使畜牧场在环境管理上有据可依。三是根据目前适度规模的集约化养殖场、公司加农户等新的养殖模式发展的需要，增加了应激、牧场环境评价(空气、土壤、水的卫生学评价等)以及环境消毒等操作性强的内容。

3. 编制了配套电教材料以改善教学手段

在电化教学中多媒体、VCD 等教学手段的应用将增加单位学时的信息量，教学因此更加形象生动，减轻课时压缩对本课教学的影响。

4. 实验部分的调整

主要体现在各项环境指标的监测方法上，本教材优先采用国家标准、行业标准和地方标准，使环境监测与无公害养殖生产实际相结合，学为所用。

本书主要框架在 2002 年家畜环境卫生学分会新疆会议期间与参编老师进行了讨论，王新谋教授对大纲做了修改，编者及其撰写章节分别为：北京农学院刘凤华(绪论、第一章、第四章、第六章、第七章、第九章)；中国农业大学刘继军(第五章)；武汉华中农业大学齐德生(第二章)；新疆石河子大学潘晓亮(第八章)；华南农业大学王军(第三章)。鲁琳(北京农学院)、施正香(中国农业大学)、李昂(福建农业大学)、赵立欣(中国农业科学院)参加了部分章节的编写。

王新谋教授百忙中为全书的审校付出了耐心细致而繁重的工作。老先生严谨治学、一丝不苟的工作作风，扎实、广博的专业素养使本书在编写中受益匪浅，在此编写组表示衷心的感谢。

由于编写组多为年轻教师，编写中难免有疏漏和错误之处，望读者批评指正。

刘凤华

2004 年 9 月

目　录

绪　论

家畜环境卫生学是以维护动物健康为宗旨，研究外界环境因素与家畜相互作用及其影响的基本规律，并依据这些规律制定相关利用、控制、保护和改造环境的技术措施，发展可持续畜牧业的一门科学。研究家畜环境卫生学的目的在于按照家畜生理和行为需要、动物福利需求，考虑社会和经济条件，为家畜创造出适宜的生活和生产环境，以保障家畜健康，防止畜产公害，保障人类健康，预防疾病以及充分发挥其生产潜力。其倡导动物的健康就是人类的健康，实现安全、优质、无污染的畜产品生产，同时也要对畜牧生产中产生的粪、尿、恶臭、污水与噪声等污染物进行控制和处理，以保护自然环境，满足人民生活和国内外市场对优质畜产品日益增长的需要，为"绿水青山就是金山银山"的理念贡献科学实践。

狭义的家畜环境一般指与家畜关系极为密切的生活与生产空间及其中可以直接或间接影响家畜健康与生产性能的各种自然的和人为的因素的总和。一方面，环境影响家畜的健康与生产；另一方面，家畜生活与生产中所产生的粪便、污水以及其他废弃物可能成为环境污染和各种疫病流行的源头，因而也要研究对环境的防护。家畜环境科学是研究和发展现代集约化畜牧业的重要基础理论之一。离开了环境科学，就不可能有现代化的畜牧业；忽视了环境问题，畜牧业就不能持续健康地发展。

一、家畜环境卫生学的意义

优良的品种、完善的动物营养、兽医防疫体系与家畜适宜的生活、生产环境是现代化畜牧业四大技术支柱。其中，经过几十年广泛深入的研究，前三项成果卓著。在家畜环境中，人为难以控制的气候变化、集约化畜牧生产所带来的环境恶化、经济和技术条件的限制、人们的重视程度低等尚未得到彻底解决，致使优良畜禽品种的生产性能不能充分发挥，营养完善的全价饲料达不到应有的转化效率。在兽医防疫体系中，环境问题已成为各种疫病发生发展的诱因，也是抗生素滥用的基础。因此，良好的环境是养殖业健康可持续发展的基础，是践行创新、绿色、和谐、发展、共享五大理念必须关注的问题。按照木桶理论，木桶的装水量取决于最短板的高度，而环境就是畜牧业最薄弱的环节，这个短板制约了畜牧行业的发展水平。

自现代化畜牧业发展几十年以来，集约化、工厂化养殖技术日趋完善，其每年为市场提供大量的畜产品不仅丰富繁荣了市场，也为广大农民提供了科技致富的途径，成为我国国民经济的重要组成部分。回顾过去，着眼未来，针对目前畜牧行业发展中出现的生态环境保护战略、国内外的新疫情危机、党和政府最关心的食品安全问题，我们需要不断总结经验教训，认真思考和反思我国的家畜环境问题，站在环境保护的角度，维护生态环境安全，力争在生态、环境保护等重大问题上有所突破，以促进畜牧业健康发展。

二、家畜环境卫生学的主要内容

家畜环境卫生学的内容在本书中大致可划分为两大部分：上篇为家畜环境原理与应用；下篇为畜牧业可持续发展的规划与环境卫生防护。其讲述内容可概括为如下。

上篇　家畜环境原理与应用

①家畜环境、应激与适应。

②气象因素如何单独或综合地影响机体的生理（热调节），进而对家畜的健康和生产力发生影响的过程，如太阳辐射、空气温度、空气湿度和气流等。

③畜牧场空气中的有害物质对家畜的危害及其控制措施，如空气中有害气体、微粒和微生物。

④光、声、水、土壤环境对家畜的作用规律。

⑤根据上述环境因素对家畜的作用规律，研究畜舍环境的改善与控制措施。根据畜舍的结构设计和建筑材料选择以及日常的环境管理，为家畜创造满足其生理需求的温热环境，以达到防寒、隔热、通风换气、采光、排水和防潮等目的。

下篇　可持续发展畜牧业的规划与环境卫生防护。

①了解畜牧业的可持续发展的概念、可持续发展畜牧业的设计原则，在畜牧场规划、设计、环境管理、生产（饲养）工艺设施、畜牧场场区场规划及其工程配套等内容强调以畜为本，健康养殖，为动物创造良好的生活生产环境。

②畜牧场的环境卫生防护既要了解畜牧场废弃物的种类、性质及其对周围环境的危害，防止外界工业三废、农业化肥及农药、居民生活、交通运输对畜牧场的污染，又要妥善处理和利用家畜粪、尿，防止畜产公害和周围环境被污染。掌握畜牧场废弃物无害化处理与资源化利用技术。

③在畜牧场卫生管理方面，了解畜牧场绿化的意义，掌握环境的净化和消毒措施，理解环境卫生监测与评价的内容和方法，掌握畜牧场老鼠和蚊、蝇的控制措施。

三、家畜环境卫生学在动物科学和动物医学中的地位

家畜环境卫生学是一门综合性、交叉性很强的学科，以许多理论学科为基础，如物理学、化学、气象学、气候学、微生物学、生理学、生态学、行为学、病理学等，同时与许多学科又有密切联系，如饲养学、繁殖学、育种学、牧场经营管理学、畜牧机械化、农业工程学、临床医学和家畜各论等。

家畜环境卫生学是畜牧、兽医两门专业的专业基础课。创造适宜的家畜生活、生产环境，改善和控制环境条件，保证家畜的健康和提高家畜的生产力是两个专业的共同要求。

就动物生产而言，家畜环境卫生学是根据外界环境因素对家畜生活、生产规律的影响，规划、设计不同类型的牧场和畜舍，制定各种家畜的合理饲养管理工艺，也是实施安全、优质畜牧生产保障的一门学科。

在现代化、集约化的畜牧生产条件下，家畜大多处在完全人为的环境中生活和生产。所采用的设备、生产工艺、环境管理办法的着眼点无一例外地都是为了简化或减轻人的劳动，便于管理。但提高劳动生产效率和畜舍、设备利用率，很难不违背家畜的生理状况和行为习性。畜牧业集约化程度越高，环境的制约作用越大；生产规模越大，对环境的要求也越高。因此，环境

科学倡导“健康”养殖，“以畜为本”，以动物福利为指导，为家畜创造一个舒适的生活、生产环境，保障家畜健康，提高生产力。在当前硬件设施不尽如人意的客观条件下，我们强调环境管理，特别是环境改善和环境安全，提倡把环境管理、卫生管理作为饲养管理的主要工作内容，并作为养殖企业实施标准化管理的重点来对待。

就动物医学而言，家畜环境卫生学是一门预防医学。家畜疾病的发生、发展和消亡均与其生存环境密切相关，研究疾病的首要问题是病因以及病原与环境的关系。需特别注意的是，环境因素中的应激以及由应激引起的一系列疾病；环境卫生的防护和监测，防止气源、水源、土壤等传染疾病。

现代畜牧业疫病已不仅是那些可以用疫苗、血清、抗生素防治的典型的特异性疾病，而且还出现一些非典型疫病、典型疫病新的亚型、各种病毒与细菌、细菌与细菌混合发生的疾病、慢性的逐渐加剧的综合性病征，这些疾病往往影响着兽医的诊断、用药的正确性。在此情况下，化学药物、抗生素等预防量添加、治疗量加倍等既增加了病原微生物的耐药性，又不能避免地增加了畜禽的发病率和死亡率以及由此造成的巨大的经济损失。究其原因，环境应激以及由应激引起传染病占主要方面。了解家畜环境及其控制理论可从根本上探讨疾病发生、发展和消亡的深层次原因，保证家畜健康及其高水平的生产力。

我国兽医防疫体系主要包括生物防治——疫苗免疫、环境消毒以及药物防治。生物防治在过去的十几年中行之有效，对养殖业的发展起着重要作用。但近年来，一些疫病防不胜防，其中环境问题是造成一些疾病发生的主要原因，这已成为大多数学者的共识。环境消毒作为环境管理的重要内容还没有被养殖者与畜牧兽医工作者完善的掌握；各类消毒药品的性质、各种具体情况下用物理、化学或生物学方法消除环境中可引起畜禽疾病的各种病原微生物，阻断疫病传播以及带畜消毒的消毒学技术在行业内也缺乏相应的消毒科学研究。因此，在一些新疫病不断涌现的形势下，切断传染病流行的中间环节，加强环境消毒显得更加重要。

四、家畜环境卫生学的研究手段和前沿

根据各地区的自然气候特点，建立人工气候室，模拟现场气象因素以现代科学手段通过对家畜生理生化指标、神经-内分泌-免疫系统的相应指标以及分子生物学水平的基因表达谱等深入研究，探讨家畜热平衡及其应激规律，全面了解环境因素对家畜健康和生产力的影响，以期利用这些规律制订各种满足家畜生理需要、行为需要的环境参数。

在畜牧业可持续发展理论指导下，按照对某一地区生态环境的客观状况和需求，合理规划畜牧场；合理设计建筑物布局和场内公共卫生设施。通过研究动物福利要求，以畜为本设计生产工艺及设施参数，为创造、改善和控制家畜环境提供理论基础。

近年来，以新一代信息技术为抓手的畜禽智能养殖创新技术在畜禽养殖业中不断出现。与改善和控制家畜环境相关的标准化工艺设备以大数据、5G、物联网、云计算和人工智能等数字化信息技术为特征的技术革命正在世界范围内日新月异地发展，大数据与各行业领域的跨界融合是当前全球信息化发展的显著特征，如标准化畜栏、通风设备、降温设备、照明设备等。在现代集约化、规模化养殖模式中，打造高质量的养殖环境，提高养殖场的生产效率，减少劳动力投入，实现高效率生产、高收益投资、科学化环保、标准化管理是当前我国畜禽智能养殖创新的技术热点，已引起了广泛关注。

按照畜牧业可持续发展的原理，研究畜牧生产废弃物的处理工艺、技术和设备，如先进的

家畜粪便处理工艺、污水处理工艺。食物链加环或废弃物的二次利用，如利用牛粪、鸡粪等栽培蘑菇、草菇，饲养蚯蚓，培养虫蛆生产优质蛋白等都是腐屑食物链在农业上应用的实例。种养结合是利用有机肥复合肥方面的研究对农田进行配方施肥，发展精准农业方向的又一亮点。与家畜环境相关的新产品，如消除有害气体使用的除臭剂；空气、环境消毒剂；抗应激营养及药物添加剂；与废弃物处理相关的EM菌群等。

（刘凤华）

上编

家畜环境原理与应用

第一章

家畜环境与应激

- 了解家畜环境、适应、应激等基本概念，应激因素分类；
- 理解家畜应激机制和规律及对其动物健康以及生产力的影响；
- 掌握畜牧生产实践中应激的预防和调控措施，推动健康畜牧业的发展。

第一节　家畜环境与适应

一、家畜环境

家畜环境是家畜周围对机体产生直接或间接作用的一切外部因素总和(图 1-1)。环境相对于系统而言，个体系统之外称为环境。家畜对外界环境的适应就是维持内部环境的稳衡性。机体内环境的系统为生命最基本的单位细胞。家畜机体的器官、组织都是由细胞构成，血液、淋巴液、组织间液均为细胞外液，由其物理学(温度、渗透压)、化学(化学成分、离子浓度、pH等)、生物学的(体内微生物)因素构成机体的内环境。家畜的内部环境是相对恒定的，在生理学上称之为“体内平衡”或“内稳态(homeostasis)”。家畜环境卫生学就是研究在外界环境变化的条件下，家畜如何适应环境变化，维持内部环境的稳衡性。

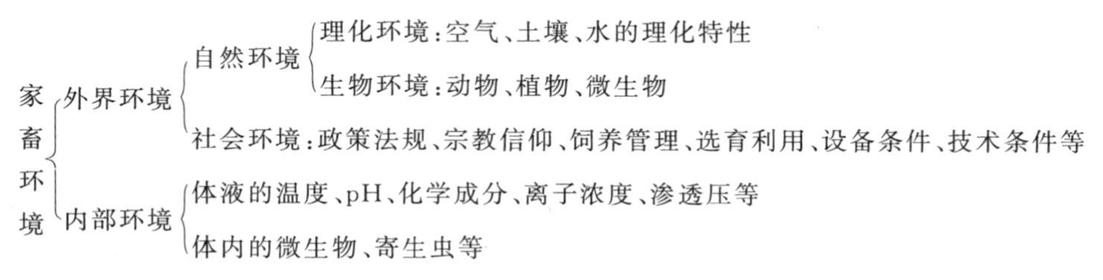

图 1-1　家畜的外界环境和内部环境

家畜环境可分为自然环境和社会环境。自然环境包括空气、土壤、水的物理化学特性和动物、植物、微生物等生物学特性。社会环境是指家畜群体间的社会关系。家畜在人类的管理下生活，包括生与死、政策法规、农业制度、人们的宗教信仰、风俗习惯、畜牧场生产工艺、饲养管理、对家畜的选育和利用、设备条件、技术水平、产品的贮运加工等都直接或间接地影响家畜的社会环境。

在不断变化的外界环境中，家畜靠自身的适应能力包括应激机制来适应环境的变化，保持其内环境的相对恒定，但其适应能力是有限的，当环境变化超出其适应范围时，则体内平衡遭破坏，生产力和健康均受到不同程度的影响，当家畜体内平衡被破坏严重时可导致其死亡。

二、气象与热环境概念

气象是指大气对流层所发生的冷、热、干、湿、风、云、雨、雪、霜、雾、雷、电等各种物理现象。而决定这些物理状态和物理现象的因素被称为气象因素，包括气温、气湿、气压、气流、云量和降水等。气象因素在一定时间和空间内变化的结果所决定的大气物理状态如阴、晴、风、雨等称为天气(weather)。气候(climate)则是指某地多年所特有的天气情况。小气候(micro-climate)则是指因地表性质不同或人类和生物的活动所形成的小范围的特殊气候，如农田、牧场、温室、畜舍、住房等。

热环境是指直接影响家畜体热调节的气象因素，包括热辐射、空气温度、空气湿度、气流四要素。热环境因素是影响家畜的生理机能、健康状况和生产水平的重要环境因素。

三、环境对家畜的作用

与其他生命体一样，家畜都在一定的环境中生存，每时每刻都与外界环境进行着能量和物质的交换，并保持着其动态平衡以及机体与环境的统一。人类根据自然对家畜影响规律，道法自然，制定适合人类社会需求的家畜生产模式和生产技术，这就是华夏民族天人合一理念。

四、环境与畜牧生产

在制约畜牧生产的品种、饲料、疫病、环境四大技术要素中，环境在某种意义上起着决定性作用。据资料表明，在家畜的生产力中，20%～25%的生产力取决于品种，45%～50%的生产力取决于饲料，20%～30%的生产力取决于环境。这是因为品种只决定了家畜高生产性能的遗传潜力，而生产力属于数量性状，其遗传潜力较低，能否充分发挥遗传潜力则取决于环境。全价饲料是畜牧生产的物质基础，但没有适宜环境的保障，特别是应激状态，饲料的营养物质就会大量用于维持消耗，其转化效率就会降低。环境对家畜的直接影响则是畜牧生产中显而易见的，它是伴随着春生夏长、秋收冬藏，伴随着动物福利理念下的生产过程。当今，疫病是畜牧生产的最大威胁，而环境应激则是疫病发生的主要诱因，一旦免疫力下降，各种重大疫病感染概率大大增加！与此同时，环境恶劣则是疫病传播的帮凶。通常疫病的发生是由病原微生物、易感动物和传播媒介互作而成。病原微生物以空气、水、土壤等环境为传媒，造成疫病的大面积传播和流行。当病原微生物(如非洲猪瘟等外来疫病)突发时，其传播媒介作为生物安全屏障的主要作用对象，可阻止病原传播。因此，畜牧生产，特别是绿色健康生产与家畜环境密切相关。

五、环境与家畜的适应性反应

(一)适应范围

动物在长期系统发育过程中形成了对环境的要求和对环境变化的适应能力，环境的变化刺激动物，就会引起其机体的适应性反应。通过调整内稳态与环境变化的关系，动物机体达成平衡和统一，即对环境产生适应性。动物适应范围分为适宜区和代偿区(图 1-2)。①适宜区：当环境因素处于适应范围的适宜区时，动物不仅生命活动正常，生产力也处于较高水平；②代偿区：当环境因素处在适应范围的代偿区时，动物需通过应激反应来适应环境变化，保持其内稳态及其与环境的平衡和统一。与此同时，其生产性能将受到不同程度的影响，但仍能维持生命活动。动物能够适应的这一环境变化范围叫作“适应范围”，遗传学上称之为“反应范围”。

(二)病理过程

当环境变化超出动物的适应范围时，动物机体的各方面会表现出机能障碍。动物生理环境不能维持内稳态，生产力下降或丧失，其生命活动进入病理状态，最后导致死亡(图 1-2)。

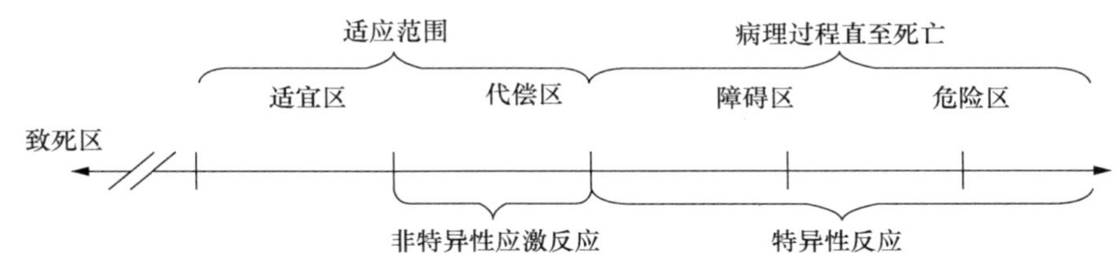

图 1-2　家畜对环境变化的适应性反应

第二节　家畜的适应

一、适应的概念

(一)适应

适应(adaptation)是指动物在长期的生存竞争中为适合外界环境而表现出基因型、基因频率和基因型频率的改变，或家畜受到内部环境和外界环境的刺激而产生的生物学反应或遗传性能的改变。通过这些反应和改变，家畜个体与环境之间保持着动态平衡和统一。这些反应和改变在行为、生理、解剖和形态上已发生根本的变化。这些变化使动物能在变换的环境中正常地生存与繁衍后代，并遗传给后代，保障物种的不断进化。这是经过若干年、若干代自然选择和人工选择的结果。动物对环境刺激产生的生物学反应和遗传学改变，分别被称为表型适应(或生物学适应)和基因型适应(或遗传学适应)。

1. 表型适应

表型适应(phenotypic adaptation)是指为了保持机体的内稳态，动物对所受到的刺激产生的生理学的、生物化学的、行为学的、形态解剖学的变化，这些适应性变化使动物能够在不断变化的环境中更好地生存。在通常情况下,表型适应只限于个体,不遗传给后代,且大多数变化随刺激消失而恢复。

2. 基因型适应

基因型适应(genotype adaptation)是指在长期的自然选择与人工选择中,不断淘汰不适应环境变化的个体,筛选和保留与新环境相适应的个体,这些适应性变化使畜群的基因型、基因频率和基因型频率发生了改变,并将对某一特定环境的适应性遗传给后代。这种基因型适应是导致生物进化、育种进展的主要因素。

动物不同的种、品种和个体对环境的适应能力存在一定的差异。生物学的观点是以生存与繁殖作为衡量其适应能力的主要指标;畜牧学的观点则以生产性能受影响的程度来衡量其适应性的好坏。一般来说,良好的适应表现为在不利的条件下(如环境应激、饲养管理应激、运输应激等),家畜体重下降最少,繁殖力不受影响,幼畜生长发育影响不大,抗病力强,发病率低,生产能力正常。动物对环境变化的适应随刺激的强度加大和延长,即首先表现行为学的适应,之后出现生理学的、形态解剖学的适应。只有长期的、世代的作用,才可能发生遗传学的适应。人们根据动物适应所处的不同阶段,赋予了不同的称谓。

(二)气候服习

气候服习(acclimation),即"生理学适应(physiological adaptation)"是指本来对某种气候不适应的动物因反复或较长期处于该动物生理所能忍受的气候环境中,在数周内发生的生理机能的变化使动物习惯了这种气候环境,失常的生理指标和生产性能也逐渐恢复并趋于正常的过程。

(三)气候驯化

如果家畜"服习"时间延长,就会进一步引起形态解剖学上的改变(如换毛、体脂储存等),这种改变使家畜因不良气候所致的各种生理变化和受影响的生产力又恢复或趋于正常。这种气候驯化(acclimatization)可以从几周到几个月。当不良的气候条件消失之后,动物又恢复原来的状态。例如,动物顺应一年四季的气候变化而换毛;进入高海拔地区出现的呼吸系统和心血管系统的生理和形态解剖变化等。

服习和驯化实质上也是一种从生理学到形态解剖学的调节过程,它们可以减轻或消除由不良环境产生的有害作用。它们是由遗传基础决定,但又是由后天获得的,一般不能直接遗传给后代。如冬天长出绒毛的母畜生出的仔畜虽具有生长绒毛的遗传基础,但刚出生的幼仔并无绒毛,只有在寒冷环境中生存一定时间后才生长绒毛。服习和驯化有时也很难截然分开,在服习过程中已开始驯化,在驯化过程还带有服习,服习偏重于生理机能的改变。

二、适应的机理

(一)行为学适应

动物行为是动物对某种刺激的反应或与其所在环境互相作用而形成的生活方式。行为是动物用来抵御敌人、不良气候、疾病、寄生虫以及觅食饮水,寻找配偶,保护后代,躲避应激等的有利于自身或种群的生存快速而有效的适应方式。

动物行为是由遗传因素和个体生命过程中对各种刺激积累的经验而形成的。遗传因素决定的行为是长期自然或人工选择形成的天赋行为,通常称为"本能",如仔畜哺乳、雏鸭游水、性成熟后的性行为等。在动物个体中，某些刺激的反复作用在大脑皮层参与下通过学习、记忆和积累经验而建立条件反射，动物可形成相应的行为，如哨声可集合散养家畜喂食、挤奶；驯兽师可使动物学会十分复杂的动作等。通过对某些行为的定向选择，也可以培育出具有该种行为的动物品种，如赛马、斗鸡、牧羊犬。

不同种类、品种、性别、年龄的动物有着不同的行为，但其大体可分为摄食行为、排泄行为、性行为、母性行为（妊娠和临产行为、哺乳行为、亲子行为等）、群居行为（合群行为、恐吓行为、谦卑行为、争斗行为等）、探究行为、适应逆境行为（体热调节行为、寻找庇护行为、求援行为等）等。

在动物的正常行为受到抑制、环境刺激过于强烈持久或缺乏刺激等情况下，可能会引起动物产生某些异常行为，如用奶桶喂奶阻断了亲子行为，哺乳行为常导致犊牛相互吸吮脐带、外耳、阴囊等行为。虽然猪的咬尾行为发生机制还不十分清楚，但实践证明，饲养密度过大、猪舍空气污浊、水泥地面和金属设备阻断猪的拱咬行为可能是引发其咬尾咬耳的重要原因，动物园禁锢的环境也可造成动物的呆板行为（踱步或重复某种动作）。

在畜牧生产中掌握家畜行为；在畜牧场规划中体现动物福利理念指导下的畜舍设计、生产工艺、设施和设备设计；在饲养管理中利用家畜的探究行为开发玩具，通过玩耍缓解转群后的争斗行为；通过学习、摄食、排泄等行为为改善环境和提高饲养管理水平奠定基础；利用模仿行为顺利进行驱赶转群或装车，缓解运输应激；利用母性行为控制母子识别和哺乳、护子行为和代乳等。此外，应竭力避免影响家畜健康和异常行为的发生。

（二）生理学适应

内外环境的变化作为刺激功能作用于动物的内外感受器，通过传入神经纤维传入中枢神经系统，经中枢神经系统，特别是大脑皮层的分析、整合，产生进行适应性调节的指令，并由传出神经纤维将指令下达到器官、组织、腺体、骨骼和肌肉等效应器，启动神经、内分泌调节功能。通过这些调节功能，动物的行为和生理活动发生了改变，适应了环境的变化，保持了内稳态和机体与环境的平衡和统一。环境刺激千差万别，适应性生理活动也千变万化，除体热调节等相关生理适应的机制外，其还包括对营养条件的适应、水的平衡、心脏和血液循环等。

（三）形态解剖学的适应

动物的身体形状和大小、被毛特点和体脂分布、某些器官的构造等在很大程度上是长期适应某种气候条件的结果。19 世纪，通过对动物（包括家畜及家禽）的适应性进行研究，许多学者概括出一些形态解剖学适应的规律或法则。

1. 格罗杰（gloger's rule，1833）法则

格罗杰认为生活在温暖潮湿地区的哺乳动物和鸟类的皮肤中的黑色素多，生活在干旱地区的动物的皮肤中的黄色与红棕色色素多。他特别强调温度和湿度的共同作用。随着温度的递增，皮脂分泌增多，被毛有了反射性与保护性的光泽，能更好地防御太阳辐射。需要指出的是，在长期自然选择与人工选择中，家畜的毛色与人们的喜爱、生产的需要密切相关，如白色的羊毛有利于纺织加工，则细毛羊几乎都是纯白色。

2. 白纳德（Bernard's Rule，1876）法则

这个法则提出随着气候的变化，畜体内部也呈现一定的反应与变化。动物身体的外周部位（耳、四肢、蹄冠、脚等）的温度是借助血液循环来进行调节的。他在研究时发现在气候炎热

时兔子耳朵的血管血流量增加以加快散热，在气候寒冷时其血管血流量则减缓，以保持体温。后来，芬德里(Findley)提出，牛及其他动物也都具有这种“血管调节机能”，所以其身体的外周末梢部位能够耐受极低的温度。

3. 威尔逊(Wilson's Rule，1854)法则

这个法则主要论述动物表皮绝缘层与气候的关系。动物的皮被包括皮肤及其衍生物毛、角质物、皮脂腺和汗腺。被毛又分为两层，外层是刚硬的粗毛，内层是柔软的绒毛。威尔逊提出皮下脂肪厚度和绒毛的含量与温度呈反比，而粗毛的含量则与温度呈正比，同时他认为寒冷地区动物的表皮比较致密、重而厚，生长细而密的绒毛，而热带动物的表皮层薄而疏松，皮下脂肪少，生长稀疏、粗短、光亮的刚毛，如我国的双峰驼和阿拉伯单峰驼就是典型的例子。除长期适应不同气候的物种外，同气候区的动物也随气候的季节性变化而出现换毛、冬季皮下脂肪加厚等形态解剖学的适应表现。

4. 伯格曼(Bergmann's Rule，1847)法则

伯格曼论述了动物体型大小与气候的关系。他指出动物的“体格大小与生存环境有关”“同种温血动物在(北半球)北方寒冷地区体格较大，在南方温暖地区(热带)体格较小”。这是因为体表面积按体尺的平方比增加，而体重按体尺的立方比增加，也就是说，体格和体重大的动物的体表面积相对较小，以利于减少散热和适应寒冷气候，反之则反。在畜牧生产中，猪的类型与品种由南向北移，其体型的变化趋势是由小到大；南方牛的体型小于北方牛的体型。

5. 爱伦法则(Allen's Rule，1877)

爱伦在研究气候条件对动物影响时进一步指出，“同一物种在不同气候环境影响下，其体表相对面积也有很大差异，气温高的地区(靠近热带)，其体表面积有增大趋势”。爱伦对伯格曼法则进行了补充。爱伦还发现生活在寒冷地区的动物的身体的突出部分(四肢、外耳、尾巴、颈部等)比生活在温暖地区的同种动物要短。这是因为这些部位的表面积的躯干较大，且末梢血管丰富，其尺寸较短则有利于减少散热。如与我国黄牛相比，印度瘤牛长有细长的四肢、下垂的大耳和长长的垂皮，故较适应炎热的气候。

(四)遗传学的适应

遗传学适应是通过定向选择(主要是自然选择)淘汰那些不适应环境的基因型，保留那些具有最大适应性的基因型，从而改变群体的基因频率和基因型频率，种群获得适应性进化，种群中的个体获得适应。

第三节 应 激

一、应激的定义

加拿大病理生理学家 Hans Selye 于 1936 年首先提出了“应激(stress)”的概念，此后他对应激的定义也做了多次修改，然后不断更新应激定义。根据 Selye 的原意，应激被定义为：机体对外界或内部的各种非常刺激所产生的非特异性应答反应的总和。Selye 指出的这些非特异性应答反应主要包括：①肾上腺皮质变粗大，分泌活性提高；②胸腺、脾脏、淋巴系统萎缩，血

液中嗜酸性粒细胞和淋巴细胞减少，嗜中性白细胞增多；③复合性胃和十二指肠溃疡，出血。Selye 将这些非特异性应答反应与刺激原关系不大的非特异性变化称为全身适应综合征(general adaptation syndrome，GAS)，凡能引起机体出现 GAS 的刺激叫作应激原或激原(stressor)。

二、应激的发展阶段

在典型情况下，应激引起的 GAS 可分为三个阶段。

(一)惊恐反应和动员阶段

惊恐反应和动员阶段(alarm reaction or stage of mobilization)是机体对激原作用的早期反应和动员全身防御阶段。其以交感-肾上腺髓质系统的兴奋为主，动员全身能量抵御激原作用，以利于机体快速防御，出现典型的 GAS 症状，此时尚未获得适应。根据生理生化变化的不同，该阶段又可分休克相(shock phase)和反休克相(counter shock phase)。休克相表现出 GAS 症状，体温和血压下降，血液浓缩，肌肉紧张度降低，复合性胃和十二指肠溃疡，出血，肾上腺素分泌加强，分解代谢(异化作用)占优势，出现负氮平衡，生产力和机体总抵抗力降低。如果应激原作用强烈，动物可在几分钟或几小时内死亡。一般情况下，休克可持续几小时甚至一天，随后应激反应进入反休克相。反休克相表现为上述反应症状的恢复，机体机能、代谢水平、生产力和对特定的应激原防卫反应开始增强。如果激原不发生增强性的变化，则应激进入下一个阶段——适应和抵抗阶段。惊恐反应和动员阶段的总持续时间一般为 6～48 h。

(二)适应和抵抗阶段

在适应和抵抗阶段(stage of adaptation or resistance)，机体克服了激原作用，获得了适应。此阶段以交感-肾上腺髓质系统的兴奋为主的反应逐渐消退，表现出合成代谢占优势，应激初期的不良作用得到补偿，机体各种机能得到平衡，生产力和抵抗力恢复甚至可高于原有水平。如激原作用不强烈或停止，则应激反应在此阶段结束，相反，如果激原作用不断加强或持续，则机体获得的适应会再次丧失，应激反应进入下一阶段——衰竭阶段。

(三)衰竭阶段

在衰竭阶段(stage of exhaustion)的表现与惊恐反应相似，但反应程度急剧增强。此阶段表现出各种营养不良，肾上腺皮质虽然肥大，但皮质激素受体的数量和亲和力下降，不能产生必要的皮质激素，机体内环境失衡，异化作用又重新占主导地位，体重急剧下降，机体储备耗竭，新陈代谢出现不可逆变化，适应机能破坏，各系统陷入紊乱状态，最终导致动物死亡。

在非典型情况下，上述各阶段的界限并不容易划分，有时也并不按顺序出现。过于强烈的突然刺激可能导致由惊恐反应和动员阶段迅速进入衰竭阶段而死亡。如果适应阶段的激原作用减弱或消失，则机体反应就停止在适应阶段，不再出现衰竭阶段的反应。

由上述可见，应激反应的目的是动员机体的防御机能克服激原的不良作用，保持机体在极端情况下的内稳态，因此，应激反应是机体在长期的进化过程中形成的一种扩大适应范围的生理反应。

三、应激因素的种类

家畜应激因素的种类如表 1-1 所列。

表 1-1 家畜应激因素的种类

应激因素	种类
环境因素	温度、湿度、强辐射、气流(通风不良、贼风等)、空气质量差、强噪声、照明不足或过度、有毒有害气体浓度过高等
饲养管理因素	密饲、运动不足、捕捉、饥饿或过饱、饲料营养不足或不平衡、断奶、断喙、去势、转群并群、饲养员的态度差、日粮突变等
运输因素	抓捕、环境不断变化、晃动、拥挤、饥饿、缺水等
防治因素	接种疫苗、各种投药、体内驱虫、各种抗体检测
中毒因素	饲料中毒、药物中毒、其他中毒等
其他因素	微生物的潜在感染、外伤

从表 1-1 可以看出，畜牧生产中的应激原对家畜正常生理和生产活动的影响存在于环境管理、饲养管理的各个方面，因此，畜牧生产管理就是应激管理，而环境因素又是对家畜产生作用的最广泛和不可避免的应激因素。

二维码 1-1 应激的发生、发展和转归

四、应激的机理

应激引起神经系统和神经内分泌系统的一系列变化。这些变化将重新调整内环境的平衡状态以应对应激原的不良影响，但是这种变动了的内环境常常是以增加器官功能的负荷或自身防御机能的消耗为代价。

在应激反应中，作为一个有机的整体，家畜通过神经-内分泌途径几乎动员了所有的组织和器官应对应激原的刺激。其中中枢神经系统，特别是大脑皮层起着整合作用，而交感-肾上腺髓质系统和下丘脑-垂体-肾上腺皮质轴及下丘脑-垂体-甲状腺轴，下丘脑-垂体-性腺轴等起着执行作用(图 1-3)。

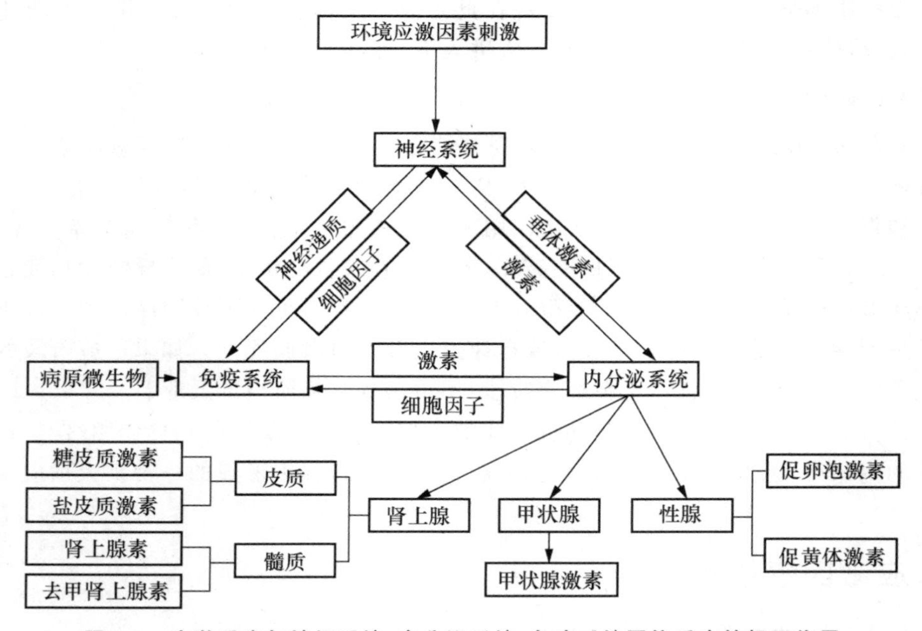

图 1-3 应激反应与神经系统、内分泌系统、免疫系统网络反应的相互作用

(一)交感-肾上腺髓质系统

在应激原的作用下,家畜的交感神经兴奋,心率加快、心搏增强、血管收缩、血流加快、血糖升高等生理变化,以保障心脑等重要器官在应激情况下的供血与能量需要。肾上腺髓质分泌的儿茶酚胺类物质包括肾上腺素和去甲肾上腺素,其分泌活动受交感神经节前纤维控制。肾上腺素能促肝脏中的糖原分解而使血糖浓度显著升高,其对肌肉中的糖原分解也有强烈的促进作用,也可加速脂肪分解氧化。去甲肾上腺素对糖代谢的作用只有肾上腺素的1/20～1/15,它对糖及脂肪的代谢作用可为各组织提供大量可被利用的能量。在其受到强烈刺激而处于应激状态时,髓质分泌急剧增加,甚至高达正常分泌量的100倍。儿茶酚胺的分泌对促肾上腺皮质激素(ACTH)、胰高血糖素、生长素、甲状腺素等有促进作用。通过这种促进作用,机体能在更广泛的程度上对抗应激原。但机体持续的交感-肾上腺髓质系统兴奋也会对机体造成不利影响,如胃肠黏膜由于腹腔器官小血管的持续性收缩能引发应激性溃疡。

(二)下丘脑-腺垂体-肾上腺皮质轴

下丘脑接受神经和体液途径传来的应激原的刺激,其上核和室旁核分泌颗粒沿神经纤维到达垂体后叶或通过垂体门脉送至垂体前叶,从而调节垂体及其靶器官的活动。

1. 糖皮质激素

糖皮质激素由肾上腺皮质束状带分泌,其主要包括皮质醇和皮质酮(禽类)。在应激情况下,下丘脑分泌的促肾上腺皮质激素释放激素(CRH)增加,从而使垂体前叶分泌的ACTH增强,ACTH分泌使肾上腺皮质加速皮质醇、皮质酮(GC)等的合成与分泌。在正常条件下,动物体液内90%以上的以高度的亲和力与皮质激素运输蛋白(CBG)结合,而不表现生物活性,只有游离的GC才能发挥激素的作用。在应激中,血浆GC浓度升高而CBG不变,致使血液中游离的GC浓度升高,从而影响动物的免疫力。另外,应激时的GC受体GCR数目减少,亲和力降低。因为GC的效应不仅取决于血浆的GC水平,还取决于靶细胞的GCR的数量和亲和力。在应激反应中会出现肾上腺皮质肥大,分泌活性提高,血液中GC浓度成倍增加的现象。

糖皮质激素的主要作用是在代谢方面可动员能量维持血糖水平稳定,促进肌肉中蛋白质的分解,体脂分解,为糖原异生提供原料。在蛋白质代谢中,它的作用是既抑制蛋白质合成又加速蛋白质分解,从而造成负氮平衡,使应激中动物生长减慢,体重降低,当分泌糖皮质激素过多,时间较长时,必将影响到机体的免疫力。在免疫方面,GC对细胞免疫的主要影响为这些方面:①抑制胸腺内淋巴细胞的有丝分裂,影响小淋巴细胞向T细胞转化;②促进淋巴细胞解体;③阻止致敏的T细胞释放淋巴激活素。GC对体液免疫的影响是直接抑制B细胞合成或抑制T细胞的辅助作用而减少抗体的生成。皮质激素分泌过多一般会使机体出现抑郁、胃和十二指肠溃疡、穿孔、淋巴细胞减少、免疫力低下,易继发感染等。

2. 盐皮质激素

由肾上腺皮质球状带分泌的盐皮质激素中起主要生理作用的是醛固酮。它的作用是保钠排钾,维持体液容量及调节水盐代谢。过量分泌将打破机体的电解质平衡,影响机体的健康和生产力。

(三)其他激素

1. 下丘脑-垂体-甲状腺轴

在应激中,甲状腺激素可促进分解代谢,增强组织的氧化作用和产热,提高代谢率。其表现为与糖皮质激素和生长激素的协调作用,促进肝糖原分解以及加速脂肪氧化,过量的甲状腺激素会促进蛋白质分解,因此,保障和供给机体对抗应激原的能量是非常重要的。甲状腺的泡上皮分泌的甲状腺素主要是甲状腺素(T_4)和 3,5,3′-三碘甲腺原氨酸(T_3)。T_3 的活性比 T_4 大好几倍,更新率也比 T_4 快,是在组织内发挥生理作用的主要激素。

2. 下丘脑-垂体-性腺轴

应激原作用可导致下丘脑促性腺激素释放激素(GnRH)和垂体前叶促性腺激素分泌减少,出现垂体前叶激素分泌转移,故其促卵泡激素(FSH)促黄体激素(LH)生成减少,从而引起性机能紊乱,性腺萎缩。在应激中,由于 ACTH 等与代谢增强有关的激素大量分泌使 GnRH 、FSH、LH、促乳素(PRL)受到抑制而下降。应激原在危急时刻提高动物机体的防御机能,防止因繁殖给机体增加能量负担是非常有效的。

3. 胰高血糖素和胰岛素

应激时的胰高血糖素分泌明显增加。引起其升高的主要原因是交感神经系统兴奋。交感神经的系统作用就是增强分解代谢,动员体内的能量贮备。胰岛素与胰高血糖素在功能和分泌调节上都是相反的,其作用是加强脂肪和蛋白质的沉积。应激时的胰岛素分泌减少的比值与胰高血糖素的比值相比,胰岛素的比值明显减低。这有利于应激中血糖的升高,向组织提供充足的能源。

五、应激对家畜健康和生产力的影响

(一)应激对家畜健康的影响

1. 氧化应激与应激性溃疡

应激引起神经-内分泌系统功能的变化使机体的内环境发生调整和改变,在未获得适应之前,这种变化了的内环境是以增加器官功能的负荷或自身防御机制的损耗为代价,即抵抗力和免疫力在惊恐反应阶段会降低。如果激原强烈或时间过长,应激反应进入衰竭阶段,将会造成机体适应机能不可逆转地急剧降低。应激中的神经递质儿茶酚胺类分泌增加,导致血压升高、心跳加快,末端循环收缩。为了保护心、脑等重要器官,动物血液重新分配,腹腔缺血。而腹腔的生殖系统、消化系统是农场动物经济性能体现的重要组织器官,一旦缺血将造成经济损失,甚至动物死亡。以在畜牧生产中对家畜具有最广泛作用的热应激为例进行阐述。

热应激对小肠黏膜的影响主要包括肠道是营养物质消化和吸收的主要场所,同时也是机体最大的黏膜免疫器官。只有完整的肠道黏膜结构,其功能才能正常。肠道屏障包括肠黏膜机械屏障、肠道化学屏障、肠道免疫屏障与肠道生物屏障。当热应激时,机体为了促进外周散热和保护心脑等重要器官的血氧供应,机体的血流分布发生改变,流经胃肠道的血液显著减少,肠绒毛缺血、缺氧,进而肠上皮细胞损伤、水肿,细胞间连接断裂,细胞坏死,从绒毛顶端开始脱落甚至黏膜全层脱落而形成溃疡。

肠黏膜损伤不仅严重影响其吸收功能,降低家畜的生产性能,而且还因其破坏肠黏膜的机械屏障和免疫屏障,致使细菌、病毒、毒素等有害物质穿过肠道屏障进入血液,进而入侵机体内部，诱发各种疾病。热应激对肠黏膜的损伤导致营养物质吸收障碍，黏膜免疫力下降。系统生物学引进转录组、蛋白质组、代谢组、miRNA、各种 EST 分析、GO 分析、PATHWAY 分析以及不同信号蛋白与接头蛋白的网络关系一直是其损伤修复的分子机制、营养物质吸收代谢以及黏膜免疫相关的研究的热点。

二维码 1-2 系统生物学研究应激机制与药物靶点

2. 应激对肠黏膜免疫的影响

胃肠道不仅是消化、吸收营养物质的场所，而且是动物体内最大的免疫器官。在正常生理状况下，肠道内的细菌和毒素并不对机体产生危害。此外，细菌之间的微生态平衡对维持肠道正常功能也起着重要作用。一旦肠黏膜在应激中的机械屏障和免疫屏障遭到破坏，细菌之间的微生态平衡被打破，细菌和毒素就可穿过肠壁，侵入肠系膜淋巴结、血液、肝、脾等脏器，即发生肠道细菌移居(bacterial translocation，BT)。肠道细菌移居是内源性感染发生率难以降低的主要原因之一，同时肠道损害是许多疾病或多器官损伤后功能衰竭的中心器官和始动因素。由上皮内淋巴细胞、固有层淋巴细胞和 PP 等肠相关性淋巴组织构成的肠道黏膜免疫系统在防御和抵制细菌、病毒和毒素的入侵中起着重要作用。

黏膜效应部位主要包括固有层的淋巴细胞，位于上皮内基底膜之上的上皮内淋巴细胞和有关应激对黏膜免疫的影响发生在组织、细胞、分子与信号通路的各个层面。热应激不仅导致了猪和大鼠体温显著升高与糖皮质激素分泌增加，而且破坏了家畜和模式生物大鼠的肠道屏障结构，降低了 TLR2、TLR4 及 SIgA 蛋白的表达量以及肠黏膜免疫水平。

(二)应激对家畜生产力的影响

在应激反应中，家畜通过动员神经-内分泌系统全力抵抗应激因子的影响。其主要反应集中在肾上腺髓质轴和肾上腺皮质轴，消耗大量能量和营养物质。其他与生长、繁殖相关的激素受到抑制，导致生产性能下降。如蛋鸡在高温季节的产蛋率可下降 10%～30%；猪在冬、夏季生长缓慢，受胎率显著下降；奶牛的生产性能在高温季节也会受到明显的影响(表 1-2)。

表 1-2 环境温度对奶牛的生产性能的影响

环境温度/℃	产奶量/(kg/d)	乳脂率/%	非脂固形物/%	酪蛋白/%
4.4	13.2	4.2	8.26	2.26
10.0	12.7	4.2	8.26	2.23
15.6	12.3	4.2	8.06	2.08
21.1	12.3	4.1	8.12	2.05
26.7	11.4	4.0	7.88	2.07
29.4	10.5	3.9	7.68	1.93
32.2	9.1	4.0	7.64	1.91
35.0	7.7	4.3	7.58	1.81

应激对猪肉品质也会产生明显的影响。这是因为应激使机体异化作用占据主导地位，耗氧量可达平时的 10 倍，产热量比平时提高 5 倍，从而导致葡萄糖酵解产生大量乳酸。这些乳酸使肌肉组织的 pH 在被宰后迅速下降。猪肉在 45 min 内，即可降至 6.0 以下(在正常情况

下,其应为 24 h 内降至 6.0 以下),肉质的陈化加速,并出现肌浆蛋白(包括肌红蛋白)变性,带有红色细胞色素的线粒体减少,肌肉颜色变浅。同时,物质代谢的加强使 ATP 和肌酸磷酸大量消耗,则 ATP 与钙、镁离子结合形成的提高组织持水力的化合物减少,故屠宰后的肌肉组织出现松软和渗出液。宰前应激可以导致宰后肌肉色泽苍白(pale)、肉质松软(soft)、有渗出液(exudative),即所谓"PSE"肉。

如果宰前应激不强烈,但持续时间较长,其间由于肌糖原消耗多,产生的乳酸反而会减少且被呼吸性碱中和,则宰后 pH 不下降,肌纤维不萎缩,水和蛋白质仍呈结合态。这时的保持在细胞内的肌浆往往会出现肌肉切面干燥,同时因 pH 升高,其细胞色素酶活化,氧被消耗,形成暗红色的肌红蛋白。长时间的应激会形成切面干燥(dry)、肉质较硬(firm)、肉色深暗(dark)的"DFD"肉。这些猪肉的适口性、耐储性与烹调合用性都会变差。

六、应激在畜牧生产中的意义与管理

目前为缓解机体的应激反应,提高畜牧生产水平,畜牧工作者多在以下方面采取措施以对机体的应激进行预防。

(一)抗应激育种

应激因子几乎遍布畜牧生产的每一个环节,对组织生产管理影响很大,畜牧专家开始关注研究抗逆性育种。在筛选的抗逆性育种指标中,目前应用最多的是在养猪生产中应用氟烷敏感性试验来检测应激敏感个体。猪应激综合征(PSS)的发生常伴随着恶性高温综合征(MHS),而 MHS 可用氟烷诱导发生。在实践中,人们通过让 6～15 周龄的猪吸入混有氧气的 4%～5%氟烷,凡发生后肢僵直的猪即为氟烷阳性猪,反之为氟烷阴性猪。在不断淘汰阳性猪的过程中,猪群的抗应激能力得到改善。随着遗传工程技术的进步,现在可以用几根猪毛或一滴猪血直接采用聚合酶链式反应(PCR)技术,在体外将基因大量扩增,用专一于基因组上特定序列的 DNA 探针与猪氟烷基因连锁的 PHI、H、Po2、RYR1 等基因切割片段杂交形成标记,再进行限制性片段长度多态性分析(RFLP),制作基因序列和图谱。这样不仅能准确检出应激敏感基因的纯合个体,而且可检出隐性敏感基因的携带者,大大简化了猪抗应激育种的烦杂工作。另外,世界上大多数培育的家畜品种是在温带与气候较冷的国家育成,而这些品种在热带、温带的夏季高温季节受炎热气候的影响,其生产水平大为降低。我国夏季高温使产蛋率下降 10%～30%的现象并不少见。学者们认为培育耐热鸡群以提高鸡自身的耐热能力是家禽今后育种方向之一。

近年来,热应激蛋白(heat stress proteins,HSP)在国外研究较多,其在体内的合成被看作是机体许多组织耐热能力提高的一项特殊标志。这是机体在细胞水平上对热应激的应答反应属于鸡耐热力方面的研究热点。温度指标、热存活指标测定简便、省力,而且能客观反映鸡的耐热性能,因此,平时应用较多。热存活指标是指热应激存活时间(heat stress survival time,HSST),以鸡开始接受热应激到不能站立的这段时间来计算。这些指标在育种中也面临许多问题,即这些指标都是在高温处理下测定的。这种处理对鸡的健康、生产同样会产生不良影响,从而进一步影响选种和育种的准确性与育种年限。培育抗逆品系虽然是从根本上解决抗应激的办法,但在实际育种应用还有许多待研究的问题。

(二)环境调控

畜舍建筑是畜牧生产的重要条件之一,舍内环境管理的好坏直接关系到家畜的健康与生产，如何利用现有条件给家畜创造适宜的生活生产环境，把动物福利的概念贯穿于生产工艺的每一个环节，一直是环境卫生学多年来的研究课题。它包括以下三个方面。

1. 畜舍设计

环境温度是影响家畜生产的重要应激因素。在牧场规划，畜舍的保温隔热设计、朝向、通风、散热以及畜栏的设计等环节上应充分考虑家畜的生理特点及福利要求，以最大限度地减少环境应激。

2. 环境管理

环境管理主要指畜牧场环境质量控制。它包括对畜牧场的热环境、空气、水源、废弃物的管理与环境消毒。

3. 环境绿化

在畜牧场内的道路旁、畜舍周围种植高大的阔叶树种遮阴，并在空地种植草皮，可以有效地改善场区小气候，美化环境。

(三)改善饲养管理

1. 调整营养水平

家畜应激中食欲减退，采食量显著减少，能量、蛋白质以及维生素、矿物质的摄入量减少，造成必需营养物质缺乏，导致生产力和健康水平下降。研究表明，这是影响生产性能的营养应激因素。此外，在发生应激的情况下，可以考虑在日粮中使用脂肪代替部分碳水化合物作为能量补充。

2. 饮水

在任何应激情况下，水的供应都必须保证。要保证饮水一要充足，二要洁净。特别是在高温应激中，饮水量和呼吸排水量随之增加，充足的饮水可补充高温下蒸发造成的水的损失，维持体内的理化环境，对调节体温起着重要作用。

3. 饲养方式

少喂勤添，提高饲料的适口性，可缓解应激中采食减少引起的营养成分不足。

(四)抗应激添加剂

在采取各种应激预防措施的同时，还可以采用某些抗应激添加剂，如镇静剂、解热药、协调生理平衡的药物、复合维生素、中草药添加剂等。通过提高机体的非特异性免疫力和机体的适应性等，它们在不同程度上达到了缓解应激的目的。

1. 电解质

抑酸剂。在应激中，醛固酮的变化，使机体电解质的平衡受到一定影响。应注意适当补充一些矿物质以满足机体在应激中的需要。如高温应激中添加 KCl 能平衡机体对钾的需要，$NaHCO_3$ 和 NH_4Cl 也常作热应激添加剂。

2. 维生素

B 族维生素参与许多重要物质的代谢，维生素 C、维生素 E 可增强机体的抗氧化能力。机体在应激中代谢的加强常造成维生素的过量消耗而不足。适当增加这些营养成分的供应可缓解应激中出现的维生素缺乏，提高机体对应激的适应性。

3. 药食同源中药/可饲用天然植物中的兽药

在缓解应激添加剂的研究中，关于化学药物的使用研究报道较多。它们多属对症下药，有些药物的作用剧烈且剂量不易掌握。虽然它们也可在一定程度上能缓解应激反应，但长时间的使用必然出现副作用及药残。我国是动物生产与消费的第一大国，饲料是家畜的物质基础，今天的饲料就是明天的食品，它对于食品安全起着根本性的决定作用。2019 年 7 月 10 号，农业农村部发布公告：根据《兽药管理条例》《饲料和饲料添加剂管理条例》有关规定，按照《遏制细菌耐药国家行动计划（2016—2020 年）》和《全国遏制动物源细菌耐药行动计划（2017—2020 年）》部署，为维护我国动物源性食品安全和公共卫生安全，自 2020 年 1 月 1 日起，退出除中药外的所有促生长类药物饲料添加剂品种，开始实施最严格的禁抗、限抗和无抗政策。中兽药是我国传统医学的重要组成部分，具有独特的理论体系。中兽药在畜牧生产临床使用中具有很多西药不可比拟的优势，特别是它从全方位协调机体应激中的生理机能入手，多方位调节，通过提高机体非特异性免疫力，增强机体的抗应激能力，同时缓解表证，中和毒素，以达到阴阳平衡、标本兼治的治疗效果。这种理论体系体现了主动健康治未病的防控理念。由于源于自然，药性缓和，作用持久，毒副作用及药残没有或很少，中兽药为大规模无公害畜牧生产提供了坚实的基础，是值得推广的绿色添加剂。

二维码 1-3
主动健康治未病

4. 抗生素

机体在应激中的抵抗力下降，对各种病原微生物易感，常导致疾病的发生。抗生素的应用可抑制某些有害微生物乘虚而入，保证机体在应激中不被感染。但在使用中应特别注意遵守国家规定的禁抗、限抗和无抗政策以及休药期兽药使用规范，避免造成不必要的经济损失。

（刘凤华、赵建国、李焕荣、郭凯军）

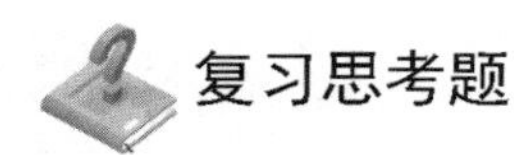

复习思考题

1. 简述环境的基本概念。
2. 简述应激概念、发展阶段及其对家畜的影响。
3. 简述应激因素的种类及其应激管理。
4. 简述家畜的应激适应。

参考文献

[1]颜培实．家畜环境卫生学．4 版．北京：高等教育出版社，2016.

[2]陈杰．家畜生理学．4 版．北京：中国农业出版社，2007.

[3]Tan S Y，A. Yip. Hans Selye（1907—1982）Founder of the stress theory. Singapore Medical Journal，2018，59（4）：170-171.

[4]Selye H. Forty years of stress research：principal remaining problems and misconceptions. Canadian Medical Association. Journal，1976，115（1）：53-6.

[5]Selye H，The general adaptation syndrome and the diseases of adaptation. Journal of Allergy，1946，17（5）：289，308-306，323.

[6]Liu F,et al. Integrating miRNA and mRNA expression profiles in response to heat stress-induced injury in rat small intestine. Funct Integr Genomics 2011,11:203-213.

[7]Liu F,Yin P,et al. Involvement of oxidative stress and mitogen-activated protein kinase signaling pathways in heat stress-induced injury in the rat small intestine. Stress 2013,16(1):99-113.

第二章

气象因素与家畜健康

- 了解各气象因素的形成过程；
- 掌握各气象因素对动物的生理作用特点与卫生学要求；
- 掌握气象因素对家畜生产力的影响。

第一节　气象因素概述

一、气象因素的概念

气象(meteorology)是指地球近地对流层所发生的冷、热、干、湿、风、云、雨、雪、霜、雾、雷电等各种物理过程(现象)。我们经常用综合的定性和定量因子表示这些物理过程，即气象因(要)素。

气象因素主要包括太阳辐射、气温、气湿、气流、气压、云量、云状、降水量等。各气象要素相互联系、相互影响、相互制约。

气象因素在一定地区短时间内变化的结果所综合表现的大气物理状态，称之为天气(weather)，如阴、晴、风、雨。某一地区多年、综合的天气状况，称之为气候(climate)。

地表性质不同或人类和生物的活动所造成的小范围内的特殊气候，称之为小气候(micro-climate)。例如，农田、牧场、温室、车间、住房、畜舍的小气候等。除受舍外气象因素的影响外，畜舍中小气候的形成与舍内的家畜种类、密度、垫草使用、外围护结构的保温隔热性能、通风换气、排水防潮以及日常的饲养管理措施等因素有关。畜牧场的小气候除与所处的地势、地形、场区规划、建筑物布局等有关，牧场的绿化程度也对其小气候的形成起到很大的促进作用。

在气象因素中，有些能影响动物机体的热调节因素，称之为温热环境因素，如气温、气湿、气流和太阳辐射等。在温热环境因素的综合作用下，家畜周围形成炎热或寒冷或温暖或凉爽的空气环境，称之为温热环境。它直接影响家畜的热调节，是影响家畜健康和生产性能的重要环境因素。决定温热环境的主要因素是气温。在自然界中,气温主要来源于太阳辐射。太阳辐射是造成温热环境变化的根本原因,太阳辐射的光和热辐射也对家畜产生直接作用。

二、气象因素对家畜的影响

(一)直接影响

通过影响机体的热调节,直接影响家畜健康和生产力。家畜包括哺乳动物和禽类都是恒温动物(homeotherm),它们必须使产热和散热达到平衡,才能维持体温的恒定。在炎热环境中,家畜散热困难,导致体温升高和采食量下降,从而使其生产力降低。当在寒冷条件下畜体散热过快,体内代谢产热不足以应付散热需要时,就有可能引起体温下降,这时必须加强体内营养物质的氧化,增加产热量,才能维持正常体温。有大量的饲料能量被用于产热消耗,因而常伴随生产力的下降。在炎热和寒冷条件下,动物体的许多生理机能所发生的改变大多与热调节有关或者为热调节生理过程中的一个组成部分。有人认为生产力效率的下降也都是以热调节为目的的,而不是其导致的后果,如生长、肥育、泌乳、产蛋等。太阳辐射的光还通过神经和内分泌系统影响家畜的各种生理机能,特别是生殖机能。这些都是气候因素对家畜的直接作用。

气象因素的影响大小因动物种类和品种、个体、年龄、性别、被毛状态、生产水平、健康状态、饲养管理条件、动物对气候的适应性、不良气象因素的严酷程度和持续时间而异。

(二)间接影响

一年中的温度、光照和降水量等有明显的季节性变化,饲用植物的生长、化学组成和供应也会发生相应的季节性变化,这对家畜的生长、肥育、产乳、产毛等都有一定的影响。气候因素还关系到病原体和媒介虫类的生长、繁殖,影响着疾病的发生和传播,从而间接影响着动物的健康和生产性能。这些都是气候因素的间接影响。

不论直接影响,还是间接影响,不良气候对畜牧生产的危害性都很大。本章主要研究气候因素对家畜的直接影响,必要时会涉及气候因素对家畜的间接影响。

第二节 空气温度

一、空气温度的概念

1. 空气温度的表示方法

空气温度简称气温(air temperature),表示空气冷热程度的物理量。其单位为摄氏度(℃)、华氏度(℉)等,其中摄氏度(℃)为国际标准单位,但英国、美国等国家仍普遍使用华氏度。1 摄氏度和 1 华氏度的规定方法为:1 摄氏度(℃)表示以纯水的冰点作为 0°,沸点为 100°,其间平均分成 100 等份,每一等份为 1 ℃;1 华氏度(℉)则利用温度标量的性质,人类体温为温度计的 100°,将纯水的冰点和沸点均分成 180 等份,每一等份为 1℉。摄氏度和华氏度的换算关系为华氏度数=32+1.8×摄氏度数。

气温主要来源太阳辐射,地球表面大地、山河、建筑和生物蓄积热辐射能量,空气温室效应吸收辐射热，构成空气温度。

2. 气温日较差

太阳辐射因纬度、季节和一天不同的时间而异。某地的气温也随时间产生周期性的变化。一天中气温在日出前最低，下午 2:00 左右最高。一天中气温最高值和最低值之差被称为“气温日较差(daily temperature range)”，可用最高温度和最低温度表进行测定。气温日较差的大小与纬度、季节、地势、下垫面、海拔、天气和植被等有关。低纬度地区的气温日较差较大，平均为 12 ℃；高纬度地区的气温日较差较小，平均为 3～4 ℃；夏季的气温日较差比冬季的气温日较差大，这种现象在中纬度地区特别明显；陆地的气温日较差比海洋的气温日较差大，内陆又大于沿海，海上的气温日较差仅为 1～2 ℃，内陆的气温日较差常达 15 ℃，甚至 25～30 ℃；晴天的气温日较差大于阴天的气温日较差。

3. 气温年较差

在北半球，一年中，一般在 1 月份的气温最低，7 月份的气温最高。最热月与最冷月的平均气温之差被称为“气温年较差(annual temperature range)”，它反映了一年的气温变化情况。气温年较差与纬度、距海远近、海拔高低、云量和雨量等有关。1 月份的平均纬度每向北增加 1 ℃，气温下降 1.5 ℃，而 7 月份则从南到北的夏季温度普遍较高，7 月份的长春、哈尔滨等白天气温也可高达 35 ℃。这种情况说明夏季气温与纬度的关系很小，而与地势高低、距海远近关系较大。在中、高纬度的内陆，7 月份的气温最高，1 月份的气温最低；在海洋上，8 月份的气温最高，2 月份的气温最低。气温年较差与纬度、海陆分布有关。在赤道附近，最热月与最冷月的热量收支相差不大，气温年较差较小，纬度越高，冬夏区分越明显，气温年较差也越大。大陆的气温年较差比海洋气温年较差大，一般海洋的气温年较差为 11 ℃，大陆的气温年较差可达 20～26 ℃。

气温日较差和气温年较差与地理位置、纬度等有关。了解气温日较差和气温年较差的知识对搞好畜牧生产管理和畜舍建设有重要参考意义。如某地春季的气温日较差较大，生产管理中就应注意夜间防寒；我国南方地区的气温年较差较小，畜舍建筑中应主要以防暑为主；我国北方地区的气温年较差较大，冬天异常寒冷，夏季气温也较高，虽以畜舍建筑中防寒为主，但也要兼顾夏季防暑。

除有周期性的日、年变化外，气温还往往会发生由大规模的冷暖气流活动引起的变化，这种气温的变化幅度和时间没有一定的周期性，视气流的冷暖性质和运动状况而不同，这种变化被称为气温的非周期性变化。如在我国春末夏初气温回暖时，常因西伯利亚冷空气南下，气温会大幅度下降，有人称之为倒春寒；若秋末冬初有南方来的暖空气，可出现气温陡增的现象。

4. 干球温度

干球温度(dry-bulb temperature)是指干湿球温度表球部不缠纱布的部分或用普通温度表所示的温度。其代表了空气温度。干球温度就是气温。

5. 湿球温度

湿球温度(wet-bulb temperature)是干湿球温度表球部缠以潮湿纱布的部分所示的温度。由于纱布上水分蒸发吸热，故温度较干球温度低。干湿球温度相差越大，表示空气越干燥。根据干球和湿球温度之差可以计算相对湿度。

二、机体与环境之间的热量交换

(一)体温、皮温和平均体温的概念

1. 体温

体温的严格定义是指身体内部或深部的温度,这部分的温度因具有体组织和被毛的隔热作用,较少受环境因素的影响,较为恒定;越向躯体外部,则变化越大。

要测量深部的温度比较困难,而且深部的温度也不同。由于直肠温度能代表体温,又便于测量,所以长期以来都以测量的直肠温度来表示体温。在测量时,应使温度表(科学测定一般用热电偶)的感应部分伸入直肠深部,其深度视动物大小而不同,如成年牛需伸入直肠的深度为 15 cm,羊需伸入直肠的深度为 10 cm;小家畜、家禽可较浅,如鸡需伸入直肠的深度为 5 cm。此外,还有测定乳牛和鸡耳管内鼓膜附近的温度,这里邻近热调节中枢丘脑下部,对体温变化的反应比直肠更敏感,其被认为是代表深部体温的可靠指标。

2. 皮温

皮温是指皮肤表面的温度。温度的皮肤介于身体与外界环境之间,受身体本身和外界气候条件的双重影响,因此,皮温常随外界温度的变化而变化。同时,身体各部位的皮温也各不相同,凡距离身体远、被毛稀疏、散热面积大(如四肢、耳朵、尾巴等)、血管分布较少和皮下脂肪较厚的地方,皮温较低,受环境条件的影响也大。例如,当耳朵、尾巴和四肢下部等处在低温时,皮温显著下降。由于皮温随部位不同而不同,所以应根据不同部位的皮温按面积计算其平均皮温。牛的平均皮温可按图 2-1 分点测定并按下列公式计算。

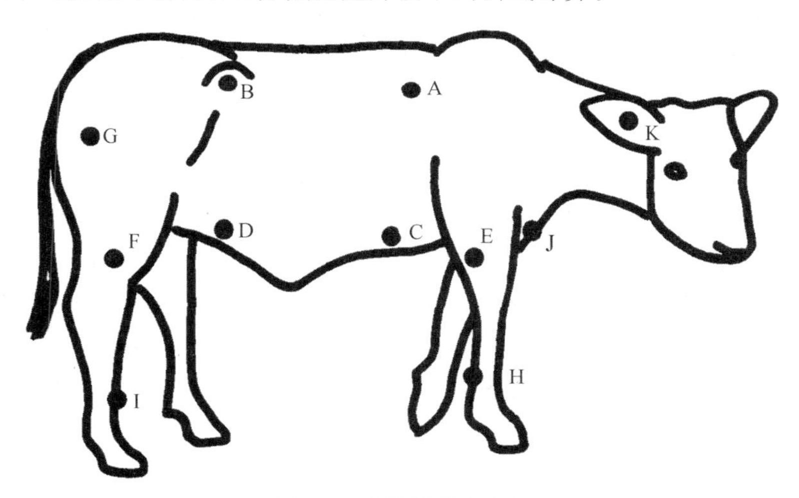

图 2-1 皮温测定点分布

$$T_{平均皮温}=0.25T_{躯干上部}+0.25T_{躯干下部}+0.32T_{四肢上部}+0.12T_{四肢下部}+0.02T_{垂皮}+0.04T_{耳}$$

式中:$T_{躯干上部}$为躯干上部皮温,图中 A、B 以及双侧平均值;$T_{躯干下部}$为躯干下部皮温,图中 C、D 以及双侧平均值;$T_{四肢上部}$为四肢上部皮温,图中 E、F、G 以及双侧平均值;$T_{四肢下部}$为四肢下部皮温,图中 H、I 以及双侧平均值;$T_{垂皮}$为垂肉部皮温,图中 J 点温度;$T_{耳}$为耳部皮温,图中 K 点以及双侧平均值。

3. 平均体温

平均体温是指身体内部和身体外部的平均温度。由于身体的内部质量大，外部质量小，故用不同的系数来估计它。家畜的平均体温可按下列公式估算。应注意的是，不同的动物式中的系数有所不同。

$$T_b = 0.85T_r + 0.15\ mT_s$$

式中：T_b 为平均体温(℃)；T_r 为直肠温度(℃)；T_s 为平均皮温(℃)。

平均体温常用于家畜蓄热量的计算。机体各成分的热容量不同，其中脂肪的比热小，水的比热大，因此，肥胖动物的脂肪含量高，蛋白质(系水性强)含量高，整体比热小。在相同体重下，肥胖动物的畜热性状态比瘦肉型动物的蓄热性低。

(二)机体的热平衡

机体的产热和散热必须经常处于动态平衡，即热平衡(heat balance；thermal equilibrium)才能维持正常的生理活动。

1. 机体产热

机体产热(heat production or thermogenesis)主要是通过体内物质代谢，动物基本由下列4种代谢活动产热。

(1)基础代谢产热(basal metabolism)　即机体在饥饿、相对安静、温度适宜且没有消化道营养吸收时的产热是机体维持生命活动最基本的代谢活动。它与机体表面积成比例。基础代谢=293 W 0.75(kJ/d)。基础代谢率还与动物种类、品种、性别、年龄、神经和内分泌活动状态等有关。

(2)体增热(heat increment)　在采食后，动物的全身各个器官、组织的活动加强，同时也随着较多的能量以热的形式被消耗。反刍动物采食精料的热增耗占代谢能的25%～40%，采食粗料的热增耗占代谢能的40%～80%。热增耗在冬季可以用于维持体温，在夏季却增加了动物的散热负担。

(3)动物的肌肉活动或劳役　能量消耗增加，产热量就增加，如运动、角斗、劳役等。强烈的肌肉活动可使产热量增加数十倍，如奔驰的哺乳动物或飞鸟的代谢率就极高。因此，在生产管理中应限制育肥猪的活动。

(4)生产活动　生长、生殖、产乳、产蛋、产肉等在维持的基础上增加产热量。饲养水平和生产力较高的家畜的代谢率较高。例如，妊娠后期的母畜的产热量较空怀母畜增加20%～30%；泌乳20 kg的乳牛的产热量较干乳妊娠母牛增加50%。因此，高产家畜怕热，需要加强降温设备与措施。

2. 机体散热

机体散热(heat loss or thermolysis)主要通过皮肤表面的辐射、传导、对流、蒸发以及呼吸道的蒸发来进行。

(1)辐射(radiation)散热　与物体温度有关。黑体的总辐射本领与温度的4次方成比例。$E_{0(T)} = \sigma T^4$。T 为绝对温度，σ 为史蒂芬恒量。机体辐射散热与周围的物体温度有关。当周围物体温度低于体表温度时，机体可通过辐射散热(负辐射)；当周围物体温度高于体表温度时，则辐射散热不能进行，此时，周围的物体反而会对机体加热(正辐射)。

影响机体辐射散热的因素包括动物皮温与环境之间的温差、畜体的有效辐射面积、家畜的辐射能力等。温差越大，有效散热面积就越大，越有利于机体辐射散热。浅被毛反射率高，吸收率低，发射率低，不利于散热；深色被毛反射率低，吸收率高，发射率高，有利于辐射散热；潮湿的空气有利于吸收长波辐射，不利于机体保暖。

(2)传导(conduction)散热　通过分子或原子的振动而传递。空气为热的不良导体，传导散热作用有限。但是夏季水牛、猪在水体中戏水时可通过水的传导作用迅速散热。

影响机体传导散热的因素包括动物的皮温与接触面之间的温差、畜体的有效接触面积、接触面的导热性和蓄热性、气湿等。温差越大，有效接触面积越大，接触面的导热性和蓄热性越强，越有利于机体散热。动物可以通过行为调节有效面积来调节传导散热量。潮湿的空气热容量大、导热性强，不利于机体保暖。

(3)对流(convection)散热　受热物质的本身运动将热从一处移至另一处，以空气为介质的散热，其形式主要是对流。传导和对流散热取决于体表温度、气温与气流的相互作用。当体表温度高于周围空气温度时，机体可通过传导散热和对流散热，且温差越大，气流越大，散热越快。如当气温低于体表温度时，即使温差不大，加大气流，也有助于散热；当气温高于体表温度时，机体不但不能通过传导散热和对流散热，反而会通过热气流使机体受热，故必须吹送低于体表温度的冷风才具有散热作用。

影响对流散热的因素包括动物的皮温与气温之间的温差、畜体的有效对流面积、气流的大小。温差、有效对流面积和气流速度越大，越有利于对流散热。为了加大散热，预防高温危害，夏季应加大气流速度；为了保暖，减少散热，冬季应降低气流速度。

(4)蒸发(evaporation)散热　皮肤和呼吸道表面水分蒸发的散热作用取决于空气的相对湿度。当相对湿度低时，加大气流可促进蒸发散热；当湿气接近饱和或相对湿度为 100% 时，蒸发散热会发生困难；在干热环境中，辐射散热、传导散热和对流散热十分困难，其主要靠蒸发散热。每蒸发 1g(约 1 mL)汗液，可散热 0.58 kcal(2.43 kJ)，这被称为水的蒸发散热。

蒸发散热可通过皮肤蒸发和呼吸道蒸发。皮肤蒸发又分为渗透蒸发和出汗蒸发。①渗透蒸发(潜汗或隐汗蒸发)：机体深部组织或体液中的水分通过皮肤的组织间隙直接渗出而蒸发的一种生理现象。当高温时，表皮毛细血管扩张，可加强渗出，增加蒸发。②出汗蒸发：通过汗腺分泌，汗液在皮肤表面蒸发。大汗淋漓可以增加散热。对人类来说，湿热环境中可见大量成滴的汗珠淌下(淌汗)，其实淌汗并不能起到蒸发散热的作用。对动物而言，除马属动物汗腺较发达外，其他动物的汗腺多不发达。在高温时，动物主要靠渗透蒸发和呼吸道蒸发来散热。天热时，猪、狗喘气是呼吸道蒸发散热的一个重要方式。动物还可通过一些行为避免高温或寒冷，如高温时的戏水；寒冷时的打堆等。影响蒸发散热的因素包括气湿、蒸发量与蒸发面水气压及空气水气压差成正比，高湿抑制蒸发，不利于散热；畜体的有效蒸发面积越大，散热越多；气流的大小；增加风速可增加蒸发散热量；皮肤蒸发和呼吸道蒸发的比例等。

通常，我们将辐射散热、传导散热、对流散热合称为非蒸发散热或显热发散，而把蒸发散热称为潜热发散(latent heat loss)。在一般气候条件下，动物的非蒸发散热(non-evaporative heat loss)约占 75%，蒸发散热(evaporative heat loss)占 25%，鸡的蒸发散热较少，占 12%～25%，平均占 17%。在总散热中，约有 80%的散热通过皮肤，10%的散热通过呼吸道，其余为加温饲料和饮水的散热。机体蒸发散热量与环境温度有密切关系。Richards(1976)研究了在温度 0～40 ℃的条件下鸡水分蒸发的情况。其研究结果发现，当湿度低时，随着温度升高，整体水分蒸发量升高，在 0～22 ℃ 时，蒸发率为 0.03 mg/(g·h·℃)，在 23～40 ℃ 时，蒸发率为 0.13 mg/

(g·h·℃)。整体水分蒸发量随着环境水汽压升高而降低,降低率为0.7 mg/(g·h·kPa)。经皮肤和呼吸道蒸发散热的比重与气温有关,当气温为21 ℃以下时,皮肤的蒸发量高于呼吸道的蒸发量;当气温为0 ℃时,皮肤的蒸发量占整个机体蒸发量的78%;当气温为40 ℃时,皮肤的蒸发量仅占整个机体蒸发量的25%。

非蒸发散热量与体表温度和环境温度之差成正比,但随着环境温度的升高,非蒸发散热逐渐减少,而蒸发散热可逐渐取代非蒸发散热。如果环境温度等于体表温度,则非蒸发散热完全失效,全部代谢产热通过蒸发散失;当外界温度高于体温时,机体还可通过辐射、传导、对流从环境得热,这时蒸发作用必须排除体内的产热和从环境中得到的热量,才能维持体温的恒定。因此,在异常酷热的环境中,只有汗腺机能高度发达的人和灵长类在一定范围内才有这种能力,一般家畜汗腺多不发达,蒸发散热能力有限,很难维持正常体温。

虽然加温饲料和饮水的散热只占机体总散热量的10%左右,但在畜牧生产管理中具有重要的实际意义。在寒冷的冬季,若投喂的饲料、饮水的水温较低,通过粪尿等途径将会排放较多的热量,夏、秋高温季节也是如此。为了减少冬、春寒冷季节的动物散热,可采用给动物饮用洁净且温暖的地下水或给饮用水适当加温。在炎热的夏、秋季节,给动物饮用温度相对较低的洁净地下水或山泉水可以促进散热,改善动物福利,提高动物生产性能。虽然粪尿被排出后,在表面上似乎也损失了少量的热量,但已计算在加温饲料和饮水中,不应重复计算。

3. 太阳辐射与畜体热调节

(1)太阳辐射(solar radiation) 太阳是一个巨大的气体星球,在核聚变过程中产生巨大的能量,这种能量以电磁波的形式向宇宙放射,即太阳辐射,其本质是一种电磁波。太阳辐射的波长范围为0.15~4 μm。在这段波长范围内,又可分为3个主要区域,即波长较短的紫外光区(波长小于400 nm)、波长较长的红外光区(波长大于760 nm)和介于两者之间的可见光区(波长为400~760 nm)。太阳辐射的能量主要分布在可见光区和红外区,前者占太阳辐射能量的50%,后者占太阳辐射能量的43%,而紫外区只占太阳辐射能量的7%。

太阳辐射到地球的能量仅为其向宇宙放射总能的22亿分之一。当太阳辐射通过大气时,25%的能量被云雾、水汽、灰尘、二氧化碳等吸收;27%的能量被反射回太空,大约有48%的能量以30%直射光、18%散射光的形式到达地面(图2-2)。大气对太阳短波辐射透明和阻止地面长波辐射逸至太空的作用就像温室玻璃的保温作用,我们把它称之为大气温室效应。

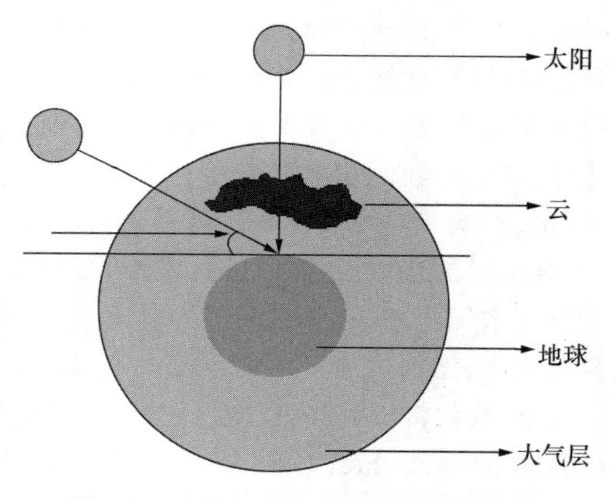

图2-2 太阳辐射达到地球表面的路径

太阳辐射强度在各个朝向垂直面的分布也是不同的,一般以东西向的太阳辐射最大,南向的太阳辐射强度次之,北向的太阳辐射强度最小。太阳辐射强度出现最大值的时间一般是太阳光线接近垂直于这个朝向的时刻。太阳辐射对放牧地和运动场上的家畜的影响比较大。从辐射热的角度,人工光源也常常被使用,普通白炽灯泡发射短波红外线和可见光(800~1 600 nm),其主要用于照明,而发光少的专用红外线灯(浴霸灯使用热源),辐射波长可高达 3 000 nm,其包含长波红外线,透入组织深,在医学上被用于病灶较深时的照射。

(2)太阳辐射对热平衡的调节　到达地球表面的太阳辐射根据波长不同,光量子的能量不同,对机体产生不同的效应,其中红外线主要产生光热效应。除影响机体热平衡外,太阳辐射还会对机体产生其他方面的生物学效应。机体可从太阳辐射中获得热量。在畜牧生产中,冬季应有意识地利用太阳辐射,夏季应尽量避免太阳辐射,以利于畜禽维持体热平衡。

根据红外线的热效应特征,人们发明制造了人工红外光源。在畜牧生产上,其多用于取暖器;在兽医上,其多用于理疗器。短波红外线穿透组织深,全身作用比长波明显。其在畜牧生产上多用于发光的红外线灯。在畜牧生产中,常用的红外取暖设备有鸡的保温育雏伞(图 2-3)、保温灯(图 2-4)等。

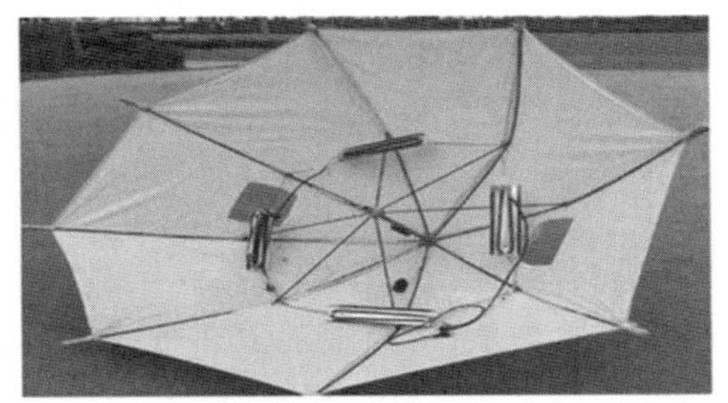

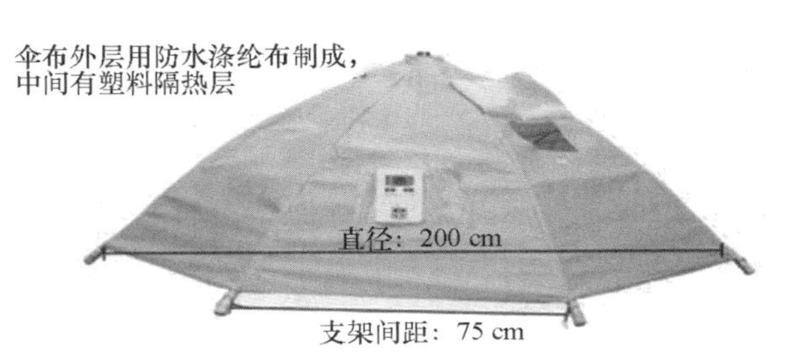

图 2-3　保温育雏伞

图 2-4　保温灯

4. 体热平衡模式

恒温动物通过基础代谢产热、体增热、肌肉活动、生产过程及从环境辐射等中得到热能,并通过辐射、传导、对流以及蒸发等途径散失热能。当机体得到的热能与散失的热能相等时,体温才能达到相对恒定,体内各种代谢过程才能正常进行。动物机体热平衡模式见图 2-5。

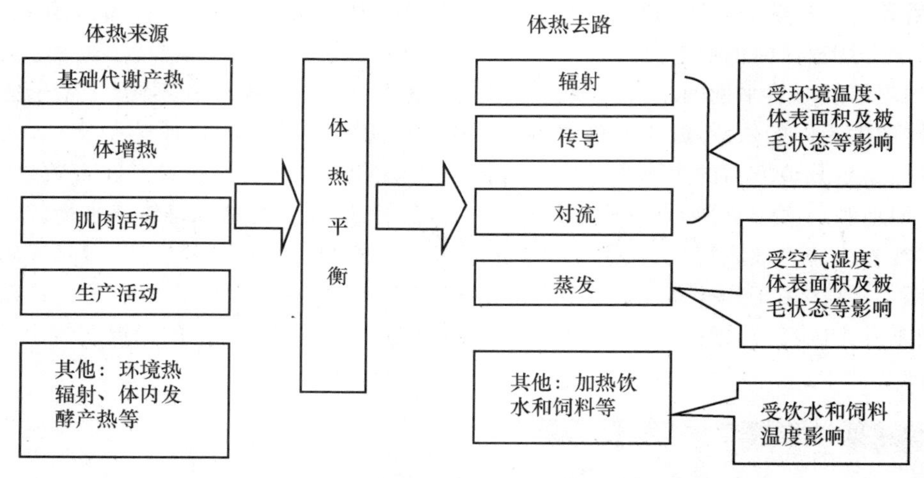

图 2-5 动物机体热平衡模式

机体的产热、散热平衡可用下列公式表示：

$$S = M - C - R - E$$

式中：S 为机体蓄热状态；M 为代谢产热量；C 为传导、对流散热量；R 为辐射散热量；E 为蒸发散热量。

当 $S=0$ 时，机体处于热平衡状态；当 $S>0$ 时，机体产热大于散热，体温升高；当 $S<0$ 时，机体产热小于散热，体温下降。

实际上，机体的热平衡并不是一个简单的物理过程，而是在中枢神经系统调节下的内外环境统一的复杂过程。外周（皮肤）温度感受器通过感受体内外环境温度变化，下丘脑体温调节中枢相应地改变了皮肤血管的舒缩，骨骼肌的活动以及汗腺等效应器官的活动，同时也改变了机体内某些内分泌腺的活动水平，以利于调节机体的散热和产热能力，使体温保持在一个相对恒定的水平。动物的体温调节能力是有限的。在干热或湿热的高温环境中，动物极易发生中暑。

恒温动物具有完善的热调节机能，可以使产热或散热达到平衡。尽管如此，恒温体温也不是绝对恒定。同一动物可因品种、个体、年龄、性别、空怀和妊娠不同而不同。一天中的不同时间、饮喂前后、运动、争斗、觅食和休息等都能引起体温的波动。这些都属于正常的生理学过程，一般对动物的健康和生产力没有多大影响。如果因气候因素导致动物的体温升高或下降超过正常范围，此时的热平衡被破坏。热平衡被破坏会引起一系列生理机能的失常，甚至危及生命。一般来说，当哺乳动物的体温升高到 44 ℃时，如不采取紧急措施，便会迅速死亡；鸟类较耐高温；鸡直肠温度的安全界限为 45 ℃，致死高温为 47 ℃左右。

如果饲料供应充足，动物有自由活动的空间，由不良气候因素引起的成年动物体温下降的情况就较少。但初生幼畜可因保温不善而死亡。

动物体热平衡理论对畜牧生产具有重要的指导意义。在高温环境中，动物皮温与气温的差异变小，散热能力减弱。动物为保持体温恒定努力减少热的来源。但动物基础代谢产热不可能减少，而只能以减少体增热、活动量、生产力的方式来减少热的来源，在高温环境中，动物表现出采食量下降，不愿运动，生产性能降低。为减弱高温对动物生产性能造成的不良影响，除采取相应的防暑降温措施外，在配制日粮时，应注意提高日粮营养物质浓度及油脂添加以减少体增热等。在低温环境中，动物皮温与气温的差异变大，散热增加。动物为保持体温恒定会努力增加产热量。在一定的温度范围内，动物生产性能可能不表现出明显下降，饲料的消耗增加，且大部分饲料被用于产热以维持体温，但饲料报酬下降。因此，在寒冷季节对家畜，特别是主要依靠精料饲养的家畜采取适当的防寒、保暖措施具有重要的经济意义。

（三）家畜的等热区

在一定环境温度下，恒温动物仅借着物理调节便能维持体温正常的环境温度，被称为等热区(zone of thermoneutrality)。皮肤是散热的主要部位。当外界温度升高时，皮肤血管扩张，大量血液流向皮肤，把体内的热带到体表，这时皮温升高，散热作用加强。当气温升高到某一限度时，汗腺机能发达的动物开始出汗，汗腺机能不发达的动物加快呼吸，同时肢体舒展以增加散热面积。当气温下降，散热增加时，机体首先减少体热散失，避免体温下降，这时皮肤血管收缩，减少皮肤的血流量，皮温下降，汗腺停止活动，各种散热作用都减弱。同时肢体蜷缩以减少散热面积；竖毛肌收缩，被毛逆立以增加被毛隔热层的厚度。这些增加或减少散热来维持体温恒定的方法，被称为物理热调节(physical thermoregulation)或散热调节。

当气温继续下降或物理调节不能维持体温恒定时，动物必须加强体内营养物质的氧化，以增加热的产生。其表现为肌肉紧张度提高、颤抖、活动量和采食量增加。有关产热的内分泌腺体活动加强，以增加非颤抖产热。而当温度上升到物理调节不能维持体温恒定时，动物必定会减少体内的氧化过程，以减少热的产生。其表现为食欲不振、拒食、生产力下降、肌肉松弛、嗜眠、懒动等。这些增加或减少产热来维持体温恒定的方法，被称为化学热调节(chemical thermoregulation)或产热调节。动物产热量、散热量以及热调节与环境温度的关系见图 2-6 和图 2-7。

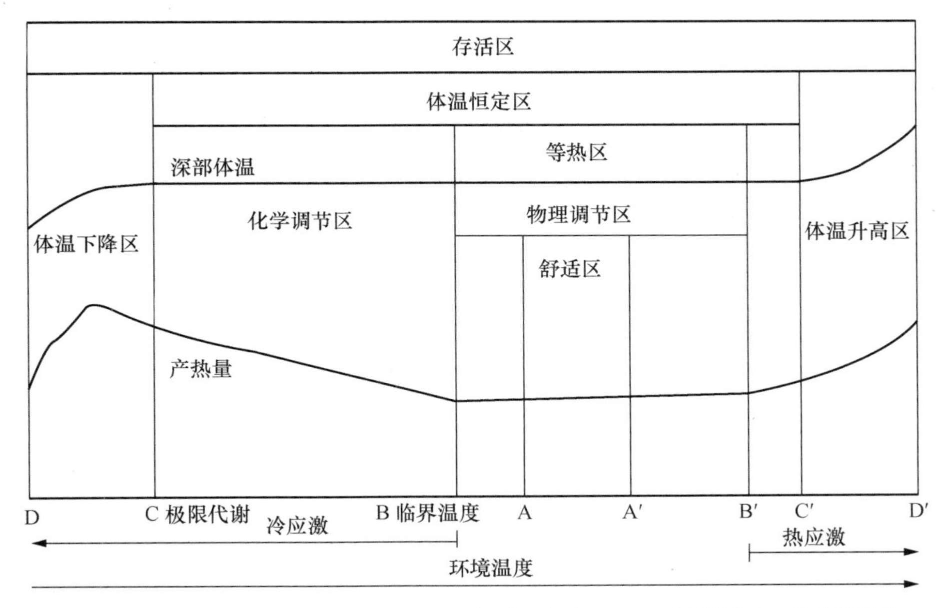

B—B′为物理调节区；B—C 为化学调节区；C—C′为体温恒定区；A—A′为舒适区；B 为临界温度；B′为过高温度；C′为体温开始上升温度；C 为极限代谢；D—C 为体温下降区；C′—D′体温上升区。

图 2-6 环境温度与畜体热调节

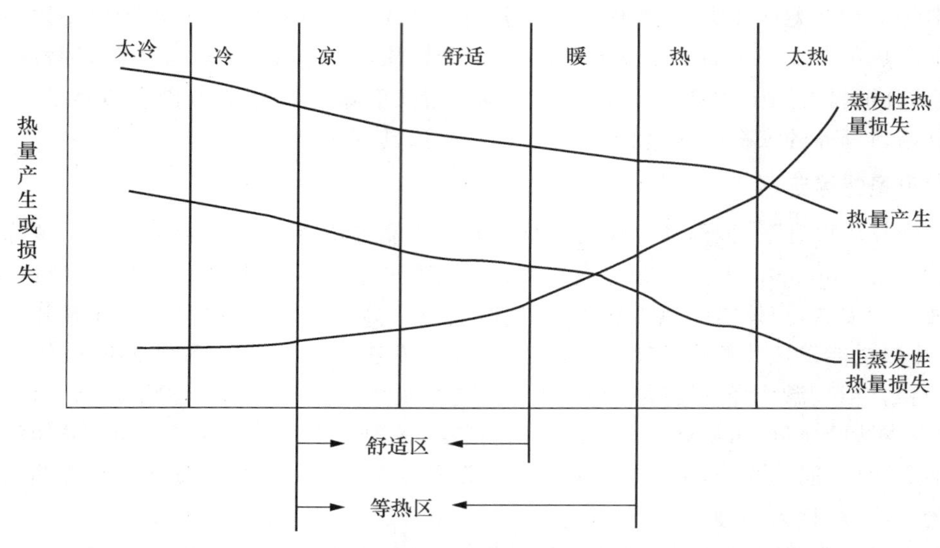

图 2-7 环境温度与热量产生率之间的关系

1. 临界温度

临界温度(critical temperature)又被称为下限临界温度(lower critical temperature),是指气温下降,散热增加,必须提高代谢率来增加体内热的产生以维持体温。这种开始提高代谢率,进入化学调节的温度即为临界温度。

2. 过高温度

过高温度(hyperthermal rise)又被称为上限临界温度(upper critical temperature),是指气温升高到能引起机体代谢率提高的外界温度。此时,机体散热受阻,仅靠物理调节不能维持热平衡,体内开始蓄热,代谢率提高,代谢生热增加,在高温环境中机体代谢率也会因此增加,此种情况与 Van't Hoff 定律相似。Van't Hoff 定律指出,在一定范围内,当温度每增加 10 ℃时,化学反应速度增加 1～2 倍。Van't Hoff 定律是从简单的无机化学反应体系推导出的。恒温动物在一定温度范围内能保持体温相对恒定,新陈代谢率和体温并不像 Van't Hoff 定律预计的那样随气温增加而成倍增加。就呼吸率而言,Van't Hoff 定律适用于一些汗腺不发达的动物,如牛、羊、猪、狗和鸡。当温度为 17～30 ℃时,如果此时的气温升高 10 ℃,牛的呼吸率大约增加 1 倍。但应注意的是,在此情况下,牛呼吸率增加 1 倍的原因是气温升高 10 ℃,而不是牛的体温增加 10 ℃。

3. 等热区

等热区即为临界温度和过高温度之间的环境温度范围。

4. 舒适区

舒适区(comfort zone)是指在等热区某一温度范围内,动物的产热几乎等于散热,不必过分应用物理调节而能维持体温恒定,也就是上限尚未达到增加呼吸率、出汗和喘息的程度,下限尚未达到皮肤血管收缩,皮温下降和竖毛等物理调节过程,动物既不感觉冷,又不感觉热,非常舒适。人的舒适区为 22～29 ℃。

等热区是一个概略数值,不是一个定值。它受多种因素的影响,如动物种属、年龄、体重、个体、被毛和组织的隔热性能、生产力水平、对气候的适应性、管理制度等。一般来说,牛的等热区为 10～15 ℃,奶牛的等热区为 5～15 ℃,猪的等热区为 20～23 ℃,羊的等热区为 10～20 ℃,鸡的等热区为 13～24 ℃。

等热区的概念对畜牧生产实际有一定的指导意义。家畜在等热区,尤其是舒适区中的产热量最少,除了基础代谢产热外,用于维持的能量消耗下降到最低。在这种条件下,一般家畜的饲料利用率和生产力都最高,抗病力也较强,饲养成本最低。影响等热区和临界温度的因素很复杂,不同种类、年龄、体重、生产力和被毛状态的家畜应不同对待,制定不同的饲养管理方案,以保证各种家畜能尽可能在等热区或临界温度以上生活和生产。当气温超过动物等热区时,动物就会产生热应激或冷应激,其生产性能和健康都会受到不良影响。饲养管理本身就是影响等热区和临界温度的重大因素。在寒冷季节和地区,隔热性能比较差的家畜应增大饲养密度,提高日粮能量水平,使用干燥的垫草,严防贼风,都可以显著降低临界温度,如猪和幼畜。草食家畜可多给粗料,以供维持体温需要,节约精料消耗。在炎热季节和地区则相反,家畜应减小饲养密度,使用导热性能良好的地面以及采取适当通风换气等防暑降温措施。

各种家畜的等热区和临界温度也是修建畜舍热工设计的理论依据。对临界温度要求较高的幼畜和猪、鸡等的畜舍要有保温隔热较好的外围护结构,在必要时辅以人工采暖设施。但它们的畜舍也要有利于夏季的自然通风。畜舍内的冬季温度不低于临界温度,夏季温度不高于过高温度。临界温度很低的成年草食家畜,特别是高产乳牛和肥育牛的畜舍设计主要是夏季防止屋顶和凉棚上的太阳辐射热,因而,在屋顶或凉棚下铺设隔热层十分必要。在温带地区,除了产房外,畜舍不存在保温问题,所以畜舍在设计上只要能防止冬季风雪寒流直接吹袭即可,南面可以完全敞开。

但应该着重指出,无论饲养管理措施,还是畜舍设计,家畜完全在等热区是不可能做到的。因此,在设定畜舍适宜的环境温度时,应有较宽的允许范围,在该范围内对家畜的生产性能不会产生重大的影响。但同时还应注意某些家畜保温或防暑的关键时刻,例如,在幼畜的初生期或在绵羊被剪毛后,其临界温度很高,要注意对其保温和避免在风雨中放牧;配种后 1～2 周的母畜要注意防暑,避免受精卵或胚胎早期死亡。为保证家畜良好的生产性能和健康状态,应加强环境控制管理。根据不同动物的等热区和畜牧生产实际,畜舍内应保持的适宜空气温度如表 2-1 所列。

表 2-1　舍内气温和相对湿度

		气温/℃			相对湿度/%		
		舒适范围	高临界	低临界	舒适范围	高临界	低临界
猪	种公猪舍	15～20	25	13	60～70	85	50
	空怀妊娠母猪舍	15～20	27	13	60～70	85	50
	哺乳母猪舍	18～22	27	16	60～70	80	50
	哺乳仔猪保温箱	28～32	35	27	60～70	80	50
	保育猪舍	20～25	28	16	60～70	80	50
	生长育肥猪舍	15～23	27	13	65～75	85	50
禽	雏禽	21～27				75	
	成禽	10～24				75	
牛		10～15				80	

资料来源:该表的内容来自《规模猪场环境参数及环境管理》(GB/T 17824.3—2008),《畜禽场环境质量标准》(NY/T 388—1999)。

(四)气温对家畜健康的影响

1. 高温时的热调节

(1)加速外周血液循环　当气温升高时,气温刺激皮肤血管舒张,大量血液流向皮肤,把体内的代谢产热带到体表,这时皮温升高,增加皮温与气温之差,从而增加散热,同时由于血管扩张,渗透蒸发散热也加强。

(2)提高蒸发散热量　在一般气候条件下,畜体蒸发散热量约占散热总量的25%,禽约占17%。当外界温度升高时,非蒸发散热的能力逐渐减弱。当环境温度等于体温时,非蒸发散热完全散失,仅由蒸发散热;当环境温度高于体温时,机体还会从环境中得到热量。一些家畜汗腺多不发达,蒸发散热能力有限,这时则很难维持其体温恒定。

(3)减少产热量　采食量减少或拒食,生产力下降,肌肉松弛,嗜睡懒动,以减少热的产生,同时甲状腺的分泌减少,代谢产热量减少。

2. 低温时的热调节

(1)减少散热量　皮肤血管收缩,外周血流减少,皮温下降,与环境之间的温差减少,汗腺停止分泌,呼吸加深变慢,散热量减少。竖毛肌收缩,被毛逆立,以增加被毛内空气缓冲层的厚度。以减少散热面。以上是物理性调节,它是有限的。当温度进一步下降时,动物必须进一步增加产热量才能维持正常体温。

(2)增加产热量　当气温下降到临界温度以下时,物理性调节不能维持体温正常。动物开始加强体内营养物质的氧化以增加热的产生。其表现为肌肉紧张度提高、颤抖、活动量和采食量增加。轻度的颤抖仅发生于皮下肌肉,强烈的颤抖则发生在四肢的大肌肉群。但是肌肉颤抖只是动物对寒冷刺激的应急反应。增加产热量最有效的办法还是通过提高甲状腺的分泌来提高深部组织的代谢率。

动物在突然受到冷刺激时,除颤抖产热外,其肾上腺素、去甲肾上腺素(促进糖原分解,动用脂肪组织,加强氧化过程,并使皮肤血管收缩,皮温下降)、肾上腺皮质激素(促进糖异生)分泌增加,这是机体对冷刺激的一种暂时性的反应。随着时间延长,甲状腺分泌增加,组织代谢加强。在这个过程中,各种动物所需的时间长短不一,兔需要2～3周,猪需要3～4周。

3. 气温对家畜健康的影响

气温过高或过低会造成机体冷热应激,动物抵抗力下降。这些应激本身甚至成为致病因素。

(1)高温危害

①热射病:气温升高,特别是在高湿环境中,机体散热困难,体内蓄热,体温升高,造成一系列生理生化改变,氧化加强,动物出现昏迷,甚至死亡。

②热痉挛:在高温时,机体排汗增加,NaCl大量丢失,如果不能得到补充,细胞外液渗透压下降,造成细胞水肿,兴奋性增高,动物出现肌肉痉挛。

③胃肠道疾患:在高温时,外周血管扩张,内脏器官血流量减少,胃肠道的活动受到抑制,排空减慢,小肠蠕动减慢,但血流少,吸收差。大量出汗造成Cl^-储备减少,胃酸产生减少,同时大量饮水使酸度下降,杀菌能力降低,消化能力减弱,动物抵抗力下降。在高温应激时,家畜肠道结构受损,消化道微生物菌群紊乱,体内抗氧化能力降低,产生较多自由基,抵抗力下降,对疫病的易感性增加。

(2)低温危害　如果外界温度过低且超过了机体的代偿能力,就会造成体温下降,对疾病的抵抗力降低。如果温度过低，动物就会冻死。局部防护不当可造成冻伤，导致一些如风湿、关节炎等疾病。局部受冻可反射地引起血液循环障碍。如狗头部入冷水可得肾炎；兔脚受冷可反射地引起鼻黏膜分泌增加。

由于热调节机能不健全，初生仔畜的体内脂肪及糖原储备量少，皮肤薄，皮肤表面被毛稀少，单位体重体表面积大，代偿性能差，对冷刺激非常敏感，所以一定要注意仔畜防寒保暖。

（五）气温对家畜生产性能的影响

气温对家畜生产性能的影响是多方面的。

1. 对生殖的影响

（1）公畜　对公畜来说，高温除了使其营养状况降低，活动减少，性机能下降外，还会导致睾丸温度升高，精液质量下降，精液量减少，精子数减少，畸形率上升。高温可引起多种动物精液质量下降的特点是短期热应激可使精液质量长期不能恢复，这种影响具有滞后效应。公猪一般于热应激发生后 15～30 d 开始表现出来，2 个月左右才能逐步恢复。热应激也可使公禽的精液质量下降，但短期高温刺激影响不大，且恢复正常所需的时间较短。

此外，长期高温热应激会引起公畜性欲明显下降，甚至缺失，从而严重影响公畜的配种和正常的繁殖和生产。

（2）母畜　高温对母畜繁殖机能的危害主要发生在配种前后的一段时间内。其危害机制主要是影响激素水平，而对卵巢机能的影响并不严重，但对胚胎在子宫中的附植与早期胚胎有严重危害。高温使小母畜的初情期延迟，母畜不发情，发情持续期缩短，发情症状微弱，受胎率下降，胎儿死亡数增加，初生重下降，甚至流产等。除直接影响外，高温还使母畜采食量减少，脏器的血流量减少，引起死胎、流产。在高温环境中，母禽性成熟及开产日龄延迟。

高温不仅使公畜的精液质量下降，母畜的受胎和妊娠也受到影响，因此，各种家畜的夏季繁殖力普遍下降。经调查发现，在南方，不少猪场上半年窝均产仔数较下半年产仔数高。其主要原因是下半年产仔数主要集中在 8—10 月份，妊娠期要经历 6—9 月份的高温期。

总体说来，高温使公畜运动减少，营养物质摄入减少，整体机能降低，睾丸温度升高，精子数减少，畸形率上升。除使母畜整体机能降低外，高温还使家畜的内脏血流减少，激素分泌失常。

2. 对生长增重的影响

在低温时，动物采食量增加（但大部分采食是产热维持的基本生理需要），甲状腺素分泌增加，肠蠕动加快，饲料利用率较低。在高温时，动物的采食量下降，甲状腺素分泌减少，肠蠕动弱，肠血液循环减少，营养物质吸收减弱。不管低温，还是高温，均不利于动物生产。当气温高于动物等热区时，动物的采食量明显下降。一般来看，气温每升高 1 ℃，动物的采食量就降低 1%～1.5%，同时饲料消化率降低，动物增重因而受到影响。

持续高温应激与间歇式高温应激对动物的影响大小不同，持续高温应激对动物的危害高于间歇式高温应激对动物的危害。研究表明，持续高温应激（32 ℃）对肉仔鸡生长、营养物质消化率、能量和氮平衡产生的不良影响明显高于间歇式高温应激（22～32 ℃、25～32 ℃）。

和其他动物相比，猪的体温调节机能较差，寒冷对猪的生理机能影响较大。在低温环境中，猪为了维持体温恒定，弥补由于低温环境造成的体热损失，其日粮中相当一部分的营养物质被转化为热能，体组织沉积减少。猪群表现为饲料转化率降低，生长缓慢，甚至体重下降。

3. 对产乳的影响

奶牛对低温有较大的耐受性，对高温敏感。由于防寒措施容易实施，人们更多关注的是高温对奶牛造成的不良影响。当气温超过上限临界温度时，奶牛的采食量下降，饲料利用率降低，产奶量随温度升高而降低。一般来看，当气温高于 22 ℃时，奶牛产奶量就会下降。高温下的产乳量随气温升高而降低的程度与奶牛品种有关，如欧洲品种(黑白花)不耐热，适宜温度为 10～15 ℃。当温度超过 21 ℃时，产乳量就下降。奶牛对高温的敏感程度也与产乳量相关，产乳量越高，对高温越敏感。当发生热应激时，产乳量下降的速度就越快。奶牛生产力越高，体内代谢产热就越多，也就越耐寒而不耐热。

当气温降低到一定程度时，奶牛的产奶量也会受到影响。动物将饲料转化为畜产品的各个阶段，如采食、消化、能量与蛋白质潴留等都会受低温影响。一般来说，当气温低于 5 ℃时，奶牛的产奶量就会下降。可见，对奶牛及时采取积极的防暑降温与防寒保暖措施具有重要意义。

4. 对产蛋的影响

高温环境会造成禽产蛋率下降，蛋形变小，蛋重变轻，蛋壳变薄。研究表明，蛋重对高温的反应较产蛋率更为敏感。王新谋等(1993)的研究表明，在温度为 22～35 ℃时，蛋壳厚度和强度均与环境温度的高低呈负相关。在低温环境中，禽产蛋率下降，而蛋形、蛋壳厚度与强度可基本保持不变。

产蛋鸡的适宜温度一般为 13～23 ℃，低于 7 ℃或高于 29 ℃对产蛋率均有不良影响。一般重型品种耐寒不耐热，轻型品种则相反。

5. 其他

气温对畜产品的品质也有一定的影响。气温升高，乳脂率下降，乳中非脂固形物及酪蛋白含量降低。气温降低，乳蛋白和乳糖减少，乳脂率则可因乳液体分泌减少而有所增加。6—8 月份平均乳脂率为 3.0%，11—12 月份平均约为 3.5%。在高温时，蛋壳表面出现斑点，颜色异常，蛋壳变薄易碎，商品价值降低。

(六)高温季节提高家畜生产力的途径

1. 加快体热的发散

(1)降低环境温度　提高体表温度与空气温度的差值。

①环境蒸发降温：常用的方法有湿帘-通风降温和喷雾降温。湿帘-通风降温就是舍外的热空气先通过蒸发面很大的湿帘，经蒸发降温后引入舍内，并经负压通风排到舍外。喷雾降温就是直接将水喷洒在畜舍空气中，雾滴在高温空气中很快蒸发吸热。即使雾滴落在家畜被毛表面仍可继续蒸发，畜舍内空气和动物体表温度因此下降。蒸发降温的效果与当地当时的气湿有关。湿度低，则蒸发快，降温效果显著；湿度大，则蒸发慢，降温效果小或没有效果，所以蒸发降温比较适合干热地区。

②机械降温：采用空调器。效果好，能彻底缓解热应激。其在许多种公畜饲养实践中已开始应用，特别在我国南方更被普遍应用。

(2)畜体喷水　给动物的皮肤喷水或进行淋浴是对汗腺机能不发达的家畜的一种经济、实用且有效促进散热的方法。在高温环境中，家畜皮肤的温度很高。而潮湿的皮肤能显著提高水汽压，增加蒸发散热量，在干燥地区效果更大。适用于喷水的家畜有乳牛、肉牛和猪等，但不适用于家禽。

(3)饮用冷水　炎热环境中主要依靠水分蒸发散热,饮水不足会使动物的耐热性下降,因此,必须保证家畜能随意饮水或增加给水次数。水的比热很大,如果水温显著低于体温,可夺取大量体热,大大减轻动物的散热负担。此外,夏季饮水还能提高家畜的生产力。

(4)加强通风　增大风速可加强对流和蒸发散热。这种作用随气流温度和湿度的升高而减弱。因此,在高温、高湿条件下,加强通风的效果并不显著,特别是汗腺机能不发达的猪和无汗腺、羽毛很密的动物来说更是如此。

2. 减少体热的产生

(1)减少基础代谢产热　最根本的方法是选育耐热品种。另外,在饲料中加入适量的植物性提取物,减轻动物热紧张,可适度降低动物代谢率。

(2)减少饲料的热增耗　热增耗是饲料能量的一种浪费。在炎热季节,饲料的热增耗越多,越加重动物的散热负担,热应激也越严重。饲料热增耗的大小与饲料种类及配合饲料养分是否平衡等有关。对饲料种类而言,粗饲料的热增耗大于精饲料的热增耗。减少饲料的热增耗可以采取下列几条措施:①减少饲料的粗纤维含量;②适当提高饲料中的脂肪含量;③合理配合饲料。虽然在饲料的各种养分中蛋白质的热增耗最大,但高蛋白饲料只要符合动物的生理需要,其热增耗不是增加而是减少。

3. 减少生产过程产热

维持家畜的正常生产力而不增加其产热量是不可能的,但适当调整生产季节仍可收到一定效果。

4. 减少肌肉活动产热

夏季应尽量减少动物不必要的运动,即便是种畜也应减少驱赶运动时间。

5. 优化日粮配方

在高温下,动物采食量下降,营养物质消化吸收率低,矿物质等沉积率降低会造成营养物质摄入不足,并引起肠道微生物菌群紊乱,机体抗氧化能力减低。因此,在设计日粮配方时,应考虑动物热应激下生理功能的改变,注意调整日粮配方,适当调整维生素、微量元素、能量、蛋白质含量,提高营养物质浓度,降低体增热。

(七)低温季节提高家畜生产力和健康的途径

由于改善低温环境的技术措施容易实现,企业生产中往往更重视高温环境的危害,而忽略低温环境的影响。对幼家畜及寒冷地区而言,低气温对家畜健康和生产性能产生的不利影响十分巨大。在低温环境下,动物的采食量升高,用于维持体温的比例增加,饲料报酬降低,经济上不合算,因此,应注意加强畜舍建筑设计和环境管理,提升环境温度。

第三节　空气湿度

一、空气湿度的表示指标

空气中含有水汽,它来源于海洋、江湖等水面和植物、土壤等的蒸发。其含量多少反映了空气的潮湿程度,我们用一个物理量,即“空气湿度(air humidity)”或“气湿”来表示。通常用以下几个指标来表示其大小。

(一)水汽压

由分子运动产生,大气压与各种气体分子摩尔数总和成正比。在大气组成中,水分子运动产生的分压和氧分压一样,被称为水汽压(water vapor pressure)。水汽压越高,空气湿度越大。密闭容器内的气体压力表达式为:

$$PV = nRT$$

式中:P 为密闭容器中的气压(Pa);V 为密闭容器中的体积(m^3);n 为密闭容器中各种气体分子摩尔数总和(mol);R 为气体常数[8.314 Pa·m^3/(mol·K)];T 为热力学温度(K)。

(二)绝对湿度

绝对湿度(absolute humidity)是指单位体积空气中所含的水的质量,用 g/m^3 表示。温度不同,水分蒸发量也不同,绝对湿度因季节不同和每天的时辰不同而不同。在同一天,绝对湿度随气温的升高而升高。我国夏季降水量大,温度高,故绝对湿度也较高。

(三)相对湿度

相对湿度(relative humidity)是指空气中的实际水汽压与同温度下的饱和水汽压之比,用%表示,即

$$相对湿度 = \frac{实际水汽压}{饱和水汽压} \times 100\%$$

相对湿度反映空气水汽的饱和程度,与机体蒸发散热密切相关,是生产和科学研究中应用最多的一个指标。在同一天,气温升高,相对湿度下降;气温下降,相对湿度升高。

气温、蒸发等影响湿度变化的因子具有周期性的日变化和年变化,因此,相对湿度也具有日变化和年变化。绝对湿度的日变化和年变化一般与气温的日变化和年变化一致。

相对湿度的日变化与温度的日变化相反(清晨日出前的温度最低,相对湿度最高,因此,往往出现露、霜和雾等自然现象)。相对湿度的年变化一般与气温的年变化相反,其最大值出现在冬季,其最小值出现在夏季。但我国大部分地区属季风气候,夏季有来自海洋的潮湿空气,冬季有来自大陆的干燥空气,因此,相对湿度的最大值出现在夏季,相对湿度的最小值出现在冬季。

(四)饱和差

饱和差(saturation deficiency)是指空气中实际水汽压与同温度下的饱和水汽压之差,用 hPa 表示。饱和差越大表示空气越干燥,饱和差越小表示空气越潮湿。

(五)露点

当空气含水量不变且压力一定时,气温下降,空气达到饱和,这时的温度称之为“露点”或“露点温度(dew point temperature)”,用℃表示。

空气中水汽含量越高,则露点越高。如果气温高于露点,则表示空气未达到饱和状态;当气温等于露点时,则表示空气已达饱和状态;当气温低于露点时,则表示空气达到过饱和状态,将出现结露现象。

二、空气湿度对家畜健康的影响

(一)空气湿度对动物热调节的影响

气湿主要影响机体的散热调节。当温度比较适宜时,空气湿度对机体的散热调节的影响不大;当温度过高和过低时,则空气湿度对机体的散热调节具有明显影响。

1. 对动物蒸发散热的影响

高温环境下的影响可用下列公式说明气湿与动物蒸发散热量的关系。

$$H_e = KA_eV^n(P_s - P_a)$$

式中:H_e 为动物蒸发散热量;K 为蒸发常数,与蒸发面的几何形状有关;A_e 为机体有效蒸发面积;V 为气流速度;n 风速指数,约为 0.5;P_s 为畜体蒸发面水汽压;P_a 为空气水汽压。

该公式显示动物蒸发散热量、畜体蒸发面水汽压与空气水汽压的差值成正比。空气越潮湿,畜体蒸发面水汽压与空气水汽压的差值越小,动物蒸发散热量就越小,反之,空气越干燥,畜体蒸发面水汽压与空气水汽压的差值越大,动物蒸发散热量就越大。该公式是一个理论公式,它只能表示有关的因素与机体蒸发散热量的关系,而不能据此计算实际的蒸发散热量。

在高温环境中,动物非蒸发散热能力减弱,机体主要依靠蒸发散热,而高湿则使蒸发散热发生困难(P_a 变大,H_e 变小),所以高湿不利于高温环境中动物体热的散发,这样会使动物感到更加炎热。

2. 对动物非蒸发散热的影响

这种影响主要是在低温环境下的影响。在低温环境中,动物力图减少散热量,以维持体热平衡,但高湿空气的导热性和热容量都比干燥空气大。潮湿空气的导热性和热容量可分别达到干燥空气的 10 倍和 2 倍,且善于吸收畜体的长波辐射,动物散热量明显增加,动物感到更加寒冷。可见,高湿不利于动物的热平衡调节。

(二)气湿对动物健康的影响

相对湿度为 50%~80%的空气环境是动物合适的湿度环境。当相对湿度为 60%~70%时,空气环境为动物最适宜的环境;当相对湿度高于 85%时,空气环境为高湿环境;当相对湿度低于 40%时,空气环境为低湿环境。不论高湿环境,还是低湿环境,都会对动物健康产生不良影响。

1. 高湿的影响

(1)在高温环境下,高湿对动物健康的不良影响。

①高温、高湿使动物抵抗力减弱,发病率增加,传染病较易发生和流行,并能促进病原性真菌、细菌和寄生虫的发育,家畜易患疥癣、湿疹等。

②高温、高湿不利于饲料贮藏,饲料易发霉,易引起动物霉菌和毒素中毒。

③不利于机体散热,易患中暑性疾病。

(2)在低温环境下高湿对动物健康的不良影响。

①家畜易患各种呼吸道疾病、神经痛、风湿病、关节炎等。

②不利于动物保温,动物抵抗力降低,对疾病敏感性增加。

另外,虽然高湿有利于灰尘下沉,空气较为干净,但是高湿对污染大气的灰尘和有害气体扩散又一定的影响,特别是在风速小、湿度高时,灰尘粒子会作为凝结核形成雾,使污染物沉于大气的下层，不易扩散。

2. 低湿的影响

虽然低湿可部分抵消高温和低温的不良影响，但是湿度过低对动物健康也是不利的，特别是在高温时，动物皮肤及外露黏膜的水分会因过分蒸发而干裂，抗病力降低。当相对湿度低于40%时，动物呼吸道疾病发病率显著增加。湿度过低也是家禽羽毛生长不良的原因之一。低湿还有利于白色葡萄球菌、金黄色葡萄球菌、鸡白痢沙门氏杆菌以及具有脂蛋白囊膜病毒的存活。

(三)气湿对家畜生产性能的影响

气湿与气温结合起来通过影响机体热调节来影响动物的生长、肥育、繁殖、产蛋与产奶等。

第四节　气流与气压

一、气流的形成及一般概念

1. 气流的形成

大气时刻不停地运动着，其能量来源于太阳辐射。太阳辐射对各纬度加热不均匀，造成高纬度与低纬度间热量的差异，这是引起大气运动的根本原因。

如果 A 地受热，近地面的大气膨胀上升，在上空聚集起来，使上空空气的密度增加，那里的气压比同一水平面上的气压都高，形成高气压。B 地、C 地冷却，空气收缩下沉，上空空气密度减小，形成低气压，于是上空的空气便从气压高的 A 地向气压低的 B 地、C 地扩散，A 地空气上升后，近地面的空气密度减小，气压比周围地区都低，形成低气压。B 地、C 地因有下沉气流，近地面的空气密度增大，形成高气压，这样近地面的空气又从 B 地、C 地流回 A 地以补充 A 地上升的空气。这种由于地面冷热不均而形成的空气环流，称之为热力环流，见图 2-8。由于地区间的冷热不均，引起空气上升或下沉的垂直运动。空气的上升或下沉导致同一水平面上气压的差异。气压的差异是形成空气水平运动的根本原因。而在同一垂直面内，总是近地面的气压高于上空的气压。

对同一水平面上的大气来说，有的地方气压高，有的地方气压低，其差被称为气压差。而单位距离的气压差称为气压梯度。推动大气由高压向低压流动的动力，被称为水平气压梯度力。在其作用下形成了风，水平气压梯度力越大，风越大。

畜舍内空气的流动也是因气压分布不同而形成的。在自然情况下，气压分布一般有 2 种：一种是舍内外存在温差而形成气压差，即存在热压；另一种是水平气压梯度，即风压，在畜舍迎风面和背风面形成的气压差。

2. 气流的概念

气流是矢量，既有大小，又有方向。我们用风向和风速值来描述气流的状态。风向即风吹来的方向，常以 8 或 16 个方位表示；风速是单位时间内风的行程，常以 m/s 表示。风向和风速的变化显示气流运动的特征，且常常为天气变化的先兆。

风向经常发生变化，每一地区在一定时期内各种方向的风所占的比例不同。一定时期内

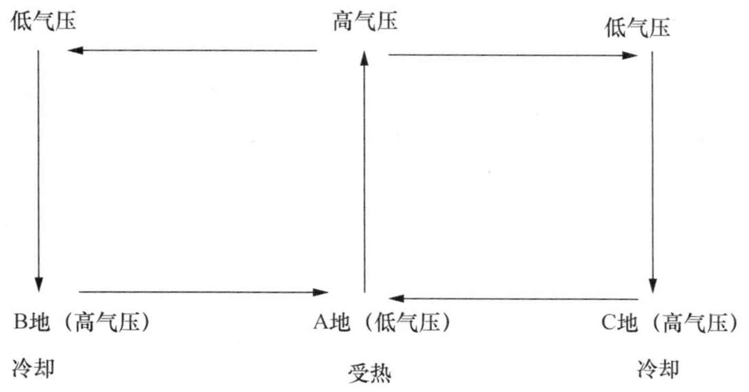

低气压 高气压 低气压

B地（高气压） A地（低气压） C地（高气压）

冷却 受热 冷却

图 2-8 空气环流

的不同方向的风的频率可按罗盘方位绘制成图，即在 4 条或 8 条中心交叉的直线上按罗盘方位将一定时期内各种风向的次数用比例尺，以其绝对数或百分数画在直线上，然后将相邻各点依次用直线连接起来，这样所得的几何图形称为风向频率图(图 2-9)。因其形似玫瑰花，所以又称风向玫瑰图。其可按月、季、全年、数年或更长期的风向资料绘制。从图 2-9 中可以看出，某地某月、某季的主导风向为畜牧场场址选择、畜牧场功能分区及畜舍门窗设计等提供重要参考。如夏季应最大限度地利用自然风，使舍内有较大的气流，以利于防暑降温，但冬季应减少气流，以利于防寒保暖。

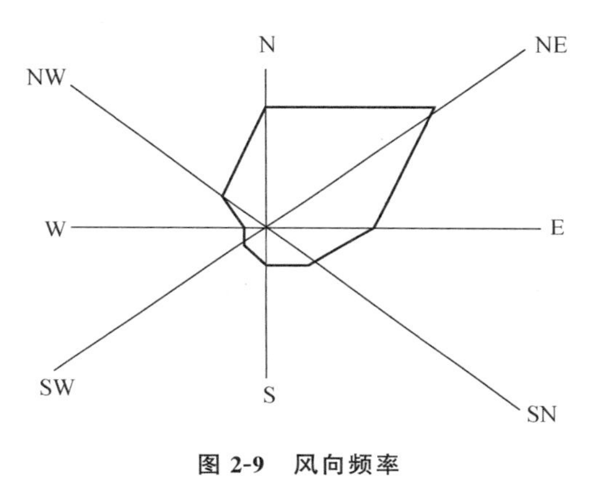

图 2-9 风向频率

二、气流对家畜的影响

(一)对机体蒸发散热的影响

在高温时，增加风速可显著提高蒸发散热量；在低温或适温时，如果产热不变，风速增大，会使皮温和水汽压降低，蒸发散热减少；如果产热量增加，蒸发散热也增加。

(二)对非蒸发散热的影响

其主要影响与对流散热有关，而与辐射散热无关。流散热量可用下列公式表述。

$$H_c = cA_c V^n (T_b - T_{air})$$

式中：H_c 为对流散热量；c 为对流系数；A_c 为可对流散热的体表面积；V^n 为气流速度(n 为风速指数，牛约为 0.5)；T_b 为体表温度；T_{air} 为空气温度。

风速越大，对流散热越多，但对流散热量与气流温度有关。当 $T_b = T_{air}$ 时，$H_c = 0$；若 $T_b < T_{air}$，机体还会从环境得热。

当风速为 0.3 ～1.05 m/s 时，家禽对流散热量(y，W/m^2)与风速的关系(x，m/s)。当温度为 20 ℃和 30 ℃时，可分别用下列公式计算：①当温度为 20 ℃时，$y = 56.5 + 16.9 \log x$；②当温度为 30 ℃时，$y = 11.8 + 40.1x$。

当温度为 20 ℃和 30 ℃时，非蒸发散热量可分别用下列公式计算：①当温度为 20 ℃时，$y=70.6\exp(0.099x)$；②当温度为 30 ℃时，$y=41.4+25.9x$。

在不同的气温下，家禽非蒸发散热量存在差异，从而反映出机体热调节的差异(Mitchell，1985)。冬季低温而潮湿的空气能显著提高散热量，容易造成家畜感冒性疾病的发生，特别是当局部封闭不严时，机体其他部位处于舒适环境中，不能对局部进行有效调节，易造成冻伤并反射地引起其他部位抵抗力下降，所以人们常说"不怕大风一片，就怕贼风一线。"

(三)对产热量的影响

在适温、高温时，气流不影响机体产热；在低温时，气流使机体产热增加。可见，在夏季，加大气流速度对家畜的健康和生产力具有良好的促进作用，这样有利于机体蒸发散热和对流散热。而在冬季，气流增大则会显著提高散热量，加剧寒冷对机体的不良作用，加上气流使家畜能量消耗增多，进而使生产力下降。所以夏季应尽可能增大舍内气流，加速机体散热；冬季尽可能保持低而适宜的气流，以利于保温，同时保持一定气流以便于舍内气体流动，加速 CO_2、NH_3、水汽等有害物质的排出。冬季畜舍应保持 0.1～0.2 m/s 的气流速度，但气流速度最好不超过 0.25 m/s。

(四)对生产性能的影响

气流通过机体的热调节而影响动物生产力，影响的大小和性质与空气的温度和湿度有关。具体参见气温对家畜生产性能的影响。

三、气压的概述

(一)气压的概念

包围地球表面的空气因地心引力以其本身重量对地球表面产生的压力，被称为大气压。为便于比较气压大小，以北纬 45°的海平面，气温为 0 ℃时的大气压力(相当于 101 080 Pa)作为一个标准大气压。

(二)气压的单位

气压的国际标准单位是 hPa(百帕)。过去曾使用过 bar(巴)、mb(毫巴)、mmHg(毫米汞柱)等。它们之间的关系：1 bar=1 000 mb，1 mb=0.750 1 mmHg=100Pa=1 hPa

(三)气压的变化

同一地区气压变化不大，但气压的垂直分布有重大差异。随海拔高度增加，空气密度减少，气压及各气体分压逐渐减小。如海平面上氧分压为 201.3 Pa，而在 5 000 m 的高空时，氧分压下降到 10 799.1 Pa，所以在高空中，氧的供应将出现不足。

(四)气压对家畜的影响

1. 同一地区气压变化对动物的影响

在同一地区内，气压的变化对家畜机体影响不太大，但有些病畜(人)对气压的变化比较敏感，如在下雨或阴天时，气压降低，关节炎、神经痛及风湿病的发作率增加。鱼类对气压变化比较敏感，气压下降，氧分压降低，水中溶解氧减少，鱼就会浮出水面。另据试验报道，当阴天的气压下降时，奶牛产乳量有一定程度的降低。

2. 海拔高度变化对动物的影响

随着海拔高度增加，空气密度、压力及组成空气的每一种气体的分压也随之下降，其中主要是氧分压的下降。由于吸入空气的氧分压降低，故肺泡气的氧分压下降，因而动脉血氧分压也随着下降，动脉血氧饱和度降低，而引起缺氧现象。当海拔达到 3 000 m 高度时，不适应高海拔的家畜开始出现呼吸和心跳加快等轻度缺氧症状。如果海拔持续升高，可引起家畜呼吸、心跳显著加快，疲乏，精神委顿，多汗，运动失调等。除缺氧症状外，家畜还出现各种由于气压过低所引起的机体病理变化，如皮肤、口腔黏膜、鼻腔黏膜血管扩张，毛细血管渗透性增加，甚至破裂出血，肠道内气体膨胀，腹痛等。这种现象发生于 3 000 m 以上的高海拔地区，所以被称为高山病或高原反应。高山病的发生主要是由高海拔的氧分压降低，造成动物组织缺氧所致。它也与低气压、紫外线过强、温度下降及 CO_2 分压降低有关。

3. 家畜对高海拔的驯化和适应

当家畜长期处于高海拔的低气压环境中时，家畜可逐渐产生对低气压的忍受力，从而导致对高海拔的反应逐渐减轻或消失，并不发生高山病。动物各系统的生理功能产生了适应性变化，其适应机制为：①提高肺通气量，增加余气量，以提高微血管中的含氧量。②减少血液贮存量，以增加血液循环量。同时造血器官受到低氧刺激，红细胞和血红蛋白的增生加速，血液中红细胞数和血红蛋白值均提高，全身血液总量也增加，使血液的氧容量增大。③加强心脏活动，心跳次数和每搏输出量都上升，血压出现随海拔增高而上升的趋势。④降低组织氧化过程，提高氧的利用率，以减少氧的需要量。⑤由肾脏中排出血液中过多的 HCO_3^-，调整体液的酸碱平衡，呼吸中枢的反应性和肺通气量持久增加。⑥血液中的 2,3-二磷酸甘油持久增加，血红蛋白 O_2 解离曲线右移，改善组织摄氧。这些变化都是由机体适应高山上以缺氧低气压为特征的高山气候而导致的。在一定范围内，它可以维持机体的生理机能。但并不是所有家畜都可通过驯化成功地被引入高海拔地区。因为每种家畜都有本身的生态特性，当新环境与生态特性差异过大时，往往会导致其生产力和抗病力的下降或者不能生存。

4. 了解气压对动物的影响在引种工作中的意义

①动物种属不同，其对低气压的适应能力也不同。每种家畜对环境的变化都有一定的生理耐受极限，超过此限度家畜就会患病或死亡。因此，不是所有的动物可以顺利地进行异地引种，如山羊、绵羊、马和骡等对低气压环境适应能力较强。猪对低气压条件比较敏感，适应能力较差。

②幼年动物对低气压的适应能力较强，而由于机体整体机能衰退，老年家畜对缺氧反应剧烈，老年家畜难以通过训练去适应高山的低气压环境。因此，引种工作从幼龄动物开始较为合适。

③在高山、高原地区发展畜牧业时，引种工作要坚持循序渐进的原则和采用逐渐过渡的方法，使家畜逐渐适应低压和缺氧环境。

第五节　气象因素对家畜影响的综合评价

一、气象因素的综合评价指标

气温、气湿、气流、气压对机体健康和生产性能的影响在以上各节分别做了介绍，但在生产条件下，温热环境中的诸因素对家畜的影响是综合的，用单项指标无法说明这种综合作用。因为各种因素相互制约、相辅相成，如在高温、高湿时，动物会感到很热，而在同样的高温下，如有风且湿度较低时，动物可能会感到不是那么炎热。因此，在评价气象因素对家畜的影响时，应该把各种气象因素综合起来，这就需要研究一些能评价温热环境中诸因素共同作用机体效果的方法。目前已提出的综合评价指标包括有效温度、温湿指标、风冷却指标等。这些指标都是希望用一个简单的数值来概括气象因素对机体的综合影响。气象因素的变化很复杂，其影响的是机体生理机能的各个方面，所以用一个简单的数值来综合评价复杂的气象因素对机体产生的各种生理反应，难免存在一些局限性和缺点。在实际应用中，我们需要对每一个综合评价指标的价值有一个客观的认识，并提出更符合实际的评价指标。

（一）有效温度

有效温度（effective temperature，ET）又称实感温度，它是根据气温、气湿、气流三个主要气象因素的相互制约作用在人工控制的条件下，以人的主观温热感觉为基础制定的。它是指不同气温、气湿、气流及辐射热共同作用于机体产生相同影响（感觉）的空气温度。它是以湿度为100%，气流速度为0 m/s时的温度为标准进行比较而得来的。在表2-2中，当气流速度为0，相对湿度为100%，有效温度为17.8 ℃；相对湿度为80%，气流速度为1 m/s，有效温度为23.5 ℃时的这两种不同的气象条件下，人体具有同样的舒适感，它们的有效温度即17.8 ℃。根据这一原则，可以调整各气象因素，使动物同样感到舒适。如当相对湿度为90%，有效温度为25.7 ℃时，要达到与相对湿度为100%，有效温度为17.8 ℃时同样舒适的感觉，就要把气流速度加大到2 m/s。该表是以人的裸体感觉为基础制定的，不完全适合于家畜，但在畜牧生产管理中可根据其基本原则，通过调节各气象因素，降低有效温度，消除高温对动物造成的不良影响，使动物产生与适温下相同的舒适感觉。在家畜环境科学中，能否根据家畜等热区的原理，三个主要气象因素互相配合，制定不同家畜的有效温度表，这是一项值得思考并进一步研究的工作。

根据干球温度和湿球温度对动物体温调节（直肠温度变化）的相对重要性，分别乘以不同系数后相加，所得温度值也称为有效温度。人和几种动物有效温度的表达公式如下。

人：$ET=0.15T_d+0.85T_w$

牛：$ET=0.35T_d+0.65T_w$

猪：$ET=0.65T_d+0.35T_w$

鸡：$ET=0.75T_d+0.25T_w$

式中：T_d 为干球温度（℃）；T_w 为湿球温度（℃）。

表 2-2 在不同湿度和气流速度下穿着正常的人的有效温度

相对湿度/%	气流速度/(m/s)				
	0	0.25	0.50	1.00	2.00
	有效温度/℃				
100	17.8	19.6	21.0	22.6	25.3
90	18.3	20.1	21.4	23.1	25.7
80	18.9	20.6	21.9	23.5	26.6
70	19.5	21.1	22.4	23.9	26.6
60	20.1	21.7	22.9	24.4	27.0
50	20.7	22.4	23.5	25.0	27.4
40	21.4	23.0	24.1	25.3	27.8
30	22.3	23.6	24.7	26.0	28.2

资料来源：东北农学院．家畜环境卫生学．2 版．北京：中国农业出版社，1990。

(二)温湿指标

温湿指标(temperature-humidity index，THI)又简称为温湿指数，是指将气温和气湿结合起来综合估计炎热程度的指标。它原为美国气象局用来评价人在夏季某种气象条件下不适反应的一种方法，后来也被普遍用于家畜，特别是牛。THI 的计算公式有多种，这可能是与研究者的试验方法不同等因素有关。

①奶牛的 THI 常用下列公式计算。

$$THI = 0.55T_{d} + 0.2T_{dp} + 17.5$$

式中：T_{d} 为干球温度(℉)；T_{dp} 为露点温度(℉)。

当 THI 小于 69 时，乳牛产奶量不受影响；当 THI 为 76～77 时，乳牛的产奶量将下降一个标准差或更多；当 THI 为 76 以下时，经过一段时间的适应，乳牛的产奶量可逐渐恢复正常。因此，乳牛的适宜 THI 值应不大于 75。

②在高温下，奶牛产奶量减少的量与环境 THI 的关系如下。

$$\mathrm{Mdec} = -2.73 - 1.736\mathrm{NL} + 0.02474\mathrm{NL} \times \mathrm{THI}$$

式中：Mdec 为产奶量减少的磅数；NL 为正常产奶量，磅。

③鸡的温湿指数一般常用下列公式计算。

$$THI = 0.4(T_{d} + T_{w}) + 15$$

式中：T_{d} 为干球温度(℉)；T_{w} 为湿球温度(℉)。

鸡的 THI 值不宜大于 75，当 THI 等于或大于 75 时，鸡的生产性能会下降，应采取降温措施。

(三)风冷指数

风冷指数(wind-chill index，WCI)是指将气温和风速相结合来评价寒冷程度的指标，以风冷却力(H)来表示。其主要用以估计人体体表单位面积的对流散热量。风冷却力用下列公式来计算。

$$H = 4.18(\sqrt{100v + 10.45} - v)(33 - T_{d})$$

式中：H 为风冷却力[kJ/(m^{2}·h)]；v 为风速(m/s)；T_{d} 为干球温度，即气温(℃)；33 为无风

时的皮肤温度(℃)。

风冷却力(H)对畜牧生产中热环境的综合评定不够直观,但可根据下列公式将其折算为无风时的冷却温度(℃)=33−H/92.324。

例如,在−15 ℃,风速为6.71 m/s时,散热量为H,根据以上公式可算出H=1 423 kcal/(m^2·h),相当于无风时的冷却温度(℃)=33−1 423/22.06=−31.5 ℃,即在机体单位面积单位时间内,在v=6.71 m/s时,−15 ℃的散热量与v=0 m/s时,−31.5 ℃的散热量是一样的,在这两种条件下,动物有相同的寒冷感。这样可将不同风速(v)与不同气温的温热环境转化为v=0 m/s时的冷却温度,这种做法比较直观,便于比较。

(四)湿卡他冷却力

湿卡他冷却力(H_w)是指将气温、气湿、风速、辐射四个因素结合起来评价炎热程度的指标。卡他温度表本来就是用来测定风速的仪器。如果将其球部用脱脂纱布包裹(相当于湿球)在热水中加热球部,使酒精升到安全泡2/3处,挂于预测地点,准确记录酒精面由38 ℃降到35 ℃的时间(T),再根据每只卡他温度计上的卡他系数(F),按下列公式求得湿卡他冷却力(H_w)。

$$H_w=\frac{F}{T}$$

式中:F为卡他系数(mcal/cm^2);T为时间(s)。

T与气温、辐射成正相关,与风速负相关。湿纱布蒸发散热,T还与气湿有关(正相关)。每只表上的卡他系数一定,H_w与T成反比,即当气温高,辐射强,风速小,湿度大时,T较大,H_w变小。对奶牛来说,当H_w小于10时,其产奶量下降;当H_w为12~13时,其产奶量可维持不变;当H_w为14~15时,较为舒适。

二、家畜耐热耐寒力的评价

(一)家畜的耐热、耐寒力的概念

家畜的耐热、耐寒力是指家畜在不适宜的环境温度(热负荷)下保持体热平衡和生产力的能力。在引种和育种工作中,掌握家畜耐热、耐寒力的评价方法对选择适合当地气候的品种和个体具有实际意义。

(二)耐热力的估测指标

体温是衡量动物热平衡的最好指标,许多耐热性的研究大多以体温测量为中心。目前,对牛的测定较多,而其他家畜的资料相对较少。在牛的估测指标中,较早提出的是耐热系数(heat tolerance coefficient,HTC)。这个概念由A. O. 罗德(Rhoad)于1944年根据家畜在同样炎热环境中体温升高的程度而提出。该试验在夏季炎热时进行,即将牛放在露天、无风的围栏内(或在荫蔽下,气温为29.4~35 ℃的环境中),每天上午10:00和下午3:00各测量体温一次,重复3 d,取其平均数,然后按下列公式计算耐热系数。

$$\text{HTC}=100-10(T_B-101)$$

式中:100为家畜保持正常体温的全部能力;10为炎热时体温升高因子,也即人为地把温度升高的幅度扩大10倍,以便于比较;T_B为试验时的体温(℉);101为正常牛体温(℉),等热区平均体温。

耐热系数越大,表示耐热性越强,否则,反之。如娟姗牛的HTC为79,安格斯牛的HTC

为 59，说明娟姗牛比安格斯牛耐热性强。

在家畜选种上，以耐热系数作为标准进行耐热性选择时必须有统一基础，如品种、性别、年龄、营养水平和生产力等必须完全相同，因为这些因素能显著影响家畜的耐热性。如果没有统一基础，则耐热系数高的家畜就可能营养不良或低产（代谢率低、产热少、耐热），此时用其作为选种或育种的依据则不具有实际意义。

1975 年，苏联学者拉乌申巴赫认为，耐热系数法只适用于牛，而且其计算式采用的也是牛等热区平均体温。事实上，牛的正常体温范围为 37～39 ℃，HTC 不能正确反映在正常情况下体温不同的个体的耐热力。因此，他提出用环境温度在 30 ℃以上的家畜的耐热力指数（IHT）来评价家畜的耐热力。在计算公式中采用在适宜温度下动物的实际体温，并引进不同家畜体温对气温的回归系数 K，其一般计算公式为。

$$\mathrm{IHT}=100-20[(T_2-T_1)+K(40-t_2)]$$

式中：T_2 为 30 ℃以上热负荷下的体温（℃）；T_1 为等热区条件下的体温（℃）；K 为体温对气温的回归系数，牛为 0.06，羊为 0.05，猪为 0.07；t_2 为 30 ℃以上热负荷下的环境温度（℃）。

测定方法是以高于 30 ℃的白天的体温作为 T_2，而以同天清晨的体温为 T_1，并将各种家畜的 K 值分别带入上式，则得出不同家畜的 IHT 值。由于产乳和妊娠畜高温下体温有变化，所以 IHT 一般只用于肥育家畜。

影响动物耐热的因素很多，如体表面积，体表面积/体重的比值越大就越耐热；被毛状态（长短、色泽）；脂肪堆积状况；蒸发散热问题等，因此，在对动物耐热力进行评价时应综合考虑动物各方面的因素。正确评价家畜耐热力对家畜品种改良、风土驯化、引种等有重要意义，但总体来看，还没有出现可被生产实际所接受的理想评价方法。

（三）耐寒力的评价

家畜的耐寒力较强，同时对家畜的保温措施比防暑措施更容易解决。除原产于热带和初生的幼畜外，在正常饲养管理制度下，一般寒冷对动物的威胁不大，因此，对家畜耐寒力（cold tolerance）的研究较少。虽有人提出一些指标，但在实际应用中较为困难。有人提出了根据家畜在低温热负荷下产热量的变化来评定其耐寒力的指标——耐寒力指数（index of cold tolerance，ICT），其计算公式如下。

$$\mathrm{ICT}=60-100\,\frac{T_2-T_1}{T_2+K(t_2+10)}$$

式中：T_2 为在低温（t_2）情况下暴露 2 h 后的产热量[kcal/(h·kg 活重)]；T_1 为在等热区温度下的产热量[kcal/(h·kg 活重)]；t_2 为低温热负荷时的环境温度（℃）；K 为产热量对气温降低的回归系数，牛为 0.6。

耐寒力强的家畜在低温热负荷下产热增加得少，ICT 则较高。由于机体产热量的测定比较复杂，该方法在实践中被广泛应用还有困难。影响耐寒力的因素也很多，其主要因素包括被毛状态、皮下脂肪、代谢状态等。

（齐德生、邵庆均）

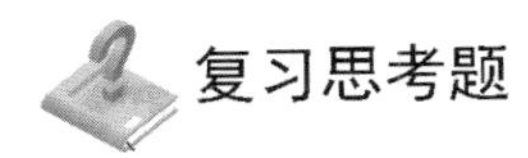

复习思考题

1. 动物的热平衡及其影响动物散热的因素有哪些？

2. 根据在高温情况下家畜体热调节的特点，简述改善饲养管理的措施。

3. 影响家畜等热区的因素有哪些？据此应采取哪些饲养管理措施？

4. 简述等热区和临界温度在畜牧经营中的意义。

5. 为什么在等热区内家畜的饲料转化效率最高？

6. 为什么哺乳动物善耐低温而不耐高温？

7. 草原地区的家畜夏肥、秋壮、冬瘦、春死的环境原因是什么？

8. 简述夏季高温高湿对家畜健康、生产力的影响以及对此应采取哪些饲养管理措施。

9. 简述冬季低温高湿对家畜健康、生产力的影响以及对此应采取哪些饲养管理措施。

10. 可见光对家禽的繁殖力有什么影响？育雏、育成期、产蛋期应分别采取哪种光照制度？

11. 海拔对家畜健康有什么影响？

12. 什么是有效温度？为什么要用有效温度评定温热环境对家畜的影响？

13. 红外线对家畜有什么作用？过量照射会对家畜产生哪些不良影响？

14. 紫外线对家畜有什么作用？过量照射会对家畜产生哪些不良影响？

15. 什么是太阳高度角？其变化规律对畜牧生产管理有什么指导作用？

16. 什么是风向频率图和主导风向？对畜牧场建设有什么指导作用？

17. 为什么要尽可能地避免舍内高湿？

18. 在家畜日粮中，夏季适当添加油脂有什么意义？

19. 温热环境的核心是什么？为什么？

20. 在畜牧生产管理中，对气湿为什么常用相对湿度表述而较少用绝对湿度？

参考文献

[1]Alhanof Alhenaky, Anas Abdelqader * , Mohannad Abuajamieh, et al. The effect of heat stress on intestinal integrity and Salmonella invasion in broiler birds. Journal of Thermal Biology, 2017,70:9-14.

[2]Aamir Nawab, Fahar Ibtisham, Li G H, et al. Heat stress in poultry production: Mitigation strategies to overcome the future challenges facing the global poultry industry. Journal of Thermal Biology, 2018,78 :131-139.

[3]Mayada R F, Mahmoud A. Physiological alterations of poultry to the high environmental temperature. Journal of Thermal Biology, 2018,76:101-106.

[4]Mitchell M A. Effects of air velocity on convective and radiant heat transfer from domestic fowls at environmental temperatures of 20 ℃ and 30 ℃. British Poultry Science, 1985, 26:413-423.

[5]Richards S A. Evaporative water loss in domestic fowls and its partition in relation to ambient temperature. J. agric. Sci. , Camb. , 1976, 87:527-532.

第三章

畜牧场空气中的有害物质

学习目标

- 理解畜牧场有害气体和颗粒物的来源和特性；
- 掌握畜牧场有害气体和颗粒物的控制措施；
- 掌握不同畜舍中有害气体和颗粒物的卫生标准；
- 了解畜舍有害气体和颗粒物对家畜健康和生产力的影响。

第一节　畜牧场空气中的有害气体

良好的空气环境是保证家畜正常生理机能和健康的必要条件。集约化畜牧场的空气卫生主要关注空气质量对家畜健康和生产效率的影响以及饲养员的呼吸道健康问题。畜舍空气质量、卫生状况与家畜肠道、呼吸道疾病的发生率上升有关。畜舍空气污染物由氨、硫化氢等气体以及空气中的微粒、微生物气溶胶等有机和无机来源的一系列物质组成。在畜舍和畜牧场内，受家畜的呼吸、排泄以及生产过程等因素的影响，舍内空气的成分与大气差异较大。这种差异主要表现为有害气体，特别是氨气（NH_3）、硫化氢（H_2S）、二氧化碳（CO_2）、甲烷（CH_4）、粪臭素的含量大为增加，散发出难闻的恶臭味。畜牧场内的有害气体长期滞留不仅危害人畜健康，并污染环境，甚至当污染严重时还会引起畜产公害。

一、畜舍内有害气体的产生

畜舍内空气的化学成分与大气不同，其主要由家畜呼吸、生产过程和有机物分解等产生的有害气体组成，包括 NH_3、H_2S、甲基硫醇、吲哚等恶臭物质和 CO_2、挥发性脂肪酸等。畜舍内产生的空气的特点：①畜牧生产是一个连续过程，家畜生理活动产生废弃物多，每天产生大量粪便、污染垫料，以上这些废弃物腐败分解时都会产生有害气体。②与天气、空气温湿度有关。在天气晴朗时，废弃物物料的水分少，使得物料的供氧较多，依靠微生物好氧分解，分解彻底，含 C 物质能够彻底氧化为 CO_2，含 N 物质能够彻底分解为 NO_2。相反，当阴天或潮湿时，水分对物料气孔有阻塞作用,供氧不足,发生厌氧分解。有机物分解不彻底,产生 NH_3、H_2S 及其他恶臭物质,而且分解慢对人畜会产生直接影响,即影响家畜的正常生理功能。畜舍内的不良气味会影响饲养员情绪及其工作效率。

畜牧场粪尿的分解是一个连续的过程。该过程可以导致有害气体混合物的形成。这些有害气体的多少不仅取决于环境条件是富氧,还是缺氧,而且和粪尿的处理方法有关。大量的粪尿在微生物好氧分解过程中,大部分分解为 CO_2,在厌氧分解条件下,则形成有害气体,如 NH_3 和 H_2S 等。如果这些有害气体长期滞留在舍内或畜牧场,则会危害工作人员和家畜的健康,并污染环境。当有害气体危害严重时,还引起畜产公害,所以畜牧场的粪尿处理是家畜环境卫生学要解决的主要问题,也是消除有害气体的重要途径。畜牧场恶臭的主要来源是家畜粪便排出之后的腐败分解产物。

家畜采食的饲料经胃和小肠消化吸收后,进入后段肠道(结肠和直肠),未被消化的部分作为微生物发酵的底物分解产生多种臭气成分,故新鲜粪便也具有一定的臭味。同时,这些臭气随消化道气体排出体外。当粪便被排出体外后,粪便中原有和外来的微生物、酶继续分解其中的有机物,生成的某些中间产物或终产物形成有害气体和恶臭。畜牧场家畜粪便和污物在收集、运输、堆放和加工利用过程中,腐败产生有害气体和恶臭的过程可分为三个阶段:①酸酵解阶段。粪便中的糖类、蛋白质和脂肪分别被微生物和细胞外酶水解为单糖、氨基酸和脂肪酸(乙酸、丙酸和丁酸等)。②酸发酵减弱阶段。有机酸和可溶性含氮化合物被水解为氨、胺、二氧化碳、碳氢化合物、氮、甲烷、氢等。此时,pH 升高,生成硫化氢、吲哚、粪臭素、硫醇等。③碱性发酵阶段。有机酸被降解为 CO_2、CH_4,并产生 NH_3、H_2S、胺类、酰胺类、硫醇类、醇类、二硫化物和硫化物等。

一般认为,散发的臭气浓度与粪便的磷酸盐和氮的含量成正比。磷酸盐和氮的含量越高,其产生的有害气体也就越多。家禽粪便中的磷酸盐的含量比猪粪中的磷酸盐的含量高,猪粪中的磷酸盐的含量又比牛粪中的磷酸盐的含量高,因此,规模化畜牧场中养鸡场的臭气问题最为严重。

二、畜牧场有害气体的成分

畜牧场有害气体的成分非常复杂。家畜种类、清粪方式、日粮组成、粪便和污水处理等的不同,有害气体的构成和强度也会有差异,但畜牧场有害气体的主要成分是硫化氢,有机酸,酚,盐基性物质,醇类、醛类、酮类、酯类、含氮杂环化合物和碳氢化合物等。

许多研究者对家畜粪便发酵产生的有害气体进行了成分鉴定。由于测定时的具体情况(家畜种类、日粮成分、尿、水、杂质的混入、发酵条件和时间等)、畜舍管理(清粪方式、清洁程度等)和测定方法的不同,结果也有差异。据资料表明,牛粪中的有害气体成分有 94 种,猪粪中的有害气体有 230 种,鸡粪中的有害气体有 150 种。有害气体的有机成份主要包括挥发性脂肪酸、酸类、醇类、酚类、醛类、酮类、酯类、胺类、硫醇类及含氮杂环化合物等(表 3-1)。此外,NH_3 和 H_2S 等则是有害气体的无机成分。

三、畜舍主要有害气体的性质及对家畜的影响

畜舍中的有害气体主要有 NH_3、H_2S、CO_2、CO、CH_4、吲哚、带有粪臭味的气体等。对家畜危害最大的是氨气,而毒性最强的是硫化氢。

表 3-1 某些有害气体的分类和性质

分类	名称	臭气成分
硫醇类	乙基硫醇 甲基硫醇 异丙基硫醇	烂洋葱头臭 烂甘蓝臭
硫醚类	二甲基硫 二乙基硫 二丙基硫 二苯基硫	蒜、韭菜臭
硫化物	H_2S 硫化铵	腐蛋臭 强刺激臭
醛类	甲醛 乙醛 丙烯醛	刺激臭 不快臭、催泪
吲哚类	β-甲基吲哚	粪臭
脂肪酸类	乙酸 丙酸 酪酸	刺激臭
酰胺类	酪酰胺	汗臭
胺类	甲胺 乙胺 二乙胺	腐败鱼味
酚类	苯酚 硫酚	不快臭

资料来源:吴鹏鸣．环境检测原理与应用．北京:化学工业出版社,1991。

(一)氨

1. 理化特性

氨(ammonia,NH_3)是一种动物无色有刺激性臭味的气体,分子量为 17.03,对空气比重 0.956。在标准状态下,1 mg NH_3 为 1.316 mL,极易溶于水呈碱性,形成 NH_4OH(氨水);在 0 ℃的条件下可溶解 9.07 g/L 的水;在 20 ℃的条件下可溶解 899 g/L 的水。

2. NH_3 的来源

NH_3 是畜舍内最容易产生且危害性最强的一种气体。其主要来源为含氮有机物的腐败分解。畜舍内的 NH_3 主要有两种产生途径:一种是由家畜胃肠道对饲料蛋白质的不彻底消化以及尿氮的水解产生;另一种是饲料残渣、垫料、粪尿的堆积引起微生物对含氮物质的降解而产生。研究者证实,在通风环境较差的条件下,如果鸡舍的饲养密度大,鸡在采食高蛋白饲料后,由于鸡的消化道较短,消化率较低,其粪便中有 20%～25%的蛋白类营养物质和微生物氮等未被机体消化和吸收,这些含氮类化合物在温度和湿度适宜的条件下被微生物厌氧或有氧发酵,造成小环境内的 NH_3 浓度过高。在我国畜牧生产的管理水平较差的鸡舍内,NH_3 浓度甚至超过 151.78 mg/m^3。饲养密度、通风条件、粪便发酵、粪便 pH 等都对畜舍内 NH_3 浓度的变化产生较大影响。

畜牧业是氨气排放的主要来源之一。在荷兰、丹麦、德国和英国，畜牧业中 NH_3 的排放量分别占该国氨气总排放量的85%、82%、76%和75%，美国畜牧场排放的 NH_3 约占55%。一个年产量为10万头猪的猪场可向大气排放的 NH_3 高达159 kg/h，一个72万只规模的养禽场向大气排放的 NH_3 高达13.3 kg/h。

3. NH_3 对家畜的影响

NH_3 易溶于水，其水溶液呈碱性，对黏膜有刺激性，可刺激家畜眼黏膜，轻则引起眼睛流泪，重则引起结膜炎、角膜炎甚至导致视觉障碍。NH_3 还会刺激呼吸道黏膜，引起咳嗽、气管炎、支气管炎、肺部水肿甚至窒息而亡。NH_3 经呼吸进入呼吸系统，造成呼吸机能紊乱，导致家畜更容易感染其他空气传播疾病。NH_3 进入血液中还可与血红蛋白结合，降低血红蛋白的携氧能力，机体出现贫血和组织缺氧等状况，使机体抵抗力下降。短时间的低浓度 NH_3 可由尿排出，其他各种不适反应可以得到缓解，其化学反应方程为 $2NH_3 + CO_2 \rightarrow CO(NH_2)_2 + H_2O$。但长时间高浓度的 NH_3 中毒则不易缓解，甚至会造成中枢神经麻痹，中毒性肝病，心脏损伤。如果家畜长期处于低浓度的氨中，其对结核病和其他传染病的抵抗力会显著减弱。在家禽中，鸡对 NH_3 特别敏感。当空气中的 NH_3 质量浓度达8～15 mg/m^3 时，鸡的抵抗力和体增重就会下降，并出现呼吸器官症状，对鸡新城疫病毒感染敏感，对继发感染敏感性提高；当空气中的 NH_3 质量浓度达到38 mg/m^3 时，鸡就会患角膜结膜炎，呼吸频率下降。

虽然家畜长期生活在低质量浓度的 NH_3 环境中没有明显的病理变化，但会出现采食量降低，消化率下降，对疾病的抵抗力降低，生产力下降，但这种慢性中毒症状不容易被人察觉，应引起高度重视。据报道，当猪舍内的 NH_3 质量浓度达到25 mg/m^3 时，体重20 kg的仔猪生长速度下降5%；当猪舍内的 NH_3 质量浓度上升到50 mg/m^3 时，仔猪的生长速度下降12%；当猪舍内的 NH_3 质量浓度为100～150 mg/m^3 时，仔猪的生长速度下降30%。随着猪舍内的 NH_3 质量浓度的升高，猪的日增重下降，料重比随 NH_3 质量浓度的升高而增加，同时较高的 NH_3 质量浓度还将诱发呼吸道疾病。当猪舍内 NH_3 的质量浓度达50～75 mg/m^3 时，仔猪的抵抗肺部疾病的能力将会受到影响。猪舍内的 NH_3 质量浓度过高还会影响后备母猪的发情。公猪口腔白沫含有一种性激素（由唾液腺分泌），它的气味可以促使后备母猪发情。

有报道指出，这种激素的传播距离不到1 m，若猪舍内的 NH_3 质量浓度过高，就会影响后备母猪的嗅觉，再加上 NH_3 本身具有的刺激性气味影响了后备母猪对公猪身上气味的敏感性，从而延迟后备母猪的性成熟。有资料表明，猪舍内的 NH_3 质量浓度达到30 mg/m^3 时，会导致200日龄内发情的小母猪数量下降30%左右。血氨浓度过高还会导致母猪子宫中氨含量增加，从而破坏子宫的酸性环境，影响精子活力、胚胎着床和生长，降低母猪的受孕率。高浓度的血氨还会降低血氧浓度，影响胚胎的发育。初产母猪、老母猪以及体质偏差的母猪在生产时，由于产程较长，后面未出生的仔猪因长时间缺氧而死亡，由此可见，高血氨会增加死胎率。当猪舍内的 NH_3 质量浓度保持在10 mg/m^3 以下时，则有利于猪群的生长和健康。雏鸡在无氨的环境中接触新城疫病毒，只有40%的雏鸡受感染；在猪舍内15.2 mg/m^3 NH_3 的环境中，饲养3 d雏鸡接触新城疫病毒可达到100%感染率。表3-2和表3-3分别列出了 NH_3 对雏鸡和猪的影响。

4. NH_3 的畜舍空气环境质量标准

《畜禽场环境质量标准》（NY/T 388—1999）规定：禽（雏）舍为10 mg/m^3，禽（成）舍为15 mg/m^3，猪舍为25 mg/m^3，牛舍为20 mg/m^3。

表 3-2 雏鸡对不同质量浓度 NH_3 的反应

NH_3 质量浓度/(mg/m^3)	雏鸡状态
5～10	正常
20	呼吸加快
30	呼吸加快、瞬膜收缩加快
40	呼吸快、不断抖动、排粪频繁
50	呼吸急促
70	神经质啄羽毛

资料来源：朱伟，郑琛，杨华明，2018。

表 3-3 猪对不同质量浓度 NH_3 的反应

NH_3 质量浓度/(mg/m^3)	猪只状态
25	生产力和健康无影响
35	萎缩性鼻炎，采食量下降
50	增重下降大于 12%
100	增重下降大于 30%，发病率升高

资料来源：朱伟，郑琛，杨华明，2018。

(二)硫化氢

1. 理化特性

硫化氢(hydrogen sulfide，H_2S)是一种无色、有臭鸡蛋气味、刺激性和窒息性的气体，可燃，有很强的还原性，易溶于水，密度较空气大。其相对分子质量为 34.08，熔点为 -85.6 ℃，沸点为 -60.4 ℃，燃点为 292 ℃，密度为 1.19 g/cm^3。在 0 ℃时，1 体积的水可溶解 4.65 体积的硫化氢。在标准状态下，每升的硫化氢重量为 1.526 g，每毫克的容积为 0.649 7 mL。

2. H_2S 的来源

畜舍中的 H_2S 是由含硫的有机物分解所产生。鸡舍内 H_2S 的来源主要有两个方面：一是由于受鸡的消化道较短，各类消化酶分泌不足，微生物发酵弱等因素的影响，采食过量的蛋白质类饲料不能被机体充分消化、吸收、利用，导致消化机能紊乱，消化道内产生大量 H_2S；二是在适宜的温度和湿度条件下，粪便、饲料残渣、垫料、破蛋等物质中的含硫有机化合物经细菌发酵分解也可以发生以下反应，造成畜舍内 H_2S 浓度升高：

$$SO_2^- + \text{含硫有机物} \rightarrow S^{2-} + H_2O + CO_2$$

$$S^{2-} + H^+ \rightarrow H_2S$$

3. H_2S 对家畜的影响

H_2S 易引起家畜畏光、流泪、咳嗽、气管炎、呼吸困难等症状，甚至还会引起肺水肿，严重时还会影响家畜健康和生产性能。同时 H_2S 是还原性气体，吸入肺泡经血液循环可与细胞色素酶中的 Fe^{3+} 结合，使血红蛋白低于正常水平，造成组织缺氧，引起动物窒息，所以长期生活在低浓度的 H_2S 环境中，家畜的采食量和抗病力会下降，易发生呼吸道疾病和肠胃病，还会出现心脏衰弱等症状，而高浓度的 H_2S 可直接抑制家畜的神经中枢，引起其窒息死亡。

有研究者以 H_2S 作为环境污染示踪剂对垃圾填埋场 5 km 以内的居民进行健康调查评估，用拉格朗日分散模型对 242 409 个个体统计分析发现 H_2S 与肺癌、呼吸道疾病的死亡率和发病率有关，同时也发现低浓度的 H_2S 可以上调大鼠皮层锥体神经元的兴奋性，进而加重癫痫病的发生率。据试验研究发现，鸡舍内高浓度的 H_2S(0～3 周肉仔鸡 8 mg/m^3，4～6 周肉仔鸡 12 mg/m^3)能降低肉仔鸡的平均日采食量和日增重。当 H_2S 浓度为 12 mg/m^3 时，会降低人血白蛋白抗体水平、血液免疫球蛋白水平和细胞免疫功能等，从而使鸡机体处于亚健康状态(表 3-4)。

据国外关于畜舍内 H_2S 气体的研究表明，正常饲养管理条件下的猪舍 H_2S 浓度一般低于 7.6 mg/m^3。与其他动物粪便相比，猪粪中含有较高的蛋白质导致了 H_2S 浓度相对较高。研究者也发现，低浓度的 H_2S 会影响猪的免疫力、增大料重比。当浓度为 20 mg/m^3 时，猪易引起呼吸道疾病，甚至可直接抑制呼吸中枢，当浓度过高时还可导致窒息或神经麻痹而死亡；当浓度为 30 mg/m^3 时，猪变得畏光、丧失食欲、神经质；当浓度为 76～304 mg/m^3 时，猪会呕吐、失去知觉，因呼吸中枢和血管运动中枢麻痹而死亡（表 3-5）。

表 3-4 鸡对不同质量浓度 H_2S 的反应

H_2S 质量浓度/(mg/m^3)	鸡只状态
8～12	采食量降低
20	引发呼吸道疾病
30	抑制呼吸中枢
76～304	呕吐、失去知觉、死亡

表 3-5 猪对不同质量浓度 H_2S 的反应

H_2S 质量浓度/(mg/m^3)	猪只状态
20	采食量降低
30	丧失食欲、神经质
76～304	呕吐、失去知觉

4. H_2S 的畜舍环境质量标准

《畜禽场环境质量标准》(NY/T 388—1999)规定：禽（雏）舍为 2 mg/m^3，禽（成）舍为 10 mg/m^3，猪舍为 10 mg/m^3，牛舍为 8 mg/m^3。

（三）一氧化碳

1. 理化特性

一氧化碳(carbon monoxide，CO)是无色、无臭、无味、无刺激性的气体，在空气中化学性质比较稳定。相对分子质量为 28.01，密度为 0.976 g/cm^3，在标准状态下，每升重 1.25 mg，每毫克的容积为 0.8 mL，比空气轻，燃烧时呈浅蓝色火焰。

2. CO 的来源

在畜舍空气中一般没有 CO。如果冬季在封闭式畜舍内生火取暖时煤炭燃烧不完全，就可能产生 CO，特别是在夜间，门窗关闭，通风不良，此时 CO 浓度可能达到中毒的程度。

3. CO 对家畜的影响

CO 随空气吸入体内，通过肺泡进入血液循环，与血红蛋白和肌红蛋白进行可逆性结合。CO 与血红蛋白的亲和力比 O_2 与血红蛋白的亲和力大 200～300 倍，进入体内的 CO 能很快地与血红蛋白结合，形成碳氧血红蛋白(COHb)，而血红蛋白的解离速度比氧合血红蛋白要慢 3 600 倍，CO 一经吸入，即与氧争夺血红蛋白的结合，碳氧血红蛋白形成后不易分解。另外，碳氧血红蛋白的存在妨碍了氧合血红蛋白的正常解离，血液的带氧功能发生障碍，造成机体急性缺血症，导致组织缺氧，造成血管和神经细胞机能障碍，使机体各部分脏器的功能失调，出现呼吸、循环和神经系统的病变。当 CO 浓度较高时，还可与细胞色素氧化酶的铁结合，从而抑制组织的呼吸过程，阻碍对氧的作用。中枢神经系统对缺氧最为敏感。当中枢神经系统缺氧时可发生血管壁细胞变性，渗透压升高，严重者呈现脑水肿，大脑及脊髓有不同程度的充血、出血和血栓形成。

CO 的危害性主要取决于空气中 CO 的浓度和接触时间。血液中 COHb 的含量与空气中 CO 的浓度成正相关。中毒症状取决于血液中 COHb 的含量，具有明显的剂量-效应关系。猪体内含有 30%的 COHb 即能发生中毒。其主要症状表现为流泪、呕吐、咳嗽、心动疾速、呼吸困难。此时，若能及时脱离中毒环境，经过治疗或不经治疗患猪可以得到恢复。当患猪体内

COHb 达到 50%时，猪迅速出现昏迷，四肢瘫软或出现阵发性肌肉强直及抽搐，瞳孔缩小或散大，视网膜水肿，随着缺氧血症的发展，病猪陷入极度昏迷状态，意识丧失，便秘，尿失禁，痉挛，呼吸困难以至呼吸麻痹，最后心脏麻痹而死亡。

4. CO 的空气环境质量标准

CO 的日平均最高容许浓度为 1.0 mg/m^3，一次最高容许浓度为 3.0 mg/m^3。

(四)二氧化碳

1. 理化性质

二氧化碳(carbon dioxide，CO_2)常压下为无色、无臭、无毒性、略带酸味的气体，不助燃且不可燃。它是一种温室气体。相对分子质量为 44.01，密度为 1.524 g/cm^3。在标准状态下每升重量为 1.98 g，每毫克的容积为 0.509 mL。

2. CO_2 的来源

CO_2 主要来自家畜呼吸运动、粪便降解以及取暖设备等。在一般情况下，鸡每千克体重，每小时消耗氧气 136 mg，排出 CO_2 707 mL。这对于现代集约化的大型畜牧场来说，每小时产生 CO_2 量非常巨大，鸡舍中 CO_2 浓度应<0.15%。研究发现，育成猪和育肥猪比断奶猪的 CO_2 产生量要高，且体重越大 CO_2 产生量越高。对于相同生长阶段的猪来说，断奶猪在木屑或垫草地板条件下 CO_2 产生量较漏缝地板条件下高；育成猪和育肥猪漏缝地板条件下的 CO_2 产生量大多高于垫草地板和木屑地板。在垫草地板和木屑地板条件下，CO_2 的产生量比较接近。猪舍中的 CO_2 排放量主要受外界环境、猪的数量和种类、猪舍体积以及粪便存储时间等因素影响。有研究者评估了育肥猪的体重、活动量和舍内通风量对 CO_2 浓度和排放量的影响。其结果表明，随着猪体重的增加，CO_2 的产生速度提高，猪体重为 30.1～111.5 kg，产生 CO_2 的量为 30.3～99.0 g，发现 CO_2 总产量的 2.3%～3.4%是由粪便释放出来，CO_2 排放量日变化量主要受动物活动的影响。有关生猪在断奶、育成、育肥、母猪不同生长时期，在漏缝地板、部分漏缝地板、垫草、木屑地板条件下 CO_2 排放量的具体研究结果如表 3-6 所列。另外，CO_2 在畜舍内的分布很不均匀，一般多积留在家畜活动区域，饲槽附近及靠近天棚的上部空间。大气中 CO_2 的平均含量为 0.03%，而畜舍中的 CO_2 一般高于此值。

表 3-6 猪舍中 CO_2 排放量研究

猪的种类	猪的平均质量/kg	床的类型	CO_2 排放/[m^3/(h·hpu*)]
育肥猪	—	—	0.185
	—	部分漏缝地板	0.185
	67.8	漏缝地板	0.202
	67.0	垫草	0.230
	64.4	—	0.202
	60.1～69.5	漏缝地板	0.254
	67.6	漏缝地板	0.206
育成猪	67.0	垫草	0.151
	68.6	木屑	0.149
	70.2	垫草	0.181
	97.0	漏缝地板	0.282

续表 3-6

猪的种类	猪的平均质量/kg	床的类型	CO_2 排放/[m^3/(h·hpu*)]
断奶猪	12.9	垫草	0.173
	13.0	木屑	0.178
	12.3	漏缝地板	0.122
		垫草	0.130
	11.8	漏缝地板	0.137
		木屑	0.168
母猪	229	—	0.165
	172	—	0.162

资料来源:周丹,刁亚萍,高云,2018。

注:*1 hpu=1 000 W。

3. CO_2 对家畜的影响

CO_2 本身为无毒气体,但当高浓度 CO_2 出现时,则表明畜舍内长期通风不良,氧气消耗较多,其他有害气体含量可能较高,易使家畜发生慢性缺氧、生产力下降、体质衰弱、易感染结核等慢性传染病。

据试验报道,当舍内环境中 CO_2 的浓度为4%时,猪的呼吸率明显提高,当 CO_2 的浓度为9%时,则家畜会出现不舒服的异动现象;当 CO_2 的浓度为20%时,出现无法忍受的状态。雏鸡在4%的 CO_2 中无明显反应;在5.8%的 CO_2 中呈轻微痛苦状;在6.6%~8.2%的 CO_2 中呼吸次数增加;在8.6%~11.8%的 CO_2 中痛苦显著;在15.2%的 CO_2 中进入昏迷状态;在17.4% CO_2 中则小鸡窒息死亡。牛在2%的 CO_2 中停留4 h,气体和能量代谢下降24%~26%,且因氧化过程及热的产生受阻,体温稍下降;当 CO_2 浓度为4%时,血液中发生 CO_2 积累;当 CO_2 浓度为10%时发生严重气喘;当 CO_2 浓度为25%时试验牛窒息死亡。

实际上,畜舍中的 CO_2 一般很少能够达到引起家畜中毒或慢性中毒程度,其卫生学意义主要在于用它表明畜舍通风状况和空气污浊程度。当 CO_2 浓度增加时,其他有害气体的含量也增多。因此,CO_2 浓度通常被作为检测空气污染程度的可靠指标。

4. CO_2 的空气环境质量标准

《畜禽场环境质量标准》(NY/T 388—1999)规定:场区<750 mg/m^3,猪舍、牛舍、禽舍均<1 500 mg/m^3。

(五)甲烷

1. 理化性质

甲烷(methane,CH_4)是结构最简单的烷类,由一个碳原子以及四个氢原子组成,为无色、无味的气体,分子量为16.04,密度为0.717 g/cm^3。

2. CH_4 的来源

畜舍内的 CH_4 主要是在反刍动物胃肠道发酵和动物粪便厌氧发酵过程中排放的。胃肠道发酵产生 CH_4,其主要是由瘤胃中 CO_2 与 H_2 还原反应产生的。粪便厌氧发酵产生 CH_4 分三个阶段:一是水解过程。粪便中复杂的有机物在酶的作用下分解成简单的有机化合物。二是产酸过程。第一阶段产生的单糖被厌氧和嫌氧性细菌发酵后形成简单的有机酸。三是产甲烷细菌发酵单链有机酸产生 CH_4 和 CO_2 以及利用 H_2 还原 CO_2 成 CH_4。

3. CH_4 对家畜的影响

CH_4 是温室气体之一，全球农业生产排放的温室气体占 80%，畜牧业快速发展的同时也加剧了全球变暖。反刍动物和单胃动物 CH_4 排放在发达国家分别为 25%和 30%，在发展中国家分别为 75%和 70%。据联合国粮农组织预测，2050 年全球人口将达到 95 亿，而空气中 CH_4 所产生的温室效应是 CO_2 的 25 倍，CH_4 产生的温室效应剧增不容忽视。畜舍 CH_4 浓度增高会使空气中 O_2 容量降低。当其浓度达 25%～30%时，家畜就会出现窒息前症状，中枢神经系统会发生障碍，出现头晕、呼吸加速、注意力不集中、肌肉协调运动失常等应激反应，甚至导致动物窒息死亡，严重危害家畜健康。

(六)一氧化二氮

1. 理化性质

一氧化二氮(nitrous oxide，N_2O)为无色有甜味气体，分子量为 44.01，是一种氧化剂，在一定条件下能支持燃烧，但在室温下稳定，有轻微麻醉作用，并能致人发笑，因此，N_2O 又被称为笑气。

2. N_2O 的来源

畜舍中 N_2O 主要来源于家畜的排泄物、圈舍内外积存的粪便及堆积的青贮料。N_2O 由需氧和厌氧的混合发酵而产生，其所需的生成条件严格。

3. N_2O 对家畜的影响

N_2O 难溶于水，对家畜结膜和上部呼吸道黏膜的刺激作用小，但它易于被吸入呼吸道深部。当 N_2O 浓度为 0.12～0.22 mg/m^3 时，即可嗅到有异臭；当 N_2O 浓度为 0.5 mg/m^3 时，接触 4 h 后，肺泡受到影响，一个月后，家畜发生气管炎，进而引起肺水肿；当 N_2O 浓度为 5 mg/m^3 时，吸入 10 min 可使呼吸道平滑肌收缩，增加呼吸作用的阻力。如果家畜长期饲养在含 0.8 mg/m^3 N_2O 的环境中，家畜呼吸频率增加，血液红细胞数量增多，出现慢性缺氧。这种状况将会影响家畜对氧的利用，肺组织受到损伤，影响呼吸功能。

(七)恶臭物质

1. 理化性质和来源

恶臭物质是指刺激人的嗅觉，使人产生厌恶感，并对人和家畜产生有害作用的一类物质。畜牧场的恶臭来自家畜粪便、污水、垫料、饲料、畜尸等的腐败分解产物，家畜的新鲜粪便、消化道排出的气体、皮脂腺和汗腺的分泌物、畜体的外激素、黏附在体表的污物等以及呼出的 CO_2 也会散发出不同种家畜特有的难闻气味。

畜牧场粪尿废弃物中所含有机物可分成糖类和含氮化合物。它们在有氧或无氧条件下分解出不同的物质。糖类在有氧条件下分解释放热能，大部分分解成 CO_2 和水，而在无氧条件下，氧化反应不完全可分解成 CH_4、有机酸和各类醇类，这些物质略带臭味和酸味，使人产生不愉快的感觉。含氮化合物主要是蛋白质，在酶的作用下分解成氨基酸，氨基酸在有氧条件下可继续分解，最终产物为硝酸盐类。而在无氧条件下分解成氨、硫酸、乙烯醇、二甲基硫醚、硫化氢、甲胺、三甲胺等恶臭气体。这些恶臭气味有腐烂葱臭、腐败的蛋臭、鱼臭等。因此，如果畜牧场内粪便中水分过多或压紧无新鲜空气，粪尿内形成局部无氧环境，往往会产生和释放恶臭气体。许多研究者对家畜粪便发酵产生的恶臭成分进行了鉴定，发现恶臭成分多而复杂。现已鉴定出的恶臭成分在牛粪尿中有 94 种，猪粪尿中有 230 种，鸡粪中有 150 种，主要由挥发性脂肪酸、醇类、酚类、酸类、醛类、酮类、胺类、硫醇类以及含氮杂环化合物等9类有机化合物和氨、硫化氢两种无机物组成。

2. 恶臭物质对家畜的影响

畜牧场恶臭的成分及其性质非常复杂，其中一些恶臭物质无臭味甚至具有芳香味，但对动物有刺激性和毒性。此外，恶臭对人和家畜的危害与其浓度和作用时间有关。恶臭物质在低浓度、短时间作用的条件一般不会有显著危害。高浓度臭气往往导致对健康损害的急性症状，但在生产中这种机会较少。值得注意的是，恶臭物质在低浓度、长时间作用的条件下有产生慢性中毒的危险，应引起重视。

所有的恶臭物质都能影响人畜的生理机能。家畜突然暴露在恶臭气体的环境中就会反射性地引起家畜吸气控制，呼吸次数减少，深度变浅，轻则产生刺激，发生炎症，重则使神经麻痹，窒息死亡。经常受恶臭刺激，会使内分泌功能紊乱，影响机体的代谢活动。恶臭还可以引起嗅觉丧失、嗅觉疲劳等障碍，头痛、头晕、失眠、烦躁、抑郁等。有些恶臭物质随降雨进入土壤或水体，污染水和饲料。通过饲料和饮水可对畜体消化系统造成危害，如发生胃肠炎、丧失食欲、呕吐、恶心、腹泻等。

3. 恶臭的评定

畜牧场的恶臭是多种成分的复合臭，不是单一臭气成分气体的简单叠加，而是各种成分及各种气体相抵、相加、相互促进而反应的结果。由于影响各种臭气成分在畜舍空气和牧场大气中浓度的因素十分复杂，如气象条件、场址选择、牧场建筑物布局、绿化、畜舍设计、通风排水、清粪方式和设备、饲养密度、饲料成分、饲养工艺、粪便的加工和利用等，所以要测定各种臭气的浓度十分困难，且往往得不到满意的结果。对恶臭的评定主要根据恶臭对人嗅觉的刺激程度来衡量(即恶臭强度)，正常人对某种臭气也能够勉强察觉到的最低浓度称为该种臭气的嗅阈值。恶臭强度不仅取决于其浓度，而且取决于其嗅阈值。相同浓度的臭气，阈值越低，臭味越强，如硫醇类化合物阈值均较低，即使其产量不大，也会引起较强的恶臭。

人类对臭味的感觉比其他传感器都灵敏，能感受极微量的臭气，如对粪臭素的最小感知量为 4×10^{-9} mg/L。因此，对恶臭污染源所排放的恶臭物质种类、性质污染范围及恶臭强度等做检验评价时，多采用访问法和嗅觉法。我国对恶臭强度的表示方法采用6级评价法(表3-7)。嗅觉是人的主观感觉，不同的人对相同的臭气给出的嗅阈值可能是不同的，这之间可能会有一定的误差，在生产实践中必须予以考虑和注意。

表3-7　恶臭强度表示方法

级别	强度	说明
0	无	无任何异味
1	微弱	一般人难于察觉，但嗅觉敏感的人可以察觉
2	弱	一般人刚能察觉
3	明显	能明显察觉
4	强	有很显著的臭和味
5	很强	有很强烈的恶臭异味

资料来源：农业部标准与技术规范编写组．畜禽饲养场废弃物排放标准编制说明，1994。

第二节 畜牧场空气中颗粒物与微生物气溶胶

畜舍内空气环境质量是影响家畜健康和生产力的重要因素。随着畜牧业集约化程度的不断提高，规模化畜牧生产舍内饲养密度过高，通风不良，导致畜舍内空气质量问题日益突出，特别是畜舍内环境颗粒物（particulate matter，PM）污染以及微生物气溶胶引起的家畜呼吸道健康问题不容忽视。

一、颗粒物的分类和特征

（一）颗粒物的分类方法

颗粒物（particulate matter，PM）是悬浮在气体介质中所有小固体颗粒和液体颗粒的总称，是一种同时携带多种污染物的混合物。通常，采用空气动力学当量直径（aerodynamic equivalent diameter，AED）来描述大气粒子大小。不论粒子形状、大小和密度如何，当它与密度为 1 g/cm^3 球体粒子的沉降速度一致时，该球体的直径就是该粒子的直径。对于不规则形状的颗粒物而言，这个直径是一个有用的测量指数，因为具有相同 AED 的粒子悬浮在空气中的行为表现可能相同。根据这种测量方式，颗粒物的分类主要依据以下几种方法。

二维码 3-1 蛋鸡舍 $PM_{2.5}$ 的微观形态

1. 沉降特性法

颗粒物分为降尘和飘尘。降尘一般是指 AED 大于 10 μm 的粒子，它们在空中易于沉降，速度大约为 0.3 cm /s，当 AED 大于 30 μm 时，沉降速度为 1 cm /s。飘尘是指 AED 小于 10 μm，能在空气中长期漂浮的粒子。

2. 粒子大小法

颗粒物可分为总悬浮颗粒物（Total suspended particulates：TSP，AED 为 10～100 μm），粗颗粒物（AED 小于 10 μm，如 PM_{10}），细颗粒物（AED 小于 2.5 μm，如 $PM_{2.5}$）和超细颗粒物（AED 小于 0.1 μm，如 $PM_{0.1}$）。

3. 健康大小法

健康大小法是根据颗粒物进入呼吸道不同深度来进行分类的。国际标准化组织（ISO）规定将 AED 小于等于 10 μm 的颗粒物定为可吸入颗粒物。在可吸入颗粒物中，大于 5 μm 的粒子被阻挡在上呼吸道，小于 5 μm 的粒子进入气管、支气管，而 AED 小于 2.5 μm 的粒子能进入肺泡，这部分颗粒物称为可呼吸颗粒物。

（二）颗粒物的来源和化学组成

畜舍内微粒主要来源于饲料、粪便、垫料、动物的皮屑等。有关畜舍 PM 来源的相关研究已有较多报道，其主要集中在猪舍和蛋鸡舍。猪舍中的 PM 主要来源于饲料和粪便。另外，霉菌、谷物、昆虫以及矿物质粉尘也是猪舍 PM 的来源。在肉鸡舍中，PM 的主要来源为鸡绒羽、尿中的矿物晶体以及废弃物。蛋鸡舍 PM 的主要来源包括皮屑、尿液、饲料及废弃物。

二维码 3-2
保育舍 $PM_{2.5}$
扫描电镜能谱

二维码 3-3
蛋鸡舍 $PM_{2.5}$
扫描电镜能谱

畜舍内 90%的 PM 由有机粒子组成。其主要为生物来源的初级粒子，如真菌、细菌、病毒、内毒素及过敏原，还有来源于饲料、皮肤和粪便的粒子等。舍内 PM 的组成成分与家畜种类、畜舍废弃物（畜禽粪便、畜舍垫料、废饲料及散落的毛羽等废物）的组成有关。畜舍 PM 成分中主要的元素为 C、O、N、P、S、Na、Ca、Al、Mg 和 K。猪舍和禽舍内的 PM 富含 N 元素，而来自牛舍的 PM 中 N 元素含量少。牛舍中 PM 湿度较大同时含有较多的矿物质和灰烬。由育肥猪舍 PM 成分分析结果发现，Na、Mg、Al、P、S、Cl、K 及 Ca 含量较高。在肉鸡舍中不同来源的 $PM_{2.5}$ 和 PM_{10} 中含有不同的元素成分。粪便来源的 PM 中 N、Mg、P 和 K 元素的含量最高；皮肤来源的 PM 中 S 元素含量最高；木屑来源的 PM 中 Na 和 Cl 元素浓度最高；饲料来源的 PM 中 Si 和 Ca 元素含量最高；舍外的 PM2.5 中 Al 元素的含量最高。

（三）颗粒物的浓度、排放及其影响因素

畜舍内 PM 的浓度取决于多种因素，包括家畜的种类、饲养方式、活动情况、饲养密度以及舍内环控系统、舍内湿度、季节及采样时间等。如从禽舍（表 3-8）和猪舍（表 3-9）中 TSP 的浓度范围可知，禽舍中的 PM 浓度高于猪舍，肉鸡舍中的 PM 浓度高于蛋鸡舍，平养蛋鸡舍 PM 浓度高于笼养蛋鸡舍。有研究表明，肉鸡舍 PM 的浓度随着肉鸡日龄的增加呈线性增长，相反，猪舍内 PM_{10} 浓度随着猪体重的增加而降低。每天的喂料时间以及光照程序会通过影响家畜活动来影响舍内 PM 的形成和浓度。研究表明，不论鸡舍，还是猪舍，夏季的舍内 PM 浓度均低于冬季。通风率、温度和相对湿度是影响 PM 形成的重要因素。它们决定了 PM 的形成、排放过程和粒子分布。

表 3-8　肉鸡舍和蛋鸡舍内 TSP 的浓度

动物种类	TSP 浓度/(mg/m^3)	国家
肉鸡	9.20～11.10	苏格兰
	1.00～14.00	德国
	3.83～10.36	英国、荷兰、丹麦和德国
	8.20～9.00	荷兰
	0.73～11.39	美国
	2.27～8.58	澳大利亚
	2.00～4.90	克罗地亚
蛋鸡-笼养	0.75～1.64	英国、荷兰、丹麦和德国
蛋鸡-平养	2.19～8.79	
肉鸡	1.20～5.50	瑞典
	0.42～1.14	英国、荷兰、丹麦和德国
	0.30～1.80	澳大利亚

表 3-9 猪舍内 TSP 的浓度

动物种类	TSP 浓度/(mg/m^3)	国家
猪(多种)	3.20～15.30	美国
育成猪	3.10～14.50	美国
育肥猪	0.12～2.14	美国
育肥猪	1.00～5.00	德国
母猪、断奶猪和育肥猪	1.87～2.76	英国、荷兰、丹麦和德国
育肥猪-育成猪	0.79～1.91	瑞典
育肥猪-育成猪	2.08～5.67	荷兰
母猪、断奶猪和育肥猪	0.18～0.26	英国、荷兰、丹麦和德国

如猪舍内 PM 的浓度和排放与舍内的通风率、湿度及猪的活动量、饲养管理、体重及育肥状态有关。多因子线性分析揭示了在肉鸡舍中，通风效率、垫料类型、舍内温度、建筑物年限对舍内 PM_{10} 的浓度影响较大，而舍内 $PM_{2.5}$ 的浓度与舍内鸡数量、通风水平及湿度有关。

(四)卫生标准

《畜禽场环境质量标准》(NY/T 388—1999)使用重量法制定了畜牧场空气中可吸入颗粒物和总悬浮物的质量标准(表 3-10)。重量法即测定每立方米空气中颗粒物的质量，其单位为 mg/m^3 或 $\mu g/m^3$。

表 3-10 畜牧场空气中可吸入颗粒物和总悬浮物的质量标准 mg/m^3

项目	缓冲区	场区	舍内		
			禽舍	猪舍	牛舍
PM_{10}	0.5	1	4	1	2
TSP	1	2	8	3	4

(五)颗粒物上附着的微生物

二维码 3-4 不同类型猪舍内颗粒物与环境因子的相关性分析

空气本身对微生物的生存是不利的。因为它比较干燥，缺乏营养物质，而且太阳光中的紫外线具有杀菌能力。由于空气中夹杂着大量灰尘，微生物可以附着在上面生存，所以空气中微生物的数量与颗粒物粉尘的多少有直接关系。一切能使空气中颗粒物浓度增多的因素都会使微生物随之增多。如空气中的尘埃和液滴为微生物提供氧及庇护所，同时也成为传染源。大多微生物的数量可为上百个/m^3、上千个/m^3 或上万个/m^3，并因天气变化而变化。微生物种类大约有 100 种，大多为非致病菌，也有些为致病菌，如绿脓杆菌、葡萄球菌、破伤风杆菌等。因为畜舍中无紫外线，有机尘埃多，空气流动比较缓慢，所以微生物种类多，它们是大气的 50～100 倍。这些都会对动物健康造成不利影响。畜舍空气中微生物的主要来源是人畜的各种生产活动，如动物本身、粪便、饲料以及动物垫料。干扫地面和墙壁，刷拭家畜，家畜咳嗽、打喷嚏和争斗等都可产生大量的微生物。试验证明，在一般生产条件下，乳牛舍 1 L 空气中含有 121～2 530 个微生物菌落，干扫地板可使 1 L 空气中的微生物菌落数增至 16 000 个。表 3-11 中列出一些从畜舍空气中检测到的具有气溶胶传播能力的人畜共患病原微生物。

表 3-11 具有气溶胶传播能力的人畜共患病病原微生物

病原微生物	人畜共患病	病原微生物	人畜共患病
空肠弯曲杆菌	弯曲菌病	大肠杆菌	大肠杆菌病
禽流感病毒	流感	沙门氏菌	沙门氏菌病
新城疫病毒	新城疫	口蹄疫病毒	口蹄疫

由于畜舍空气中的微粒多、紫外线少、空气流速慢以及微生物来源多等,畜舍内空气微生物往往较舍外多,其中病原微生物更可对家畜造成严重的危害。如果舍内家畜受到感染而带有某种病原微生物,可通过喷嚏、咳嗽等途径将这些微生物散布于空气中,并传染给其他家畜。结核病、肺炎、流行性感冒、口蹄疫、猪瘟、猪气喘病、鸡新城疫、鸡马立克病等都是通过气源传播的。

二、颗粒物对家畜呼吸道健康和生产性能的影响

(一)畜舍内高浓度 PM 容易引起家畜呼吸道疾病

PM 通过以下三种方式影响呼吸道健康:第一种是 PM 直接刺激呼吸道,降低机体对呼吸系统疾病的免疫抵制;第二种是 PM 表面附着的化合物的刺激;第三种是 PM 表面病原性和非病原性微生物的刺激。第一种方式是颗粒物本身引起的呼吸道损伤,此种方式同时与第二和第三种方式相关。畜舍 PM 的表面附着大量的重金属离子、挥发性有机化合物(volatile organic chemicals,VOCs)、NO_3^-、SO_4^{2-}、NH_3、臭味化合物、内毒素、抗生素、过敏原、尘螨及 β-葡聚糖等物质,这些物质以 PM 为载体进一步危害呼吸道健康。PM 影响呼吸道健康的第三种方式与生物气溶胶相关,PM 表面附着的大量细菌、真菌和内毒素,易引起呼吸道感染。畜舍空气中革兰氏阴性菌所占比例尽管低于 10%,但所有的革兰氏阴性菌均具有致病性。内毒素是革兰氏阴性菌细胞膜中的脂多糖成分,在畜舍周围内毒素的浓度高达 0.66～23.22 EU/m^3,在牛舍中内毒素浓度最高可达 761 EU/m^3,散养蛋鸡舍的内毒素最高浓度可达 8 120 EU/ m^3。这些高浓度的内毒素不仅可引起家畜呼吸道和肺部感染,同时也危害畜牧场工作人员及其周边居民的呼吸道健康。致病性生物气溶胶不仅可以直接损害家畜呼吸道健康,还可以通过空气传播扩散到邻近农场。

(二)畜舍内 PM 会影响家畜的生产性能

据研究表明,猪舍内 PM 浓度过高,可使猪的生长性能下降 8%～10%。究其原因,可能有两方面的因素:一是猪吸入 PM 后,会引发免疫应答,促炎因子释放,采食欲降低,导致猪的采食量减少;二是由 PM 激活的免疫应答会改变猪体内的代谢过程,代谢过程的改变会导致用于生长的部分营养物质重新分配到免疫系统,进而导致机体的生长速度减慢和饲料利用率下降。另外,在免疫反应中,被激活的单核免疫细胞释放的促炎因子 IL-1β,IL-6 和 TNF-α 会通过降低合成代谢激素(如生长激素和胰岛素样生长因子)的释放以及增加分解代谢激素(如糖皮质激素)的释放,影响血液中葡萄糖的动态平衡,增加蛋白质的氧化,加快肌肉蛋白质的水解,导致原本用以生长和沉积于骨骼肌的能量用于支持免疫应答产生的各种代谢反应,减少机体蛋白质的沉积,进而影响猪的生长性能。

(三)PM 引起的呼吸道危害主要与肺部炎症相关

吸入的 PM 能刺激肺泡巨噬细胞产生前炎症因子,前炎症因子刺激肺泡的上皮细胞、内皮

细胞及成纤维细胞分泌细胞因子和黏附因子，诱导炎性细胞聚集，引发炎症反应。

PM诱导炎症反应的一个重要机制是氧化应激，氧化应激是活性氧(reactive oxygen species，ROS)的产生与抗氧化体系不平衡所造成的。PM能刺激机体呼吸道组织细胞产生ROS，而ROS能激活氧化还原敏感性信号转导通路，如丝裂原活化蛋白激酶(MAPKs)和磷脂酰肌醇-3-激酶/蛋白激酶B(PI3K/AKT)通路。MAPKs包含一组丝氨酸/苏氨酸蛋白激酶(c-Jun NH2-末端激酶，JNK；胞外信号调节激酶，ERKs；应激激活蛋白激酶，p38)。它们能在细胞外应激源的刺激下被激活，调节从细胞表面到核的信号转导，最终导致致炎因子的表达上调而引起细胞炎症反应。据研究报道，PM可诱导人和鼠的肺泡巨噬细胞产生过多的ROS，进而激活MAPKs，诱导转录激活因子AP-1的表达上调，诱发细胞炎症反应。柴油机废气粒子能诱导人气管上皮细胞产生ROS，激活ERK1/2和p38，继而激活下游的核转录因子κB(NF-κB)，最终诱发细胞发生炎症反应。钙离子(Ca^{2+})是维持生命活动不可缺少的离子，其在凝血、肌肉收缩、神经递质的合成与释放、机体免疫功能方面发挥重要的作用。研究发现，PM引起肺泡上皮细胞的氧化应激刺激Ca^{2+}从细胞内质网中释放出来，调节转录因子NF-κB的表达，促进炎症因子表达的上调。

PM诱导细胞炎症反应的另一机制是通过Toll样受体(TLRs)信号通路。TLRs是一种模式识别受体(pattern recognition receptor，PRR)，表达于固有免疫细胞表面，能识别一种或多种病原体相关分子模式(pathogen-associated molecular patterns，PAMP)，在先天性免疫和获得性免疫系统发挥作用，目前发现TLR受体共有13种，包括TLR1-13。大量研究发现，大气粒子污染物能激活细胞模式识别受体TLR2和TLR4。髓样分化因子88(MyD88)和TIR结构域衔接蛋白(TRIF)是粒子暴露引起表达的潜在下游蛋白，它是所有TLRs的接头蛋白。以小鼠为模型急性感染ODE引起的炎症反应主要是通过MyD88信号通路。肺巨噬细胞在PM的刺激下，TLR4与TRIF相关接头分子(trif-related adaptor molecule，TRAM)结合招募TRIF，进而激活p38，引起下游炎症因子表达上调，最终导致细胞发生炎症反应。

核因子相关因子-2(nuclear factor E2-related factor 2，Nrf2)是一种转录因子，细胞在正常状态下Nrf2与Keap1结合被锚定在胞质，当应激发生时，Keap1被降解，Nrf2解离进入细胞核与抗氧化反应原件(antioxidant response element，ARE)结合，进而启动下游抗氧化基因的转录表达。细胞在外界应激源刺激下产生ROS，使细胞发生氧化应激，而过量的ROS又激活了Nrf2抗氧化信号通路，从而减轻细胞的氧化损伤。$PM_{2.5}$暴露A549细胞，可诱导细胞产生ROS，而ROS激活Nrf2抗氧化信号通路，从而减轻$PM_{2.5}$对细胞的毒性损伤。研究证明，除了PM刺激，Nrf2信号通路在多种肺部炎症性疾病中发挥作用。当肺部组织受到有毒有害物质刺激时，Nrf2信号通路能被激活，上调抗氧化基因的表达，进而减轻因应激因素造成的肺损伤。此外，也有研究报道，急性肺炎治疗的药物主要通过上调细胞Nrf2的表达，抑制NF-κB和AP-1生成，降低炎症因子表达而最终起到消炎作用。

第三节　减少畜牧场空气中有害物质的措施

畜牧场空气中的有害物质主要包括有害气体、颗粒物以及病原微生物等，需要综合治理措施来减少其产生和排放。畜舍内的有害气体与微粒的排放量与不同结构畜舍、不同类型饲料、不同种类动物及其他饲养环境因素等有很强的相关性。只有找到与这些因素相适合的减排策略，才能有效地达到保护人和家畜健康及周边环境的目的。

一、源头减排

畜舍中的有害气体、颗粒物和微生物气溶胶来源于饲料、粪尿的残渣以及垫料等。从源头上切断有害气体、颗粒物和微生物气溶胶的产生将更加有效和经济，这是改进畜舍环境污染的重点。

(一)合理选择场址

在选择建场地方时，新建畜牧场应选择远离工业区，人口密集区，尤其是医院、动物产品加工厂、垃圾场等污染源。畜牧场要有完善的防护设施，畜牧场与外界要有明显的隔离，场内各分区之间也要严格分隔。合理规划畜牧场布局，饲料加工厂或饲料配制间易产生微粒粉尘，要远离畜舍，并应设有防尘设施。

(二)改进生产工艺

畜舍安装空气净化系统和采用不同清粪方式都可有效降低舍内有害气体和粉尘。据研究发现，在猪舍中，采用刮粪板方式清理要比循环水冲粪模式释放的臭气和 H_2S 浓度分别降低75.6%和89.9%(图 3-1)。畜舍内安装空气电净化系统，舍内 TSP 浓度可降低 70%以上，舍内空气细菌气溶胶含量下降 50%以上。在生产中尽量采用“全进全出”制，以彻底切断疾病的传播途径。生产工艺的改进一定程度上能从源头上缓解畜舍有害气体和颗粒物等的排放，但是实际应用效果要结合经济成本、家畜类型以及生产效益而综合改进。

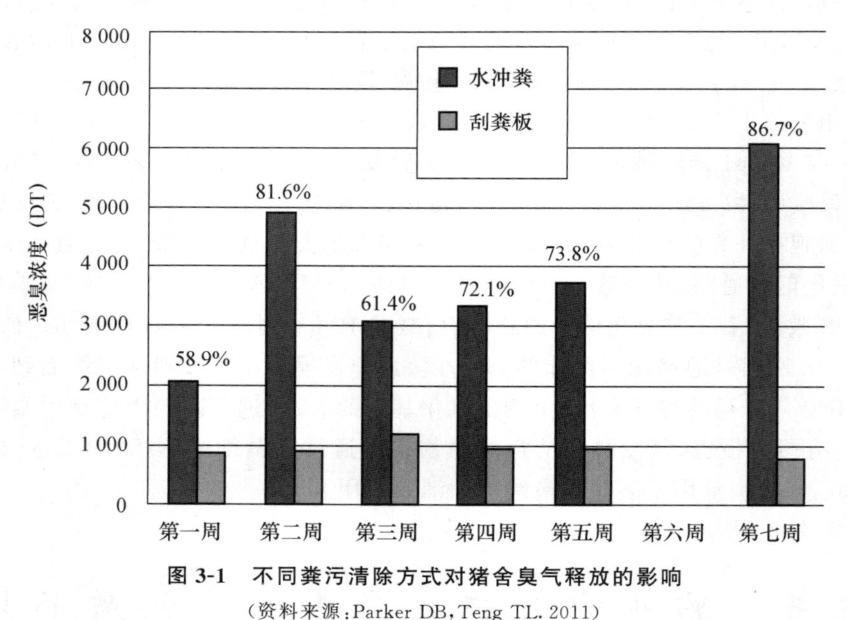

图 3-1 不同粪污清除方式对猪舍臭气释放的影响

(资料来源：Parker DB，Teng TL. 2011)

(三)加强饲养管理

及时清除粪污，减少粪污在舍内停留的时间，防止粪污变干产生颗粒物以及粪尿发酵产生氨气、硫化氢等有害气体，此外，可以通过生物、化学等除臭技术来实现除臭。在鸡舍粪板或粪池中撒布绿矾（又名硫酸亚铁），粪便接触到硫酸亚铁，硫酸亚铁遇水溶解，使粪池变成酸性，便不会继续发酵和分解。过磷酸钙既可以吸附氨生成铵盐，又可以减少鸡舍内氨气浓度。用4%硫酸铜或2%苯甲酸（或乙酸）来处理垫料，还可有效控制或降低氨气浓度。此外，将木炭装入网袋悬挂在鸡舍内或在地面上适当撒一些沸石、活性炭、煤渣、生石灰等也可以吸附空气中的臭气。用0.3%过氧乙酸溶液带鸡喷雾消毒会显著地降低棚舍内空气中氨气和尘埃的浓度，同时杀死部分病原微生物，其对空气质量差的鸡舍消毒和除氨效果明显。

加强畜舍防潮保温，舍温不低于露点温度。潮湿的畜舍、四壁和其他物体表面一旦到达露点就会出现水滴凝结，它们可以吸附大量的氨和硫化氢。当舍温升高时，这些污染物又会挥发，污染空气。因此，舍内保温隔热设计是防潮的重要措施。

尽量减少微粒的产生，禁止在舍内刷拭畜体、干扫地面等活动。选择适当的饲料类型和喂料方法，粉料比颗粒物易产生粉尘，干料比湿拌料产生粉尘多。饲料中添加脂肪可降低粉尘数量，试验表明，猪饲料中加2.5%～5%的牛油或大豆油可降低单位体积空气中的21%～82%粉尘数量。

（四）注意通风换气

通风换气是优化家畜环境，实现健康生产的重要措施。如果舍内不进行通风换气或者通风换气不足，有毒有害物质就会不断积累。通风换气可以将新鲜空气通入舍内，将舍内的NH_3、H_2S、CO_2、PM等排到舍外，稀释有毒有害物质浓度，从而达到改善舍内空气环境的目的。目前畜舍常用的三种通风方式为机械通风、自然通风和二者结合的通风方式。

研究发现，在全漏缝地板的猪舍内，当通风量从每头猪9.3 m^3/h提高到每头猪25.7 m^3/h时，猪舍内的NH_3浓度显著降低。育肥舍的空气质量可以通过增加饲喂通道底部的低进风口和粪池正上方的低位出风口而不是高扩散进风口和高出风口来改善。在育肥猪舍中结合局部深坑通风系统和天花板通风可以有效改善舍内空气质量，且不会对家畜生产和行为产生影响。

总体来说，这些生产工艺的改进一定程度上能从源头上缓解畜舍有害气体的排放，但是实际应用效果要结合经济成本、家畜类型以及生产效益而综合改进。

（五）运用营养调控

通过对家畜的营养调控，可以有效提高提升家畜对饲料的消化吸收，从而减少粪尿中氮的排放，以此减少有害气体的产生。目前，营养调控主要有三种技术：物理营养、日粮配比优化以及饲料添加剂（表3-12）。

1. 物理营养

家畜配合饲料经过调质、制粒、膨化或膨胀处理技术，制成颗粒饲料、膨化饲料和膨胀饲料后，能有效杀死一些有害物质，降低或抑制抗营养因子含量，提高淀粉糊化度，改善饲料的适口性，提高饲料营养物质的消化率，从而降低粪便中的干物质含量，减少有害气体产生的来源。

2. 日粮配比优化

按照家畜的营养需求配制全价日粮，避免日粮中营养物质的缺乏、不足或过剩，尤其是采用低蛋白质-氨基酸平衡饲料配方技术在饲料中添加氨基酸，可以降低日粮中粗蛋白质含量，提高蛋白质利用率，降低家畜排泄物中氮含量，可减少氨气的产生，如赖氨酸、蛋氨酸、苏氨酸等。

3. 饲料添加剂

在饲粮中添加微生态制剂有助于维持肠道内的菌群平衡，提高蛋白质等的消化率，减少粪便中氮的排泄。这种方式既可改善舍内的空气质量，也节约饲料。研究发现，日粮添加丝兰提取物可显著降低鸡舍氨气浓度。在鸡舍的垫料上加入硫酸氢钠，鸡舍 NH_3 排放可减少 50% 左右，同时硫酸盐的使用对饲料转化率和体重都无显著影响。在育肥猪日粮中添加具有降低完整蛋白质水平的合成氨基酸可显著减少氮排泄物和气味的产生，同时添加非淀粉多糖和特定寡糖进一步改变氮排泄途径并减少气味排放。研究发现，在猪的饲料中添加 4% 的动物脂肪，猪舍内将有效减少 35%～60% 的颗粒物，工作人员可接触的颗粒物将减少 50%～70%。

表 3-12　营养调控技术清除有害气体

技术	原理	目的	应用
物理营养	提高饲料消化率	减少粪便中干物质的含量	调质、制粒和膨化
日粮配比优化	平衡日粮营养，提高营养利用率	提高蛋白质利用率，降低排泄物中的氮含量，减少氨气产生	氨基酸配比
饲料添加剂	降低抗营养因子，调节消化吸收，提高饲料黏附性	抑制有害菌的繁殖，提高营养物质利用率	酶制剂：非淀粉多糖酶 植酸酶 微生态制剂 丝兰皂角苷

二、过程减排

过程防控的主要目的是控制畜舍内外空气污染物的扩散过程，可分为舍外减排和舍内减排。

(一)畜舍外的过程减排

为控制畜牧场空气污染物扩散到大气中，一般采用在舍外建设防护林以减少有害气体排放。需要注意的是，畜牧场的常年主风向、污染物的主要成分以及畜舍的地理位置等。

在畜舍周围和场地空闲地植树种草进行环境绿化，能够明显改善畜舍的空气质量，一般来说，猪场周围种植 5～10 m 宽的防风林可以减少大约 25% 的有害气体、50% 的臭气、30%～50% 的粉尘、20%～80% 的空气细菌。其实际效果与防风林高度、树木品种及栽植密度有关。

(二)畜舍内的过程减排

畜舍内的过程减排包括舍内空气减排和管道末端减排。

1. 舍内空气减排

畜舍内空气减排的目的是控制畜舍内空气污染物扩散的过程，包括舍内喷雾除尘、通风系统除尘和静电除尘等。

(1)喷雾除尘　喷雾除尘根据空气动力学原理，利用压缩空气产生的射流与液体在雾化喷嘴出口处混合，将液体破碎成微小的液体滴形成雾团，雾团进入空气后瞬间蒸发，充分与空气混合，加速空气流动，中和空气中过量的正离子，增加负离子在空气中的含量，从而起到抑尘的作用。

研究报道，在猪舍内使用菜籽油和水混合物喷雾除尘，可以有效减少 80%～85% 的粉尘。而在实际生产中，一般会将舍内喷雾对 NH_3 的减排作用和对颗粒物的减排作用结合考虑，猪舍内喷酸雾可有效减少 NH_3 和 PM 的排放。试验表明，在保持酸雾 pH 为 5.5，同时确保粪便收集池内猪粪 pH 一直低于 5.5 的条件下，短期的观察结果表明猪舍内 NH_3 浓度可以从 6.1～7.6 mg/m^3 降低到 0.8～1.5 mg/m^3，可吸入性颗粒物可以从 1.0 mg/m^3 降低到 0.28 mg/m^3，总颗粒物从 2.7 mg/m^3 降低到 1.2 mg/m^3。

(2)通风系统除尘　通风系统除尘主要分为自然通风和机械通风。自然通风系统中，气流运动动力源于自然对流形成的热压和风压，无须安装通风设备，充分利用空气的风压或热压差，通过合理的设计畜舍朝向及进气口位置和大小，使畜舍实现通风换气。合理地利用自然通风是一种既经济又节能的措施，还能避免机械噪音。但在封闭的畜舍内控制粉尘的主要方法是机械通风。机械通风系统中气流运动的驱动力来自风机，整个系统由进气口（或出风口）、风机和控制装置组成，通过在畜舍内形成负压，将舍内的颗粒物及氨气排出舍外，达到净化畜舍内空气的目的，经常应用在密闭的或者冬季为保温通风较少的畜舍。研究报道，育肥舍的空气质量可以通过增加饲喂通道底部的低进风口和粪池正上方的低位出风口而不是高扩散进风口和高出风口来改善。

(3)静电除尘　静电除尘利用高压直流电场使空气中的气体分子电离，产生大量电子和离子，在电场力的作用下向两极移动，在移动过程中碰到气流中的粉尘颗粒和细菌使其荷电，荷电颗粒在电场力作用下向自身电荷相反的极板做运动。在电场作用下，空气中的自由离子要向两极移动，电压愈高、电场强度愈高，离子的运动速度愈快，从而在畜牧场内达到快速除尘的目的。在肉鸡舍采用静电空间，其电荷系统显著减少舍内 61%的空气粉尘、56%的氨气、67%的空气细菌。该系统使用吊扇将负电荷的空气分散到整个房间，并将带负电的灰尘向下移动到地面，地面的粉尘颗粒大部分将被捕获。

2. 管道末端减排

管道末端减排是利用管道末端控制技术改善畜舍内空气质量的减排方式。管道末端控制技术包括化学的、生物的和综合的空气过滤器和生物过滤器。空气过滤器是一种阻止污浊、污染的空气进、出入畜舍中的先进设备。

空气过滤是将具有填充物的反应器用管子与畜舍连接一起（图 3-2）。污浊的空气通过与猪舍相连的管道与充满填充物质的反应器相连，这些填充物质由惰性的或生物活性物质组成（酸性过滤器）或者一些木屑、沙土以及矿石棉组成的复合物（生物过滤器见图 3-3）。过滤器中加湿器的作用是保持水分含量为 40%～60%，大部分水是循环利用，另外一小部分水由于挥发需要补充新鲜的水。在酸性过滤器中，通过添加酸使循环水的 pH 一直保持在 4 以下，从而使释放出的氨气被酸性溶液转变成 NH_4^+。

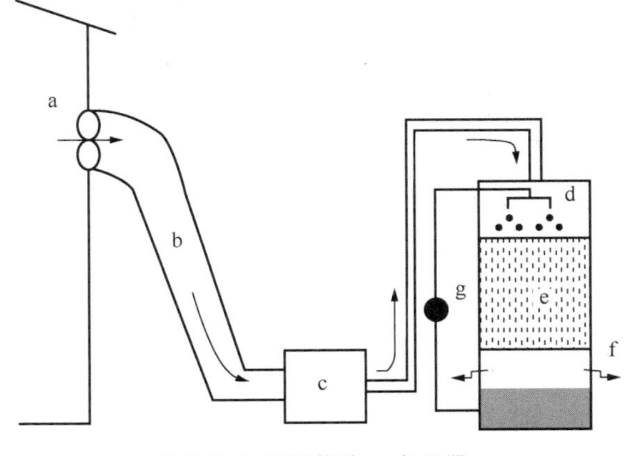

a. 排风机；b. 通风管道；c. 加湿器；
d. 洒水区；e. 过滤填充物；f. 空气出口；g. 抽水机。

图 3-2　空气过滤系统

（资料来源：李新建，吕刚，任广志. 2012）

在生物过滤器中，填充媒介物质添加特定的好养微生物，可以转化非有机物质或破坏有机复合物，氨气被氧化为 NO_2^- 和 NO_3^-。经过反硝化作用使变成无污染的 N_2 而减少了氨气的排放。

使用空气过滤器可以减少育肥猪舍内氨

气排放量的 65%～95%。当然，进气口处的氨气浓度、存留时间、湿度、温度、O_2 水平、pH 以及填充媒介物质特性等会影响过滤效果。此种高效率清洁空气的技术由于能量消耗、化学物质和过滤器使用及维护费用过高而使用者较少，因此，降低空气过滤器的价格对促进其应用是非常必要的。表 3-13 归纳总结了缓解畜舍颗粒物浓度的方法及现状。

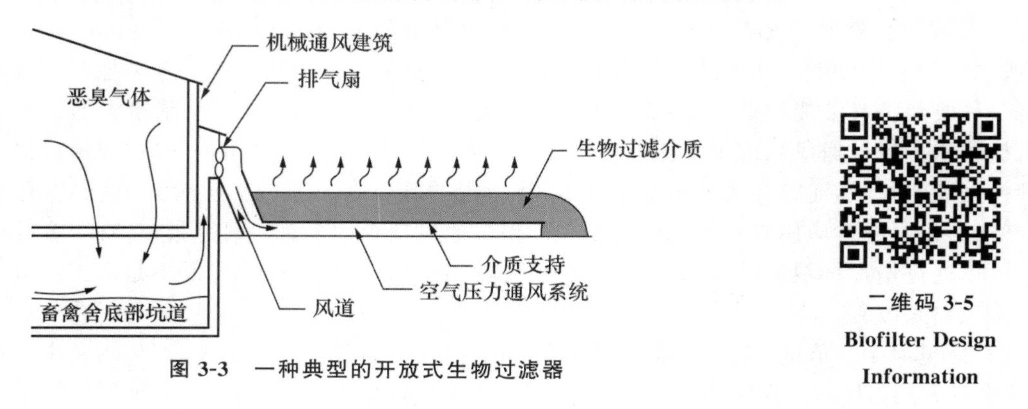

图 3-3 一种典型的开放式生物过滤器

二维码 3-5
Biofilter Design Information

表 3-13 缓解畜舍颗粒物浓度的方法及现状

方法	目前的发展水平	优点	缺点
来源控制		最有效，最便宜	在许多情况下，由于其他原因，源消除并不令人满意
日粮控制	发展良好	容易操作	N/A
水/油喷洒	已深入研究	悬浮降尘效果好；室内环境降尘效果达 90%以上	劳动密集型的。可能增加粉尘、气味和气体污染物
通风管	最广泛使用	存在于大多数农场。自动化系统完善	热舒适引导。受经营成本限制。高流速导致粉尘悬浮
内部空气净化	几个试验报告	操作方便。不需要对建筑物进行改造	大部分清洁是由于动物室内环境中粉尘浓度高
过滤	深入地研究	资金成本低，效率高，操作方便	经常清洗或更换造成的额外费用；可能产生生物气溶胶
静电除尘器	没有报告	微细粉尘处理效率高	经常清洗建筑物框架及其他表面积尘；因电压过高造成的操作风险；可能产生 O_3 和过量离子
湿式除尘器	没有报告	效率高，同时去除多种类型的空气污染物	应用受到水资源和寒冷天气的限制；增加空气湿度；高成本
离心沉降	没有报告	低成本	相对较低的效率

资料来源：Zhongchao T，Yuanhui Z. 2004。

（李春梅）

复习思考题

1. 畜牧场有害气体是如何产生的？

2. 氨、硫化氢、一氧化碳造成机体缺氧的机制分别是什么？其行业标准分别是多少？
3. 什么是恶臭物质？简述其来源和对家畜的影响。
4. 二氧化碳对家畜的影响主要体现在哪些方面？
5. 颗粒物的分类方法有哪些？
6. 畜舍内的颗粒物来源是什么？其化学组成有哪些？
7. 畜舍内的颗粒物和微生物气溶胶对人和家畜的健康有哪些危害？
8. 颗粒物和微生物气溶胶对人和家畜健康损伤机制是什么？
9. 畜舍内微生物的主要来源有哪些？
10. 畜舍有害物质排放的措施主要有哪几个方面？
11. 目前在畜舍源头减排中，主要有哪几种方法？
12. 空气过滤系统主要有哪几部分组成？
13. 酸性过滤器和生物过滤器的原理是什么？有什么区别？
14. 通过营养调控手段调节排放，主要有哪几种措施？

参考文献

[1]颜培实，李如治．家畜环境卫生学．4 版．北京：高等教育出版社，2016.

[2]吴鹏鸣．环境检测原理与应用．北京：化学工业出版社，1991.

[3]周丹，刁亚萍，高云，等．猪舍内 CO_2 的排放研究进展．中国农业科学，2018，51(16)：3201-3213.

[4]戴鹏远，沈丹，唐倩，等．畜禽养殖场颗粒物污染特征及其危害呼吸道健康的研究进展．中国农业科学，2018，51(16)：3214-3225.

[5]唐倩，戴鹏远，吴胜，等．猪舍颗粒物对肺泡巨噬细胞功能的影响．畜牧兽医学报，2018，49(10)：2092-2101.

[6]沈丹，戴鹏远，吴胜，等．冬季封闭式肉种鸡舍空气颗粒物、氨气和二氧化碳分布特点及 PM 2.5 理化特性分析．畜牧兽医学报，49(6)：1178-1193.

[7]Zong C，Feng Y，Zhang G Q，et al. Effects of different air inlets on indoor air quality and ammonia emission from two experimental fattening pig rooms with partial pit ventilation syste m-summer condition. Biosystems Engineering，2014(122)：163-173.

[8]Dai Py，Shen D，Tang Q，et al. PM 2.5 from a broiler breeding production system：The characteristics and microbial community analysis. Environmental Pollution，2020，256：113368.

[9]Tang Q，Huang K，Liu J Z，et al. Seasonal variations of microbial assemblage in fine particulate matter from a nursery pig house. Science of the Total Environment，2020，708：134921.

[10]Dai P Y，Shen D，Shen J K，et al. The roles of Nrf2 and autophagy in modulating inflammation mediated by TLR4/NF-κB in A549 cell exposed to layer house particulate matter 2.5(PM2.5). Chemosphere，2019，235：1134-1145.

[11]Sh D，W S，Zh J，et al. Distribution and physicochemical properties of particu-

late matter in swine confinement barns. Environmental Pollution, 2019, 250: 746-753.

[12]Tang Q, Huang K, Jun Z, et al. Fine particulate matter from pig house induced immune response by activating TLR4/MAPK/NF-κB pathway and NLRP3 inflammasome in alveolar macrophages. Chemosphere, 2019, 236: 124373.

[13] Shen D, Wu S, Dai P Y, et al. Distribution of particulate matter and ammonia and physicochemical properties of fine particulate matter in a layer house. Poultry Science, 2018, 97(12): 4137-4149.

第四章

光与声环境

- 了解光和声的来源；
- 理解光的物理化学性质以及作用机理；
- 掌握光照强度、光色和光照时间对家畜健康和生产性能的影响；
- 掌握噪声对家畜健康和生产性能的影响及控制措施。

第一节　光环境

一、概述

(一)光的来源

1. 太阳辐射概述

太阳是一个充满炽热气体的恒星，质量为 1.989×10^{30} kg，是地球质量的 3.3×10^{3} 倍。其化学组成主要是氢、氦、氧、碳、氖等，核聚变反应产生光和热，又以电磁波的形式向宇宙传递能量，即太阳辐射(solar radiation)，太阳辐射是地球上能量的主要源泉。太阳辐射是一种不同波长的连续光谱，波长范围很广，但波长在很大和很小的部分内，能量都很小。地球大气上界的太阳辐射光谱的99%以上在波长 0.15～4 μm 上。在这段波长范围内，其又可以分为三个主要区域，即波长较短的紫外光谱区(波长小于 400 nm)、波长较长的红外光谱区(波长大于 760 nm)和介于两者之间的可见光谱区(波长为 400～760 nm)。太阳辐射的能量主要分布于可见光谱区和红外光谱区，前者占太阳辐射总量的 50%(最大辐射能量在波长 475 nm 处)，后者占 43%。紫外光区仅占辐射能量的 7%。

太阳辐射到达地球的能量仅为其向宇宙释放能量的 2.2×10^{9} 分之一。太阳辐射在不同地方辐射能量是不同的，表示太阳辐射强弱的物理量为太阳辐射强度，即太阳在垂直照射情况下在单位时间内，1cm^2 的面积上所得到的辐射能量。气象上常用“太阳常数”来表示地球大气层上方的太阳辐射强度。它是指地球位于日地平均距离(又称一个天文单位,即 1.5×10^8 km)处时,地球大气上界(不考虑大气对太阳辐射的影响,即在没有大气吸收的情况下)垂直于太阳光线的单位面积(1 cm^2)在单位时间(1 min)内所接受的太阳辐射能量。换言之,太阳常数就是在特殊条件下测得的太阳辐射强度。事实上,太阳常数值并非恒定不变,而是随着太阳活动而变化的,但变化很小。

2. 到达地面的太阳辐射

太阳辐射到达地球表面要通过厚厚的大气层由于大气中空气分子、水蒸气和尘埃等对太阳辐射的吸收、反射和散射,使辐射强度减弱,同时其方向和光谱分布也发生了变化。到达地面的太阳辐射,可分为两部分:一部分是从太阳直接投射到地面上的直接辐射;另一部分是以散射的形式到达地面的散射辐射。

(1)吸收　大约有 25%的太阳辐射被大气和云层吸收。太阳辐射经过大气层时,大气中的各种组分能够吸收一定波长的太阳辐射,如 N_2、O_2、O_3、H_2O、CO_2 和尘埃。对流层中的 H_2O、CO_2 吸收长波红外线,平流层中的 O_3 吸收紫外线,而对可见光吸收最少。大气对太阳辐射的吸收具有一定的选择性,因而使穿过大气后的太阳辐射光谱变得不规则。

(2)散射　大约 7%的太阳辐射被气体分子和悬浮的微微料散射。波长相同,与微粒引起的散射与波长的四次方成反比,因此,紫外线被散射的比例最大。

(3)反射　大约有 27%的太阳辐射被云层反射。

到达地球表面的总辐射,并不都被地面全部吸收,在吸收太阳辐射的同时,又会将其中的能量以辐射的方式传送给大气,这种方式称之为地面辐射。地面辐射量的大小取决于地面的反射能力。地面辐射的波长主要集中于 1～30 μm,称为地面长波辐射。辐射能力主要取决于地面本身的温度。大气对太阳短波辐射吸收较少,几乎是透明的,但对于地面长波辐射却能大量吸收,尤其是大气中的水蒸气和 CO_2。通过长波辐射,地面和大气之间以及气层与气层之间相互交换热量,并将热量散发到宇宙中去。

太阳直接辐射到达地面的辐射能,它的强弱与许多因子有关,其中最主要的是太阳高度角和大气透明度。

太阳高度角指太阳光线和地表平面之间的夹角。太阳高度角越小,太阳辐射到达地面通过的大气层的路程就越长,被减弱的程度也越大;反之,太阳高度角越大,太阳辐射经过大气层的路程就越短,太阳辐射被减弱的程度就越小,到达地面的能量就越多。

太阳高度角还影响太阳辐射的光谱组成,太阳高度角越大,太阳辐射通过平流层的距离就越短,太阳辐射总量中紫外线和可见光的比例就越大,红外线则刚好相反,它的占比随着太阳高度角的增加而减少。

太阳高度角的大小取决于地理纬度、季节和一天中的不同时间。在同一天的同一时间,低纬度地区太阳高度角大,高纬度地区太阳高度角小;在同一地点同一时间,夏季太阳高度角大,冬季太阳高度角小;在同一地点一天的不同时间,中午太阳高度角大,早晨及傍晚小。所以高纬度地区太阳辐射强度较弱,低纬度地区较强,南方纬度低,太阳辐射中紫外线比例大,人的肤色一般稍黑一些。而一天中的最大值均出现在当地时间的正午,所以夏天中午热,冬天傍晚较冷。

大气中的水蒸气、水汽凝结物和尘埃杂质越多,大气透明度就越差,因而太阳辐射透过大气时被削弱得就越多,到达地面的直接辐射也就越少。

散射辐射也与太阳高度角及大气透明度有关。散射辐射的强度一般小于太阳直接辐射。

(二)光照强度

黑体，又称绝对黑体，能全部吸收外来电磁辐射而毫无反射和透射的理想物体，对任何波长的吸收系数为 1，入射系数和透射系数均为 0。真正的黑体并不存在，但如果在一个空腔表面开一小孔，根据黑洞原理，射入的辐射犹如全部被小孔吸收，这个小孔就十分近似黑体。黑体不仅能全部吸收外来电磁辐射，且在发射电磁辐射的能力方面比同等温度下的任何物体都要强。辐射中，各种波长的电磁波，其能量按波长分布仅与黑体温度有关。

坎德拉(cd)是发光强度的基本单位，1967 年，第十三届国际计量大会统一规定：在每立方米为 101.325 N(牛顿)的标准大气压下，处于铂熔解温度(2 045 K)的绝对黑体，从其 $1/60\ cm^2$ 表面在垂直方向上的发光强度为 1 cd。发光强度为 1 cd 的点光源在单体立体角(1 球面度)内发出的光通量为 1 lm(流明)。单位面积上接收的光通量称为照度。光照强度的大小用勒克斯(lx)表示，即 1 m^2 的光通量为 1 lm 时的照度即为 1 lx。

(三)光的物理化学特性

太阳辐射引起的效应大小与光波的性质及机体的吸收情况相关。当太阳辐射作用于机体时，只有被机体吸收的一部分才能对机体起作用，光能转化成其他形式的能。太阳辐射在机体组织中的吸收情况，因光波波长不同而异，波长较短的紫外线几乎完全在表皮处被吸收，仅有一小部分能达到真皮的乳头和表面血管组织。当波长逐渐增加时，光线透入组织的深度也随之增加，红光及邻近的红外线透入最深，可达数毫米；当红外线的波长的进一步增加时，绝大部被反射和被浅层皮肤组织吸收。太阳辐射穿透组织深度与其波长的关系见表 4-1。光是一种特殊的粒子流，具有波粒二象性，单个粒子称光量子。每个光量子的能量可用下列公式计算：

$$E = hv = \frac{hc}{\lambda}$$

式中：E 表示光量子的能量；h 表示普朗克常量；v 表示频率；c 表示光速；λ 表示波长。

从该公式中可知，能量与波长成反比，波长越长，能量越小。光量子的能量不同，从而引起的生物学效应也不相同。

1. 光热效应

光的长波部分，如红光和红外线，光量子能量较低，被机体组织吸收后只能引起物质分子或原子的旋转或振动(热运动)，光能转化成了热能，即产生了光热效应。可以使组织温度升高，改善局部血液循环，加速组织内的各种物理化学过程，提高组织和全身的新陈代谢。

2. 光化学效应

光的短波部分，特别是紫外线，光量子的能量较大，被组织吸收后，除一部分转化为热运动的能量外，还可使分子或原子的电子吸收能量让分子处于激发状态，处于激发态的分子不稳定，引起光化学效应。光化学效应会产生组织胺等生物活性物质(如组织胺、乙酰胆碱等)，这些物质刺激神经感器而引起局部及全身反应。

3. 光电效应

当光量子的能量更强时，可使分子或原子中的电子逸出，产生自由态的分子(原子)或游离电子，产生光电效应。光电效应中产生的阳离子改变了组织及细胞中离子平衡，从而使胶体成分的导电性发生改变。胶体导电性的改变会影响到细胞有组织的生命活动。

光敏作用,机理尚不清楚。一般情况下发生光敏反应的动物为无色或浅色皮肤,采食含有光敏物质的饲料,并经阳光照射。可分为原发性感光过敏,继发性感光过敏。

原发性感光过敏一般指光敏物质A经血液循环到皮肤,阳光照射时不同波长的光子被光敏物质A吸收,使光敏物质A处于激发态,然后将此能量传递给另一作用物B,使B也呈现激发态。当遇到分子氧时起氧化作用,使动物细胞被氧化破坏,释放出组织胺,使毛细血管扩张,通透性增加,造成局部皮肤红斑或水肿以及全身症状。原发性过敏过物质有荞麦中的荞麦素,金丝桃属植物中的金丝桃素,欧芹中的呋喃香豆素等。

继发性感光过敏是由于肝脏受损或胆管发生堵塞,胆汁分泌及排泄发生障碍,造成叶绿胆紫质代谢异常,蓄积体内引起感光过敏,继发性过敏物质包括发霉的稻草、苜蓿、黑麦草等。

由遗传因素造成的先天性卟啉色素症,可引起机体的代谢异常,产生的异常代谢产物——卟啉色素也可引起感光过敏。

表 4-1 电磁光谱

辐射类型	频率范围/Hz	波长范围/cm
电波	$0\sim10^{4}$	-3×10^{8}
无线电波	$10^{4}\sim10^{11}$	$0.3\sim3\times10^{8}$
红外线	$10^{11}\sim(4\times10^{14})$	$7.6\times10^{-5}\sim0.3$
可见光	$(4\times10^{14})\sim(7.5\times10^{14})$	$4\times10^{-5}\sim7.6\times10^{-5}$
紫外线	$(7.5\times10^{14})\sim(3\times10^{18})$	$10^{-8}\sim4\times10^{-5}$
χ射线	$(3\times10^{18})\sim(3\times10^{22})$	$10^{-12}\sim10^{-8}$
γ射线	$(3\times10^{18})\sim(3\times10^{21})$	$10^{-11}\sim10^{-8}$

二、紫外线的生物学作用

太阳光谱中紫外线的波长为100～400 nm,但能到达地面的紫外线波长在290 nm以上,短于290 nm的部分被平流层中的臭氧吸收。在医学广泛应用的254 nm波长的紫外线是由人工紫外线灯所产生。紫外线在日光只占1%,但它是一种非常重要自然界物理因子,是各种生物维持正常新陈代谢所不可缺少的。根据紫外线的生物学作用,紫外线可分为以下三段。

①长波紫外线(ultraviolet rays A,UVA):波长为320～400 nm,其生物学作用较弱,有较强的穿透力,可以穿透大部分透明的玻璃。在这一波段的紫外线中,超过98%的紫外线能穿透臭氧层和云层到达地球表面,同时可以直达动物和人体的皮肤的真皮层,破球弹性纤维和胶原蛋白纤维,具有明显的色素沉着作用。

②中波紫外线(ultraviolet rays B,UVB):波长为275～320 nm,是紫外线生物学效应最活跃部分。中等穿透力,波长较短的部分会被透明玻璃吸收,日光中含有的中波紫外线大部分被臭氧层所吸收,只有不超过2%能到达地球表面。其中红斑反应的作用最强,它能使维生素D原转化为维生素D,杀菌,促进上皮细胞生长和黑色素产生等作用。

③短波紫外线(ultraviolet rays C,UVC):波长为200～275 nm,穿透能力最弱,无法穿透大部分的透明玻璃。日光中含有的短波紫外线几乎被臭氧层完全吸收,不能到达地面。短波紫外线对机体细胞有强烈破坏作用。短时间即可灼伤皮肤,对细菌和病毒有明显杀灭和抑制作用。

紫外线具有较高的能量，生物学效应主要是光化学效应与光电效应。照射机体后可产生有益作用和有害作用。

(一)有益作用

1. 杀菌

细菌或病毒的蛋白质和核酸能大量吸收相应波长的紫外线，使蛋白质发生变性离解，DNA 结构和功能受到破坏，不同波长的紫外线对 DNA 的损伤不完全相同，如 UVB 主要直接激发 DNA 分子产生嘧啶二聚体，而 UVA 则间接使嘌呤碱发生修饰性改变，使其不能复制，从而导致细菌和病毒的死亡。

紫外线具有广谱杀菌作用，具有简单便捷，无毒物残留，无二次污染等优点，是常用的空气消毒方法之一。紫外线的杀菌作用与波长密切相关。一般认为，杀菌作用最强的波段为 253～260 nm；紫外线的杀菌作用还与紫外线的辐射强度、外界环境（如温度、湿度及空气洁净状态）以及细菌对紫外线照射的抵抗力等有关。其中辐射强度最为重要。紫外线杀菌所需剂量多以辐射强度($\mu W/cm^2$)×时间(S)表示，一般来说，剂量越大杀菌效果越好。当其强度低于 70 $\mu W/cm^2$ 时，即使辐射时间为 60 min，其对细菌芽孢也达不到杀灭效果。要杀灭多种病毒和细菌时，辐射剂量应不低于 100 $\mu W/(s \cdot cm^2)$。多数微生物在低温时对紫外线很敏感，一般认为当环境温度为 20～40 ℃时杀菌效果最好。最适宜的杀菌湿度为 40%～60%，相对湿度高于 60%时，紫外线对微生物的杀灭效果急剧下降。空气中的尘埃能吸收紫外线，因此，污浊的空气环境会影响到紫外线的灭菌效果。细菌类型不同，对紫外线的抵抗能力也不相同。

在畜牧业生产中，常用紫外线杀菌灯（低压汞灯）对畜舍进行灭菌，低压汞灯是利用低压汞蒸汽被激发后发射紫外线，灯管采用对紫外线各波段均有很高透过率的石英玻璃。紫外线杀菌灯的发光谱波长主要有 254 nm 和 185 nm。254 nm 紫外线通过照射微生物的 DNA 来杀灭细菌，而 185 nm 紫外线可将空气中的氧气变成臭氧。臭氧具有强氧化作用，可有效地杀灭细菌。

2. 对皮肤的红斑作用

经紫外线的照射后，皮肤经 2～10 h 潜伏期，被照射部位皮肤会出现潮红，这种皮肤对紫外线照射的特异反应称为红斑作用。红斑轻者在 10～12 h 后缓解或消失，重者会持续数日。

红斑的形成是皮肤经紫外线照射后由于其细胞蛋白质和核酸吸收紫外线后发生变性及蛋白分解，蛋白分解会使组氨酸转变为组胺与类组胺，当两者达到一定浓度时，刺激神经末梢，毛细血管扩张，渗透性增强，从而导致皮肤发红和水肿，出现无菌性炎症。当红斑消失后，表面的血管网舒张仍会维持很久，这样皮肤的血液循环和营养均会得到改善。在人和兽医临床上，常用紫外线的红斑作用治疗浅层炎症，具有消炎，促进创口愈合和脱敏等作用。

引起红斑作用的紫外线剂量以红斑单位计量，最小红斑剂量(minimal erythema dose, MED)是指用 1 W 的 297 nm 波长的紫外线灯的红斑辐射强度作为一个红斑剂量。一般用红斑剂量来表示机体每天所需的紫外线照射剂量。

3. 抗佝偻病

佝偻病是指由于动物机体维生素 D 不足而发生的钙、磷代谢紊乱疾病。环戊烷多氢菲类化合物的维生素 D 的主要作用是维持血清钙、磷浓度的稳定，使钙、磷在体内保持正常水平，促进骨基质钙化。当畜禽体内维生素 D 缺乏时，会导致幼畜出现佝偻病，成年家畜出现骨质软化症。

波长为 280～320 nm 的紫外线可使动物皮肤中的 7-脱氢胆固醇转变为维生素 D_3，以供机体所需，因而具有调节钙、磷代谢的作用。紫外线也可以使植物中的麦角固醇转化为维生素 D_2，因此，青草在晒制过程中可以使维生素 D_2 的含量增加。在设施化的封闭式畜禽舍内，即使畜禽常年不见阳光，由于饲喂补充了维生素的全价日粮，也不会出现维生素 D 缺乏症。

照射剂量不同，维生素 D_3 的生成量也不相同。采用人工紫外光源对大白鼠进行抗佝偻病作用的研究结果表明，1/4 的红斑剂量具有良好抗佝偻病作用。家畜白色皮肤的表层较黑色皮肤更易于被紫外线穿透，形成维生素 D_3 的效力也比较强，所以，在同样管理条件下，当饲料中缺乏维生素 D 时，黑猪较白猪更易得佝偻病或软骨病。

4. 色素沉着

紫外线大剂量照射或小剂量多次照射，可使皮肤中的黑色素原通过氧化酶的作用，转变为黑色素，使皮肤发生色素沉着。由于黑色素所在部位深浅不同从而表现为不同的色调。不同波长的紫外线对黑色素的作用不同，长波紫外线的色素沉着能力作用强，短波紫外线的色素沉着能力弱。色素沉着作用最强的紫外线波长范围为 320～400 nm。

色素沉着是机体对光线刺激的一种防御反应。紫外线的照射解除了黑色素细胞中硫氢化合物对酪氨酸酶的抑制作用，酪氨酸衍生物共聚成黑色素蛋白。这些黑色素蛋白被传送至表皮可以吸收紫外线，防止皮肤深层受到伤害，同时会使皮肤局部温度升高，刺激皮肤汗腺分泌，防止机体体温过高。

5. 兴奋呼吸中枢，提高机体抵抗力

紫外线照射能使呼吸中枢兴奋，呼吸加深，频率下降，有助于氧的吸收和二氧化碳、水汽的排出。紫外线照射对机体免疫系统的功能有重要的调节作用，可以加强巨噬细胞功能，提高巨噬细胞的吞噬活性，增强细胞免疫功能，同时紫外线照射还可以加强补体的活性。当紫外线照射局部时，还能促进局部血液循环，有止痛和消炎作用。在畜牧生产中，为增强畜禽体质，提高机体抵抗力，可采用小剂量紫外线进行多次照射。

(二)有害作用

1. 光照性皮炎

紫外线，尤其是 300 nm 以下的短波辐射对机体细胞具有强烈的破坏作用。动物长时间接受紫外线辐射会引起皮肤剧痒，灼痛，出现水肿、水泡等光照性皮炎，特别是在动物无毛或少毛的部位。

2. 皮肤癌

阳光照射过度会使癌症发病率升高。生活在赤道地区的人，由于纬度较低，受紫外线的照射量在，皮肤癌的发病率明显高于其他地区。动物实验表明，大量紫外线照射对动物有致癌作用。其中，291～320 nm 波段的紫外线致癌作用最强。据国际癌症协会统计，全世界每年有几十万人患皮肤癌。这些患者主要是热带地区、露天作业或接触电离辐射的人。

3. 光照性眼炎

过度的紫外线照射还会引起动物眼睛流泪、红肿和结膜炎，诱发老年性白内障等。

三、红外线的生物学作用

当红外线通过大气层时，会被各种气体分子及固体微粒和水滴吸收和散射，即发生二氧化碳和水蒸气对它的选择性吸收现象，尤其是水蒸气对红外线的吸收本领是最强的。红外线按波长分为短波红外线即近红外线，波长范围为 760～1 500 nm；长波红外线即远红外线，波长范围为 1 500～50 000 nm。

红外线位于光谱的可见光之外，不会引起视觉效应。波长较长，光量子能量小，被组织吸收后，不能引起光化学效应和光电效应，其能量被组织吸收后主要引起分子动能增加，因此，红外线的生物学效应主要是光热效应，所以红外线又称为热射线，它对组织的化学状态很少起直接作用，但红外线照射可使组织温度升高，微血管扩张，血流量增加，物质代谢加速，各种物理化学过程加强，有利于组织营养物质供应和有害物质排出。因此，红外线有消炎、镇痛、降血压以及兴奋神经的作用。

当红外线照射体表时，一部分红外线光源被反射，一部分红外线光源被皮肤吸收。人体吸收红外线的部分主要是皮肤和皮下组织。红外线穿透组织深度可达 80 mm，能直接作用到皮肤的血管、淋巴管、神经末梢及其他皮下组织。一般来说，红外线波长越短，对组织穿透能力越强。

人工红外线光源用红外灯，其分为两种：一种为发光的红外线光源。如白炽灯灯泡，发射短波红外线和可见光，透入组织深，医学上用于病灶较深时的照射。治疗头部或为避免强光刺激时，则宜采用不发光的红外灯；另一种为不发光的红外线光源。其辐射波长为 2 000～3 000 nm，属于长波红外线。短波红外线能深入穿透组织，全身作用比长波明显，畜牧生产上多用发光的红外线灯取暖，如鸡的保温育雏伞。红外线灯对组织增热作用明显，畜牧生产上多用作取暖器，兽医上多用作理疗器。但过多的红外线照射会对机体产生不良影响，如夏季太阳光强烈照射皮肤，由于光热效应，使机体散热困难，体温升高，引起机体过热症；波长为 600 ～1 000 nm 的红外线能穿过动物颅骨，使脑内温度升高，脑血管扩展，渗出增加，引起日射病。日射病的动物体温不一定升高但其眼晶状体及眼内液温度会升高，蛋白凝固，水晶体发生混浊，引起白内障。

四、可见光的生物学作用

人类眼睛的视网膜细胞能感受的波长为 400～760 nm，这个波段的电磁波被称为可见光。在可见光谱区仍可分成许多次波段，它们各自对应着某种特定的颜色：红光 620～760 nm，典型波长为 640 nm；橙光 585～620 nm，典型波长为 600 nm；黄光 575～585 nm，典型波长为 580 nm；黄绿光 550～575 nm，典型波长为 560 nm；绿光 505～550 nm，典型波长为 530 nm；浅蓝光 485～505 nm，典型波长为 495 nm；深蓝光 455～485 nm，典型波长为 470 nm；，紫光 390～455 nm，典型波长为 430 nm。蓝色和紫色属于短波，红色属于长波，黄色和绿色处于波长的中间，通常人眼对电磁波最敏感的区域是波长约 555 nm 的绿色区域。

可见光是机体生存所不可缺少的条件，它通过眼睛的视网膜作用于中枢神经，而紫外光和红外光通常被角膜和晶状体吸收，一般不会照射到视网膜。可见光经下丘脑一垂体系统，引起生物机体的反应，从而提高或降低新陈代谢作用，影响机体整个生理过程。就禽类而言，其可见光作用方式还有另外一种，即直接透过颅骨将信号传到松果体及丘脑下部，引起下丘脑兴奋。除了对动物的视觉和骨骼生长产生影响外，可见光还通过调节多种激素分泌改变许多生理学和行为学过程，影响动物的行为活动、新陈代谢、生长发育等。可见光对动物的影响与光照的强度、光照周期（明暗变化规律）、光照时间及光的波长有关。

(一)光照强度

鸡对可见光十分敏感,照度适宜时,鸡群比较安静,生产性能和饲料利用率都比较好;光照过强,动物会兴奋不安,活动量增加,导致生产力和饲料转化率降低,甚至出现啄癖,突然增强光照还容易引起鸡泄殖腔外翻;强度过小,限制肉鸡的采食、饮水等活动,进而降低生产性能。5 lx 的光照强度能降低肉鸡血糖水平和增加法氏囊指数,改善动物福利。研究表明,1 lx 光照不但降低成本,同时在不影响肉鸡生产性能的基础上,还能提高肉鸡的免疫力,更利肉鸡健康。目前,肉鸡生产实践中采用的光照强度为 20 lx,不利于生产和节约能源。在生产中,我们可根据季节、鸡舍类型和光源差异而进行选择光照强度。

蛋鸡在育雏的前一周,对其的光照强度可以达到 20～40 lx,以利于雏鸡活动,尽快熟悉环境,促进采食,之后逐渐降低光照到 5～10 lx 即可。我们也可根据鸡群的行为调整光照强度。开放式鸡舍的光照强度为 20～40 lx,密闭式鸡舍光照强度可控制为 5～40 lx。

在仔猪阶段,家畜提高光照强度,可以提高机体免疫力,增强消化机能,提高日增重与成活率。研究表明,在 18 h 光照下,光照强度由 10 lx 增加至 100 lx 可以使仔猪发病率下降,成活率提高,但当增加至 350 lx 时,效果反而变差。在家畜育肥期间,过强的光照会引起精神兴奋,活力增强,休息减少,甲状腺的分泌增加,代谢率提高,从而影响了增重和代谢率。因此,为减少动物不必要的活动,减弱动物兴奋性,任何家畜在育肥期间应减少可见光强度,宜采用弱光照。能满足饲养管理、使动物能保持其采食活动及清洁习惯即可,如育肥猪以 40～50 lx 为宜,种猪舍可适当提高,以 60～100 lx 为宜。

光照强度对母猪的繁殖性能也有影响,后备母猪舍在 18 h 光照制度下,光照强度由 10 lx 提高到 45～601x,母猪的生长发育速度快,不但性成熟提前,而且性成熟时的体重也显著增加。公猪射精量和精子浓度也会随着光照强度(10 lx 增加到 100～150 lx)的增加而显著增加。

在高密度饲养的现代畜禽舍,光的强度过高可以使鸡产生啄癖,猪发生咬尾等不良恶癖行为,引起重大损失。

(二)光照周期

光照周期是指由于地球的自转,在地球上出现一天中 24 h 中有明暗的循环。而地球围绕太阳公转又使每年冬至以后的日照时间变长,即日出时间不断提前,日落时间逐渐推后至夏至,夏至为日照最长日。而后又逐渐缩短至冬至,冬至为日照最短日。光照时间运转日复一日,年复一年的规律变化,我们把它称之为光的周期性,通常称之为光周期。

生物节律与自然界的周期性变化相对应,机体的各项机能也随着时间变化而变化,如体温、繁殖机能、细胞分裂、呼吸、激素水平、代谢过程、行为模式等,都有一定的时间周期。不同行为和生命活动具有各自的规律性,从整体系统上观察这种规律性,称之为生物节律。动物的节律分内源和外源节律:内源节律属真实的生物节律;外源节律完全依赖外源因子的存在来完成。

光照不仅在动物机体的代谢过程及生命活动中起直接作用,而且还起着信号作用,即光照的周期性变化(季节性和昼夜性变化),使动物按着光的信号,全面调节其生理活动,其中之一就是季节性的性活动。马、驴、猫、鸟类等都是在每年春季日照时间逐渐延长时,刺激性腺开始活动和发育,进行排卵、配种以及受孕,这些动物被称为长日照动物;绵羊、山羊、鹿等是在秋季日照时间缩短时进行发情配种，这些动物被称为短日照动物。在自然条件下，随着季节性变化，畜禽繁殖机能也随着变化。

1. 对繁殖性能的影响

(1)鸡　鸡的卵子成熟时间一般长于 24 h，所以大多数鸡的排卵周期与光的日周期并不一致，而是略长于 24 h，达 27 h。因此，鸡在正常产蛋季节内往往连续产蛋几天后出现一天间歇，这是在等待两个不同周期的吻合。

为保证蛋鸡全年均衡生产，需要采取人工光照或补充光照，以克服自然光照的不足。试验证明，光照低于 10 h，鸡不能正常产蛋，光照低于 8 h，鸡产蛋停止，光照高于 17 h，对鸡生产亦无益，产蛋期间光照时间的突然变化会造成蛋鸡内分泌功能紊乱，产生应激，降低产蛋率。生产中一般采用 16 h 光照制度。

在生产实践中，以自然界一昼夜为一个光照周期。有光照的时间为光期(L)，无光照的时间为暗期(D)。根据光照持续时间可分为持续性光照和间歇性光照。有研究表明，间歇性光照相比连续性光照，可以促进生长发育，增强机体的免疫功能。生产实践中可以采用人工补光的方式进行间歇性光照。

(2)猪　光照对猪的性成熟有显著影响。光照时间较短，抑制性腺系统发育，延迟性成熟；较长的光照时间可促进性系统发育，种猪的性成熟时间提早，提高受胎率，增加产仔数。科学的光照管理对于公猪的精液品质具有重要影响。一般公猪光照时间为 8～10 h，光照强度为 100～150 lx。延长光照时间，增加光照强度均会对母猪的性成熟产生影响。延长妊娠母猪的光照时间可以促进黄体酮的分泌，提高受胎率，减少胚胎死亡。

(3)羊　绵羊和山羊均为短日照动物，光照可控制羔羊的性成熟时间。光照时间由长变短，光线作用于松果体，松果体分泌褪黑激素，参与孵泡发育及孵母细胞成熟，从而促进母羊的排卵、发情，同时也可以提高公羊的精液品质。

(4)马　属于长日照动物，季节性多次发情动物。光照时间的变化对母马和公马的性活动影响比较明显，母马的繁殖季节一般在春季。

(5)牛　在人类长期饲养驯化下，季节性的性活动已不明显，成为全年可繁殖的动物。

2. 对生长育肥、产乳和产毛的影响

对生长育肥的影响研究较少，而针对光照时长对家畜生长育肥的影响情况，目前研究得还不是很透彻。一般认为育肥畜禽光照时间可适当短一些，以减少活动，增育肥效果；种畜可适当延长光照时数，以增加运动，增强体质。但光照时间和光照强度应保证畜禽有足够的采食时间。但研究表明，光照能促进生长激素的分泌，而生长激素可以促进蛋白质代谢，加快育肥猪的生长发育。

(1)产奶量的影响　在自然光照条件下，奶牛一般春季产奶量较高，可能受环境温度以及饲料的影响。

(2)产毛的影响　羊毛的生长也有明显的季节性，一般夏季长日照时生长快，冬季短日照时生长慢。动物被毛的成熟与光照有密切关系，秋季光照时间数日渐缩短，动物的皮毛随之逐渐成熟，到冬季皮毛的质量都达到最佳。毛皮制品以冬季皮毛为原料较好。

在自然条件下，鸡每年秋季更换羽毛。目前大部分鸡场多采用 16 h 的恒定光照制度，光照缺乏周期性变化，鸡的羽毛一直不能脱落更换，一个生物学产蛋年后，产蛋率下降。为了恢复产蛋率，一些鸡场采用强制换羽措施，淘汰弱鸡。经强制换羽后，鸡的产蛋率在 40 d 左右可恢复到70%以上。该措施节省了蛋鸡育雏和育成的费用,有一定的经济意义。

春天孵出的鸡到秋天开始产蛋,在正常饲养管理条件下,当年不换羽,经过一年多的生长发育和产蛋后到次年秋天入冬前脱掉旧羽,换上新羽。如果当年鸡的产蛋量不理想,就不一定等产蛋期结束,可在开产后8～10个月提早进行强制换羽。虽然第一个产蛋周期缩短了2～4个月,却使鸡群得到了适当的休息。在换羽期间不产蛋带来的损失可以从第2个生物学产蛋年中增加的产蛋中得到补偿。

强制换羽的方法分为常规法和化学法:常规法又叫饥饿法,经停水、停料、缩短光照等措施,给鸡造成强烈应激,使蛋鸡的羽毛在短时间内脱掉。化学法则是在饲料中添加化学物质如氧化锌等造成蛋鸡羽毛脱落的方法。生产中可根据实际情况选择适当的强制换羽方法。

(三)光照时间

光照时间的长短对畜禽可产生显著影响,特别是家禽,适当的光照时间可提高家禽的生产力和免疫力,光照时间不足和过长对家禽均不利。光照时间也与光照强度有密切关系。光照时间不足往往使性成熟推迟,除羊、鹿等短日照动物外,短光照可使繁殖力下降。如12月份至翌年1月份孵出的鸡育成期正处于日照渐长季节,其开产日龄较6—7月份孵出的鸡早24 d;为控制蛋鸡过早开产,一般7日龄至19周龄采用8～9 h短光照,而开产以后,为保证其产蛋率,须逐渐延长光照时间至16 h。

在早期的肉鸡生产中,大多数采用的是23 h光照,全程不变,采用间歇光照制度为3D∶1 L的更为合理。有研究表明,根据肉鸡的生长特点和需要,连续黑暗时间不宜超过3 h。光照时间的长短对猪的生长育肥没有显著的影响。在8～10 h的相同光照时间下,适当增加光照强度,可以提高胴体瘦肉率,减少脂肪沉积,有利于改善猪的生长性能。17 h光照的母猪窝产活仔数经8 h光照者多1.4头,仔猪死亡率低0.4%,仔猪出生窝重1.23 kg。试验表明,每天经16～18 h光照的奶牛比经8～10 h和24 h光照的奶牛,其产奶量可提高7%。

(四)光色(光的波长)

光照颜色由光的波长决定。家禽视网膜比人类多一种敏感区在425 nm的视锥细胞,能见到部分的紫外光,其对光色比较敏感,研究也较多,尤其是鸡。光照颜色不同对家禽的影响也不相同,尤其对家禽的精神、食欲、消化功能、生长发育、性成熟等均有一定的影响。不同波长的光穿透能力不同,长波长的光(如红光)穿透能力强于短波长的光(如蓝光或绿光),长波长的光在提高禽类繁殖性能方面要优于短波长的光。

在肉鸡胚胎发育过程中,绿色光能显著促进胚胎后期骨骼肌的生长,在幼年时期能刺激肉鸡的生长发育;蓝色光对禽类有镇定作用,减少活动量,缓解应激,同时能刺激肉鸡分泌睾酮,促进性腺和生殖器官的发育;蓝绿色光源能促进肉鸡的生长发育,改善生产性能;红色光能促进蛋鸡的性腺发育,但也会使鸡啄羽和互相打斗,增加运动量,增强卵巢活动,提高产蛋量;黄色光能刺激禽类的运动,降低饲料转化率,啄癖发生率升高。

第二节　声环境

从物理观点来讲,声音可以分为两大类:一类是物体呈周期性振动所发出的声音,称为乐音;另一类是物体成不规则、无周期性振动所发出的声音,称为噪声。

一、声与声波

声波是声音的传播形式。声波是一种机械波,由物体振动产生。在气体和液体介质中传播时是一种纵波,但在固体介质中传播时可以是纵波,也可以是横波。声波频率就是声源振动的频率,即每秒来回往复运动的次数,单位是赫兹(Hz),人耳可以听到的声波的频率一般为20~20 000 Hz。频率低于20 Hz的声波被称为次声波,频率高于20 000 Hz被称为超声波。

二、噪声

(一)基本概念

近年来,随着工农业生产的发展,畜牧生产机械化程度的提高和畜牧场规模的日益扩大,噪声的来源越来越多,强度也越来越高,已严重地影响了畜禽的健康和生产性能。这些情况应引起畜牧工作者的重视。噪声干扰人们的正常生活,长期生活在噪声污染中,易造成听力障碍,同时噪声对神经系统、心血管系统都有危害,其危害程度随着噪声强度的大小和影响时间的长短而异。

声音是否是噪声,除依据强度和频率外,还受感受对象状态的影响。强度和频率较高的声音不一定是噪声。从生理学观点来讲,凡是使家畜讨厌、烦躁、影响家畜正常的生理机能、导致家畜生产性能下降、危害家畜健康的声音都可称之为噪声。

广义的噪声是指人们生理和心理上都不能接受的声音。它给人们的工作学习和生活带来了妨碍、干扰以及不便。狭义的噪声是指无规则的连续谱,即频率和声强都不同的声波的杂乱组合,与之相对应的概念是乐音。

(二)来源

1. 外界的传入

外界的传入主要是交通车辆、飞机、汽车、火车、拖拉机等发动机声,普通汽车达80~90 dB。

2. 场内机械化生产过程

如饲料加工、风机、真空泵、机械除粪、喂料等工作时产生的声音。根据测定,装于窗洞或屋顶的轴流式风机可产生75~90 dB的噪声,刮板式清粪机可发生连续不断的强度高达91 dB的噪声,使用自动喂料机时噪声在75~77 dB。

3. 家畜自身产生的噪声

如鸣叫、争斗、采食、走动等,为50~60 dB。

(三)对机体的影响

在长时间的噪声作用下,噪声对人的身体可产生不良的影响:一是对听觉器官引起的特异性病变,造成听觉器官的损伤;二是引起非特异性病变,表现为全身各系统,特别是中枢神经系统、心血管系统和内分泌系统。

1. 对听觉器官的损伤

人和动物的听觉适应有一定的限度。在强烈噪声持续作用下,听力减弱,听力敏感性下降，高分贝的噪声损害人的听觉器官，低噪声影响情绪，令人烦躁，不能入睡，40～45 dB 的声响可把人从梦中惊醒，长时间在噪声大的环境中工作会发生心悸、心脏病、流产、高血压、胃溃疡等疾病。如长期处在高强度噪声环境中，听觉器官发生器质性改变，呈永久性听力损失，这种情况被称为噪声性耳聋，并伴有头痛、耳鸣、恶心、神经衰弱、失眠的症状。一般认为，如果听力下降 30 dB，这就是产生病理变化的先兆。研究表明，只有在 80 dB 下的噪声，才能避免对人造成噪声损伤，但是从技术和经济上考虑，畜牧生产中很难实现这一标准。

2. 对机体的非特异性影响

如果噪声长期作用于中枢，可使大脑皮层的兴奋和抑制过程平衡失调，条件反射异常，脑血管张力受到损害。这些变化在早期是可复原的，如果时间过长，就是可能形成顽固的兴奋性，并累及植物性神经系统，产生头痛、耳鸣等，严重者可产生精神错乱。①噪声可引起自主神经系统紊乱，表现为血压升高或降低、出现窦性心动过速或过缓。噪声可致心肌损害。在噪声较强的环境中，冠心病与动脉硬化的发病率显著增高。②噪声可导致血液白细胞总数上升，淋巴球开始上升，继而减少。③噪声可导致胃肠道功能障碍，胃液分泌异常，胃酸减少，胃蠕动减弱，食欲不振，甚至发生恶心、呕吐。长时间的噪声会引起胃病和胃溃疡。④研究表明，噪声对基础代谢、免疫力、内分泌等也有一定的影响，还会影响胎儿体重。

3. 对人正常生活的影响

噪声最令人烦恼的影响是使人不能睡眠。噪声还对人们入睡的持续时间和睡眠深度产生严重影响。噪声使人烦躁不安，容易疲乏，注意力不集中，反应迟钝，不仅影响工作效率，而且导致工作质量下降，事故发生率明显上升。

(四)噪声对家畜生产性能的影响

噪声对家畜的影响目前的研究主要集中于对家畜生产性能的影响。100～120 dB 的噪声持久作用于畜体，生理功能改变，特别是交感神经兴奋而引起血压和颅内压升高，脉搏、呼吸频率、泌汗和代谢加强，唾液分泌和胃分泌机能减弱等。100～115 dB 的噪声会使乳牛产奶量下降 30%以上，同时会发生流产、早产现象。噪声对奶牛产生的不良影响可能是由垂体-肾上腺素系统机能失调而引起的。噪声由 75 dB 增至 110 dB 可使绵羊的平均日增重显著下降，饲料利用率也降低。

1. 噪声对猪的生产性能的影响

噪声可使猪受惊，但猪能很快适应。因此，在增重、饲料转让化率上没有明显影响。有人经实验发现，高强度噪声可导致猪的死亡率增高。猪舍内噪声经常高于 65 dB，仔猪血液中白细胞和胆固醇含量分别上升 25%～30%，并且一直保持在这个水平，而舍内多种机器发声达 80 dB，母猪在噪声刺激下受胎率下降，易流产、早产。

2. 噪声对鸡的生产性能的影响

鸡对噪声较敏感，90～100 dB 的噪可引起暂时性坠蛋现象，继之逐渐适应。但持续超过这一强度的噪声，会使产蛋量减少，品质下降。130 dB 可使鸡体重下降，甚至死亡。

3. 噪声对其他家畜生产性能的影响

噪声会使家畜受惊，引起损伤。家畜遇突然噪声会受惊、狂奔，发生撞伤、跌伤。但是也发现，马、牛、羊、猪对噪声都能很快适应，因而不再有行为上的反应。虽然家畜对一定强度以内的噪声可很快适应，但从生产角度考虑，应避免任何噪声的产生。需要说明的是，声音是可以利用的物理因素。它不仅在行为学上是家畜传递信息的生态因子，而且对生产也会带来一定利益。有人试验，在给奶牛挤奶时，播放轻音乐，能增加其产奶量。其中的机理尚不清楚，可能是音乐已成为奶牛喂料和泌乳准备的信号，用轻音乐刺激猪能达到改善单调环境而防止咬尾癖的效果。据试验发现，轻音乐可使产蛋鸡安静，有延长产蛋周期的作用。

(五)畜牧场减少噪声的措施

畜牧业中的噪声标准目前尚未有材料。我国 1979 年颁布的噪声卫生标准规定，工厂噪声以 85 dB 为限，该标准是否适用于家畜尚待进一步研究，由于目前缺乏家畜对噪声限度的资料，故畜牧生产可引用人的标准。根据家畜年龄、种类作相应规定。幼畜、雏鸡和蛋鸡要求较高，成年家畜可适当放宽。国际组织标准规定，人在 90 dB 每天可停留 8 h。

为减少噪声，畜牧场在建场时应选好场址，尽量避免外界干扰，如远离工矿企业、交通干线、机场、火车站等，场内规划要合理，交通线不能太靠近畜舍。当畜舍内进行机械化生产时，设备的设计、选型、安装应尽量选用噪声最小者，应尽量降低舍内生产过程如通风、清粪、喂料、挤奶等的噪声，因为这是最重要最直接的影响。畜舍周围大量植树绿化可使外界噪声降低 10 dB 以上。在日常管理工作中，人在畜舍内一切活动要轻，避免造成较大的声响使家畜受惊。另外，家畜饲养应密度适中，避免家畜争斗。

(张建斌、张鹤平)

复习思考题

1. 简述紫外线、红外线对家畜的影响。
2. 简述光周期及光照时间对家畜的影响。
3. 简述噪声对家畜的影响。
4. 简述畜牧场减少噪声的措施。

参考文献

[1]刘凤华．家畜环境卫生学．北京：中国农业大学出版社，2008.

[2]颜培实，李如治．家畜环境卫生学．4 版．北京：高等教育出版社，2016.

[3]李如治．家畜环境卫生学．3 版．北京：中国农业出版社，2008.

[4]马明新．光周期对牛生长、胴体品质和采食的影响．中国黄牛，1988，7：47-50.

[5]张国庭，郑新宝，陈静波，等．马繁殖季节和非繁殖季节卵泡波变化观察．中国草食动物科学，2012，6：29-31.

[6]徐菁，张明新，赵云辉，等．环境因素对羊繁殖性能影响的研究．家畜生态学报，2019，40(4)：85-88.

[7]朱勇文．光照对家禽生产的影响．饲料博览，2011，2：8-10.

[8]李亮，谭娅，伍革民．生物节律影响家禽繁殖性能的作用机理．贵州畜牧兽医，2016，40(4)：24-26.

[9]马玉娥．光色对家禽影响的研究进展．畜禽业，2018，11：20-21.

[10]黄轩．光照因素对家禽生产的影响．河南农业，2011，10(上)：48-50.

[11]王晓宇．肉种鸡各生长发育阶段的光照管理．现代畜牧科技,2016,10:36.

[12]武玉珺,王梦梦,张明．光照对肉鸡生长发育影响的研究进展与应用．中国畜牧杂志,2018,54(7):10-13.

[13]田卫华,乔瑞敏,吕刚,等．光照对猪生长发育、繁殖性能及免疫力的影响．家畜生态学报,2016,37(11):87-90.

第五章

水与土壤环境

- 了解水和土壤环境在绿色畜牧业发展和国家生态文明建设中的意义；
- 理解水和土壤环境与畜禽健康生产的关系；
- 掌握水的卫生学特性、人工净化及土壤物理性状的基本理论和基本知识，能够熟练开展畜禽饮用水的消毒和使用及供水系统的清洗。

第一节　水环境

新时期我国五大发展理念创新、协调、绿色、发展、共享，“必须树立和践行绿水青山就是金山银山的理念”“生态文明”写入宪法等一系列重要方针政策突出了水和土环境在人类生存和社会生产中极其重要意义。

广义的水环境是指自然界中水的形成、分布和转化所处空间的环境。水环境在这里是指围绕家畜空间及可直接或间接影响家畜生产、生活管理和发展的水体，为健康养殖功能的各种自然因素和有关的社会因素的总体。水是维持生命必需的物质，动物的物质新陈代谢，生理活动均离不开水的参与。水是人和动物体所需的六大营养素之一。水是构成家畜机体的主要成分，动物体内的水大部分与蛋白质结合形成胶体，使组织细胞具有一定的形态、硬度和弹性，水约占家畜体重的 2/3。水是一种理想的溶剂，机体的一切生理、生化过程都在水溶液或水的参与下进行，是化学反应的介质。其在酶的作用下参与很多生物化学反应，如水解、水合、氧化还原反应、有机化合物的合成和细胞的呼吸过程等。营养物质的消化、吸收以及养分的运输，代谢尾产物的排泄也必须有水的参与。水的比热大，导热性好，蒸发热高，所以在维持畜体热平衡中。水既能储存热能，还能迅速传递热能和蒸发散失热能，对维持体温的恒定起着关键作用。因此，家畜离不开水，缺水比缺饲料对其健康的危害更大、更迅速。

此外，在畜牧生产过程中，人畜饮用水、饲料调制，畜舍工艺设施与工具的清洗和消毒以及畜产品的加工过程也需要大量的水。只有在水的质和量上满足畜牧生产需要，才能保证最终生产出安全、优质的畜产品。水源也是养殖场选址的重要参考指标。在选址时，养殖户需要保证场址周边拥有充足的符合饮用水标准的水源，并且还应注意尽可能远离生活饮用水的水源保护区。此外，又因为饮水质量对饲料转化率有至关重要的影响，而且对家畜的生长发育和机体健康有重要的推动作用。所以在选择场址时，养殖户还需要注意尽量选择品质优秀的井水、泉水以及江河流动水作为水源，不要选择旱井枯水以及坑塘死水作为水源。

一、水源概述

天然水一般可分为大气水(atmosphere moisture)、地表水(surface water)和地下水(ground water)。大气水指以水蒸气、云、雨、雪、霜及冰雹的形式存在的水。地表水包括江河水、湖泊水以及海洋水。地下水是指存在于上填层和岩石层的水。

水和水体(water body)是两个不同的概念。天然水是指河流、湖泊、沼泽、水库、地下水、冰川、海洋等储水体的总称。它不仅包括水，还包括水中的溶解物、悬浮物以及底泥和水生生物，是指地表被水覆盖的自然综合体系，是一个完整的生态系统。当水体受到重金属污染后，重金属污染物通过吸附、沉淀的方式，易从水中转移到底泥中，水中重金属的含量一般都不高，所以仅从水的角度考虑，似乎未受到污染，但从整个水体来说，已受到严重的污染，而且是不易净化的长期的次生污染。

水在自然界分布广泛，可分为地表水、地下水和降水三大类。但因其来源、环境条件和存在形式不同，又有各自的卫生学特点。

(一)地表水

地表水包括江、河、湖、塘及水库等。这些水主要由降水或地下水在地表径流汇集而成，容易受到生活及工业废水的污染，常常因此引起疾病流行或慢性中毒。地表水一般来源广、水量足，且具有较好的自净能力，取用也较为方便，所以地表水被广泛使用。河流的流水一般比池塘的死水自净能力强；水量大的比水量小的自净能力强。因此，在条件许可的情况下，应尽量选用水量大、流动的地表水作牧场水源。在管理上可采取分段用水和分塘用水。地表水的使用必须符合《地表水环境质量标准》要求。

(二)地下水

地下水深藏在地下，其由降水和地表水经土层渗透到地面以下而形成。地下水经过地层的渗滤作用，水中的悬浮物和细菌大部分被滤除。同时，地下水被弱透水土层或不透水层覆盖或分开，水的交换很慢或停顿，受污染的机会少。但是在流经地层和渗透过程中，地下水可溶解土壤中各种矿物盐类而使水质硬度增加，地下水的水质与其存在地层的岩石和沉积物的性质密切相关，化学成分较为复杂。该水质的基本特征是悬浮杂质少、水清澈透明、有机物和细菌含量极少、溶解盐含量高、硬度和矿化度较大、不易受污染、水量充足而稳定和便于卫生防护。但某些地区的地下水含有过多矿物质往往引起地方性疾病，如氟化物、砷化物等，所以当选用地下水时，应对其检验合格后，才能选作为水源。

(三)降水

降水是指雨、雪，由海洋和陆地蒸发的水蒸气凝聚形成的，其水质依地区的条件而定。靠近海洋的降水可混入海水飞沫；内陆的降水可混入大气中的灰尘、细菌；城市和工业区的降水可混入煤烟、SO_2 等各种可溶性气体和化合物，因而易受污染。但总体来说，大气降水是含杂质较少而矿化度很低的软水。降水由于贮存困难、水量无保障，除缺乏地表水和地下水的地区外，一般不用作畜牧场的水源。

二、水的卫生学标准和特性

(一)水的卫生学标准

根据使用目的不同，水的卫生学标准分为畜禽饮用水水质标准和畜禽产品加工用水水质标准。畜牧场水源的卫生学标准必须具体落实《无公害食品 畜禽饮用水水质》(NY 5027—2008)及《无公害食品 畜禽产品加工用水水质》(NY 5028—2008)的要求(表 5-1)。

表 5-1 畜禽饮用水水质标准

项目		标准值	
		畜	禽
感官性状及一般化学指标	色/°	≤30	
	浑浊度/°	≤20	
	臭和味	不得有异臭、异味	
	总硬度(以 $CaCO_3$ 计)/(mg/L)	≤1 500	
	pH	5.5～9.0	6.5～8.5
	溶解性总固体/(mg/L)	≤4 000	≤2 000
	硫酸盐(以 SO_4^{2-} 计)/(mg/L)	≤500	≤250
细菌学指标	总大肠菌群/(MPN/100 mL)	成年畜 100，幼畜和禽 10	
毒理学指标	氟化物(以 F^- 计)/(mg/L)	≤2.0	≤2.0
	氰化物/(mg/L)	≤0.20	≤0.05
	砷 L/(mg/L)	≤0.20	≤0.20
	汞/(mg/L)	≤0.01	≤0.001
	铅/(mg/L)	≤0.10	≤0.10
	铬(六价)/(mg/L)	≤0.10	≤0.05
	镉/(mg/L)	≤0.05	≤0.01
	硝酸盐(以 N 计)/(mg/L)	≤10.0	≤3.0

(二)水的物理学性状

水的物理学性状包括水的温度、色度、浑浊度、臭和味、肉眼可见物等项。水体受到污染后，水的物理学性状往往发生变化。因此，水的物理学性状可作为水是否被污染的参考。

1. 温度

温度是水的重要物理特性，它可影响水中生物、水体自净和人类对水的利用。地表水的温度随太阳辐射的强弱及大气温度的变化而变化，一般来讲，水温的变化总是落后于大气温度的变化，其变化范围为 0.1～30 ℃。地下水的温度则和地温有密切关系。地下水的水温，特别是深层地下水的温度比较恒定，水温为 8～12 ℃。大量工业含热废水进入地表水，可造成热污染，导致水中溶解氧下降，危害水生生物。水体的颜色取决于水对光能的选择吸收和散射作用以及水中的悬浮质、浮游生物颜色等。

2. 色度

水本无色。自然环境中的水对光能的选择吸收和散射作用以及水中的悬浮质、浮游生物颜色而使水呈现不同的颜色，如流经沼泽地带的地表水，由于含腐殖质而呈棕色或褐色；有大量藻类生存的地表水里绿色或黄绿色。清洁的地下水无色，而在含有氧化铁时，水呈黄褐色；在含有黑色矿物质的，水呈灰色；当水体受到有色工业污染时，可使水呈现该工业废水所特有的颜色。当发现水体有色时，应调查它的来源。《无公害食品　畜禽饮用水水质》中规定畜禽饮用水色度不超过30°。

3. 浑浊度

浑浊度表示水中悬浮物和胶体物对光线透析阻碍程度的物理量。浑浊度的标准单位是以1 L水中含有相当于1 mg标准硅藻土形成的浑浊状况，作为1个浑浊度单位，简称1°。

地下水因有地层的覆盖和过滤作用，水的浑浊度较地表水低。地表水往往由于降水将邻近地表的泥土或污物冲入；或因生活污水、工业废水排入；或因强风急流冲击到水底和岸边的淤泥，致使水的浑浊度提高。《无公害食品　畜禽饮用水水质》(NY 5027—2008)中规定浑浊度不得超过20°。

4. 臭

臭指水质对鼻子嗅觉的不良刺激。清洁的水没有异臭(嗅)。地表水中如有大量的藻类或原生动物时，水呈水草臭或腥臭。当水中含有人畜排泄物、垃圾、生活污水、工业废水或硫化物等时，可出现不同的臭气。通过嗅觉来判断，水的臭气可以分为泥土气味、沼泽气味、芳香气味、鱼腥气味、霉烂气味、硫化氢气味等。根据臭气的性质，常常可以辨别污染的来源。

5. 味

味指水质对舌头味觉的刺激。清洁的水应适口而无味。当天然水中各种矿物质盐类和杂物的量达到一定浓度时，可使水发生异常的味道。如水中含有过量的氯化物可使水有咸味；当水中含硫酸钠或硫酸镁时有苦味；当水中含有铁盐时呈涩味；当水中含有大量腐殖质时产生沼泽味。动物尸体在水中分解、腐败可产生臭味。

(三)水的化学性状

水的化学性状决定于水的化学成分及化学性质。天然水常含有各种化学物质，其化学性质也多有不同。检验水的化学性状，可初步判断水是否受各种污染源的污染，是否含有化学有毒物质。

1. pH

水的pH取决于所含氢离子及氢氧离子的浓度。由于存在碱土金属，天然水，特别是地下水pH一般为7.2～8.5。当水质出现偏碱或偏酸时，表示水有受到污染的可能。当地表水被有机物严重污染时，有机物被氧化而产生大量游离的二氧化碳和有机酸，可使水呈酸性。工业废水污染水体时，可使水的pH突然发生很大变化，因此，水的pH可作为污染的参考指标。

《无公害食品　畜禽饮用水水质》(NY 5027—2008)规定，家畜pH为5.5～9.0，禽类的pH为6.5～8.5。生活饮用水水质标准规定水的pH为6.5～8.5。如果水的pH过高，可引起水中溶解性盐类的析出，使水的感官性状恶化，还可影响饮用水加氯消毒的效果。如果水的pH过低，可腐蚀给水管道，增加金属(铁、铅、铝等)的溶解度，影响水质。

2. 总硬度

水的硬度(hardness)是指溶解于水中的钙、镁等盐类的总含量。根据所含盐类的不同，其又分为碳酸盐硬度和非碳酸盐硬度，两者之和为总硬度。碳酸盐硬度在可煮沸后被除去，故亦称暂时硬度。非碳酸盐硬度在煮沸后不能除去，又称永久硬度。

水的硬度以“度”表示，即1 L水中钙、镁盐类总含量相当于10 mg的CaO时，称为1°。按硬度大小可分为软水(低于8°)、中等硬水(8°～16°)，硬水(16°～30°)，极硬水(30°以上)。天然水的硬度随水源的种类和地质条件而有所不同，地下水硬度一般比地表水高。地表水硬度随水流经过地区的地质条件而不同，一般都变化不大。但当流经石灰岩层或其他钙、镁岩层时，则硬度增加。水被污染时，硬度可能升高。

水的硬度过高时，易析出沉淀物而阻塞水管及饮水器喷嘴，从而影响畜牧场的供水。我国《畜禽饮用水水质标准》规定，总硬度（以 $CaCO_3$ 计）不超过 1 500 mg/L。我国生活饮用水水质卫生标准规定饮水硬度以 $CaCO_3$ 计算不得超过 450 mg/L。

3.“三氮”指标

水的“三氮”即氨氮、亚硝酸盐氮和硝酸盐氮三者的简称，是评价水体被有机物污染状况的一种指标。当水被有机物污染时，含氮有机物在微生物作用下逐渐分解成氨，有氧存在时还可进一步氧化为亚硝酸盐和硝酸盐，测定它们的含量可判断水被污染的进展过程。

(1)氨氮　是指水中以游离氨（NH_3）和铵离子（NH^{4+}）形式存在的氮。天然水被人畜粪便等有机物污染后，在耗氧微生物的作用下分解成的中间产物。当水中氨氮的含量增多时，表示水体最近受到污染。必须注意的是，当水流经沼泽地时，可因植物性有机物的分解而使水中氨氮含量增高。

(2)亚硝酸盐氮　是水中氨氮在有氧条件下，经亚硝酸菌的作用分解的产物。亚硝酸盐的含量高表示该水的有机物的无机化过程尚未完成，污染危害仍然存在。导致水中亚硝酸盐氮含量增加还有其他因素，如硝酸盐还原、夏季雷电作用使空气中氧和氮化合成氮氧化合物，遇雨后部分成为亚硝酸盐而进入水中等。这些亚硝酸盐的出现与污染无关，在运用亚硝酸盐指标时必须弄清其来源，以做出正确的评价。我国饮水卫生标准规定其总量不应超过 10 mg/L。

(3)硝酸盐氮　是含氮有机物分解的最终产物。如水体中仅硝酸盐含量增高，而氨氮、亚硝酸盐氮含量均低，甚至没有，说明污染时间已久，现已趋向自净。此外，水中的硝酸盐也直接来自地层。

在实际工作中，当水体“三氮”含量增加时，除应排除与人畜粪便无关的来源外，往往需要根据水中“三氮”的变化规律进行综合分析。当三者均增高时，表明该水体过去、最近都受到污染，目前自净正在进行，如水体中仅硝酸盐氮增加，表明污染已久，且已趋于净化。

4. 氯化物

自然界的水一般都含有氯化物，其含量随地区而不同。但通常同一地区内水体中的氯化物是相当稳定的。一旦增加，则表明可能遭受工业废水或生活污水污染，若伴有氮化物增高，则可能受粪便污染。为了确定水源是否受到污染，掌握正常情况下本地水中氯化物的含量，是十分必要的。《无公害食品　畜禽饮用水水质》(NY 5027—2008)规定，氯化物以 Cl 计，在家畜为 1 000 mg/L，禽类为 250 mg/L。水中氯化物是流经含氯化物的地层、受生活污水或工业废水的污染等。

5. 硫酸盐

天然水，尤其是地下水中都含有硫酸盐，而且常与钙、镁离子（硫酸钙、硫酸镁）形成非碳酸盐硬度，可使水中硫酸盐含量增高，其永久硬度也高。《无公害食品　畜禽饮用水水质》(NY 5027—2008)以硫酸盐计，在家畜为 500 mg/L，禽类为 250 mg/L。当水中硫酸盐含量突然增加时，表明水可能被生活污水、工业废水或化肥硫酸铵等污染。硫酸盐含量过高可影响水味和引起动物轻度腹泻。

6. 溶解氧

溶解氧指溶解在水中的氧含量，其含量与空气的氧分压、水的温度有关。一般而言，同一地区空气中氧分压变化甚微，故水温是主要影响因素，水温愈低，水中溶解氧含量愈高。清洁的地表水溶解氧含量接近饱和状态。水层越深，溶解氧含量越低，尤其是湖泊、水库等静止水更为明显。当水中有大量藻类时，其光合作用释放出的氧可使水中溶解氧呈过饱和状态。水中的溶解氧是有机物进行氧化分解的必要条件，当大量有机物污染水体或藻类大量死亡时，溶解氧可被急剧消耗，而使水中溶解氧含量明显降低，甚至使水体处于厌氧状态。此时水中的厌氧微生物繁殖，有机物腐败，使水产生臭味。因此，溶解氧可作为评价水质是否受有机物污染的间接判断指标。在同一地表水体不同断面上测定水中溶解氧的含量对判断水体的自然净化状况具有一定意义。另外，若水中溶解氧过低时，水中鱼类也不能生存。地表水质卫生要求溶解氧不低于 4 mg/L。

7. 化学需氧量

化学需氧量(chemical oxygen demand，COD)是指在一定条件下，以氧化 1 升水样中有机物所消耗的氧化剂的量为指标，折算成每升水样全部被氧化后，需要的氧的毫克数，以 mg/L 表示。一般测量化学需氧量所用的氧化剂为高锰酸钾或重铬酸钾。化学需氧量反映了水中受有机物污染的程度，其数值越大，说明水体受有机物的污染越严重。

8. 生化需氧量

生化需氧量(biochemical oxygen demand，BOD)是指水中的有机物在需氧性细菌作用下，进行生物化学分解时的需氧量。生化需氧量间接反映了水中可生物降解的有机物量，其值越高，说明水中有机污染物质越多，污染也就越严重。污水中各种有机物得到完会氧化分解需要较长时间，为了缩短检测时间，一般生化需氧量以被检验的水样在 20 ℃以下，5 d 内的耗氧量为代表，称其为五日生化需氧量，简称 BOD_5。

(四)水的毒理学指标

有毒元素被机体少量摄入后，能与机体组织起作用，破坏正常的生理机能，导致机体暂时或长期的病理改变，甚至危及生命的化学元素，如氟化物、砷、铅、汞、镉、硒、铬、钼等。当其含量超过一定的允许含量时，就会直接危害动物的健康和生产性能。现将国外家畜饮用水质量标准中有关饮水中有毒元素的最大允许量标准列于表 5-2，供参考。

表 5-2 家畜饮用水中有毒元素的最大允许含量

项目	TFWQG(1987)*	NRC(1974)**	澳大利亚***
氟化物	2.0	2.0	2.0
砷	2.5	0.2	1.0
铅	0.1	0.1	0.5
汞	0.003	0.01	0.002
镉	0.02	0.05	0.01
硒	0.05	—	0.02
铬	1.0	1.0	1～5
钼	0.5	—	0.01
钴	1.0	1.0	—
铝	5.0	—	—
硼	5.0	—	—
镍	1.0	1.0	—
钒	0.1	0.1	—
铍	0.1	—	—

注：* TFWQG(1987)——Task Force on Water Quality Guidelines，1987；** NRC(1974)——National Research Council，1974；*** 澳大利亚畜牧饮用水标准。

上述指标被称为水的毒理学指标，是指水质标准中所规定的某些物质本身是毒物。当其含量超过一定程度时，就会直接危害机体，引起中毒。这类指标往往是直接说明水体受到某种工业废水污染的重要证据。下面介绍我国《无公害食品 畜禽饮用水水质》(NY 5027—2008)规定的指标。

1. 氟化物

氟是卤族元素中最轻，反应性最强，化学性质非常活泼的元素。氟能与很多元素化合，在自然界形成相当丰富的氟化物。水中一般含有适量的氟化物，它有良好的抗龋齿作用，而含氟量高则可引起中毒。一般认为，当水中含氟量低于 0.5 mg/L 时，能引起龋齿；当水中含氟量超过 1.5 mg/L 时，则可引起氟斑牙和氟骨症。因此，《无公害食品 畜禽饮用水水质》(NY 5027—2008)规定含氟量不超过 2.0 mg/L。

大多数地区天然水源都含有微量的氟，水中氟含量不足的情况并不普遍，在更多的情况下是水中氟的含量过高。水中氟化物含量过高带来的危害比含量不足更为明显和严重。地表水中的氟化物浓度一般较低，多在痕量级，而地下水中的氟化物浓度较高。地表水高氟的起因主要是各种含氟工业(如磷酸厂、炼铝厂、玻璃厂、枕木防腐厂等)废水污染的结果。地下水中含氟量则有明显的地区性，在含氟矿层(如萤石、冰晶石、磷灰石等)丰富的地区，水中含氟量往往较高。养殖场在搞好饮水卫生和水源选择上应予重视。

2. 氰化物

氰化物是指分子结构中含有氰基或氰离子的化合物。水中氰化物主要来源于含氰化物的各种工业(如炼焦、电镀、选矿、金属冶炼等)废水的污染。氰化物毒性很强，可引起急性中毒。长期饮用含氰化物的水，还可引起慢性中毒，使甲状腺素生成量减少，从而表现出甲状腺机能低下的一系列症状。在《无公害食品 畜禽饮用水水质》(NY 5027—2008)中要求比较严格，规定氰化物含量家畜不得超过 0.20 mg/L，禽类不超过 0.05 mg/L。

3. 汞

汞(Hg)俗称“水银”，银白色液体金属，为剧毒，可致急、慢性中毒。水中以无机汞为主，有机汞风险很小。水中汞主要来自工业废水和废渣，如电器、电解、涂料、农药、催化剂、造纸、医药、冶金等工业废水。此外，农业生产中的有机汞杀菌剂浸种，多年应用也会造成环境污染，可由土壤转入水体。无机汞在水中不溶解，进入生物组织较少，如 HgCl、$HgCl_2$、HgO 等。有机汞化合物，有很强的脂溶性，容易进入生物组织，并有很高的富集作用，主要作用于神经系统、心脏、肾脏和胃肠道，如烷基汞(CH_3Hg、C_2H_5Hg)、苯基汞(C_6H_5Hg)等。地表水中的无机汞在水体中易沉淀于底层沉积物中，在微生物作用下转化为毒性更大的有机汞，然后进入生物体内，通过食物链逐渐富集，如最后进入人体，危害极大，如日本所称的“水俣病”

汞及其化合物在机体内，分布广且不易分解，排泄较慢，在我国《无公害食品 畜禽饮用水水质》(NY 5027—2008)中规定汞含量家畜不得超过 0.01 mg/L，禽类不超过 0.001 mg/L。

4. 砷

砷(As)是传统的剧毒药，俗称砒霜。即三氧化二砷。砷主要存在于冶炼、农药、氮肥、制革、染色、涂料等多种工业废水中。砷不溶于水、存在于水溶液中的是各种化合物或离子。例如，H_3AsO_4、H_3AsO_3、$H_3AsO_4^-$、AsO_3^- 等。很多砷盐难溶或微溶于水。砷所引起的中毒有急性和慢性之分。成年人经口服 100～130 mg 可致死，长期饮用含砷量为 0.2 mg/L 以上的水可慢性中毒。慢性中毒表现为肝和肾的炎症、神经麻痹和皮肤溃疡，近年来还发现有致癌作用。农药砷酸铅、砷酸钙杀虫剂，是污染环境的来源之一，现已禁止使用。饲料添加剂阿散酸、洛克沙生也为砷制剂。《无公害食品　畜禽饮用水水质标准》(NY 5007—2008)中规定总砷含量不超过 0.2 mg/L。

5. 硝酸盐与亚硝酸盐

水中的硝酸盐摄人体内后，可被胃肠道中的某些细菌(硝酸盐还原菌)转化为亚硝酸盐，被吸收入血后能使血红蛋白转变为高铁血红蛋白，导致血液失去携氧能力，可引起机体缺氧，甚至窒息死亡。硝酸盐和亚硝酸盐随饮水进入体内，于一定条件下在胃内、口腔、膀胱内(特别是在感染时)可与仲胺形成致癌物亚硝胺。

对于动物饮水中硝酸盐和亚硝酸盐的允许含量，各国的规定不一致。我国畜禽饮用水规定为 30 mg/L；美国 TFWQG(1987)资料，亚硝酸盐(以 N 计)为 10 mg/L，硝酸盐＋亚硝酸盐(以 N 计)则为 100 mg/L，美国 NRC(1974)资料，亚硝酸盐(以 N 计)为 33 mg/L，硝酸盐＋亚硝酸盐(以 N 计)则为 440 mg/L。澳大利亚(1974)畜牧饮用水水源中硝酸盐(以 NO_3^- 计)的允许量为 90～120 mg/L。

(五)水的细菌学指标

水的细菌学指标是判断水质好坏的重要依据之一。水体中菌落总数可反映水中有机质含量的多少，数量越多说明水受有机质的污染越严重。耐热大肠菌群与总大肠菌群的有无则反映水源是否被人畜粪便污染。我国饮用水标准规定，菌落总数不超过 100 CFU/mL(CFU 意为菌落形成单位)，总大肠菌群数和耐热大肠菌群均不得检出。

在实际工作中，通常以检验水中的细菌总数和大肠杆菌总数来间接判断水质受到人畜粪便等的污染程度，再结合水质理化分析结果，综合分析，才能正确而客观地判断水质。

1. 细菌总数

指 1 mL 水在普通琼脂培养基中，于 37 ℃的温度下，经 24 h 培养后所生长的菌落数。水受污染后细菌总数即增加，未被污染者一般较少。我国卫生标准规定生活饮用水每毫升不得超过 100 个。但在人工培养基上生长繁殖的仅仅是适合于实验条件的细菌菌株，不是水中所有的细菌都能在这种条件下生长。所以细菌总数并不能表示水中全部细菌，也无法说明究竟有无病原菌存在。细菌总数只能用于相对地评价水质是否被污染和污染程度。当水被人畜粪便及其他物质污染时，水中细菌总数急剧增加。因此，细菌总数可作为水被污染的指标。

2. 大肠杆菌

大肠杆菌是人和温血动物肠道内普遍存在的细菌，也是粪便中的主要菌种。卫生学上常以大肠杆菌作为检查水源是否被粪便污染的指标。

水中大肠菌群的数量一般用大肠菌群指数或大肠菌群值来表示。大肠菌群指数是指 1 L 水中所含大肠菌群的数目。大肠菌群值是指含有 1 个大肠菌群的水的最小容积(毫升数)，这两种指标互为倒数关系，可用下列公式表示：

$$\text{大肠菌群指数} = \frac{1\,000}{\text{大肠菌群数}}$$

在正常情况下，肠道中主要有大肠菌落、粪链球菌(肠球菌)和厌气芽孢菌三类。它们都可随人畜粪便进入水体。由于大肠菌群在肠道中数量最多，生存时间比粪链球菌长而比厌气芽孢菌短，生活条件又与肠道病原菌相似，因而能反映水体被粪便污染的时间和状况。该指标检查技术简便，故被作为水质卫生指标，它可直接反映水体受人畜粪便污染的状况。

三、水的人工净化与消毒

畜牧场用水量较大，天然水质很难达到《无公害食品 畜禽饮用水水质》(NY 5027—2008)的要求以及畜牧场人员《生活饮用水卫生标准》(GB 5749—2006)要求，因此，按照不同的水源条件，经常要进行水的净化与消毒。水的净化处理方法有沉淀(自然沉淀及混凝沉淀)、过滤、消毒和其他特殊的净化处理措施。沉淀和过滤的目的主要是改善水质的物理性状，除去悬浮物质及部分病原体。消毒的目的主要是杀灭水中的各种病原微生物，保证畜禽饮用安全。一般来讲可根据畜牧场水源的具体情况，适当选择相应的净化消毒措施。

地表水常含有泥沙等悬浮物和胶体物质，比较浑浊，细菌的含量较多，需要采用混凝沉淀、砂滤和消毒法来改善水质，才能达到《无公害食品 畜禽饮用水水质》(NY 5027—2008)的要求。地下水相对较为清洁，只需消毒处理。有时水源水质较特殊，则应采用特殊处理法(如除铁、除氟、除臭、软化等)。

(一)沉淀

从天然水源取水时，当水流速度减慢或静止时，水中原有悬浮物可借本身重力逐渐向水底下沉，使水澄清，这个过程被称为“自然沉淀”，但水中较细的悬浮物及胶质微粒，因带有负电荷，彼此相斥，不易凝集沉降，必须加入明矾、硫酸铝和铁盐(如硫酸亚铁、三氯化铁)等混凝剂，与水中的重碳酸盐生成带正电荷的胶状物，带正电荷的胶状物与水中原有的带负电荷的极小的悬浮物及胶质微粒凝聚成絮状物而加快沉降，此称“混凝沉淀”。这种絮状物表面积和吸附力均较大，可吸附一些不带电荷的悬浮微粒及病原体共同沉降，因而使水的物理性状大大改善，可减少病原微生物90%左右。该过程主要形成氢氧化铝和氢氧化铁胶状物：

$$Al_2(SO_4)_3+3Ca(HCO_3)_2 \rightarrow 2Al(OH)_3\downarrow+3CaSO_4+6CO_2\uparrow$$

$$2FeCl_3+3Ca(HCO_3)_2 \rightarrow 2Fe(OH)_3\downarrow+3CaCl_2+6CO_2\uparrow$$

这种胶状物带正电荷，能与水中具有负电荷的微粒相互吸引凝集，形成逐渐加大的絮状物而沉降。混凝沉淀的效果与一系列因素有关，如浑浊度大小、温度高低、混凝沉淀的时间长短和不同的混凝剂用量。混凝沉淀的效果可通过混凝沉淀试验来确定，当普通河水用明矾时，需40～60 mg/L。浑浊度低的水以及在冬季水温低时，往往不易混凝沉淀，此时可投加助凝剂，如硅酸钠等，以促进混凝。

(二)砂滤

砂滤是把浑浊的水通过砂层，将水中悬浮物、微生物等阻留在砂层上部，水即得到净化。砂滤的基本原理是阻隔、沉淀和吸附作用。滤水的效果决定于滤池的构造、滤料粒径的适当组合、滤层的厚度、滤过的速度、水的浑浊和滤池的管理情况等因素。

集中式给水的过滤一般可分为慢砂滤池和快砂滤池两种。目前大部分自来水厂采用快砂滤池，而简易自来水厂多采用慢砂滤池。

分散式给水的过滤可在河或湖边挖渗水井，使水经过地层自然滤过，从而改善水质。如能在水源和渗水井之间挖一条砂滤沟，或建筑水边砂滤井，则能更好地改善水质，此外，也可采用砂滤缸或砂滤桶来过滤。

(三)消毒

经过混凝沉凝和砂滤处理后，水的细菌含量已大大减少，但没有完全除去，病原菌还有存在的可能。在大型畜禽养殖场采用集中式供水时，经净化处理（混凝沉淀和过滤）后的水还必须进行消毒。地下水可不经净化处理，但通常仍需消毒。集中式供水的主要卫生问题是细菌学指标超标，其原因主要是部分以地表水为水源的农村水厂是实行季节性投加消毒剂，而大部分以地下水为水源的农村水厂全年均未投加消毒剂，从而导致细菌学指标合格率低。为了确保饮水安全，必须经过再次消毒处理。

饮水消毒分为物理法和化学法两类，物理消毒法有煮沸、紫外线、超声波、磁场、电子、过滤等消毒法。化学消毒法是指使用化学消毒剂对饮水进行消毒，如氯化法、臭氧法、高锰酸钾法等。养殖场用水量大，是养殖场饮水消毒的常用方法。物理饮水消毒法在养殖场一般不是很适用。

理想的饮水消毒剂应具有广谱，稳定性强，不与水中的有机物或无机物发生超过安全范围的化学或生物反应，可迅速溶于水中并释放出杀灭病原微生物的成分，消毒效果与水质的关联度低，环保，对动物无害等特点。常用于饮水消毒的消毒剂有戊二醛溶液、戊二醛双链季铵盐混合溶液、过氧过硫酸氢钾氯化钠复合物、C_8-C_{12} 双链季铵盐、次氯酸钠、二氯或三氯异氰尿酸钠、二氧化氯、柠檬酸等。其中研究数据较完善和效果肯定的为次氯酸钠、过硫酸氢钾、氯化钠复合物、二氧化氯、二氯或三氯异氰尿酸钠、柠檬酸。

目前自来水消毒应用最广的是氯化消毒法，因为此法杀菌力强、设备简单、使用方便、费用低。饮水消毒国内外大多采用氯化消毒，常用的氯化消毒剂有液态氯、漂白粉（含有效氯约为30%）或漂白粉精（含有效氯为60%～70%）、次氯酸钠、二氧化氯等。集中式给水的加氯消毒，主要用液态氯。经加氯机配成氯的水溶液或直接将氯气加入管道中。小型水厂和一般分散式给水多用漂白粉。漂白粉的杀菌能力取决于其所含“有效氯”。新制漂白粉一般含有效氯25%～35%，但漂白粉易受空气中二氧化碳、水分、光线和高温等影响而发生分解，从而使有效氯含量不断减少。因此，须将漂白粉装在密闭、避光、低温、干燥处，并在使用前检查其中有效氯含量。如果有效氯的含量低于15%，则不适于作饮水消毒用。此外，还有漂白粉精片，它的有效氯含量高而且稳定，使用比较方便。在一般情况下，含氯消毒剂在饮水消毒中的浓度为7～12 mg/L。含氯消毒剂的作用机制主要有以下方面。

①形成的次氯酸作用于菌体蛋白质，干扰、破坏病原微生物的酶系统。

②消毒剂中的有效氯直接作用于菌体蛋白质，改变病原微生物的细胞膜的通透性，使病原微生物的蛋白质凝固、变性。

③二氧化氯在消毒过程中通过释放初生态氧，表现出强氧化能力，达到氧化分解微生物蛋白质、抑制微生物生长和杀灭微生物的目的。

实际上，不同的含氯消毒剂的微观作用机制多以一种作用机制为主，并兼有其他作用，特别是复方配制的消毒剂具有多种协同、增效的杀菌作用。一般来说，消毒剂的作用是杀灭病原微生物（细菌、病毒、真菌）。其作用机制是破坏性的，如破坏酶系统，使微生物的生命活动全部停止。活性蛋白质一经变性、凝固，就会产生不可逆的化学反应，微生物则失去代偿机会，永远失去活性，直至死亡。因此，当消毒对象确定后，消毒剂的使用得当，则很少存在像抗生素那样的耐药性问题。像人们日常生活饮水中水源处理使用的含氯消毒剂，始终没有交替就是一个最典型的例子。但作为生物性生产的畜禽场的消毒目标不同，消毒剂成本不同，因此，可以根据消毒对象选择不同的消毒剂，达到优势组合。

$$Cl_2 + H_2O \rightarrow HOCl + HCl$$

$$HOCl \leftrightarrow H^+ + OCl^-$$

加氯消毒的效果与水的 pH、浑浊度、水温、加氯剂量及接触时间、余氯的性质及量等有关。当水温为 20 ℃和 pH 为 7 左右时，氯与水接触 30 min，水中剩余的游离性氯（次氯酸或次氯酸根）大于 0.3 mg/L，才能完全杀灭病菌。当水温低、pH 高、接触时间短时，则要求保留更高的余氯，从而应加入的氯量也需增多。除满足在接触时间内与水中各种物质作用所需要的有效氯量外，消毒剂的用量还应该使水在消毒后有适量的剩余，以保证持续的杀菌能力。

（四）供水系统的清洗

养殖场的供水系统应定期（通常每周 1～2 次）冲洗，可防止水管中沉积物的积聚。在集约化养鸡场实行“全进全出制”时，于新鸡群入舍之前，在进行鸡舍清洁的同时，也应对供水系统进行冲洗。通常可先采用高压水冲洗供水管道内腔，而后加入清洁剂，经约 1 h 后，排出药液，再以清水冲洗。清洁通常分为酸性清洁剂（如柠檬酸、醋等）和碱性清洁剂（如氨水）两类。使用清洁剂可除去供水管道中沉积的水垢、锈迹、水藻等，并与水中的钙或镁相结合。

此外，采用饮水投药的方式防治疾病时，饮水投药前 2 d 对刚消毒后的饮水系统更应彻底冲洗，以免残留的清洗消毒药物影响药效。用药之后 2 d 也应使用清洁剂来清洗供水系统，防止黏稠度较大的药物粘连于饮水管表面而滋生氧化膜，防止营养药物（如电解多维等）残留饮水中滋生细菌。

在生产过程中，由于添加药物等，饮水线比较容易受到微生物的污染，如非洲猪瘟病毒的传播，需要做好日常的供水系统清洗产品评估工作，可定期使用有效的有机酸类消毒剂浸泡水线。使用有机酸类消毒剂或过氧化氢类消毒剂添加到饮水中，可较好地控制总菌落的数量，达到洁净饮水的目的。

第二节　土壤环境

土壤环境是家畜生存的重要环境，尤其在散养或放养的模式下，场地的土壤情况对畜禽健康的影响同样很大。土壤的透气性、透水性、吸湿性、毛细管特性以及土壤中的化学成分等都直接或者间接影响场区空气、水质和土壤的净化，但随着现代畜牧业向舍饲化方向的发展，特别是集约化生产模式下，其直接影响愈来愈小，而主要是通过饮水和饲料等间接影响家畜健康和生产性能。土质对畜舍建筑有较重要的影响，适合建场的地方应是透气性好，易渗水，热容量大，毛细管作用弱的土壤。这样的土壤易于保持适当的干燥环境，防止病原菌、蚊蝇、寄生虫卵等生存和繁殖。

一、土壤的物理性状

土壤是由地壳表面的岩石经过长期的风化和生物学作用形成的，其固形成分主要是矿物质颗粒，即土粒。土粒依其直径大小分为石砾（粒径为 1～3 mm）、砂粒（粒径为 1～0.01 mm）、粉砂（粒径为 0.01～0.001 mm）、黏粒（粒径小于 0.001 mm）四种。土壤的分类根据各种粒径土粒所占的比例分为黏土、沙壤土和沙土三大类（表 5-3）。土壤的物理特性包括土壤的热容量、透气性、容水量、毛细管作用等。

表 5-3 土壤机械组成的分类

土壤质地名称	黏土			沙壤土			沙土	
	重黏土	黏土	轻黏土	重壤土	壤土	轻壤土	沙土	沙砾
<0.01 mm 粉粒含量/%	>80	80～50	50～40	40～30	30～20	20～10	10～5	<5
>0.01 mm 砂粒含量/%	<20	20～50	50～60	60～70	70～80	80～90	90～95	>95

(一)沙土

颗粒较大、粒间孔隙大、透气透水性强、吸湿性小、毛细管作用弱，所以易于干燥和有利于有机物分解。它的导热性大，热容量小，易增温，也易降温，昼夜温差明显，这种特性对家畜是不利的。

(二)黏土

颗粒细、粒间孔隙也极小、透气透水性弱、吸湿性强、容水量大、毛细管作用明显，故易变潮湿、泥泞。当长期积水时，也易沼泽化。在其上修建畜舍，舍内容易潮湿，也易于滋生蚊蝇。这种土壤的自净能力也差。由于其容水量大，在寒冷地区冬天结冻时，体积膨胀，变形可导致建筑物基础损坏。有的黏土含碳酸盐较多，受潮后碳酸盐被溶解，造成土质松软，使建筑物下沉或倾斜。

(三)沙壤土

这类土壤的沙粒和黏粒的比例较适宜，兼具沙土和黏土的优点。它既有一定数量的大孔隙，又有多量的毛细管孔隙，所以透气透水性良好、持水性小，因而雨后也不会泥泞，易于保持适当的干燥。沙壤土可防止病原菌、寄生虫卵、蚊蝇等生存和繁殖，同时，由于透气性好，有利于土壤本身的自净。沙壤土的导热性小、热容量较大、土温比较稳定，故对家畜的健康、卫生防疫、绿化种植等都比较适宜，又由于其抗压性较好、膨胀性小，也适于做畜舍建筑地基。

二、土壤的化学特性

土壤的成分很复杂，包括矿物质、有机物、土壤溶液和气体。一般土壤中的矿物质占很大比例，为 90%～99%，而有机物占 1%～10%。沙土几乎只有矿物质，而泥炭土则绝大部分是有机质。

土壤中的化学元素与家畜关系最密切的有钙、磷、钾、钠、镁、硫等常量元素以及家畜所必要的微量元素如碘、氟、钴、钼、锰、锌、铁、铜、硒、硼、锶、镍等。此外，虽然土壤中含量最多的元素如氧、硅、铝等与家畜的营养需要无直接关系，但都是土壤矿物质组成的主要成分，如 SiO_2、Al_2O_3 及磷酸盐、碳酸盐、硝酸盐、氯化物、硫化物、氨等，这些都是植物的重要养分。

畜体中的化学元素主要从饲料中获得。土壤中的某些元素的缺乏或过多，往往通过饲料和水引起家畜地方性营养代谢疾病（表 5-4）。例如，土壤中钙和磷的缺乏可引起家畜的佝偻病和软骨症；缺镁则导致畜体物质代谢紊乱、异嗜，甚至出现痉挛症；当土壤中缺钾或钠时，家畜表现食欲不振、消化不良、生长发育受阻等。一般情况下，土壤中常量元素的含量较丰富，大多能通过饲料来满足家畜的需要。但家畜对某些元素的需要量较多（如钙），或植物性饲料中含量较低（如钠），故应注意在日粮中补充。

表 5-4 某种元素缺乏或过量引起的病症

元素	缺乏引起的病症	过量引起的病症	日粮干物质中含量的致毒反应量
钙	骨骼病变,骨软症	影响消化、扰乱代谢、骨畸形	持续含 1%以上
磷	幼畜佝偻病;成畜骨质软化症。多发于牧草含磷量 0.2%以下地区	甲状旁腺机能亢进、跛行、长骨骨折	持续超过干物质的 0.75%以上
镁	低镁痉挛、惊厥,牛羊搐搦症。一般青草含镁量低于干物质的 0.2%发病	降低采食量、腹泻	以不超过 0.6%为宜
钾	生长停滞、痉挛、瘫痪。日粮干物质中的含量低于 0.15%发病	影响镁的代谢,为镁痉挛的原因	
钠	生长迟缓、产乳量下降、异食癖	雏鸡食盐中毒	一般不超过 5%,猪 1%食盐;鸡 3%食盐
氯	阻碍雏鸡生长、神经系统病变		
硫	食欲不振、虚弱、产毛量下降	元素硫无明显致毒作用	硫酸盐形式的硫超过 0.05%可中毒
铁	幼畜贫血、腹泻	瘤胃弛缓、腹泻、肾机能障碍	
铜	贫血,牛羊骨质疏松,后肢轻瘫;禽胚胎死亡;牧草中少于 3 mg/kg,出现缺铜症	牛羊红细胞溶解、且血红蛋白尿和黄疸	羊超过 50 mg/kg;牛 100 mg/kg;猪 250 mg/kg;雏鸡 300 mg/kg
钴	幼畜生长停滞、成畜消瘦、母畜流产。含钴低于 0.1 mg/kg DM 发病	食欲减退,贫血	肉牛 8 mg/kg;羊 10～12 mg/kg
硒	肝坏死、白肌病;鸡渗出性素质病、脑软化。饲料中低于 0.1 mg/kg 发病	慢性消瘦贫血、按行;急性为瞎眼、痉挛、衰竭	鸡 10 mg/kg
锰	生长停滞、骨质疏脆、鸡脱腱病、繁殖率低	食欲不良、体内贮铁下降,发生缺铁贫血	超过 1 000 mg/kg
锌	生长受阻、皮肤角化不全、睾丸发育不良	对铁、铜吸收不利而贫血	为日粮干物质的 500～1 000 mg/kg
碘	甲状腺肥大、生长迟缓、胚胎早死	鸡产蛋量下降;免死亡率提高	以不超过 4.8 mg/kg 为宜
铬	胆固醇或血糖升高、动脉粥样硬化	致畸、致癌、抑制胎儿生长	
氟	牙齿保健不良 c 饲料和饮水中以 0.5～1.0 mg/kg 为佳	齿病变,如波状齿、锐齿、骨畸形、跛行	以不超过 20 mg/kg 为宜
钼	雏鸡生长不良、种蛋质量下降	牛腹泻、消瘦,引起缺铜相同的骨骼病和贫血	超过 6 mg/kg 即可中毒
硅	骨骼和羽毛发育不良、形式瘦腿骨	在肾、膀胱、尿道中形成结石	

土壤中的微量元素主要来源于成土母质,其含量与土壤形成过程有密切关系。如火成岩中的玄武岩,其沉积物上发育的土壤含铁、锰、铜和锌较丰富;沉积岩发育的土壤含硼比火成岩多。黏土的微量元素含量一般高于沙质土。有机物对微量元素有络合作用,因此,富含腐殖质的土壤有利于多种微量元素的存在。

气候因素易影响土壤微量元素的分布。湿润多雨的山岳地区由于土壤淋溶现象明显,易溶性高的元素,如碘则异常缺乏,家畜常出现地方性甲状腺肿大。而气候炎热干燥的荒漠土、灰钙土、盐碱土等由于氟、硒等微量元素过剩，家畜常表现氟骨症、硒中毒。潮湿的土壤有利于三叶草对钴的吸收，而土壤的含水量与气候因素有关，因此，在有些地区，牛、羊钴的缺乏症发病率有季节性的变化。

除上述几种微量元素及其引起的生物地球化学地方病外，还有许多微量元素在土壤中含量的异常，都能引起动物发生一些特异的生物及病理的变化，如锰、钼、硼、锶、镍等。

三、土壤的生物学特性

土壤中的生物包括微生物、植物和动物。微生物中有细菌、放线菌及病毒等；植物中有真菌、藻类等；动物包括鞭毛虫、纤毛虫、蠕虫、线虫、昆虫等。微生物多集中在土壤表层，越深越少，富含腐殖质的表层土每克可有细菌 200 万至 2 亿个。

土壤的细菌大多是非病原性杂菌，如丝状菌、酵母菌、球菌以及硝化菌、固氮菌等。土壤深层多为厌氧性菌，这些微生物为有机物分解所必需，对土壤的自净具有重大作用。

土壤中存在着微生物之间的生存竞争，土壤的温度、湿度、pH、营养物质等为不利于病原菌生存的因素。但富含有机质或被污染的土壤，或抗逆性较强的病原菌，都可能长期生存下来，如破伤风杆菌和炭疽杆菌在土壤中可存活 16～17 年以上，霍乱杆菌可生存 9 个月，布鲁氏杆菌可生存 2 个月，沙门氏杆菌可生存 12 个月。土壤中非固有的病原菌，在干燥地方可生存 2 周，在湿润地方可生存 2～5 个月，如伤寒菌、痢疾菌等。在冻土地带，细菌可以长期生存，能够形成芽孢的病原菌存活的时间更长，而炭疽芽孢可存活数十年。因此，发生过疫病的地区会对家畜构成很大威胁。此外，由于人、畜粪尿、尸体等污染物，各种致病寄生虫的幼虫和卵，原生动物如蛔虫、钩虫、阿米巴原虫等在土壤中也有较强的抵抗力，在低洼地、沼泽地生存时间较长，常成为家畜寄生虫病的传染源。

复习思考题

1. 简述水源的卫生学特性及人工消毒净化措施。
2. 检查水中“三氮”有何意义？
3. 影响氯化消毒效果的因素有哪些？
4. 简述硝酸盐和亚硝酸盐对畜禽的危害以及防治措施。
5. 如何清洗供水系统？
6. 简述土壤对家畜的影响。

（戴四发、吴学壮）

参考文献

[1]侯水生，张春雷，丁保华，等．无公害食品 畜禽饮用水水质：NY 5027—2008. 中华人民共和国农业部，2008.

[2]蔡喜佳．畜禽养殖场的饮水管理技术．山东畜牧兽医，2019，40(6)：23-24.

[3]萨丽塔娜提・居努司，玛尔江・木坎．畜禽饮用水中总大肠菌群的测定方法及其注意

事项．畜禽业,2016(6):37-38.

[4]张柳．规模化畜禽养殖对生态环境的污染及对策研究．泰安:山东农业大学,2019.

[5]沃惜慧．设施土壤重金属积累现状及污染评价．沈阳:沈阳农业大学,2019.

[6]符琳沁．有机畜禽养殖产地环境适宜性评价技术规范制定研究．南京:南京农业大学,2016.

[7]傅长锋．农村饮水安全评价体系与饮水模式．北京:水利水电出版社,2012.

第六章

畜舍环境的改善与控制

- 理解畜舍环境控制的基本概念和基础理论；
- 掌握畜舍保温与隔热、通风换气、采光及给排水等环境控制技术措施，解决畜牧生产中环境控制问题，了解智能养殖相关知识。

环境是家畜赖以生存的重要条件，同家畜品种、饲料和疾病一样，是影响畜牧生产发展的主要因素。我国地域辽阔，气候类型多样。无论南方，还是北方绝大多数地区，都存在畜禽生存环境条件不适宜于其要求的矛盾。为使畜禽遗传力得以充分发挥，获取最高的生产效率，必须对畜舍环境加以改善和控制，即改善和控制畜舍小气候条件。

畜舍的外墙、屋顶、门窗和地面构成了畜舍的外壳，也称之为畜舍的外围护结构。畜舍依靠外围护结构不同程度地与外界隔绝，形成不同于舍外气候的畜舍小气候。畜舍小气候状况不仅取决于外围护结构的保温隔热性能，还取决于畜舍的通风、采光、给排水等设计是否合理，同时还受小气候调节设备的影响。

畜舍环境控制的宗旨是为家畜创造适宜的环境条件，提高生产效率，获得较高的经济效益。在实际生产中，畜舍环境控制不是为家畜建立理想的环境，也不是畜舍环境调控措施和手段越先进越好，而是获得良好的经济回报率。随着自动化、智能化等新技术的发展，劳动力成本的提高，畜舍环境改善和控制的技术措施和手段得到不断改进，同时应配合日常的环境管理，才能取得满意的效果。

第一节　畜舍的基本结构

畜舍的主要结构如图 6-1 所示，包括基础、墙、屋顶、地面、门窗等。根据主要结构的形式和材料不同，畜舍的主要结构可分为砖结构、木结构、钢筋混凝土结构、混合结构和轻钢结构。

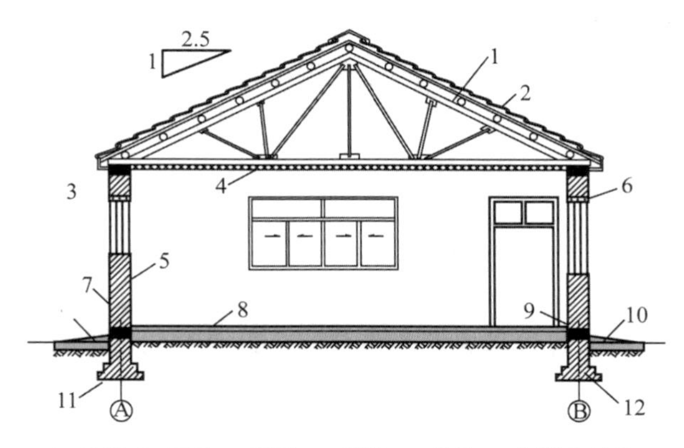

1. 屋架;2. 屋面;3. 圈梁;4. 吊顶;5. 墙裙;6. 钢筋砖过梁;
7. 勒脚;8. 地面;9. 踢脚;10. 散水;11. 地基;12. 基础。

图 6-1 畜舍的主要结构

一、基础与地基

基础与地基为畜舍上部结构服务,共同保证畜舍坚固、耐久和安全。因此,要求其必须具备足够的强度和稳定性,防止畜舍因沉降过大和产生不均匀沉降而引起裂缝和倾斜。

(一)基础

基础是畜舍地面以下承受畜舍的各种荷载并将其传给地基的构件。它的作用是将畜舍本身重量及舍内固定在墙上的设备、墙和屋顶承受的风力积雪等全部荷载传给地基。畜舍的坚固与稳定状况取决于基础,故基础应具备坚固、耐久、抗机械作用能力及防潮、抗震、抗冻能力。畜舍多采用条形基础或独立基础。条形基础一般由垫层、大放脚(墙以下的加宽部分)和基础墙组成。每层放脚一般宽出墙 60 mm。

除机制砖外,用作基础的材料还有碎砖三合土、灰土、毛石混凝土等。灰土的主要优点是经济、实用,适用于地下水位低、地基条件较好的地区;毛石混凝土适用于盛产石头的山区。基础埋置的深度应根据畜舍的总荷载、地基的承载力、当地的冻土层厚度、相邻建筑物情况及地下水高低等情况而定。在膨胀土层修建畜舍时,北方地区应将基础埋置在土层最大冻结深度以下。基础受潮是引起墙壁潮湿及舍内湿度大的原因之一,故应注意基础防潮、防水。基础的防潮层设在基础墙的顶部,舍内地坪以下 60 mm。基础应尽量避免埋置在地下水中。加强基础的保温对改善畜舍环境有重要意义。

(二)地基

地基是基础下面承受荷载的土层,有天然地基和人工地基之分。总荷载较小的简易畜舍或小型畜舍可直接建在天然地基上。可作畜舍天然地基的土层必须具备足够的承重能力、厚度,且组成一致、压缩性(下沉度)小而匀(不超过 2～3 cm)、抗冲刷力强、膨胀性小、地下水位在 2 m 以下,且无侵蚀作用。

常用的天然地基包括砂砾、碎石、岩性土层以及有足够厚度,且不受地下水冲刷的沙质土层是良好的天然地基。黏土、黄土含水多时的压缩性很大,且冬季膨胀性也大,如不能保证干燥,黏土、黄土则不适于作天然地基。富含植物有机质的土层、填土也不适用。在施工前经过人工处理加固的土层被称为人工地基。

畜舍一般应尽量选用天然地基，为了选准地基，在建筑畜舍之前，应确切地掌握有关土层的组成情况、厚度及地下水位等资料，只有这样，才能保证选择的正确性。

二、墙

墙是基础以上露出地面，将畜舍与外部空间隔开的外围护结构，是畜舍的主要结构，主要起承重、围护和分隔作用。以砖墙为例，墙的质量占畜舍建筑物总质量的 40％～65％，造价占总造价的 30％～40％，冬季通过墙散失的热量占整个畜舍总失热量的 35％～40％。舍内的湿度、通风、采光也要通过墙上的窗户来调节，因此，墙对畜舍舍内温湿状况的保持和畜舍稳定性起着重要作用。

墙有不同的功能，其中起承受屋顶荷载的墙称为承重墙；起分隔舍内房间的墙称为隔断墙（或隔墙）；直接与外界接触的墙统称外墙；不与外界接触的墙为内墙；外墙之两长墙叫纵墙或主墙；两短墙叫端墙或山墙。

各种墙的功能不同，设计与施工中的要求也不同。墙壁应坚固、耐久、抗震、耐水、防火、抗冻；结构简单、便于清扫、消毒，同时应有良好的保温与隔热性能。墙体的保温、隔热能力取决于所采用的建筑材料的特性与厚度，应尽可能选用隔热性能好的材料是最经济的节能措施。受潮不仅可使墙的导热加快，造成舍内潮湿，而且会影响墙体寿命，所以必须对墙采取严格的防潮、防水措施。其防潮措施包括用防水好且耐久的材料作外抹面以保护墙面不受雨雪的侵蚀；沿外墙四周做好勒脚、散水或排水沟；墙内表面一般用白灰水泥砂浆粉刷，水泥墙裙的高为 1.0～1.5 m；生活办公用房踢脚的高为 0.15 m，散水的宽为 0.6～0.8 m，坡度为 2％，勒脚的高约为 0.5 m 等。这些措施对加强墙的坚固性、防止水汽渗入墙体、提高墙的保温性均有重要意义。

常用的墙体材料主要有砖、石、土、混凝土等。在现在的畜舍建筑中，轻钢结构畜舍多采用双层钢板中间夹聚苯板或岩棉等保温材料作为墙体，效果较好。

三、屋顶

屋顶是畜舍顶部的承重构件和围护构件，其主要作用是承重、保温隔热和防太阳辐射、雨、雪。它由支承结构（屋架）和屋面组成。支承结构承受着畜舍顶部包括自重在内的全部荷载，并将其传给墙或柱；屋面起围护作用，可以抵御降水和风沙的侵袭以及隔绝太阳的强烈辐射等，以满足生产需要，因此，屋顶对于畜舍的冬季保温和夏季隔热都有重要意义。屋顶保温与隔热的作用比墙重要。因为舍内上部空气温度高，屋顶内外实际温差总是大于外墙内外温差，而其面积一般也大于墙体。除了要求防水、保温、承重外，屋顶还要求不透气、光滑、耐久、耐火、结构轻便、简单、造价便宜。任何一种材料不可能兼有防水、保温、承重三种功能，所以正确选择屋顶，处理好三方面的关系对保证畜舍环境的调控极为重要。

四、地面

地面又称地平，可分为首层地面和楼板层，都是房屋的水平承重构件。首层地面由面层、垫层、基层等部分组成，而楼板层由面层、楼板和顶棚等部分组成。首层地面和楼板层的面层在构造和要求上一致，均属室内装修范畴。有些家畜直接在畜舍地面上生活（包括躺卧休息、睡眠、排泄），所以畜舍地面也叫畜床。畜舍地面质量好坏不仅可影响舍内小气候与卫生状况，而且会影响畜体及产品（乳、毛）的清洁，甚至影响家畜的健康及其生产力。

（一）畜舍地面的基本要求

畜舍地面应满足的条件为坚实、致密、平坦、有弹性、不硬、不滑；有利于消毒排污；保温、不冷、不渗水、不潮湿；经济适用。在当前畜舍建筑中，很难有一种材料能满足上述诸要求，因此，与畜舍地面有关的家畜肢蹄病、乳腺炎及感冒等病症比较难以克服。

（二）常见畜舍地面类型

畜舍一般采用混凝土地面，它除了保温性能差外，其他性能均较好。虽然土地面、三合土地面、砖地面、木地面等保温性能好于混凝土地面，但是不坚固、易吸水、不便于清洗、消毒。沥青混凝土地面保温隔热较好，其他性能也较理想，但因其含有危害畜禽健康的有毒有害物质，现已禁止在畜舍舍内使用。图 6-2 是几种地面的一般做法。地面性能与畜舍环境、家畜健康直接相关。

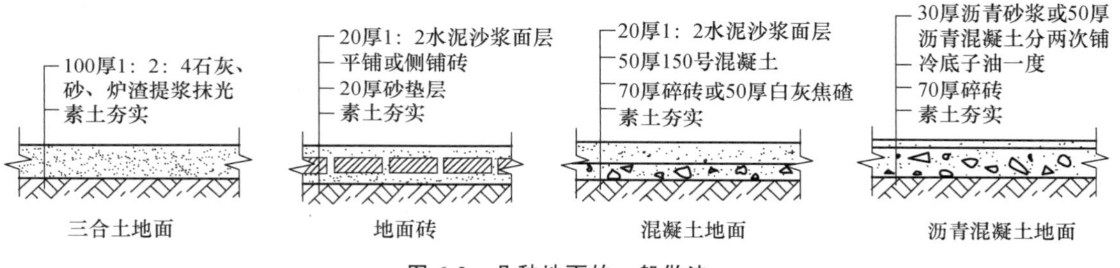

图 6-2 几种地面的一般做法

地面的温度状况对畜舍小气候的影响很大。冬季家畜躺在保温地面（畜床）上可减少热量的传导散失，家畜站起后，其大部分热能放散至舍内空气中。据材料证明，奶牛在一天内有 50％的时间躺在牛床上，中间起立 12～14 次，整个牛群起立后，舍温可升高 1～2 ℃。

地面的防水、隔潮性能对地面本身的导热性和舍内小气候状况、卫生状况的影响也很大。地面隔潮防水不好是地面潮湿、畜舍空气湿度大的原因之一。地面污水会渗入地面下的土层，从而使地面导热能力增强，导致畜体躺卧时失热增多，同时微生物容易繁殖，污水腐败分解也易使空气污染。

地面平坦、有弹性且不滑是畜牧生产的卫生学要求。地面太硬不仅家畜躺卧时感到不舒适，而且对家畜四肢（尤其拴养时）不利，易引起疲劳、关节肿胀。地面太滑，家畜易摔倒，导致挫伤、骨折、母畜流产。地面不平容易伤害家畜蹄、腱，也易积水，且不便清扫、消毒，如卵石地面。地面向排水沟应有适当坡度，以保证洗涤水及尿水顺利排走。牛、马舍地面的适宜坡度为 1％～1.5％，猪舍为 3％～4％。坡度过大会造成家畜四肢、腱、韧带负重不匀；对拴养家畜会致后肢负担过重，造成母畜子宫脱垂与流产。

要克服上述畜舍地面易出现的问题，应采取这些措施：①畜床部位地面不同层次采用不同材料，取长补短，如混凝土地面加保温层，或采用供暖地板。②铺设厩垫。在畜床部位铺设橡皮或塑料厩垫已用于地面的改善，并收到良好效果；铺木板、铺垫草也可视为厩垫。

五、门与窗

门与窗均属非承重的建筑配件。门主要作用是交通和分隔房间，有时兼有采光和通风作用；窗户的主要作用是采光和通风，同时还具有分隔和围护作用。

(一)门

畜舍门有外门与内门之分。舍内分间的门和畜舍附属建筑通向舍内的门叫内门，畜舍通向舍外的门叫外门。

畜舍内专供人出入的门一般高度为 2.0～2.4 m，宽为 0.9～1.0 m；供人、畜、手推车出入的门一般高为 2.0～2.4 m，宽为 1.2～2.0 m；供牛自动饲喂车通过的门高度和宽均为 3.2～4.0 m。供家畜出入的圈栏门取决于隔栏高度，一般为：猪 0.6～0.8 m；牛、马 1.2～1.5 m；羊小群饲养为 0.8～1.2 m、大群饲养为 2.5～3.0 m；鸡为 0.25～0.30 m。外门的位置可根据畜舍的长度和跨度确定，一般设在两端墙和纵墙上，若畜舍在纵墙上设门，最好设在向阳背风的一侧。

在寒冷地区为加强门的保温，通常设门斗以防冷空气直接侵入，并可缓和舍内热能的外流。门斗的深度应不小于 2 m，宽度应比门大出 1.0～1.2 m。

供家畜和手推车出入的畜舍大门应向外开或采用推拉门，采用木门时，下半部应包铁皮，门上不应有尖锐突出物，不应设门槛、台阶。但为了防止雨雪水淌入舍内，畜舍地面应高出舍外 20～30 cm。舍内外以坡道相连接，为防滑，坡道表面应做礓礤，坡道的高、长比应为 1∶(7～8)。

(二)窗

畜舍窗户有木窗、钢窗、铝合金窗和塑钢窗。其形式多为外开平开窗，也可用悬窗。由于窗户多设在墙或屋顶上，是墙与屋顶失热的重要部分，因此，窗的面积、位置、形状和数量等应根据不同的气候条件和家畜的要求，合理进行设计。考虑到采光、通风与保温的矛盾。在寒冷地区窗的设置必须统筹兼顾。其一般原则是在保证采光系数的前提下尽量少设窗户，以保证夏季通风为宜，并适当减小北窗面积，可为南窗面积的 1/2～1/3。在跨度较大的牛羊舍中，常常采用一种导热系数小的、透明、半透明的材料做屋顶或屋顶的一部分，如阳光板(PVC 塑料)，可以增加冬季采光面积，接受热辐射，提高舍内的照度和温度，效果良好。在畜舍建筑中也有采用密闭畜舍，即无窗畜舍，目的是更有效地控制畜舍环境。但其前提是必须保证可靠的人工照明、可靠的通风换气系统和充足可靠的电源。

六、其他结构与配件

(一)过梁、圈梁与构造柱

过梁是设在门窗洞口上的构件，起承受洞口以上构件质量的作用，有砖(砖拱)过梁、钢筋砖过梁和钢筋混凝土过梁。圈梁是均匀地设置在墙体上的、闭合的带状构造，它的作用是加强砖砌体建筑的整体性和刚度，以抵抗由于基础不均匀沉陷、或墙体受到振动等情况引起的变形和开裂，分为钢筋砖圈梁和钢筋混凝土圈梁。畜舍一般不高，圈梁可设于墙顶部(檐下)，沿内外墙交圈制作。一般地说，砖过梁高度为 24 cm；钢筋砖过梁和钢筋砖圈梁高度为 30～42 cm，钢筋混凝土圈梁高度为 18～24 cm；过梁和圈梁的宽度一般与墙等同。构造柱是从竖向与墙体和圈梁连接，提高建筑物的整体刚度，约束墙体裂缝的开展，增强建筑物的抗震能力。因此，有抗震设防的建筑物一般在四角，内外墙交接处设钢筋混凝土构造柱，并与圈梁、墙体紧密连接，柱截面积应不小于 180 mm×240 mm。圈梁与构造柱是加强畜舍整体稳定性的构件。

(二)吊顶

吊顶为屋顶底部的附加构件，是将畜舍与屋顶下空间隔开的结构。吊顶上屋顶下的空间称为阁楼，又称顶楼。顶楼一般用于坡屋顶，起保温、隔热、通风，提高舍内照度，缩小舍内空间，便于清洗、消毒等。根据使用材料的不同，在畜舍中可采用纤维板吊顶、苇箔抹灰吊顶、玻璃钢吊顶、矿棉吸声板吊顶等。一栋 8～10 m 跨度的畜舍的吊顶的面积几乎比墙的总面积大一倍，而 18～20 m 跨度时大 2.5 倍。在双列牛舍中通过屋顶失热可达 36%，而四列牛舍达 44%，可见，其保温隔热性能对畜舍环境控制的具有重要意义。

吊顶必须具备保温、隔热、不透水、不透气、坚固、耐久、防潮、耐火、光滑、结构轻便、简单的特点。无论在寒冷的北方，还是在炎热的南方，吊顶上铺设足够厚度的保温层(或隔热层)是起到保温隔热作用的关键，而不透水、不透气是重要保证。可是，这两个问题在实践中往往被人忽视。

畜舍内的高度通常以净高表示。净高指地面至吊顶的高。当无吊顶时指室内地面至屋架下弦的高度，也叫柁下高度。在寒冷地区，适当降低净高有利保温。而在炎热地区，加大净高则是有利通风，缓和高温影响的有效措施。

(三)雨棚

雨棚是设于无门斗外门上部的悬挑构件，起到遮挡雨水和保护外门免受雨水浸蚀的作用。雨棚主要承受自重和雨雪荷载，一般采用钢筋混凝土结构，由雨篷梁与雨篷板组成，雨篷梁为雨篷板的支撑，并兼作过梁；雨篷板悬挑长度一般为 1 000～1 500 mm，雨篷顶面抹防水砂浆，底部常设照明设备。根据排水方式，雨篷分为自由落水雨篷和有组织排水雨篷。

七、畜舍类型及其特点

畜舍类型可以根据畜舍结构特点或以人工调控程度来分类，采用哪种分类方法并不重要，重要的是应根据畜牧场的性质和当地的气候条件，合理选择畜舍的类型，以保证家畜的生产性能的正常发挥，取得良好的效果。

(一)按照畜舍结构分类

1. 按照畜舍墙的设置情况分

如果按照畜舍墙的设置情况可将畜舍分为凉棚式(敞棚式)、开放式、半开放式、有窗式和无窗式畜舍(图 6-3)。从敞棚式畜舍到无窗畜舍，畜舍的保温隔热性能不断增强。

(1)开放式畜舍　也称为敞棚式、凉棚式或凉亭式畜舍，畜舍四面无墙或只有端墙和 1 m 左右的矮墙；开放式畜舍也包括三面有墙、正面无墙的畜舍。这类形式的畜舍只能起到遮阳、避雨及部分挡风等作用。为了扩大完全开放式畜舍的使用范围，克服其保温能力较差的弱点，可以在畜舍前后加卷帘，夏季卷起保持通风良好、冬季放下以提高其保温性能。如简易节能开放型鸡舍、牛舍、羊舍，都属于这一类型，优点是用材少，施工易，造价低，适用于炎热及温暖地区，可在一定程度上改善环境条件，满足家畜的需求。

(2)半开放式畜舍　指三面有墙，正面上部敞开或有半截墙的畜舍。通常敞开部分朝南，冬季可保证阳光照入舍内，而在夏季舍内无直射阳光。有墙部分则在冬季起挡风作用。这类

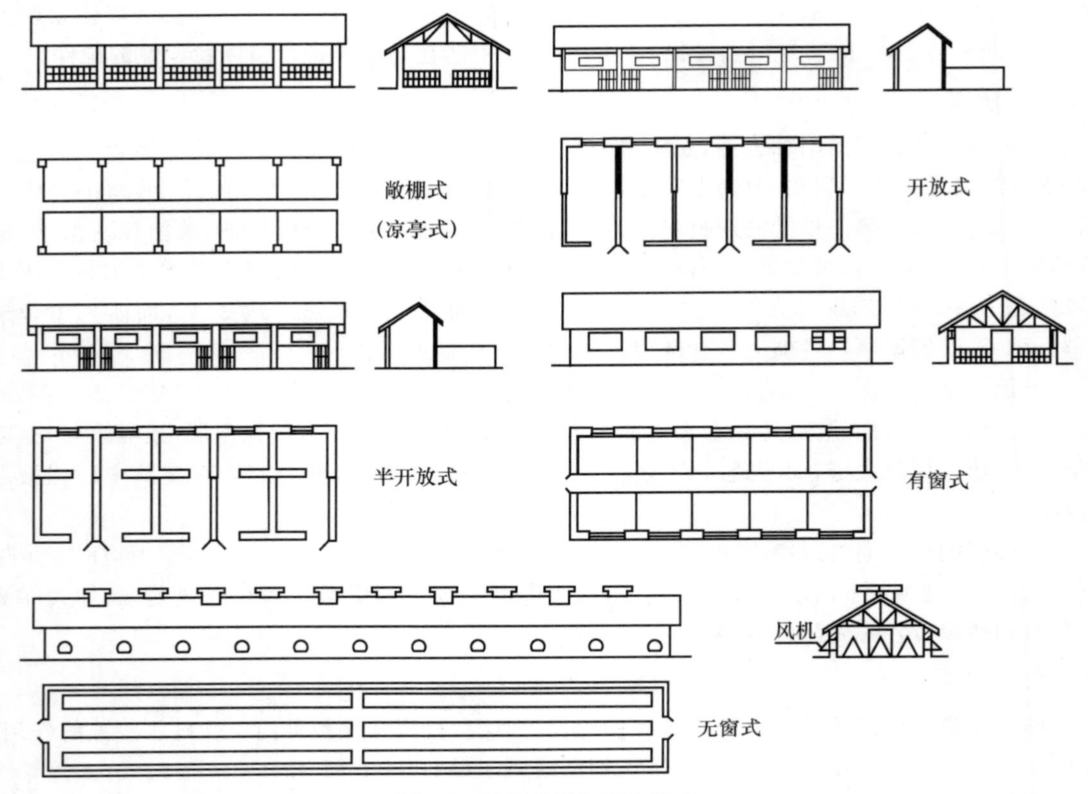

图 6-3 不同外墙的畜舍样式

畜舍的开敞部分在冬天可以附设卷帘、塑料薄膜、阳光板形成封闭状态，从而改善舍内小气候。半开放式畜舍应用地区较广，在北方一般使用垫草，增加抗寒能力。这种畜舍适用于养各种成年家畜，特别是耐寒的牛、马、绵羊等。

（3）有窗式畜舍　指由墙体、窗户、屋顶等围护结构形成全封闭状态的畜舍形式，具有较好的保温隔热能力，便于人工控制舍内环境条件。其通风换气、采光主要依靠门、窗或通风管。其优点是防寒较易，可以采用环境控制设施进行调控。其缺点是防暑较难，舍内温度分布不均匀。冬季舍内温度分布，一般为垂直方向，自下而上递增，但在安置家畜的畜床、笼具等部位温度也较高。在水平方向为由中央向四周递减，在与外界相通的门窗附近温度最低。因此，我们必须把热调节功能差、怕冷的初生仔畜尽量安置在畜舍中央过冬；在采用多层笼养方式育雏的育雏室内，日龄较小、体重较轻的雏禽安置在上层，同时必须加强畜舍外围护结构的保温隔热设计，以减小水平方向的温差。在我国各地，有窗式畜舍应用最为广泛。

2. 按照屋顶形式分

畜舍的屋顶形式种类繁多。按畜舍屋顶形式，可将畜舍分为单坡式屋顶畜舍、双坡式屋顶畜舍、联合式屋顶畜舍、钟楼式屋顶畜舍、半钟楼式屋顶畜舍、拱顶式屋顶和平顶式屋顶畜舍等（图 6-4）。下面就比较常见的几种屋顶进行简要介绍。

（1）单坡式屋顶畜舍　屋顶只有一个坡向，跨度较小，结构简单，造价低廉，可就地取材。因前面敞开无坡，采光充分，舍内阳光充足、干燥。其缺点是净高较低不便于工人在舍内操作，前面易刮进风雪。故只适用于单列舍和较小规模的畜群。

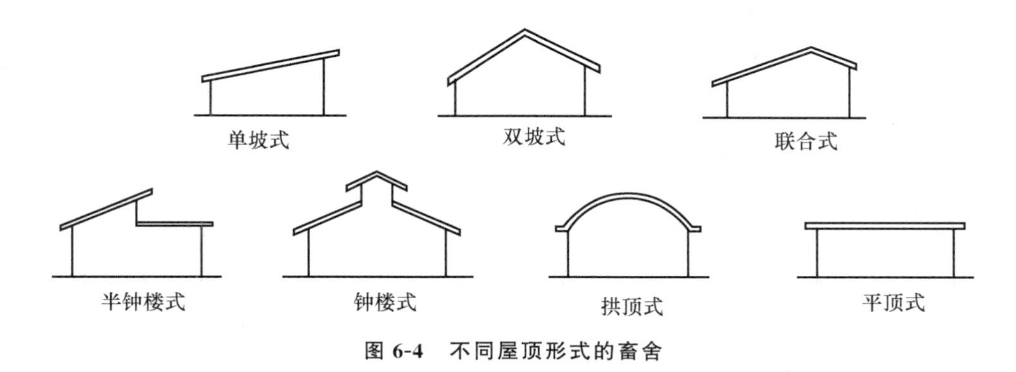

图 6-4　不同屋顶形式的畜舍

(2)双坡式屋顶畜舍　是最基本的畜舍屋顶形式,目前我国使用最为广泛。这种形式的屋顶可适用于较大跨度的畜舍和各种规模的不同畜群,同时有利保温和通风,且易于修建,比较经济。

(3)联合式屋顶畜舍　这种屋顶是在单坡式屋顶前面(一般为南面)加一个短坡,起挡风避雨作用,适用于跨度较小的畜舍。与单坡式屋顶畜舍相比,联合式屋顶采光略差,但保温能力大大提高。

(4)钟楼式和半钟楼式屋顶畜舍　这是在双坡式屋顶上增设双侧或单侧天窗的屋顶形式,以加强通风和采光,这种屋顶多在跨度较大的畜舍采用。其屋架结构复杂,用料(特别是木料)投资较大,造价较高,这种屋顶适用于气候炎热或温暖地区及耐寒怕热家畜的畜舍,如奶牛、肉牛舍。

(5)拱顶式屋顶畜舍　是一种省木料、省钢材的屋顶。它有单曲拱与双曲拱之分,前者一般适用于跨度较小的畜舍,后者比较坚固。拱顶可用砖、石材料,亦可建钢筋混凝土破壳拱。这类屋顶造价较低,屋顶须做好保温隔热,否则,当环境温度高达 30 ℃以上时,更易造成舍内闷热。现在畜舍建筑中已较少采用拱顶。

(6)平顶式屋顶畜舍　随着建材工业的发展,平屋顶的使用逐渐增多。其优点是可充分利用屋顶平台,节省木材。其缺点是防水问题比较难解决。

此外,还有歌德式屋顶、锯齿式屋顶、折板式屋顶等形式的畜舍,它们在畜舍建筑上很少选用。除这些畜舍形式外,还有温室大棚式畜舍、拱板结构畜舍、复合板组装式畜舍、联栋式畜舍、被动式太阳能畜舍等多种建筑型式。联栋式畜舍可以减少畜禽场占地面积,缓解人畜争地的矛盾,降低畜禽场建设投资等。装配式畜禽舍建筑结构采用热镀锌钢材料、无焊口装配式工艺,将温室技术与养殖技术有机结合,研制出了一系列标准化的装配式畜禽舍,在降低建造成本和运行费用的同时,通过进行环境控制,实现优质、高效和低耗生产。畜舍的形式是不断发展变化的,新材料、新技术不断应用于畜舍,畜舍建筑也越来越符合家畜对环境条件的要求。

(二)畜舍按照人工调控分类

如果从环境控制和改善的角度考虑,根据畜舍环境的人工调控程度来分类,可将畜舍分为开放式畜舍和密闭式畜舍两种形式。其实质是将根据畜舍围护结构特点的分类畜舍按照人工控制程度再进行划分而已。开放式畜舍指充分利用自然条件,辅以人工调控或不进行调控的畜舍。一般按其封闭程度分为完全开放式畜舍(敞棚式、凉亭式)、半开放式畜舍和有窗式畜舍三种。密闭式畜舍也称为无窗畜舍,畜舍的环境条件主要靠人工调控,饲养管理自动化、机械化程度较高，省人工、生产效率高。目前，这种畜舍在鸡舍、猪舍应用较多。

从上述分类中可以看出，同一畜舍在不同的分类方法中名称不相同，且有交叉，如敞棚式畜舍有双坡或单坡；钟楼式畜舍有敞棚式或有窗的形式；密闭式畜舍也称为无窗式畜舍。因此，在建设畜舍时应综合考虑。

（三）畜舍样式的选择

畜舍样式的选择主要是根据当地的气候条件和家畜种类及饲养阶段确定，在我国畜舍选择开放式较多，密闭式较少。一般热带气候区域选用完全开放式畜舍、寒带气候区域选择有窗开放式畜舍，牛以防暑为主、幼畜以防寒为主。畜舍样式选择可参考表 6-1。

表 6-1 中国建筑气候分区

名称	热工分区名称	1 月份平均气温/℃	7 月份平均气温/℃	地区	建筑基本要求	畜舍种类
Ⅰ	严寒地区	≤－10	＜25	黑龙江、吉林全境；辽宁大部；内蒙古中、北部及陕西、山西、河北、北京的大部分地区	防寒、保温、供暖	有窗式或密闭式
Ⅱ	寒冷地区	－10～0	18～28	天津、山东、宁夏全境；北京、河北、山西、陕西大部；辽宁南部；甘肃中、东部以及河南、安徽、江苏北部的部分地区	冬季保温防寒、夏季防热、防潮	有窗式、密闭式或半开放式
Ⅲ	夏热冬冷地区	0～10	25～30	上海、浙江、江西、湖北、湖南全境；江苏、安徽、四川大部；陕西、河南南部；贵州东部；福建、广东、广西北部和甘肃南部的部分地区	夏季防暑降温、防潮，冬季兼防寒	有窗式、半开放或敞棚式
Ⅳ	夏热冬暖地区	＞10	25～29	海南、台湾全境；福建南部；广东、广西大部以及云南西南部和沅江河谷地区	夏季防暑降温、通风、隔热遮阳、防潮	有窗式、半开放或敞棚式
Ⅴ	温和地区	0～13	18～25	云南大部、贵州、四川西南部、西藏南部一小部分地区	冬暖夏凉、通风	有窗式、半开放或敞棚式
Ⅵ	严寒、寒冷地区	0～－22	≤18	青海全境；西藏大部；四川西部、甘肃西南部；新疆南部部分地区	防寒	有窗式或密闭式
Ⅶ	严寒、寒冷地区	－5～－20	≥18	新疆大部；甘肃北部；内蒙古西部	防寒、夏季兼防暑	有窗式或密闭式

资料来源：《建筑气候区划标准》(GB 50178—93)。

第二节 畜舍的保温与隔热

畜舍的防寒、防暑性能在很大程度上取决于外围护结构的保温与隔热性能。除极端寒冷和炎热地区之外，保温与隔热设计合理的畜舍一般可以保证家畜对温度的基本要求，只有幼畜由于热调节机能尚不完善，对低温极其敏感，故需要通过采暖以保证其所要求的适宜温度。畜舍保温与隔热就是通过确定围护结构的低限热阻值及其构造，使畜舍的防寒、防暑性能达到技术和经济上均较合理的程度。要满足畜牧生产的要求，还需采取合理工艺设计，改善饲养管理，必要时采用供暖降温设备等措施，以达到节约防寒防暑设备投资、设备运行费用和能耗的目的。

一、建筑材料的物理特性

畜舍环境的控制在很大程度上取决于畜舍各部结构的热工特性，即各部所用建筑材料的保温隔热性能。了解和掌握建筑材料的热工特性对于理解和解决畜舍环境的控制以及在日常工作中管理和使用畜舍均有重要意义。

（一）建筑材料的热工特性

由于组成和结构上的差异，各种建筑材料具有不同的热物理特性。表示建筑材料热物理特性的指标主要是导热系数和蓄热系数。

1. 导热系数

导热系数(λ)是表示材料传导热量能力的热物理指标。其单位为瓦/(米·开)[W/(m·K)]。导热性强的材料，传热快、保温隔热能力差；反之则相反。材料的导热性决定于材料的成分、构造、孔隙率、含水量及发生热传导时的温差等因素。一般建筑材料的λ值与其密度和材料的湿度(材料吸湿后含游离水分的多少)成正比。多数材料的λ值为0.029～3.5 W/(m·K)，建筑上习惯把λ值小于0.23 W/(m·K)的材料称为保温隔热材料。畜舍建筑结构往往由多种材料组成，围护结构的导热性以总传热系数表示。其中总传热系数(K)是设计或判断畜舍结构保温隔热性能好坏的一个指标，它根据该结构所用各材料层的导热系数和厚度求得。当舍内外温度相差1K时，每小时通过1 m^2面积的畜舍外围护结构传导的热量[W/(m·K)]。总传热系数越大，说明该结构的导热能力越强，而保温隔热能力越差。

2. 蓄热系数

蓄热系数(S)是表示建筑材料贮藏热量能力的热物理指标，单位为W/(m^2·K)。外界气温在一昼夜24 h内的变化，可近似地视作谐波(按正弦余弦曲线作规则变化)。当材料层受到谐波热作用时，其内外表面温度也按同一周期波动，但其表面温度波动的幅度减小、称为“衰减”，振幅减少的倍数叫衰减度；出现高峰的时间推迟，称为“延迟”。材料的蓄热系数大，吸收和容纳的热量多，材料层表面温度波动越小，延迟时间也越长，所以在炎热地区选择蓄热系数大的材料有利。一般地说，蓄热系数大的材料，导热系数也大，只有某些有机材料(如稻壳等)蓄热系数较大而导热系数较小。

（二）建筑材料的空气特性

建筑材料的保温性能与强度在很大程度上取决于其空气特性。而材料的空气特性又与材料的孔隙多少和其中所含空气的数量有关。材料的空气特性通常用间接指标来表示。

1. 容重

容重(ρ)指材料在自然状态下单位体积的重量，单位为kg/m^3。容重反映材料内的孔隙状况，有孔隙才有可能存在空气，所以也用孔隙率，即在材料中孔隙所占百分率来表示。容重小的材料，孔隙多，其中充填的空气导热系数仅为 0.023W/(m·K)。故封闭孔隙多、轻质的材料保温、隔热性能好，如聚苯乙烯泡沫塑料、聚氨酯泡沫塑料等。同样，纤维材料（岩棉、矿渣棉、芦苇、稻草等）、颗粒材料（膨胀珍珠岩、锯末、炉灰等），也是由于所含孔隙多且充满空气而具有良好的保温隔热性能。纤维材料的导热系数随纤维截面积减小而减小，即越细保温越好。并且横纤维方向的导热性小于顺纤维方向；颗粒材料的导热性则随单位体积中颗粒的增多而降低。

2. 透气性

透气性也是衡量材料隔热能力的一个指标。空气的隔热作用只有当其处于相对稳定状态时才能表现出来。因此，连通的、粗孔的材料由于空气可以在其间流动，故保温隔热能力不如封闭的、微孔的材料好。但是虽然材料的孔隙有利于保温，而材料的强度却随空隙增加而降低。

（三）建筑材料的水分特性

建筑材料的热工特性在很大程度上受其水分特性的影响。由于水的导热系数为 0.58 W/(m·K)，是空气的 24 倍，当材料孔隙中的空气被水取代时，潮湿材料的导热能力显著加大。材料的水分特性主要表现在以下几方面。

1. 亲水性与憎水性

建筑材料（如砖、混凝土和木材等）与水接触，当材料与水分子之间的亲和力大于水分子之间的内聚力时，材料被润湿即为亲水性；当材料（如石蜡、沥青等）与水分子之间的亲和力小于水分子之间的内聚力时，即为憎水性。

2. 吸水性与吸湿性

材料在水中通过孔隙吸收并保持水分的性质为吸水性，用吸水率表示，有质量吸水率和体积吸水率两种表示方法，即材料在吸水饱和时，其内部水分的质量或体积占干燥时质量或体积的百分率。材料具有微细连通的孔隙，其吸水率大；而封闭或粗大孔隙的材料，其吸水率较小。材料在潮湿空气中吸收水分的性质。用含水率表示，指材料内部水质量占材料干燥时质量的百分率。材料的含水率决定于周围空气的相对湿度与温度。当空气中相对湿度增高、材料表面的孔隙多、表面温度降低时，吸湿性随之增高，如木材吸湿性较高。材料的吸湿性是可逆的。

3. 耐水性

耐水性是指材料吸水饱和后抵抗水破坏作用的能力。用软化系数表示，即饱和水和干燥状态下的抗压强度之比。一般材料，随含水量的增加，强度均有所降低。软化系数大于 0.85 的材料为耐水材料。在畜舍中受水侵蚀或处于潮湿环境的结构应选用耐水性强的材料。

4. 抗渗性

抗渗性是指材料抵抗压力水渗透的性质，用渗透系数表示。孔隙率越低且是封闭孔隙的材料渗透系数越小，具有较高的抗渗性。畜舍需要水冲的区域应考虑材料的抗渗性能。

5. 抗冻性

在水饱和状态下，材料能经受多次冻融循环作用而不破坏，且不严重降低强度的性质。在寒冷地区建设畜舍应考虑抗冻性较好的材料，防止材料冻裂。可见，材料的水分特性不仅影响材料的保温隔热性能，而且影响材料的强度。在建筑施工中采取严格的防潮措施具有极其重要的意义。上述几种特性只涉及材料的一些物理性质，在选择材料时还应考虑材料的机械性质，如强度、弹性、韧性、硬度及耐磨性等。这些性质体现在每一种具体材料上，彼此相互制约、相互影响。比如，当同种材料的孔隙率大时，则疏松、容重小，导热性往往也低，而其强度、硬度、耐磨性和抗冻性却较差。

二、围护结构的传热

围护结构的传热是指热量由其温度较高的一侧传递到温度较低一侧的过程。在热量通过围护结构传入或传出的过程中，要遇到内、外表面层流边界层（沿表面流动的一层空气）的阻碍作用，分别称为内表面热转移阻（R_n）和外表面热转移阻（R_w）；此外，还要受到围护结构材料层的阻碍作用，称为材料层热阻（R）。围护结构的保温隔热能力主要取决于材料层的热阻。

热阻（R）是指材料层阻止热传递能力的热物理特性指标，其单位为 $m^2 \cdot K/W$，即当材料层两侧温差为 1 K 时，通过每平方米面积传出 1 W 热量所需要的小时数。单一材料层的热阻等于材料的厚度与它的导热系数的比值，即

$$R=\frac{\delta}{\lambda}$$

式中：R 为单一材料层的热阻（$m^2 \cdot K/W$）；δ 为材料层的厚度（m）；λ 为材料的导热系数[$W/(m \cdot K)$]。

多层材料的热阻等于各种材料的热阻值之和（$\sum R$），即

$$\sum R=\sum \frac{\delta}{\lambda}=\frac{\delta_1}{\lambda_1}+\frac{\delta_2}{\lambda_2}+\cdots+\frac{\delta_n}{\lambda_n}$$

式中：R 为单一材料层的热阻（$m^2 \cdot K/W$）；δ 为材料层的厚度（m）；λ 为材料的导热系数[$W/(m \cdot K)$]。

图 6-5 展示冬季围护结构（墙）的传热过程。该过程是假设围护结构两侧所受的热作用是固定不变的，即舍内外气温分别为 t_n 和 t_w 时的传热（称为“稳定传热”）。热量通过内表面层流边界层由舍内传至墙壁内表面时，温度降为 t_n（此为吸热过程），再通过材料层传至外表面时，温度降为 t_w（此为透热过程），此后再通过外表面层流边界层传到舍外时，温度降为 t_w（此为放热过程）。夏季围护结构的传热过程与冬季的方向相反。

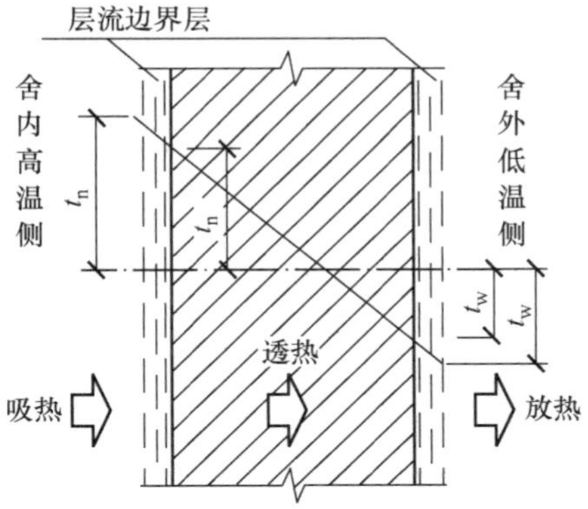

图 6-5 围护结构的传热过程

（资料来源：王新谋．家畜环境卫生学．北京：中国农业出版社，1989）

由上述看见，热量在通过围护结构的传递过程中，受到了内、外表面层流边界层的热转移阻（R_n 和 R_w）和材料层的热阻（R 或 $\sum R$）三层阻碍，则围护结构总热阻（R_0）为：

$$R_0=R_n+R+R_w \quad 或 \quad R_0=R_n+\sum R+R_w$$

在建筑热物理学中，将围护结构总热阻的倒数称为总传热系数，以 K 表示，则：

$$K=\frac{1}{R_0}=\frac{1}{\frac{1}{a_n}+\frac{\delta}{\lambda}+\frac{1}{a_w}} \quad 或 \quad K=\frac{1}{R_0}=\frac{1}{\frac{1}{a_n}+\sum\frac{\delta}{\lambda}+\frac{1}{a_w}}$$

式中：a_n 和 a_w 分别为围护结构内、外表面的换热系数，其数值分别为内、外表面热转移阻的倒数。

事实上，不同季节舍内外气温均随一天的时间而不断变化，也就是说围护结构两侧的热作用都是谐波，这种情况下的传热过程很复杂。为了简化计算，在建筑热工设计中均按稳定传热计算，其结果基本符合实际情况并能满足精度要求。围护结构内外表面热转移阻 R_n 和 R_w，可根据表面位置、形状和不同季节，选择固定值（表 6-2）。

表 6-2　外围护结构内外表面热转移阻 R_n 和 R_w　　$m^2 \cdot K/W$

季节	墙		屋顶		吊顶	
	R_n	R_w	R_n	R_w	R_n	R_w
冬季	0.115	0.043	0.115	0.043	0.115	0.086
夏季	0.115	0.053 7	0.143 3	0.053 7	0.172	0.172

由表 6-2 看出，要使围护结构的保温隔热性能达到设计要求，可选择传热系数小的材料，或增加材料层厚度，使通过材料层传送的热量少。无论在寒冷地区为保证舍内热量不致散失，还是在炎热地区避免外界热能传入舍内，均要求畜舍外围护结构必须具备一定的热阻。否则，畜舍就会出现冬天过冷、夏天过热的现象。畜舍围护结构的传热与畜舍内外的温差和围护结构的面积成正比，与围护结构的总热阻 R_0 值成反比，但实践中不可能把 R_0 值做得很大来保障畜禽冬、夏季要求的适宜温度。它受技术可行性和经济合理性的制约，只能分别确定技术和经济兼顾的合理的 R_0 值。建筑热工一般以控制围护结构内表面温度在冬季不低于或夏季不高于允许值来确定 R_0 值，分别称为冬季低限热阻（R_0^d）或夏季低限热阻（R_0^{xd}）。根据冬、夏季低限热阻的数值较大者来设计围护结构的材料和厚度，再根据所设计的围护结构总热阻计算畜舍供暖和降温热负荷，并据此选配防寒和防暑设备。如此方可达到既节约建设和防寒防暑设备的投资，又节约设备运行费用的目的。

三、畜舍的保温与供暖

畜舍的保温和供暖主要包括外围护结构的保温设计、建筑防寒设计、畜舍供暖以及加强管理措施。

（一）外围护结构的保温设计

要根据地区气候差异和畜种生理的要求选择适当的建筑材料，确定合理的畜舍外围护结构构造方案，这是畜舍保温的根本措施。为了技术可行经济合理，在建筑热工设计中，一般根据冬季低限热阻（R_0^d）来确定围护结构的构造方案，所谓冬季低限热阻值是指保证围护结构内表面温度不低于允许值的总热阻，以“R_0^d”表示，单位为 $m^2 \cdot K/W$。在我国工业与民用建筑设计规范中规定，相对湿度大于 60%，而且内表面不结露的房间的墙的内表面温度要求在冬季不得低于舍内的露点温度 t_l。由于舍内空气受热上升，屋顶失热比等面积的墙要多，潮湿空气更容易在屋顶凝结，故要求屋顶内表面温度比舍内露点温度高 1 ℃。畜舍的湿度一般比较大，其内表面温度也应按此规定执行。

作为畜牧兽医工作者，不必掌握有关冬季低限热阻和供暖热负荷（即需要供暖提供的热量）等计算，只需在工艺设计中提出畜禽对舍温要求的最低生产界限和舍内相对湿度标准，作为舍内计算温度和湿度，并提出墙和屋顶内表面温度 t_n 的最低允许值[墙 $t_n > t_l$，屋顶 $t_n > (t_l+1)$]，由设计部门按此要求进行设计。有关畜舍建筑热工设计的参数，我国尚无标准。在选择墙和屋顶的构造方案时，尽量选择导热系数小的材料，如选用空心砖代替普通红砖，墙的热阻值可提高 41%，而用加气混凝土块，则可提高 6 倍。现在一些新型保温材料已经应用在畜舍建筑上，如双层夹芯彩钢板、钢板内喷聚乙烯发泡等，设计时可参考附表 9～12，并结合当地的材料和习惯做法确定墙、屋顶和吊顶的材料及构造方案。

国外非常重视畜舍建筑的保温隔热能力。Schirs(1980)报道，许多国家根据本国气候条件和畜禽环境参数规定了畜舍墙和屋顶的低限热阻值：美国分别为 1.7 $m^2 \cdot K/W$ 和 2.5 $m^2 \cdot K/W$，英国分别为 2.0 $m^2 \cdot K/W$ 和 2.0 $m^2 \cdot K/W$，苏联分别为 1.2 $m^2 \cdot K/W$ 和 1.8 $m^2 \cdot K/W$，原西德分别为 1.7 $m^2 \cdot K/W$ 和 2.0 $m^2 \cdot K/W$，瑞典分别为 2.5 $m^2 \cdot K/W$ 和 2.5 $m^2 \cdot K/W$，挪威分别为 2.0 $m^2 \cdot K/W$ 和 2.5 $m^2 \cdot K/W$。

(二)建筑防寒措施

1. 畜舍样式

畜舍样式应考虑当地冬季寒冷程度和饲养畜禽的种类及饲养阶段。例如，严寒地区宜选择有窗式或密闭式畜舍。冬冷夏热地区的成年畜禽舍可以考虑选用半开放式，但冬季须搭设塑料棚或设塑料薄膜窗保温，成年奶牛较耐寒而不耐热，故可以采用半钟楼式或钟楼式，以利于夏季防暑。

2. 畜舍朝向

畜舍朝向不仅与采光有关，还与冷风渗透有关。冬季主导风向对畜舍迎风面所造成的压力，使门窗缝隙、墙体细孔不断由外向内渗透寒气，是冬季畜舍的冷源，致使畜舍温度下降、失热量增加。在设计畜舍朝向时，应根据本地风向频率，结合防寒、防暑要求，确定适宜朝向。宜选择畜舍纵墙与冬季主风向平行或形成 0°～45°角的朝向，这样冷风渗透量减少，有利于保温。而选择畜舍纵墙与夏季主风向形成 30°～45°角，则涡风区减少，通风均匀，有利于防暑，排除污浊空气效果也好。我国大部分地区冬季风向多为北和西北风，夏季风向多南和东南风。在实践中，畜舍朝向应根据当地防寒防暑要求和冬夏季主风向来确定，有时还需考虑畜牧场场地的局地小气候，一般地说，我国大部分地区畜舍朝向以南向或南偏东、西不超过 45°为好。但是北方地区舍内双列布置的牛羊舍，为了增加冬季热辐射，采光均匀，常常采用东西朝向。

3. 门窗设计

门窗的热阻值较小。单层木窗的 R_0 值为 0.172 $m^2 \cdot K/W$，仅为一块砖厚(240 mm)，内粉刷砖墙的 1/3 强。同时，门窗缝隙会造成冬季的冷风渗透，外门开启失热量也很大。因此，在寒冷地区，在满足通风和采光的条件下，应尽量少设门窗。北侧和西侧冬季迎风，应尽量不设门，必须设门时应加门斗，北侧窗面积也应酌情减少，一般可按南窗面积的 1/2～1/4 设置。必要时畜舍的窗也可采用双层窗或单框双层玻璃窗。

4. 减少外围护结构的面积

畜舍单位时间的失热量与外围护结构面积成正比，故减小外墙和屋顶的面积是有效的防寒措施。在寒冷地区，屋顶吊顶是重要的防寒保温措施。它的作用在于使屋顶与畜舍空间之间形成一个不流动的空气间层，可有效减少屋顶外表面的失热。在屋顶做保温层(炉灰、锯末、玻璃棉、膨胀珍珠岩、矿棉等)是加大屋顶热阻值的有效方法。以防寒为主的地区，畜舍高度不宜过大，以减少外墙面积和舍内空间，但柱顶标高一般不宜低于 2.4 m。根据吊顶的有无，畜舍跨度、畜舍种类、寒冷程度等情况，畜舍高一般为 2.4～3.2 m。有吊顶的笼养鸡舍，笼顶至吊顶的垂直距离宜保持 1.0～1.3 m，以利通风排污。畜舍的跨度与外墙面积有关，相同面积和高度的畜舍，跨度大者其外墙总长度小。例如，面积均为 600 m^2、墙高为 2.7 m 的两栋畜舍，跨度为 6 m 的一栋，长为 100 m，外墙总长度为 212 m，外墙总面积为 572.4 m^2；而跨度 10 m 的一栋，长为 60 m，外墙总长度和总面积分别为 140 m 和 378 m^2，均为前者的 66%。但加大跨度不利于通风和光照，特别是采用自然通风和光照的畜舍，跨度一般不宜超过 8 m，否则，夏季通风差，冬季北侧光照少、阴冷。建造多层畜舍不仅可以节约土地面积，而且有利于保温隔热，因为可以避免地面和屋顶双向失热。但多层畜舍饲料、产品、粪污的上下运输和家畜转群较困难，须设专用电梯或升降装置，另外防疫也有一定困难。

5. 畜舍地面的保温

畜舍地面的保温、隔热性能，直接影响地面平养畜禽的体热调节，也关系到舍内热量的散失。当直接铺设在土地上的地面的各层材料的导热系数(λ)都大于 1.16 W/(m・K)时，统称为非保温地面。为了提高地面保温性能，在保障强度的前提下，可在地面垫层之上铺设导热系数小于 1.16 W/(m・K)的保温层，如挤塑板、发泡水泥板、发泡玻璃、聚苯乙烯板等的导热系数都小于 0.06 W/(m・K)，铺设保温层的地面，称为保温地面。在家畜的畜床上加设木板或橡胶垫等措施，亦可大大减少体热通过地面的散失。如果畜舍温度能保持为 10～13 ℃，地面失热不明显。可见，地面散热比屋顶和墙散热都少。畜舍的地面选择可根据当地条件和材料选择适宜的保温地面。

(三)畜舍的供暖

当采取各种防寒措施仍不能达到舍温的要求时，需采取供暖措施。畜舍供暖分集中供暖和局部供暖。集中供暖由一个集中的热源(锅炉房或其他热源)将热水、蒸汽或预热后的空气，通过管道输送到舍内或舍内的散热器(暖气片等)。局部采暖则由火炉(包括火墙、地龙等)、电热器、保温伞、红外线灯等就地产生热能，提高家畜所在局部环境的温度。采用哪种供暖方式应根据畜禽要求和供暖设备投资、运转费用等综合考虑。在畜牧生产中，常用的供暖设备有以下几种：

1. 局部供暖设备

刚出生的幼畜禽多采用局部供暖，如初生仔猪、雏鸡等。在母猪分娩舍，由于母仔等热区差异太大，一般是在仔猪保温箱、保温伞或仔猪栏上方安装红外线灯、远红外电热板，亦可在保温箱或产栏内局部铺设电褥子等局部供暖设备，既可保证仔猪所需较高的温度，又不影响母猪。在雏鸡舍常用火炉、电热育雏笼、保温伞等设备供暖，如采用保温伞育雏，一般可饲养 800～1 000 只雏鸡。如果采用灯具供暖，红外线灯或白炽灯的瓦数不同、悬挂高度和距离不同，温度也不同。

2. 地暖供暖系统

地暖供暖系统指采用畜床下敷设电阻丝或热水管的采暖系统。目前，低温热水地面辐射采暖系统(简称地热或者地暖)发展迅速。由于地面辐射供暖的热媒水趋向低温化，一般 50 ℃即可满足，各种 PEX(交联聚乙烯系列)、PPR(三型聚丙烯管)等地暖管材，在工业与民用建筑上应用广泛。借鉴工民建上地暖的做法，畜舍地暖管一般敷设在水泥地面下 5.0～7.5 cm 深处，管间距一般为 25～40 cm；一般地表为 40 mmC20 细石混凝土、1.5 mm 聚氨酯涂料防水层、60 mm 细石混凝土中间上配 ϕ3@50 钢丝网片固定地暖管。为防止热能散失，管下设厚为

2.0 cm 的聚苯乙烯泡沫板隔热层和防潮层。地暖供暖在养猪生产上应用广泛,效果较好。

3. 热风炉、暖风机

其最大的优点是将热风直接送到家畜活动的区域,同时降低畜舍的湿度,有效地解决了冬季通风与保温的矛盾,在寒冷地区畜舍中多有应用。

4. 地源热泵

地源热泵是一种利用浅层地热资源(也称地能,包括地下水、土壤或地表水等)的既可供热又可制冷的高效节能空调设备。地源热泵通过输入少量的高品位能源(如电能),实现由低温位热能向高温位热能转移。冬季可供暖、夏季可降温。此项技术是可再生能源利用,具有节能、环保、维持费用低等特点,但其一次性投资较高。地下一定深度的地层温度基本恒定(当地的年平均温度),称之为“地下恒温层”,而我国大部分处于温带的大陆地区冬、夏季平均气温之差(年较差),一般在 20～45 ℃,显然,地下恒温层就是一个巨大的能源库。以上海为例,7 月份平均气温是 27.8 ℃,地下 3.2 m 处为 16.9 ℃,1 月份平均气温是 3.4 ℃,地下 3.2 m 处为 17.3 ℃。地源热泵技术就是利用介质通过热泵使热能在地层与地上局部空间进行交换,在发达国家应用广泛,在我国发展迅速,在畜牧场也有应用。

5. 太阳能供暖系统

太阳能供暖是将太阳能转化成热能供应冬季采暖和全年生活热水。该系统主要由集热系统(平板太阳能集热板、真空太阳能管、太阳能热管等)、换热储热系统(热水器等)、辅助能源和控制系统等部分组成。通过热水输送到地板采暖系统、散热器系统等提供房间采暖。太阳能供暖属于清洁能源,在畜舍采暖也有应用。

在采用集中供暖时,必须由设计部门根据采暖热负荷计算散热器、采暖管道及锅炉,畜牧兽医工作者应为他们提供舍温要求值、畜禽产热量、通风量等参数。

(四)加强防寒管理

家畜的饲养管理及畜舍本身的维修保养与越冬准备直接或间接地对畜舍的防寒保温起到不容忽视的作用。

1. 调整饲养密度

在不影响饲养管理及舍内卫生状况的前提下,适当加大舍内畜禽的密度等于增加热源,可提高舍温,所以它是一项行之有效的辅助性防寒保温措施。

2. 利用垫草

垫草可保温、吸湿,吸收有害气体以改善畜体周围小气候。垫草是寒冷地区常用的一种简便易行的防寒措施。铺垫草不仅可改进冷硬地面的热工特性,还可以保持畜体清洁、健康,有报道尚可补充维生素 B_{12}。

3. 控制湿度

防止舍内潮湿是间接保温的有效办法。潮湿加剧畜舍结构的失热,同时由于空气潮湿可增加畜体的传导散热和辐射散热,而如果加大通风排湿,又使畜舍失热增加。

4. 控制气流,防止贼风

在设计施工中应保证结构严密,防止冷风渗透。入冬前设置挡风障,控制通风换气量,防止气流过大非常必要。试验证明,冬季舍内气流由 0.1 m/s 增大到 0.8 m/s,相当于舍温降低 6 ℃。冬季舍内气流速度应控制在 0.1～0.2 m/s。

5. 利用温室效应防寒

窗户敷加透光塑料薄膜等都可起到不同程度的保温与防冷风侵袭作用。尤其要充分利用太阳辐射和玻璃及某些透明塑料的独特性能形成的"温室效应",以提高舍温。

这些防寒管理措施可根据畜牧场的实际情况加以利用。此外,寒冷时调整日粮、提高日粮中的能量浓度和提高饮水温度对于家畜抵抗寒冷也有重要意义。

四、畜舍的隔热与降温

高温对家畜家禽的健康和生产力的危害比低温还大。从各种畜禽在高、低温下的体热调节特点看,一般相对较耐寒而怕热,尤其是被覆较厚毛羽的动物。畜舍的防暑设计包括外围护结构隔热设计、畜舍防暑措施和畜舍降温设备设计。

(一)外围护结构的隔热

外围护结构隔热的目的在于控制内表面温度不致过高,适当加大衰减度和延迟时间。畜舍外围护结构的隔热性能由夏季低限热阻(R_0^{xd})、低限总衰减度(υ_0^d)和总延迟时间(ξ_0)来衡量。

1. 夏季低限热阻

夏季低限热阻是指控制内表面温度不高于允许值的总热阻,称为夏季低限热阻,以 R_0^{xd} 表示,单位为 $m^2 \cdot K/W$。在炎热的夏季,畜舍的热量来源主要是综合温度通过外围护结构(特别是屋顶)传入的热量以及畜体产生的热量。由于夏季舍内外温差很小,舍外气温有时甚至可高于舍内,因此,仅靠通风排除这些热量,使舍温符合家畜适宜值是不可能的。只能通过增加围护结构总热阻即确定合理的夏季低限热阻值来实现,以降低外围护结构内表面对人畜造成的热辐射,同时也可减少传入的热量。在建筑热工设计规范中,规定一般房间的外围护结构内表面温度昼夜平均值 $t_{n,p}$,允许比舍内气温昼夜平均值 $t_{n,p}$ 高 2 ℃,而后者 $t_{n,p}$ 允许比舍外气温昼夜平均值 $t_{w,p}$ 高 1 ℃。我国尚无畜牧建筑热工标准,确定内表面温度可以此为依据,由设计部门按此要求进行设计。我国各地不同畜舍墙和屋顶所需夏季低限热阻 R_0^{xd},参考附表 9~13 分别选用墙、屋顶和吊顶的材料和构造。

2. 低限总衰减度

舍外综合温度振幅 At_z(即综合温度峰值 $t_{z,max}$ 与综合温度昼夜平均值 $t_{z,p}$ 之差)与外围护结构内表面温度振幅 At_n(即内表面温度峰值 $t_{n,max}$ 与内表面温度昼夜平均值 $t_{n,p}$ 之差)的比值,称为总衰减度或总衰减倍数,以 υ_0 表示。畜舍的内表面温度振幅(At_n)不宜过大,根据工业与民用建筑规定,一般房间为 2.5 ℃。畜舍容纳畜禽量大、产热多,建议畜舍建筑也以该标准作为低限总衰减度(υ_0^d)。以低限总衰减度来控制畜舍内表面温度的振幅不致过大,以减少人畜的不适感。

3. 总延迟时间

畜舍外围护结构传热是一个过程,故内表面温度峰值比舍外综合温度峰值出现的时间会出现滞后,所推迟的时间称为总延迟时间,以 ξ_0 表示,单位为 h。总延迟时间越长,越可以避免上述两个温度峰值共同的叠加作用。建议畜舍的总延迟时间采用 8~10 h,以使内表面温度峰值出现在晚上 9:00 以后。

畜牧兽医工作者可以在工艺设计中提出以上三项指标的要求以及畜禽产生的游离热(显

热)量,由设计部门计算所需夏季低限热阻、低限总衰减度和总延迟时间,并依此来设计外围护结构的构造。

(二)建筑防暑与绿化

1. 建筑防暑

建筑防暑包括通风屋顶、建筑遮阳、浅色光平外表面和加强舍内通风等建筑措施。这些措施一般要增加投资,在经济允许时可以采用。

(1)通风屋顶　通风屋顶是将屋顶做成双层,靠中间空气层的气流流动将上层接受的太阳辐射热带走,防止热量传入舍内。实体屋顶和通风屋顶隔热效果的比较如表 6-3 所列,其构造如图 6-6 所示。在以防暑为主的地区可以采用通风屋顶,而夏热冬冷的地区,为避免冬季舍内热量通过下层被流动空气带走,不宜采用通风屋顶,可以采用双坡屋顶加吊顶,在两山墙上设通风口(加百叶或铁丝网防鸟兽进入),夏季通风防暑,冬季关闭百叶保温。

表 6-3　实体屋顶和通风屋顶隔热效果的比较

屋顶做法		舍外气温/℃		综合温度/℃		结构热阻/ ΣR	热惰性指标	总衰减度/	总延迟时间	内表面温度/℃	
		最高	平均	最高	平均	$(m^2 \cdot K/W)$	(Σ/D)	(υ_0)	(ξ/h)	最高	平均
实体屋顶	25 mm 黏土方砖 20 mm 水泥砂浆 100 mm 钢筋混凝土板	34.0	29.5	62.9	38.1	0.135	1.44	3.7	4	37.6	30.8
通风屋顶	25 mm 黏土方砖 180 mm 厚通风空气间层 100 mm 钢筋混凝土板	34.0	29.5	62.9	38.1	0.11	1.22	16.8	4	26.2	24.7

资料来源:王新谋. 家畜环境卫生学. 北京:中国农业出版社,1989。

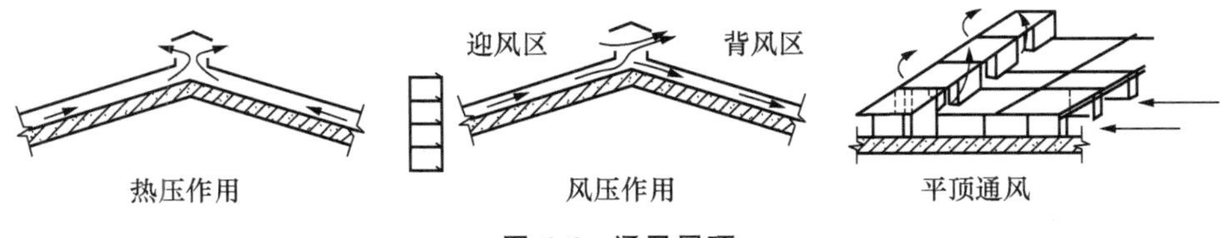

图 6-6　通风屋顶

(资料来源:王新谋. 家畜环境卫生学. 北京:中国农业出版社,1989)

(2)建筑遮阳　一切可以遮断太阳辐射的设施与措施统称为遮阳。太阳辐射不仅来自太阳的直射,而且来自散射和反射(图 6-7)。畜舍建筑遮阳是采用加长屋顶出檐、设置水平或垂直的混凝土遮阳板。试验证明,遮阳可在不同方向的外围护结构上使传入舍内的热量减少 17%～35%。

(3)采用浅色、光平外表面　外围护结构外表面的颜色深浅和光平程度决定其对太阳辐射热的吸收和反射能力。色浅而光平的表面对辐射热吸收少而反射多、深色粗糙的表面则吸收多而反射少。例如,深黑色、粗糙的油毡屋面,对太阳辐射热的吸收系数为 0.86,红瓦屋面和水泥粉刷的浅灰色光平墙面对太阳辐射热的吸收系数均为 0.56,白色石膏粉刷的光平表面对太阳辐射热的吸收系数为 0.26。由此可见,采用浅色光平表面可以减少太阳辐射热向舍内的

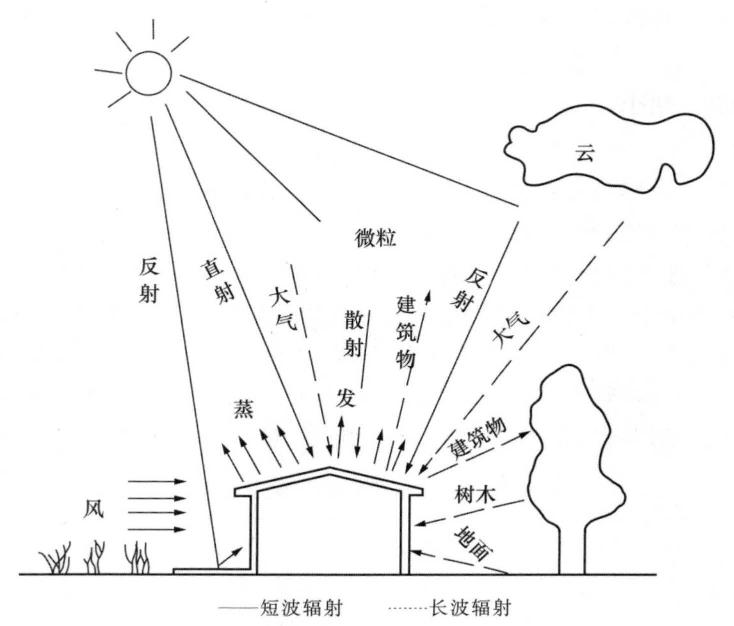

图 6-7 建筑物与环境之间的辐射传递

(资料来源:Smith,1981)

传递,是有效的隔热措施之一。

(4)加强舍内通风 在自然通风畜舍设置地窗、天窗(钟楼或半钟楼式)、通风屋脊、屋顶风管等是加强畜舍通风的有效措施。

2. 设置凉棚

凉棚一般设置在舍外运动场上,可使家畜得到的辐射热负荷减少 30%～50%。据在美国加利福尼亚州 8 月份的测定,凉棚使家畜体表辐射热负荷从 769 W/m^2 减弱到 526 W/m^2,相当于使平均辐射温度从 67.2 ℃降低到 36.7 ℃。

凉棚以长轴东西向配置可为家畜提供每天相对较长时间的阴凉,同时,棚下阴影的移动也最小。长轴南北向配置每天遮阳的时间较短。

棚下地面应大于凉棚投影面积,一般东西走向的凉棚,东西两端应各长出 3～4 m,南北两侧应各宽出 1.0～1.5 m。地面力求平坦,以保证家畜舒适地躺卧,对奶牛尤为重要。地面选材应注意坚固,混凝土地面既可避免泥泞,又利于清粪。凉棚高度视家畜种类和当地气候条件而定,猪凉棚高为 2.5 m 左右,牛凉棚高约为 3.5 m;潮湿多云地区宜较低,干燥地区可较高。若跨度不大,棚顶宜呈单坡、南低北高,顶部刷白色、底部刷黑色较为合理。但这些措施会加大土建投资,可以考虑采用绿化遮阳。

3. 绿化

绿化遮阳可以种植树干高、树冠大的乔木,为窗口和屋顶遮阳,也可以搭架种植爬蔓植物,在南墙窗口和屋顶上方形成绿荫棚。爬蔓植物适宜穴栽,穴距不宜太小,垂直攀爬的茎叶,须注意修剪,以免生长过密,影响畜舍通风。

绿化有三点降温作用:一是通过植物叶面的蒸发作用吸收太阳辐射热以降低气温。树林的树叶面积是树林种植面积的 75 倍,草叶面积是草地面积的 25～35 倍,同时,植物根系可从土壤深部吸收水分再由叶面蒸发，由于叶面面积大、蒸发作用强，可大量吸收太阳辐射热，从而使绿化地带的空气温度比裸露地面显著降低。二是通过叶面遮阳而降低辐射。草地上的草可遮挡 80%的太阳光；茂盛的树木能挡住 50%～90%的太阳辐射热，从而大大减少和避免畜舍外围护结构将太阳辐射热传入室内，或减少和避免在舍外家畜接受的直接辐射热。三是遮阳可使地面接收的辐射热比裸露地面低 7%～25%，从而减少了地面对太阳辐射的反射和吸收后的二次辐射(这是导致高气温的主要原因)，故可显著降低绿化地带的气温。据测定，绿化地带的夏季气温一般可比非绿化地带低 10%～20%。

(三)畜舍的降温

在炎热条件下，围护结构隔热、建筑防暑和绿化措施不能满足家畜的要求时，为避免或缓解热应激对家畜健康和生产力产生的不良影响，可采取必要的降温设备与设施。除采用机械通风设备增加通风换气量、促进对流散热外，还可采用喷雾淋水等加大水分蒸发吸热或直接采用制冷设备等措施，以降低畜舍空气或畜体的温度。

1. 蒸发降温

这是利用汽化热原理增加畜体蒸发散热或使空气降温的方法。主要有淋浴、喷雾和蒸发垫(湿帘)等设备。蒸发降温在干热地区效果好；而在高温高湿热地区效果降低。

(1)喷淋与喷雾　喷淋和喷雾是用机械设备向畜体或畜舍喷水或喷雾，借助汽化吸热而达到畜体散热和畜舍降温的目的。对畜体喷淋(水滴粒径大)优于喷雾(雾化之细滴)。喷淋时，水易于浸透被毛、润湿皮肤，故利于畜体蒸发散热；而喷雾常不等落至家畜体表就已蒸发，或只能喷湿被毛，不易润湿皮肤，散热效果差，且还会使舍内空气湿度增高，反而抑制畜体蒸发散热。但喷雾必须可结合通风设备，既能使雾气蒸发吸热，又及时排除湿空气，则降温效果较好。

喷淋和喷雾都只能间歇地进行，不应连续地进行。对奶牛、肉牛和猪一般以喷 10～30 s 停 30 min 较为理想。皮肤被喷湿后，应使之蒸发，才会起到散热作用。当然，间歇喷淋时间与蒸发效果和空气的温度与湿度有关。空气干燥有利水汽蒸发，皮肤被喷湿后，变干的时间也短。为取得最好的蒸发散热效果，应该迅速喷湿畜体，即停止喷淋，待变干后，又重复喷淋。蒸发降温中的喷淋与喷雾可通过时间继电器与热敏元件实现自动控制。此外，此设备在生产实际中也常用于对畜舍加湿，定期消毒或除尘。

(2)蒸发垫　也称湿帘通风系统。该装置主要部件是用麻布、刨花或专用植物或玻璃纤维纸浆等具有吸水、透风性能的材料，制成蜂窝状的蒸发垫，将其置于机械通风的进风口，不断淋水，气流通过时，水分蒸发吸热，降低进舍气流的温度，还可以将湿帘作为冷源制成湿帘冷风机，与纤维风管结合用于畜舍正压送风降温。有资料报道，当舍外气温在 28～38 ℃时，湿垫可使舍温降低 2～8 ℃。但舍外空气湿度对降温效果有明显影响，有人做过试验，而当空气湿度为 50%、60%、75%时，采用湿帘可使舍温分别降低 6.5 ℃、5 ℃和 2 ℃。因此，在干旱的内陆地区，湿帘通风降温系统的效果更为理想。

2. 冷风设备

冷风机是一种喷雾和冷风相结合的新型设备(图 6-8)，国内外均有生产。冷风机技术参数各厂家不同，一般喷雾雾滴直径可在 30 μm 以下，喷雾量可达 0.15～0.20 m^3/h，通风量为 6 000～9 000 m^3/h，舍内风速可达 1.0 m/s 以上，降温范围长度为 15～18 m，宽度 8～12 m。这种设备降温效果比较好。

3. 地能利用装置

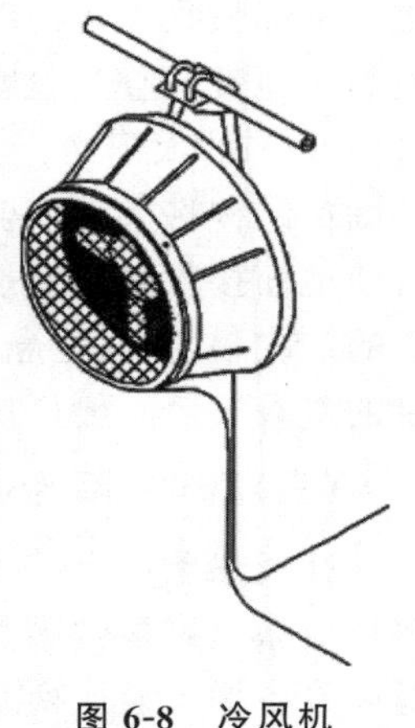
图 6-8 冷风机

根据前述地源热泵的原理,用某种设备使外界空气与地下恒温层的地层换热,可利用其能量使畜舍供暖或降温。例如,美国艾奥瓦州的一家公司在地下 3 m 深处以辐射状水平埋置 12 根 30 m 长的钢管,每条管的一端与垂直通入猪舍的中央风管相通,另一端分别露出地面作为进风口,中央风管中设风机向猪舍内送风。外界空气由每条风管的进风口进入水平管,通过管壁与地层换热,夏季使进气温度降低,冬季使进气温度升高,从而对猪舍进行降温或供暖。据测定,当夏季舍外气温为 35 ℃时,吹进猪舍的气流温度为 24 ℃;当冬季舍外气温为 −28 ℃时,进气温度可升至 1 ℃。但钢管造价较高。日本等国采用硬质塑料薄壁管,可降低造价,并防锈蚀。风管埋置深度一般不小于 0.6 m,埋置越深,四季温度变化愈小,但深度越大投资越高,0.6 m 以下,地温已无昼夜差异,也有利于用废旧矿井的可节约投资。风管直径一般为 12～20 cm。流经风管的空气与地层换热的温度变换效率,与地层温度、空气流速、地层土质、风管材料及长度等因素有关。

4. 机械制冷(空调降温)

机械制冷是根据物质状态变化(从液态到气态或从气态到液态)过程中吸、放热原理设计而成。贮存于高压密封循环管中的液态制冷剂(常用氨或氟利昂 12),在冷却室中汽化,吸收大量热量,然后在制冷室外又被压缩为液态而释放出热量,实现了热能转移而降温。由于此项降温方式不会导致空气中水分的增减,故和二氧化碳干冰直接降温统称“干式冷却”。当每千克水蒸气凝成水时,约放出热 2 260 kJ;当每千克气态氨被压缩成液态氨时,放出热 1 225 kJ。反之,当这些物质由液态恢复到气态时,则吸收同样量的热,而使空气降温。机械制冷效果最好,但成本很高。目前仅在少数种畜舍、种蛋库、畜产品冷库中应用。除此之外,在饲养管理上采用调整日粮,减少饲养密度和保证充足清洁凉爽的饮水等措施对于家畜耐热均有重要意义。

第三节　畜舍的通风

畜舍的通风是畜舍环境控制的第一要素。其目的是保证家畜呼吸氧气量的供应;在夏季高温时,通过加大气流促进畜体对流和蒸发散热,以缓解高温对家畜的不良影响;排除畜舍中的多余水汽、尘埃、微生物和有毒有害气体,防止畜舍内潮湿,保障舍内空气清新,尤其是密闭式畜舍引进舍外的新鲜空气,排除舍内的污浊空气,以改善畜舍空气卫生状况。畜舍的通风在任何季节都是必要的,它的效果直接影响畜舍空气的温度、湿度及空气质量等,特别是大规模集约化畜牧场更是如此。畜舍的通风一般以通风量(m^3/h)和风速(m/s)来衡量。

畜舍通风方式有自然通风和机械通风。自然通风是设进、排风口(主要指门窗),靠风压和热压为动力的通风。开放舍一般采用自然通风。机械通风是靠通风机械为动力的通风。密闭式畜舍必须采用机械通风。

合理的通风设计可以保证畜舍的通风量和风速,并合理组织气流,使之在舍内分布均匀。

通风系统的设计必须遵循空气动力学的原理，从送风口和排风口的尺寸、构造、分布、送风速度与畜舍形式、舍内圈栏、笼具等设备的布置等综合考虑。

一、畜舍通风量、换气次数的确定

确定合理的通风换气量是组织畜舍通风换气最基本的依据。畜舍通风量可以根据畜舍内产生的二氧化碳、水汽、热量来计算，由于计算烦琐，通常是根据家畜通风参数来确定。故许多国家都将不同畜禽、不同季节所需通风量作为标准，以满足设计和生产实践要求。

（一）根据畜禽通风参数计算通风量

通风参数是畜舍通风设计的主要依据，畜牧业发达的国家畜舍通风研究深入，为各种家畜制订了通风换参数，我国也制定了各类畜舍的环境控制标准，各种家畜的通风量技术参数见表 6-4 至表 6-8。

表 6-4 各种家畜通风量推荐值

动物种类	体重/kg	通风量/[m^3/(h·头)]	
		冬季	夏季
奶牛	600	80.4	500.4
肉牛	300	30	199.8
犊牛	100	15	100
母猪	200	20	200
断奶仔猪	20	4	40
育肥猪	100	10	100
蛋鸡	2	0.7	8
肉鸡	2.7	1.5	10

资料来源：J. Seedorf，1997。

表 6-5 不同阶段猪只的通风量

猪群种类	冬季（最低通风量）/[m^3/(h·头)]	夏季（最高通风量）/[m^3/(h·头)]
产房哺乳母猪	34	850
保育猪（5～14 kg）	3.4	42
保育猪（14～34 kg）	5.1	60
生长育肥猪（34～68 kg）	10	128
生长育肥猪（68～113 kg）	17	204
妊娠母猪	20	255
配种母猪	24	510
公猪	22	424

资料来源：Steve，2009。

表 6-6 封闭畜舍中每头猪和奶牛的建议通风量 m³/h

动物种类	寒冷气候				温暖气候	炎热气候
	湿度控制			臭气控制		
	全漏缝地板	半漏缝地板	实心地面			
哺乳母猪及仔猪	16.98	28.87	33.96	59.43	135.84	551.85
保育猪(5.4～13.6 kg)	1.70	2.72	3.40	5.94	16.98	42.45
保育猪(13.6～34.0 kg)	2.55	4.25	5.09	8.49	25.47	59.43
生长猪(34.0～68.0 kg)	5.94	9.34	11.89	16.98	40.75	127.35
育肥猪(68.0～99.8 kg)	8.49	13.58	16.98	30.56	59.43	203.76
妊娠母猪(147.4 kg)	10.19	16.98	20.38	33.96	67.92	254.70
公猪(181.4 kg)	11.89	20.38	23.77	40.75	84.90	305.64
母牛	28.02	47.54	56.03	84.90	220.74	1018.80
小牛	8.49	14.43	16.98	27.17	42.45	254.70

资料来源:Don D. Jones,1914。

注:当使用无排气装置的加热器时,通风不得低于这个速率。

表 6-7 不同温度下蛋鸡鸡舍通风量参数

环境温度/℃	换气量 [m³/(h · 1 000 只鸡)]					
	1 周龄	3 周龄	6 周龄	12 周龄	18 周龄	19+周龄
32	360	540	1 250	3 000	7 140	9 340～12 000
21	180	270	630	1 500	3 050	5 100～6 800
10	130	180	420	800	2 240	3 060～4 250
0	75	136	289	540	1 500	1 020～1 700
−12	75	110	210	400	600	700～1 050
−23	75	110	210	400	600	700～850

资料来源:海兰蛋鸡饲养管理手册,2014。

表 6-8 在−1～16 ℃肉鸡舍通风量参数

体重/kg	通风量/(m³/h)		体重/kg	通风量/(m³/h)		体重/kg	通风量/(m³/h)	
	最小	最大		最小	最大		最小	最大
0.05	0.074	0.044	1	0.702	0.413	3	1.6	0.942
0.1	0.125	0.074	1.2	0.805	0.474	3.2	1.68	0.99
0.2	0.21	0.124	1.4	0.904	0.532	3.4	1.758	1.035
0.3	0.285	0.168	1.6	0.999	0.588	3.6	1.835	1.081
0.4	0.353	0.208	1.8	1.091	0.643	3.8	1.911	1.126
0.5	0.417	0.246	2	1.181	0.696	4	1.986	1.17
0.6	0.479	0.282	2.2	1.268	0.747	4.2	2.06	1.213
0.7	0.537	0.316	2.4	1.354	0.798	4.4	2.133	1.256
0.8	0.594	0.35	2.6	1.437	0.846	3	1.6	0.942
0.9	0.649	0.382	2.8	1.52	0.895			

资料来源:AA broiler handbook,2014。

注:当温度低于−1 ℃或高于16 ℃时,根据舍内的相对湿度、有害气体的含量及鸡的行为表现等适当地加大或减少通风量。

在畜舍设计中，一般以夏季通风量为主进行设计，并根据当地的气候条件考虑冬季通风措施。如在北方寒冷地区虽以夏季通风量进行设计，但在冬季由于门窗关闭，只能通过风帽、通气缝自然通风，或辅以机械通风，这时必须以冬季通风量为依据确定进、排通风管道面积，满足畜禽通风的需要。可见，最冷和最热时期畜舍通风措施是关键。在最冷时期，通风换气系统应尽量排除污浊空气和水汽，而减少热能损失，所以要求规定最小的通风量；而在最热时期，则应重点排出多余热量，并在家畜周围造成一个舒适的气流环境，故要求规定最大的通风量。可见畜禽的通风参数可根据当地气候条件做适当调整。

另外，不同饲养工艺通风参数也不相同，例如在养猪生产中，近些年推广的水泡粪工艺，不同地板类型、环境控制要求，其通风量参数均做了相应调整（表 6-4 至表 6-6）。

（二）根据二氧化碳计算通风量

二氧化碳作为家畜营养物质代谢的产物，通常以其浓度代表空气的污浊程度。各种家畜的二氧化碳呼出量可查表求得。根据二氧化碳计算通风量是将家畜产生的多余二氧化碳排除，使舍内二氧化碳的浓度达到家畜环境卫生学规定范围，求出每小时的通风量。其公式为：

$$L=\frac{mK}{C_1-C_2}$$

式中：L 为该舍所需通风换气量（m^3/h）；K 为每头家畜的二氧化碳产量（L/h）；m 为舍内家畜的头数；C_1 为舍内空气中二氧化碳允许含量（1.5 L/m^3）；C_2 为舍外大气中二氧化碳含量（0.3 L/m^3）。

此外，当用天然气做燃料取暖时，应在该式计算结果中附加燃烧产生的二氧化碳（如鸡舍用保温伞，燃烧 1 kg 丙烷产生二氧化碳 2.75 m^3）；根据二氧化碳算得的通风量，往往不足以排除舍内产生的多余水汽，故只适用于温暖、干燥地区。在潮湿地区，尤其是寒冷地区应根据排除多余水汽和保障适宜温度来计算通风量。

（三）根据水汽计算通风量

家畜的呼吸和舍内潮湿表面的水分蒸发不断地产生大量水汽，会导致舍内潮湿，从而影响畜禽生产力和健康，故需通风来排除多余水汽。根据水汽计算通风量要求由舍外导入比较干燥的新鲜空气，置换舍内的潮湿空气，根据舍内外空气中所含水分之差异而求得排除舍内多余水汽所需要的通风量。其公式为：

$$L=\frac{Q}{q_1-q_2}$$

式中：L 为排除舍内产生的多余水汽，每小时需由舍外导入的新鲜空气量（m^3/h）；Q 为家畜在舍内产生的水汽量及由潮湿物面蒸发的水汽量之和（g/h）；q_1 为舍内空气湿度保持适宜范围时所含的水汽量（g/m^3）；q_2 为舍外大气中所含水汽量（g/m^3）。

由潮湿表面蒸发的水汽，通常按家畜产生水汽总量的 10%（猪舍按 25%）计算。显然，这种估计不能代表实际情况。因为不同的饲养管理方式（如喂干料或稀料、是否在舍内喂饲、清粪是否及时、用水冲粪还是干清粪等）、畜舍所在地地下水位高低、地面和墙壁的隔潮程度等对舍内水汽的产生影响都很大。

根据水汽算得的通风量，一般大于用二氧化碳计算的结果，故在潮湿、寒冷地区用水汽计算通风换气量较为合理。但是要保证畜舍有效的通风关键在于畜舍必须具备良好的隔热性能，否则水汽在畜舍外围护结构表面凝结，按水汽计算通风量将失去意义。

(四)根据热平衡要求计算通风量

家畜在代谢过程中不断产热并向外散热，在夏季为了防止舍温过高，必须通风排除多余的热量，在夏季舍内外温差很小的情况下，仅靠通风往往难以奏效；当舍内外温度相同或舍外高于舍内时，则通风不能排除余热甚至会将舍外热量带入舍内，改善舍内温度环境必须依靠降温设备等措施。而在冬季则应尽量保存和利用这些畜体产热而无余热可排，但因必须适当通风排除舍内产生的水汽、有害气体、灰尘而损失部分热量，故保障舍内温度环境需靠供暖设备等措施。由此可见，根据热平衡计算通风量除某些地区的春末、秋初外，无太大的实际意义，常用来衡量畜舍所确定的通风换气量是否能得到保证，畜舍保温性能的好坏，以及是否需要补充热源等。因此，根据热量计算通风换气量是对其他确定通风换气量方法的补充和检验。

根据热量计算畜舍通风量的方法也叫热平衡法，即为保障适宜舍温而使畜舍得、失热量保持平衡的通风量。其公式为：

$$Q = \Delta t(L \times 1.3 + \sum KF) + W$$

式中：Q 为家畜产生的可感热(kJ/h)；Δt 为舍内外空气温差(℃)；L 为通风量(m^3/h)；1.3 为空气的热容量[kJ/(m^3·℃)]；$\sum KF$ 为通过外围护结构(墙、屋顶、门、窗和地面)散失的总热量[kJ/(h·℃)]，其中，K 为外围护结构的总传热系数[kJ/(m^3·h·℃)]；F 为外围护结构的面积(m^2)；W 为由地面及其他潮湿物体表面蒸发水分所消耗的热能，按家畜总产热的 10%(猪按 25%)计算。故通风换气量的计算公式为：

$$L = \frac{Q - \sum KF \times \Delta t - W}{1.3 \times \Delta t}$$

(五)畜舍换气次数

确定通风量以后，需计算畜舍的换气次数。换气次数是指在 1 h 内换入新鲜空气的体积为畜舍容积的倍数。其公式为：

$$\text{畜舍换气次数} = \frac{L}{V}$$

式中：L 为通风量(m^3/h)；V 为畜舍容积(m^3)。

一般规定，畜舍冬季换气应保持 3～4 次/h，除炎热季节外，一般不超过 5 次/h，冬季换气次数过多，容易引起舍内气温降低。

二、畜舍的自然通风

畜舍的自然通风是指依靠自然界的风压或热压产生气流、通过畜舍外围护结构的门窗等开口所形成的空气交换的通风方式。

(一)自然通风的原理

1. 风压通风

风压通风是当流动的大气(即风)吹向畜舍时，迎风面形成大于大气压的正压，背风面风形成小于大气压的负压，气流由正压面开口流入、由负压面开口排出所形成的自然通风(图 6-9)。风压通风量的大小取决于风速、风向角、进风口和排风口的面积；舍内气流分布取决于进风口的形状、位置及分布等。

2. 热压通风

热压通风是当舍内外存在温差时，舍内空气受畜体、供暖设备等热源作用而膨胀上升，使上部气压大于舍外，畜舍下部因冷空气不断遇热上升，下部气压低于舍外，上、下开口之间有一个与舍外气压相等的水平的“等压面”，其位置按上下开口面积比例靠近面积大者；如只有一个或中心在同一水平上的多个开口，则等压面在开口中央。由于等压面上下存在压差，侧舍内较热空气就会由等压面上部开口排出，舍外较冷的新鲜空气不断由等压面下部开口流入而形成的自然通风（图 6-10）。热压通风量的大小取决于舍内外温差、进风口和排风口的面积以及两者之间的垂直距离；舍内气流分布则取决于进风口和排风口的形状、位置和分布。

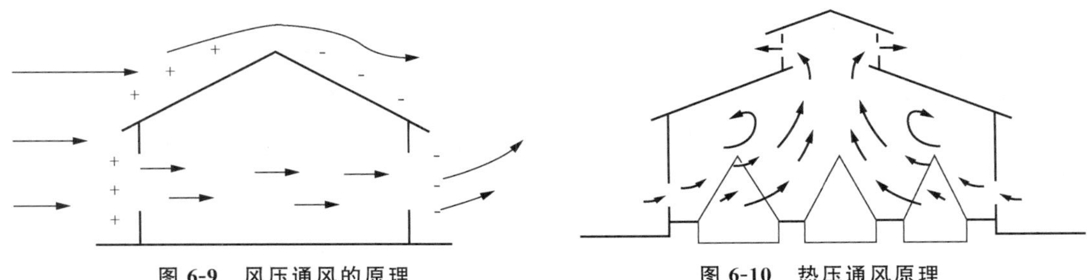

图 6-9 风压通风的原理　　图 6-10 热压通风原理

大气流动形成的风是随机现象，时有时无、大小不定，因此，在自然通风设计中一般不按风压计算通风量。夏季舍内外温差很小，有时甚至舍外高于舍内，故夏季通风量按热压计算并无实际意义，但早春晚秋和冬季，凡可进行自然通风的畜舍，却可按热压计算结果设计进出风口、合理组织气流，以节约通风设备耗能和运行费用。

无论靠风压，还是热压或有风时二者兼而有之的自然通风，畜舍跨度均以 9 m 以内为好，最大不得大于 12 m；此外，除合理进行畜舍朝向、进气口大小、分布等设计外，还需注意笼具布置、门窗以及卷帘启闭自如、关闭严密等。

(二)自然通风设计

在自然通风设计时，由于畜舍外风力无法确定，故一般是按无风时设计，以热压为动力计算。自然通风设计对于畜牧工作者掌握困难，故介绍简易方法如下。

1. 确定排风口的面积

根据畜禽通风标准和畜舍饲养量计算通风量，由空气平衡方程式：排风量 $L_{排}$ 等于进风量 $L_{进}$，即 $L=L_{排}=L_{进}=3\ 600\ F\upsilon$，推得

$$\nu=\mu\sqrt{\frac{2gH(t_n-t_w)}{273+t_w}}$$

则排风口总面积：

$$F_p=L\left[3\ 600\times0.5\times4.427\times\sqrt{\frac{H(t_n-t_w)}{273+t_w}}\right]$$

式中：F_p 为排风口截面积（m^2）；L 为畜舍通风量（m^3/h），查表 6-4 至表 6-8 计算；υ 为排风风速（m/s）；H 为进、排气口中心之间的垂直距离（m），如果南、北墙上进、排风口之间的 H 值不同时，可将 L 值按设定的南北窗（排风口）面积之比和南北进排风口之间的 H 值，分别计算南、北墙排风口的总面积。如采用屋顶风管排风时，H 值是指由风管上口算起至墙上开口中

心的垂直距离。μ 为排气口流量系数，取 0.5；g 为重力加速度，4.427 为 2 倍重力加速度的平方根；t_n、t_w 为分别为舍内外通风计算温度，夏季当 $t_n - t_w \leqslant 0$ ℃时，t_n 取值按高于舍外通风计算温度(t_w)2 ℃计；273 K 为相当于 0 ℃的绝对温度。

进风口面积一般不再进行计算，而是按进气口截面积为排气口截面积的 50%～70%设计。

2. 检验采光窗的夏季通风量能否满足要求

采光窗用作通风窗，H 值为窗高的 1/2，上部为排风口，下部为进风口，进、排风口面积各为窗面积的 1/2。将总通风量与畜舍所需风量比较即可知通风是否达标，如不能满足要求，则需增设地窗、天窗、通风屋脊、屋顶风管等加强通风。

3. 地窗、天窗、通风屋脊及屋顶通风管的设计

畜舍靠采光窗通风不能满足要求时，可增加辅助通风设施，其加大通风量的原理是使进、排风口中心的垂直距离加大。根据通风量与排风口截面积 F_p、进排风口中心垂直距离及舍内外温差之乘积的平方根成正比关系，设置如下辅助设施：

(1)地窗　设于采光窗下，按采光窗面积的 50%～70%设计成卧式保温窗(图 6-11)可形成“穿堂风”和“扫地风”，对防暑更为有利。

(2)天窗　可在半钟楼式畜舍的一侧或钟楼式畜舍的两侧设置，也可沿屋脊通长或间断设置。

(3)通风屋脊　沿屋脊通长设置，宽度 0.3～0.5 m，一般适用于炎热地区(图 6-12)。

(4)机械辅助通风　采用自然通风设计仍不能满足夏季需求时，可以采用机械辅助通风。畜舍关闭门窗，将风机设在墙上进行负压通风，或在畜舍内沿长轴每隔一定距离同方向设置 1 台风机，进行“接力式”通风，也可通过风机、风管进行正压送风。

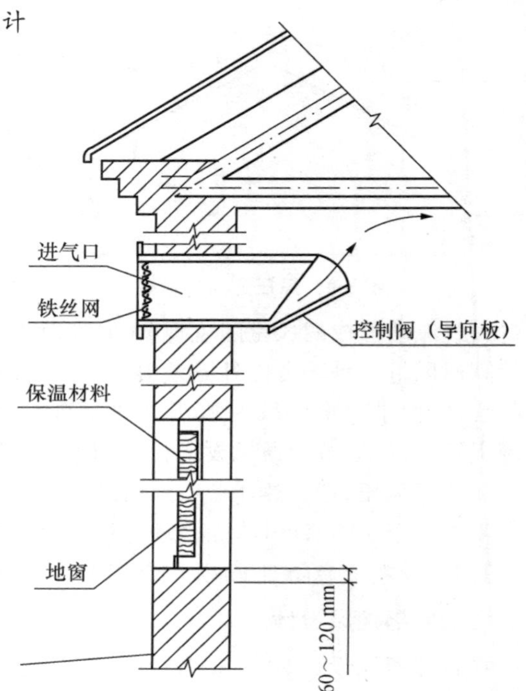

图 6-11　地窗和冬季进风口

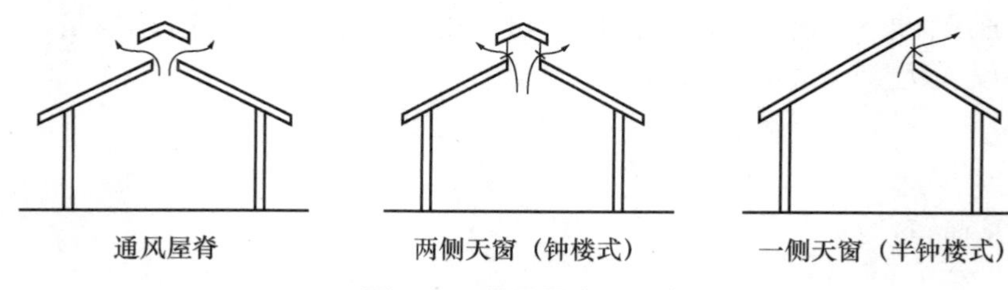

图 6-12　通风屋脊和天窗

(5)冬季通风设计　上述通风技术措施主要是满足畜舍夏季通风要求，冬季畜舍通风量要根据冬季家畜通风参数计算通风量。在冬季需要防寒的地区，常采用屋顶风管、通风屋脊、天窗、檐下通风口等设施进行热压自然通风；牛舍一般利用钟楼、半钟上通风窗进行热压自然通

风。畜舍冬季排风口面积可参考表 6-9。

表 6-9 畜舍冬季通风量每 1 000 m^3/h 所需排风口面积(m^2)

舍内外温差/℃	风管上口至舍内地面的高度/m						
	4	5	6	7	8	9	10
6	0.43	0.38	0.35	0.32	0.30	0.28	0.27
8	0.36	0.33	0.30	0.28	0.26	0.24	0.23
10	0.33	0.29	0.26	0.25	0.23	0.22	0.21
12	0.30	0.26	0.24	0.22	0.21	0.20	0.19
14	0.28	0.25	0.22	0.21	0.19	0.18	0.17
16	0.25	0.23	0.21	0.19	0.18	0.17	0.16
18	0.24	0.22	0.20	0.18	0.17	0.16	0.15
20	0.23	0.20	0.19	0.17	0.16	0.15	0.14
22	0.22	0.19	0.18	0.16	0.15	0.14	0.14
24	0.21	0.18	0.17	0.16	0.15	0.14	0.13
26	0.20	0.18	0.16	0.15	0.14	0.13	0.12
28	0.19	0.17	0.15	0.14	0.13	0.13	0.12
30	0.18	0.16	0.15	0.14	0.13	0.12	0.11
32	0.17	0.16	0.14	0.13	0.12	0.12	0.11
34	0.17	0.15	0.14	0.13	0.12	0.11	0.11
36	0.16	0.15	0.13	0.12	0.12	0.11	0.10
38	0.16	0.14	0.13	0.12	0.11	0.11	0.10
40	0.14	0.14	0.13	0.12	0.11	0.10	0.10

屋顶风管作排风口一般用于大跨度畜舍(8 m 以上),风管要高出屋顶不少于 1 m,下端伸入舍内不少于 0.6 m,上口设风帽(图 6-13),以防止刮风时倒风或进雨雪;下口下方安装水盘,为防止风管内结露滴水。为控制风量,管内应设翻板调节阀以便控制开启大小和启闭风管。风管面积可根据畜舍冬季所需通风量表 6-9 求得,风管最好做成圆形,以便必要时安装风机,风管直径以 0.3～0.6 m 为宜。根据畜舍所需通风总面积确定风管数量,风管数量确定后根据间数均匀设置;进风口面积可按风管面积的 50～70%设计。

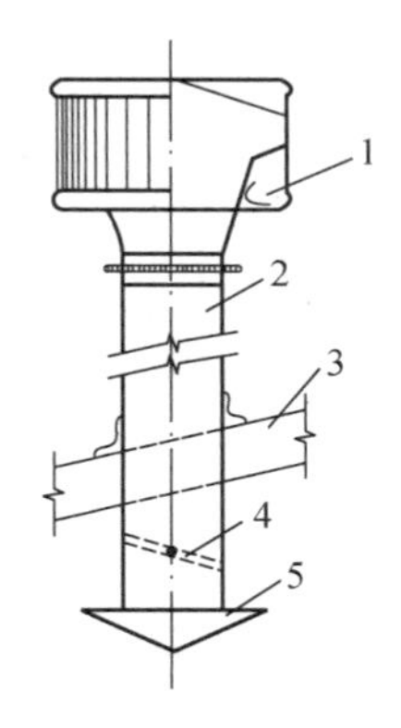

1. 筒形风帽;2. 风管;3. 屋面;4. 调节阀;5. 滴水盘。

图 6-13 筒形风帽

通风屋脊和檐下通风口是无窗密闭式畜舍冬季进风设施(图 6-14)。在畜舍檐下纵墙设进风口时,迎风墙上的进风口应设挡风装置,在进风口里设导向板,以防受风压影响,控制进风量和风向,同时防止冷风直接吹向畜体。空气气流进入舍内先与上部热空气混合后再下降,气流不仅经过预热,而且靠"贴附作用"使其分布均匀。进风口外侧应装有铁网以防鸟雀,形状以扁形为宜。小跨度有窗畜舍可以在南墙屋檐下设下悬窗作排风口,可将每窗或隔窗的 1～2 个窗格做成下悬窗,并可控制启闭或开启角度,以调节通风量。在冬季非严寒地区的牛舍可设置通风屋脊,其宽度一般为牛舍跨度的 1/60;当檐下设通风口时,其宽度为牛舍跨度的 1/120;为了增加气流热浮力,牛舍屋面坡度不得小于 1∶4(14°)。檐下通风窗已经开发成定型产品，可广泛应用于畜禽舍冬季通风换气。

天窗、钟楼半钟楼通风窗设计可以根据畜舍冬季通风量，通过前面的公式计算或查表确定通风窗的面积和数量。

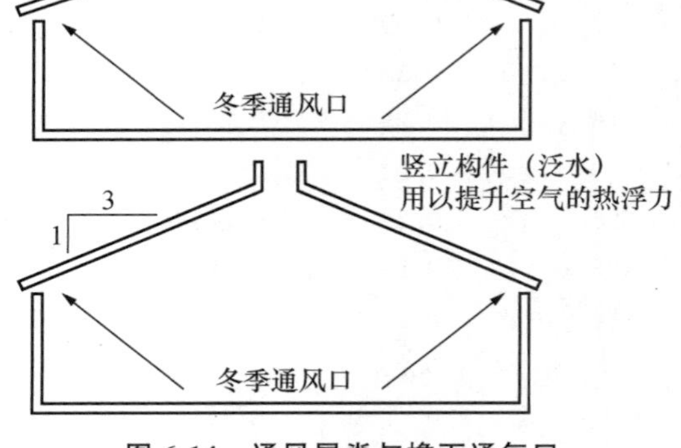

图 6-14 通风屋脊与檐下通气口

（资料来源：Lous D Albright，1990）

三、畜舍的机械通风

机械通风，也称为强制通风，是指依靠风机强制进行舍内外空气交换的通风方式。它克服了自然通风受外界风速变化、舍内外温差等因素的限制。机械通风可依据不同气候、不同畜禽种类，按畜舍所需通风量、气流速度和气流分布等进行合理设计和设备选型配套，在通风运行中实现高度人工控制，尤其适用于大型密闭式畜舍，为其创造良好的环境提供了可靠保证。

（一）机械通风方式

1. 按畜舍内气压变化分类

机械通风可分为正压通风、负压通风、联合式通风三种。

（1）正压通风　也称进气式通风或送风，是指通过风机将舍外新鲜空气强制送入舍内，使舍内气压升高，舍内污浊空气排风口或风管自然排出的通风换气方式。畜舍正压通风一般采用屋顶水平管道送风系统，即在屋顶下水平敷设有通风孔的送风管道，采用风机将空气送入管道，气流经通风孔流入舍内。送风管道一般用铁皮、玻璃钢或纤维布等材料制作，畜舍跨度在 9 m 以内可设一条，超过 9 m 时最好设两条。正压通风的优点是可在进风口附加设备，对流入的空气进行加热、冷却以及过滤等预处理，从而可有效地保证畜舍内适宜的温湿状况和空气质量，对畜舍冬季或夏季环境控制效果良好，对环境条件要求高的畜舍已经采用，如哺乳母猪舍、仔猪舍、雏鸡舍等。但是这种通风方式比较复杂、造价高、管理费用也大。正压通风根据风机位置可分为两侧壁送风、侧壁送风和屋顶送风（图 6-15）。

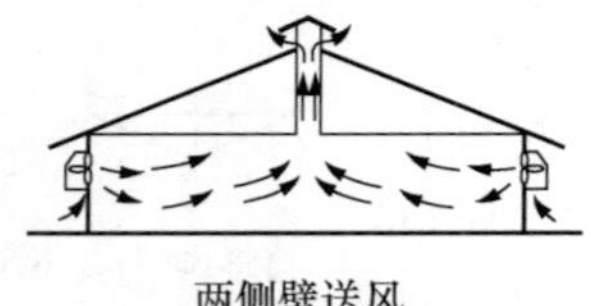

两侧壁送风

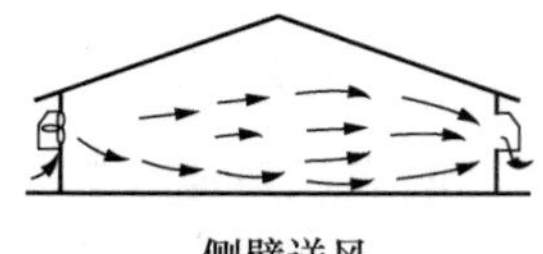

侧壁送风

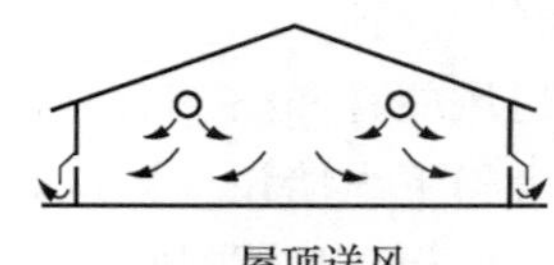

屋顶送风

图 6-15 正压通风的三种形式

（2）负压通风　也称排气式通风或排风，是指通过风机抽出舍内空气，造成舍内空气压力小于舍外，舍外空气通过进气口或进气管流入舍内。因其比较简单、投资少、管理费用也较低，在畜舍中应用较多。负压通风根据风机安装位置可分为两侧排风、屋顶排风、横向负压通风和纵向负压通风（图 6-16）。

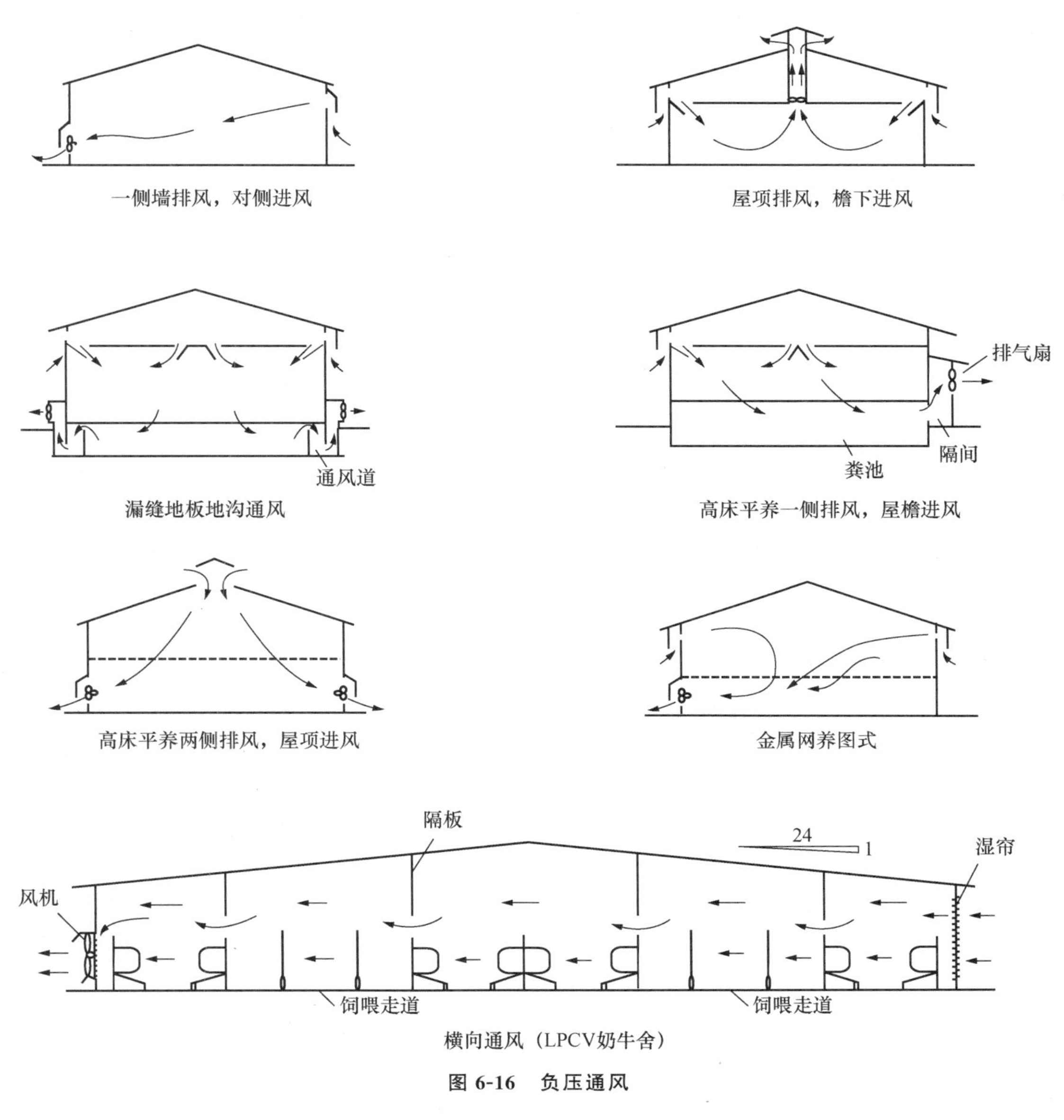

图 6-16 负压通风

目前，畜牧场畜舍夏季多采用负压纵向通风方式，而冬季可采用横向负压通风，尤其是跨度大的畜舍冬季多采用屋顶进、排风式负压通风；漏缝地板清粪工艺（深沟或浅沟）的猪舍、网上平养鸡舍则采用侧壁排风式负压通风较多。冬季畜舍通风量小，密闭式畜舍一般采用自动调控设备，调节通风、温湿度及空气质量。密闭式猪舍冬季进风口一般设在屋檐下，气流进入吊顶上部，通过可控蝶阀或吊顶渗透进入舍内，通风量自动控制；进风口设在屋顶时进风管下端有调节阀，控制气流流量与方向。密闭式鸡舍一般不吊顶，进气口采用进气窗设在屋檐下墙上，自动调控空气流量与方向。有窗开放式畜舍同样可以采用上述通风调控方式。当今，对传统自然通风与机械通风相结合的畜舍进行改造，完善设施设备配套，实现通风自动调控，对于提高我国畜牧业生产水平具有重要意义。

美国大跨度低屋面横向通风（LPCV）奶牛舍，跨度 128 m、屋面坡度 1/60，采用横向负压通风方式，进风口可设湿帘降温，为了提高风速在牛舍内距地面 2.4 m 设置纵向挡风板，舍内两条饲喂通道、牛床八列布置，近几年已引进我国应用于奶牛养殖。

（3）联合式通风　也称混合式通风，是一种同时采用机械送风和机械排风的方式，因可保持舍内外压差接近于零，故又称作等压通风。大型畜舍（尤其是密闭舍）单靠机械排风或机械送风往往达不到应有的通风换气效果时，需采用联合式机械通风。联合式通风系统风机安置形式分为进气口设在下部和进气口设在上部两种。等压通风由于风机台数增多，设备投资加大，因而畜牧场应用较少。

2. 按舍内气流的流动方向分类

机械通风可分为横向通风、纵向通风、斜向通风、垂直通风等。横向通风是指舍内气流方向与畜舍长轴垂直的机械通风。采用横向通风的畜舍不足之处在于舍内气流不够均匀，气流速度偏低，尤其死角多，舍内空气不够新鲜。纵向通风是指舍内气流方向与畜舍长轴方向平行的机械通风，由于通风的截面积比横向通风相对缩小，故使舍内风速增大，风速可达 1.5 m/s 以上。斜向通风和垂直通风是指墙上固定的风扇和顶棚上的吊扇，风直接吹向畜体，加快家畜的散热。

畜舍通风方式的选择应根据家畜的种类、饲养工艺、当地的气候条件以及经济条件综合考虑决定，不能机械地生搬硬套，否则就会影响家畜的生产力和健康，或者使生产者经济效益降低。

（二）畜舍中常用风机类型

负压通风主要用轴流式风机，而正压通风则主要用离心式风机。

1. 轴流式风机

这种风机所吸入和送出的空气的流向和风机叶片轴的方向平行。它由外壳及叶片所组成（图 6-17）。叶片直接装在电动机的转动轴上。

轴流式风机的特点是叶片旋转方向可以逆转；旋转方向改变，气流方向随之改变，而通风量不减少。通风时所形成的压力一般比离心式风机低，但输送的空气量却比离心式风机大。故既可用于送风，也可用于排气。轴流式风机噪音较低，节能效果显著，风机之间进气气流分布较均匀，与风机配套的百叶窗可以进行机械传动开闭。目前用于我国畜舍的通风风机型号较多，如大风量、低转速的 9FJ-125 型风机，叶轮直径为 1 250 mm、风量可达到 30 000 m^3/h 以上。

2. 离心式风机

当这种风机运转时，空气进入风机和叶片轴平行，流出风机时变成垂直方向。这个特点使其适应通风管道 90°的转弯。

离心风机由蜗牛形外壳、工作轮和带有传动轮的机座组成（图 6-18）。空气从进风口进入风机，由旋转的带叶片的工作轮所形成的离心力作用，流经工作轮而被送入外壳，然后再沿着外壳经出风口送入通风管中。离心式风机不具逆转性，压力较强。在畜舍通风换气系统中，其多半在集中输送热风和冷风时使用。

在选择风机时，既要满足通风量要求，也要求风机的全压符合要求，这样，风机克服空气阻力的能力强，通风效率高，才能取得良好的通风效果。在选择风机时可参考表 6-10。

（三）横向负压通风设计

横向负压通风是较常见的畜舍通风方式，其简单的设计方法和步骤如下。

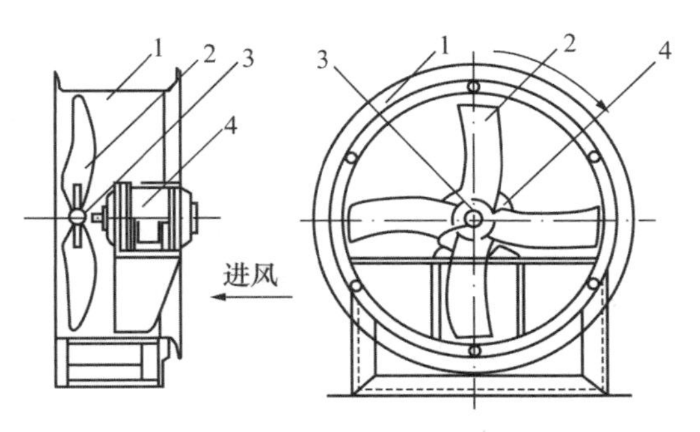

1. 外壳;2. 叶片;3. 电动机转动轮;
4. 电动机。

图 6-17 轴流式风机

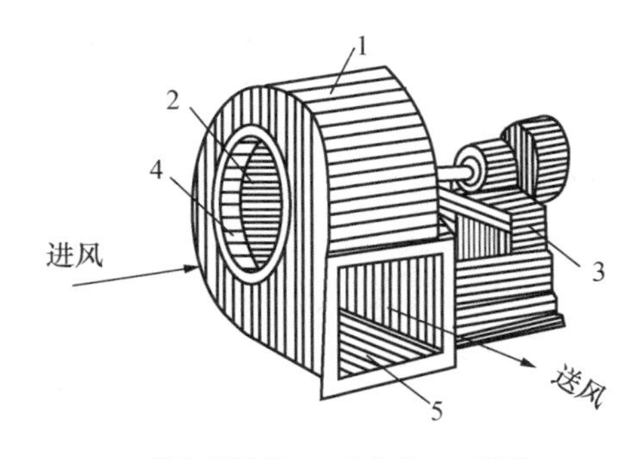

1. 蜗牛形外壳;2. 工作轮;3. 机座;
4. 进风口;5. 出风口。

图 6-18 离心式风机

表 6-10 畜舍常用风机主要性能参数

风机型号	叶轮直径/mm	叶轮转速/(r/min)	风压/Pa	风量/(m^3·h)	轴功率/kW	配用电机功率/kW	噪声/dB(A)	机重/kg	备注
9FJ-140	1 400	330	60	56 000	0.760	1.10	70	85	
9FJ-125	1 250	325	60	31 000	0.510	0.75	69	75	
9FJ-100	1 000	430	60	25 000	0.380	0.55	68	65	
9FJ-71	710	635	60	13 000	0.335	0.37	69	45	
9FJ-60	600	930	70	11 000	0.270	0.37	73	22	
		942	70	9 600	0.220	0.25	71	25	
9FJ-56	560	729	60	8 300	0.146	0.18	64		
SFT-No.10	1 000	700	70	32 100		0.75	75		静压时数据
SET-No.9	900	700	80	21 500		0.55	75		
SET-No.7	700	900	70	14 500		0.37	72		
XT-17	600	930	70	10 000	0.250	0.37	69	52	
		1 450	176	15 297		1.50			
T35-63	630	960	77	10 128		0.55	>75		
		1 450	176	10 739		0.75			
T35-56	560	960	61	7 101		0.37	>75		
航空牌-600	600	1 380	60	10 636		0.37	83		

1. 确定负压通风形式

当畜舍跨度8～12 m时,一般采用一侧排风,对侧进风形式;当跨度大于12 m时,宜采用两侧排风、顶部进风,或顶部排风、两侧进风,此两种通风形式屋顶设置的进风或排风管,均应交错布置。

2. 确定畜舍通风量(L)

根据家畜通风量标准和畜舍饲养头(只)数计算通风量(m^3/h)。

3. 确定风机台数(N)

一般按畜舍长度每7～9 m设1台。

4. 确定每台风机流量(Q)

每台风机流量的计算公式为:

$$Q=\frac{KL}{N}$$

式中：Q 为风机流量（m^3/h）；K 为风机效率系数（取 1.2～1.5）；L 为畜舍所需通风量（m^3/h）；N 为风机台数（台）。

5. 确定风机全压（H）

风机全压需要大于进气口和排气口的通风阻力，否则将使风机效率降低，甚至损坏电机。风机全压计算公式如下：

$$H=6.38\upsilon_1^2+0.59\upsilon_2^2$$

式中：H 为风机全压（Pa）；υ_1 为进风速度（m/s），夏季取 3～5 m/s，冬季 1.5 m/s；υ_2 为排风速度（m/s）。υ_2 根据所选风机的流量（Q）和叶片直径（d）按下式计算：

$$\upsilon_2=\frac{Q}{\frac{3\ 600\times\pi d^2}{4}}$$

6. 确定进气口总面积

进气口总面积一般是 1 000 m^3/h 的排风量需 0.1～0.12 m^2 计，如设遮光罩，其面积按 0.15 m^2 计算，当然也可按下列公式计算：

$$A=\frac{L}{3\ 600\upsilon_1}$$

式中：A 为进气口总面积（m^2）；L 为畜舍通风量（m^3/h）；υ_1 为进风速度（m/s），夏季取 3～5 m/s，冬季 1.5 m/s。

7. 进气口的数量（n）

可按畜舍长度（I）与畜舍跨度（S）的 0.4 倍的比值进行计算，即：$n=I/0.4\ S$。每一进气口的面积：$a=A/n$。每一进气口的高∶宽比为 1∶6［一般为 1∶（5～8）］，进而确定进气口的尺寸。

8. 布置风机和进气口

为保证通风量和气流分布均匀，风机和进气口的布置应注意以下几点：①采用一侧进风对侧排风的形式时，风机设在一侧墙下部，进风口在对侧墙上部，并都应均匀布置，位置交错。进风口设遮光罩，风机口外侧设弯管，以遮蔽阳光和风。相邻两栋畜舍排风口应相对设置。以免形成前栋畜舍排出的污浊空气恰被相邻畜舍进气口吸入。②采用上排下进的形式时，两侧墙上进风口不宜过低，并应装导向板，防止冬季冷风直接吹向畜体。③密闭式畜舍机械通风应按舍内地面面积的 2.5%设应急窗，以保障停电和通风故障时的光照和通风换气。应急窗要严密、不透光。

（四）纵向通风

纵向通风是指舍内气流方向与畜舍长轴方向平行的机械通风方式。

1. 优点

（1）提高风速　因纵向通风气流断面（即畜舍净宽）仅为横向通风断面（即畜舍长度）的 1/5～1/10，纵向通风舍内平均风速比横向通风平均风速高 5 倍以上。实测也证明，纵向通风舍内风速可达 0.7 m/s 以上，夏季可达 1.0～2.0 m/s。应当说明，虽然采用 H 形叠层笼养的鸡舍的舍内风速可达 2.0 m/s 以上，但每层笼下有清粪传送带阻挡气流，影响了鸡群夏季蒸发和对流散热而使生产性能下降，因此，除纵向通风外，在每层笼下应设风管送风，以保证气流流经鸡群。

(2)气流分布均匀 进入舍内的空气均沿一个方向平稳流动,空气的流动路线为直线,因而气流在畜舍纵向各断面的速度可保持均匀一致,减少通风死角。

(3)改善空气环境 结合排污设计,组织各栋间的气流,将进气口设在清洁道侧,排气口设在污道侧,可以避免畜舍间的交叉污染。有报道,合理设计纵向通风,舍内空气细菌数下降70%,噪音由80 dB下降到50 dB,氨气、硫化氢、尘埃量都有所下降,从而保证了舍内空气清新,也便于栋舍间的绿化植树,改善生产区的环境。

(4)节能、降低费用 纵向通风可采用大流量节能风机,风机排风量大,台数少,因而可节约设备投资及安装和维修管理费用20%~35%,节约电能及运行费用40%~60%。

(5)提高生产力 采用纵向通风环境条件得到改善,畜禽生产水平提高、死亡率降低。另外,在养鸡生产中,设置纵向通风和风管送风,方可采用多层笼养工艺如8层H形笼养,以增加饲养密度(每栋鸡舍饲养量可超过10万只蛋鸡),提高了机械化程度和劳动效率。

(6)畜牧场减少占地面积 纵向通风方式畜舍间距可以缩小,密闭舍也可以联栋,进而减少了占地。

2. 纵向通风湿帘降温设计

该装置由风机、湿帘及框架和循环水系统组成。其主要用于畜舍夏季通风降温,降温的效果主要用降温效率和通风阻力衡量,它与湿帘的厚度和过帘风速有关,即湿帘越厚、过帘风速越低,降温效率越高;而过帘风速越高则通风阻力越大。常用的波纹湿帘规格见表6-11、图6-19。一般湿帘效率为70%~90%,通风阻力为10~60 Pa。

表6-11 常用湿帘型号

型号	厚度/mm	过帘风速/(m/s)	压降/Pa	循环供水/(L/min)、KPa
7 090	150	1.5~2.0	55	6.0~7.5、2.5~3.0
5 090	100	1.0~1.5	50	4.5~5.0、0.6~0.9
7 060	200	1.5~2.0	28	6.0~7.5、2.5~3.0

注:7 090指波纹高为70,夹角为90°;加湿模块宽度为600 mm、高度为1.8~2.0 m时的供水系统。蒙特公司畜舍纵向通风湿帘降温相关参数为所需湿帘面积和过帘空气温度。

①所需湿帘面积的计算公式为:

$$A=\frac{L}{v}$$

式中:A为湿帘面积(m^2);L为畜舍夏季通风量[(m^3/s)];v为过帘风速[(m/s)],一般为1.0~2.0 m/s。

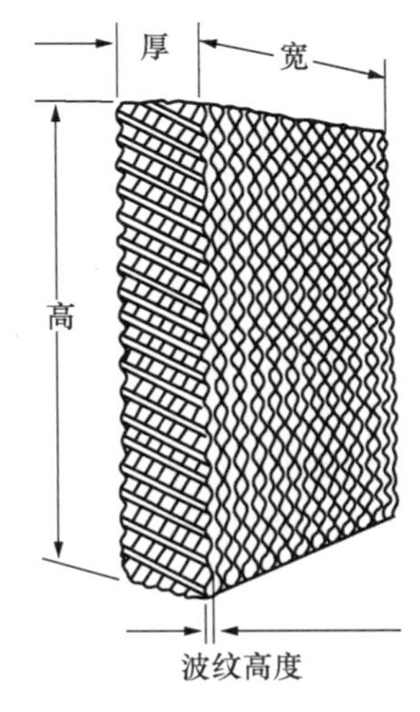

图6-19 湿帘

湿帘高度为1.5~2.0 m,单块宽度为0.6 m,可组合成任意宽度。根据畜舍不同季节通风量和饲养畜种及数量,考虑风机的大小配置及数量。如果不采用湿帘,纵向通风的进气口面积可按每1 000 m^3排风量需要0.15 m^2计算,也可以与畜舍横断面大致相等或为排风机面积的2倍来估算。

②过帘空气温度的计算公式为:

$$T_b=T_a-\eta(T_a-T_w)$$

式中:T_a、T_b为降温前、后空气的干球温度(℃);T_w为降温前空气的湿球温度(℃)；η 为降温效率，一般 70%～90%。

风机必须安装在畜舍靠污道的山墙上或同侧山墙附近的两纵墙上，进气口设在畜舍的另一端山墙上或山墙附近的两侧纵墙上；当畜舍太长时，可将风机安装在两端或中部，进气口设在畜舍的中部或两端，将畜舍其余部位的门窗全部关闭，使进入畜舍的空气均沿纵轴方向流动，舍内污浊空气排到舍外(图 6-20a、图 6-20b、图 6-20c)。湿帘降温也可以用于横向通风(图 6-20d)。风机一般安装在污道端，高度在距舍内地平 0.4～0.5 m 或中心高于饲养层；布置排风机时，可大小风机结合，根据需要分别开启或全开或全闭(自然通风与机械通风结合的畜舍的冬季通风)，以适应不同季节通风之需要；如果纵墙上安装风机，排风方向应与屋脊的角度成 30°～60°，以免污浊空气吹入相邻畜舍。

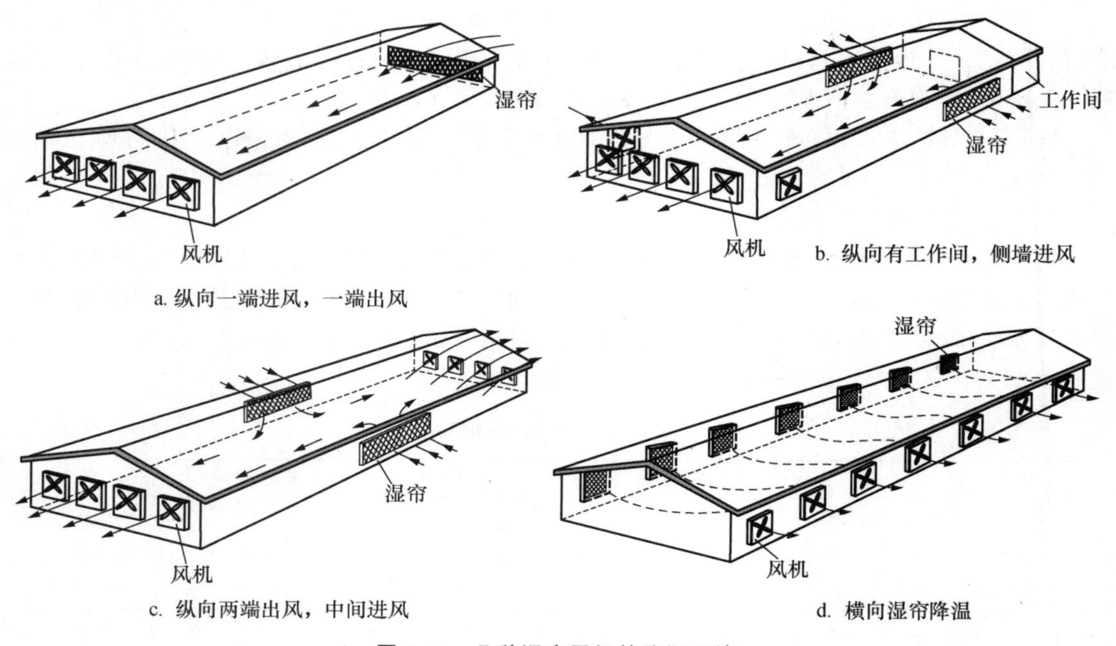

图 6-20 几种湿帘风机的降温系统

第四节 畜舍的采光

光照是影响畜禽生产力和健康的重要环境因素之一，其作用机理、光照管理和畜禽对光照的要求本教材有关章节已有论述，本节主要介绍畜舍光照的控制。

根据光源不同，畜舍的光照可分为自然光照和人工照明。以太阳为光源，通过畜舍门、窗或透光构件，太阳的直射光或散射光进入畜舍，对畜禽产生光照作用，称为自然光照。以白炽灯、荧光灯等人工光源进行畜舍采光，被称为人工光照。自然光照节电，但光照强度和光照时间长短随季节和一天内的时间不同也在不断变化，难以控制，舍内照度也不均匀，特别是跨度较大的畜舍，中央地带照度更差。为了补充自然光照时数及照度的不足，自然采光畜舍也应设置人工照明设备。密闭式畜舍必须采用人工照明，其光照强度和时间可根据畜禽要求或工作需要加以严格控制。

一、自然光照

自然光照效果取决于通过畜舍开露部分或窗户透入的太阳直射光和散射光的量，而进入舍内的光量与畜舍朝向、舍外环境状况、窗户的面积、太阳入射角、方位角、窗户的透光角、玻璃的透光性能、舍内反光面、舍内设备与布置等诸多因素有关。自然采光需要通过合理设计采光窗的位置、形状、数量和面积，保证畜舍的光照要求，并尽量使照度分布均匀。

(一)确定窗口位置

1. 畜舍窗口的入射角与透光角确定

对冬季直射阳光无照射位置要求时，可按入射角和透光角要求来计算窗口上、下缘的高度。图 6-21 所示，窗口入射角是指畜舍地面中央一点至窗上缘(或屋檐)的连线与地面水平线之间的夹角 α(即$\angle BAD$)，入射角越大，射入舍内的光量越多，为保证舍内得到适宜的光照，畜舍的入射角要求不小于 25°。透光角是指畜舍地面中央一点到窗户上缘和窗口下缘的两条连线 AC 与 AB 之间的夹角 β(即$\angle BAC$)，透光角越大，采光越多，畜舍的透光角要求不小于 5°。由图 6-21 可以看出，窗口上下缘至地面的高度 H_1 和 H_2 可分别用下列公式计算：

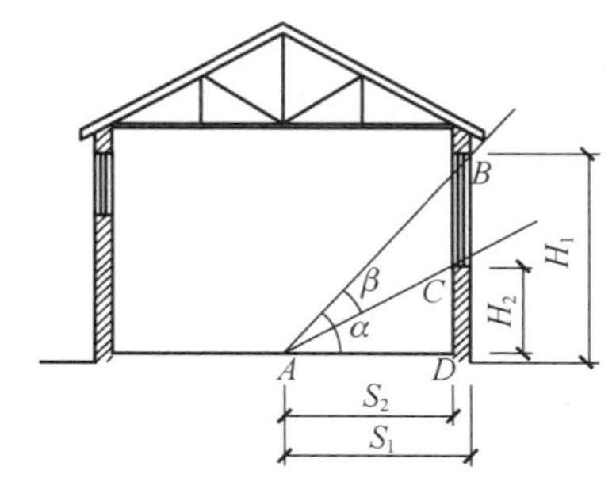

图 6-21　窗口入射角和透光角

$$H_1 = \mathrm{tg}\alpha \cdot S_1$$

$$H_2 = \mathrm{tg}(\alpha - \beta) \cdot S_2$$

要求 $\alpha \geqslant 25°$；$\beta \geqslant 5°$，即 $\alpha - \beta \leqslant 20°$，故

$$H_1 \geqslant 0.466\,3S_1$$

$$H_2 \leqslant 0.364S_2$$

式中：H_1、H_2 分别为窗口上、下缘至舍内地平的高度(m)；S_1、S_2 分别为畜舍中央一点至墙外皮和墙内皮的水平距离(m)。

2. 根据太阳高度角和方位角确定

冬季直射阳光照射入畜舍一定位置(如畜床)，而屋檐夏季遮阳时，需先计算太阳高度角和方位角，然后计算南窗上、下缘高度或出檐长度。

太阳高度角是指太阳在高度上与地平面的夹角，以地平面为 0°，天顶 Z 处为 90°(图 6-22)。当地正午的太阳高度角为 h，其他任意时间的太阳高度角以 h 表示。太阳高度角随纬度、日期、时辰的不同而不同，在纬度高于南北回归线(南纬或北纬 23°27′)的地区，同日同时的太阳高度角随纬度升高而减小；同一地点同一当地时辰(真太阳时)的太阳高度角，以夏至日最大，冬至日最小；同地点同日期的太阳高度角以当地时间正午 12:00 最大，日出日落时最小(图 6-22、图 6-23)。

太阳方位角是指太阳光线在地面上的投影与正南方向的夹角，以正南 S 点处为 0°(当地正午 12 点太阳在正南方向)，顺时针方向为正(正西 W 处为 90°)，逆时针方向为负(正东 E 处为 −90°)，正北 N 处为 ±180°。太阳方位角以 A 表示。各地太阳方位角在当地正午时均为 0°，上午为负，下午为正；春分和秋分日的日出和日落时的太阳方位角分别为 −90°和 90°，冬至日的日出和日落时的太阳方位角分别不足 ±90°；夏至日的日出和日落时的太阳方位角分别超过

90°(图 6-22、图 6-23)。太阳高度角和方位角按以下各式计算。

正午时：$h_0 = 90° - (\phi - \delta), A = 0$

当 $h_0 > 90°$ 时，太阳在北部天空，这种情况只有当地理纬度小于赤纬(即 $\phi < \delta$)时才会出现，此时可改为 $h_0 = 90° - (\delta - \phi)$。

其他时刻：$\sin h = \sin\phi \cdot \sin\delta + \cos\phi \cdot \cos\delta \cdot \cos\Omega$

$$\sin A = \frac{\cos\delta \cdot \sin\Omega}{\cos h}$$

式中：h_0 为当地正午的太阳高度角；h 为当地任意时间的太阳高度角；A 为当地任意时间的太阳方位角，上午为负，下午为正；ϕ 为当地的地理纬度；δ 为赤纬(太阳光线垂直照射地点与地球赤道所夹的圆心角)。当 Ω 为时角，上午为负，下午为正。

$$\Omega = (n - 12) \times 15$$

此处 n 为按 24 h 计算的当地时间，如 16:00 时，$\Omega = (16-12) \times 15 = 60°$。

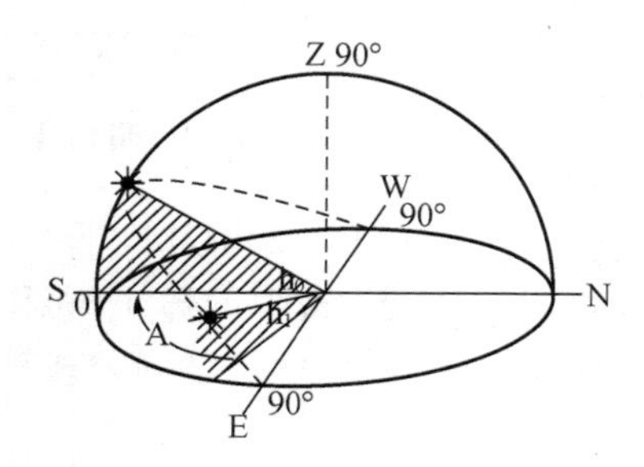

图 6-22 某地春分正午和上午某时太阳高度角和方位角

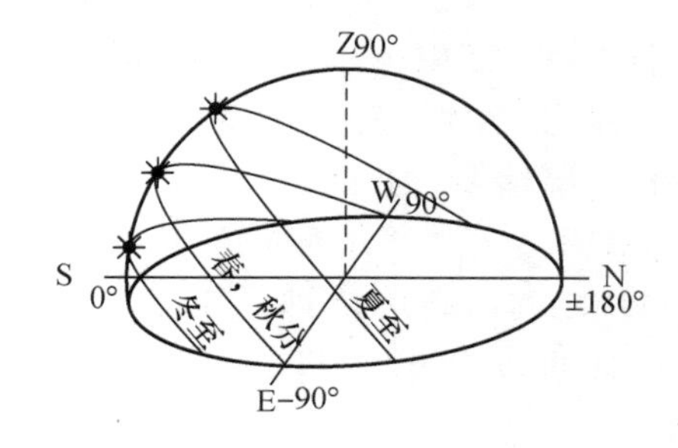

图 6-23 某地不同季节太阳高度角和太阳方位角的变化范围

根据防寒要求设计南窗上下缘高度，使冬季直射阳光投照在所需的舍内位置上(图 6-24)，夏季为了南窗遮阳而设计屋檐挑出长度，避免直射阳光照进南窗。在北方牛羊场的设计中，畜舍常常采用东西朝向，可以最大限度利用太阳辐射热，增加舍内温度；还可以调整屋顶采光带的位置，使直射光照到畜群活动的区域，这对于冬季防寒具有重要意义。在设计畜牧场时，常常根据畜禽要求，参考建筑与建筑构造设计标准，确定窗户上下缘的高度。畜舍出檐一般为 0.3 m，如需要加长屋檐，屋架须附设结构支撑。

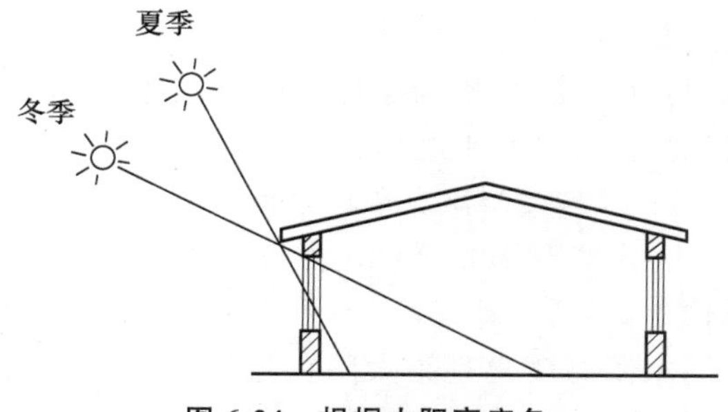

图 6-24 根据太阳高度角设计窗户上缘的高度

(二)窗口面积的计算

窗口面积可按采光系数(窗地比)计算。采光系数指窗户的有效采光面积与舍内地面面积之比。采光系数越大，进入舍内的光量就越多。采光系数可按下列公式计算：

$$A = \frac{K \cdot F_d}{\tau}$$

式中：A 为采光窗口(不包括窗框和窗扇)的总面积(m^2)；K 为采光系数，以小数表示，(表 6-12)；

F_d 为舍内地面面积(m^2);τ 为窗扇遮挡系数,单层金属窗为 0.80,双层金属窗为 0.65;单层木窗为 0.70,双层木窗为 0.50。

为简化计算,窗口面积也可按 1 间畜舍的面积(即间距×跨度,也称柱间单元)来计算。计算所得面积仅为满足采光之要求,如不能满足夏季通风要求,需酌情扩大。

表 6-12 各种畜舍的采光系数

畜舍	采光系数	畜舍	采光系数	畜舍	采光系数
种猪舍	1∶(10～12)	奶牛舍	1∶12	成绵羊舍	1∶(15～25)
肥猪舍	1∶(12～15)	肉牛舍	1∶16	羔羊舍	1∶(15～20)
成鸡舍	1∶(10～12)	犊牛舍	1∶(10～14)	母马及幼驹厩	1∶10
雏鸡舍	1∶(7～9)			种公马厩	1∶(10～12)

(三)窗的数量、形状和布置

在确定窗的数量时,应首先根据当地气候确定南北窗面积比例,然后考虑光照均匀和畜舍结构对窗间距的要求。炎热地区南北窗面积之比可为(1～2)∶1,夏热冬冷和寒冷地区可为(2～4)∶1。为使采光均匀,在窗面积一定时,增加窗的数量可以减小窗间距,从而提高舍内光照均匀度。如图 6-25 所示,左右两图窗高均为 1.5 m,每间窗面积均为 2.7 m^2,左图每间一樘窗;窗间墙宽为 1.2 m;右图每间两樘窗,窗间墙为 0.6 m。但窗间墙的宽度不能过小,必须满足结构要求,如梁下不得开洞,梁下窗间墙宽度不得小于结构要求的最小值。

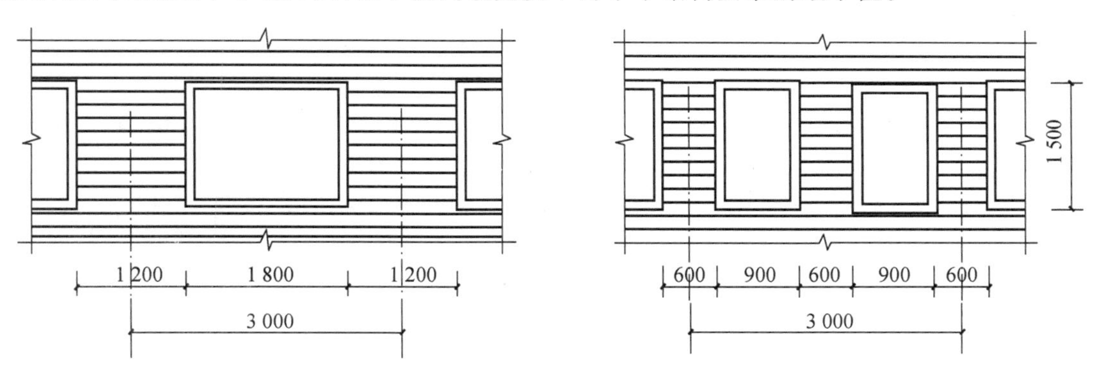

图 6-25 窗的数量与窗间墙的宽度(单位:mm)

窗的形状也关系到采光与通风的均匀程度。在窗面积一定时,采用宽度大而高度小的卧式窗可使舍内长度方向光照和通风较均匀,而跨度方向则较差;采用高度大而宽度小的立式窗时,光照和通风均匀程度与卧式窗相反;方形窗光照、通风效果介于上述两者之间。设计时应根据家畜采光和通风及畜舍跨度大小,参照门窗标准图集酌情确定。

例:北方某猪场单列产房 16 间,间距为 3.0 m,净跨度为 4.56 m,窗上下缘距舍内地平面分别为 1.95 m 和 0.75 m(图 6-26),设计该产房南北窗的面积、数量和布置。

解:①据已知条件,该舍每间面积为 13.68 m^2;查表 6-12 知其采光系数标准为 1∶(10～12),可取 1/10,如采用单层木窗,遮挡系数为 0.7,则可知每间所需窗口面积为:

$$A=\frac{0.1\times 13.68}{0.7}=1.954\ m^2\approx 2.0\ m^2$$

②考虑到产房须注意防寒和北方冬冷夏热的特点,北窗面积可占南窗的 1/4,则每间猪舍

北窗面积为 2.0÷5=0.4 m²,南窗面积为 0.40×4=1.60 m²。

③根据南窗上、下缘高度可知窗口高为 1.2 m,由此得南窗宽度应为 1.6÷1.2=1.33 m,取 1.5 m,窗间墙宽为 3.0−1.5=1.5 m,考虑光照和通风均匀,可每间设高为 1.2 m,宽为 0.8 m 的立式窗 2 樘,则窗间墙的宽减为 0.7 m,两扇南窗面积为 1.2×0.8×2=1.92 m²,稍大于计算面积 1.6 m²,符合要求。北窗可设高为 0.6 m,宽为 0.9 m 的窗 1 个,面积为 0.54 m²,稍大于计算值 0.4 m²,其上、下缘高度可分别为 1.95 m 和 1.35 m。

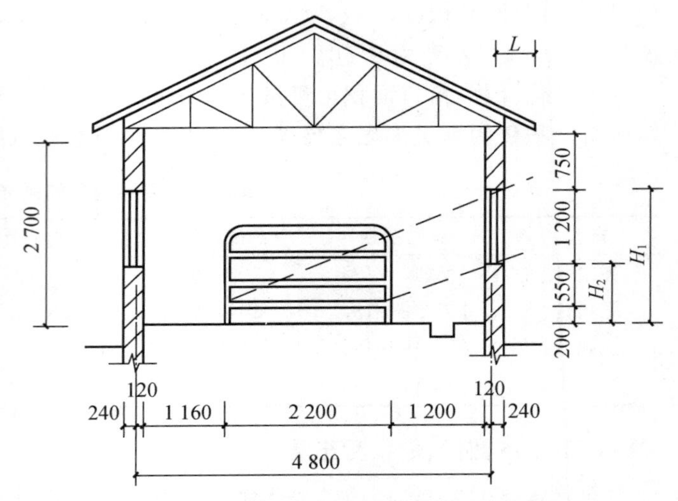

H_1、H_2. 室内地坪南窗上下缘的高度;L. 出檐长度。

图 6-26 猪舍剖面图(单位:mm)

二、人工照明

人工照明一般以白炽灯和荧光灯作光源,不仅用于密闭式畜舍,也用于自然采光畜舍作补充光照,可按下列步骤进行。

(一)选择灯具的种类

根据畜舍光照标准(表 6-13)和 1 m² 地面设 1 W 光源提供的照度(表 6-14),可计算畜舍所需光源总瓦数,再根据各种灯具的特性(表 6-14)确定灯具种类。

光源总瓦数=畜舍适宜照度÷1 m² 地面设 1 W 光源提供的照度×畜舍总面积。

表 6-13 畜舍人工光照标准

畜舍	光照时间/h	照度/lx	
		荧光灯	白炽灯
牛舍			
乳牛舍、种公牛舍、后备牛舍	16~18		
饲喂处		75	30
休息处或单栏、单元内		50	20
产间			
卫生工作间		75	30
产室		150	
犊牛预防室		-	100
犊牛室		100	50
犊牛舍		100	50
带犊母牛或保姆牛的单栏或隔间		75	30
青年牛舍(单间或群饲栏内)	14~18	50	20

续表 6-13

畜舍	光照时间/h	照度/lx	
		荧光灯	白炽灯
肥育牛舍(单栏或群饲栏)	6～8	50	20
饲喂场或运动场		5	5
挤奶厅、乳品间、洗涤间、化验室		150	100
猪舍			
种公猪舍、育成猪舍、母猪舍、断奶仔猪舍	14～18	75	30
肥猪舍			
瘦肉型猪舍	8～12	50	20
脂用型猪舍	5～6	50	20
羊舍			
母羊舍、公羊舍、断奶羔羊舍	8～10	75	30
育肥羊舍		50	20
产房及暖圈	16～18	100	50
剪毛站及公羊舍内调教场		200	150
马舍			
种马舍、幼驹舍		75	30
役用马舍		50	20
鸡舍			
0～3 日龄	23	50	30
4 日龄～19 周龄	23 渐减或突减为 8～9		5
成鸡舍	14～17		10
肉用仔鸡舍	23 小时或 3 明：1 暗	0～3 日龄 25，以后减为 5～10	
兔舍及皮毛兽舍			
密封式兔舍、各种皮毛兽笼、棚	16～18	75	50
幼兽棚	16～18	10	10
毛长成的商品兽棚	6～7		

注：有窗舍应减至当地培育期最长日照时间。

表 6-14 每平方米舍内面积设 1 W 光源可提供的照度 lx

光源种类	白炽灯	荧光灯	卤钨灯	自镇流高压水银灯
每平方米舍内面积设 1 W 光源可提供的照度	3.5～5.0	12.0～17.0	5.0～7.0	8.0～10.0

(二)确定灯具的数量

灯具的行距和灯距可按大约 3 m 布置，各排灯具应平行布置，相邻两排的灯具可交叉或相对排列(图 6-27)，有的畜舍需按工作的照明要求(如产房接产)安排灯具的位置。布置方案确定后，即可算出所需灯具盏数。

(三)计算每盏灯具的瓦数

根据总瓦数和灯具的盏数，算出每盏灯具的瓦数。

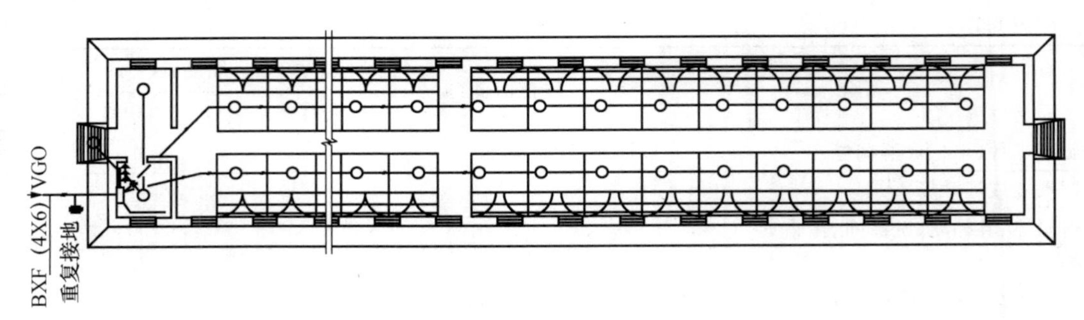

图 6-27 猪舍灯具

(四)影响人工照明的因素

1. 光源

家畜一般可以看见波长为 400～700 nm 的光线，所以用白炽灯或荧光灯皆可，发光效率两者分别为 30%以上和 90%以上。荧光灯耗电量比白炽灯少(表 6-15)，而且光线比较柔和，不刺激眼睛。但设备投资较高，而且在一定温度下(21.0～26.7 ℃)光照效率最高，温度太低时不易启亮。一般白炽灯泡要加热到一定程度才能发光，大部分电能转变为热能散失，如 1 W 电能可发光 12.56 lx，其中 49%即 6.15 lx 可利用；一只 40 W 的灯泡发出 502.4 lx 的光，则有效利用为 246.2 lx。一般每 0.37 m^2 面积需 1 W 灯泡或 1 m^2 面积需 2.7 W 灯泡，可提供 10.76 lx 的光照。目前，市场上出售的节能灯和 LED 灯比较亮，光照效果好，在畜牧场已经应用。

表 6-15 畜舍光照常用电光源的特性

光源种类	功率/W	光效/(lx/W)	寿命/h
白炽灯	15～1 000	6.5～20	750～1 000
荧光灯	6～125	40～85	5 000～8 000

2. 灯的高度

灯的高度直接影响地面的光照度。灯越高，地面的照度就越小，一般灯具的高度为 2.0～2.4 m。

3. 灯的分布

为使舍内的照度比较均匀，应适当降低每个灯的瓦数，而增加舍内的总装灯数。鸡舍内装设白炽灯时，以 40～60 W 为宜，不可过大。灯泡与灯泡之间的距离应为灯泡高度的 1.5 倍。如果舍内装设两排以上灯泡，应交错排列；靠墙的灯泡，同墙的距离应为灯泡间距的一半。畜舍的灯具不可使用软线吊挂，以防损坏，特别是鸡舍灯具被风吹动会使鸡群受惊，如为笼养，灯泡的布置应使灯光照射到料槽，特别要注意下层笼的光照强度，因此，灯泡一般设置在两列笼间的走道上方。

4. 灯罩

使用灯罩可使光照强度增加 50%。避免使用上部敞开的圆锥形灯罩，因为它的反光效果较差，而且将光线局限在太小的范围内，一般应采用平形或伞形灯罩。不加灯罩的灯泡所发出的光线约有 30%被墙、顶棚、各种设备等吸收。如安装反光灯罩，比不用反光灯罩的光照强度大 45%，反光罩以直径为 25～30 cm 的伞形反光灯罩为宜。

5. 灯泡质量与清洁度

灯泡质量差与阴暗要减少光照 30%，脏灯泡发出的光约比干净灯泡减少 1/3。

(五)鸡的人工光照制度

现代鸡场光照管理已成必要措施，蛋鸡与种鸡基本相同，肉鸡则需制定与之不同的光照制度。蛋鸡采用渐减渐增法、恒定法，肉鸡采用连续光照制、间歇光照制的光照制度，这些内容在养禽生产方面的教材或参考书中均有详细介绍，在此不做重复性叙述。

第五节　畜舍的给排水

一、畜舍的给水

(一)给水方式

牧场的给水一般分集中式和分散式两种。集中式给水是以取水设备(如水泵)由水源取水，经净化消毒处理后送入储水设备(如水塔或压力水罐)，再经配水管网送至各用水点(水龙头、饮水器等)，这种给水方式使用方便、卫生、节省劳动力，但投资较大，消耗电能。具有一定规模的牧场均应尽量采用集中式给水，采用水塔给水时，其容量宜按牧场日需水量的 3～5 倍设计。分散式给水是各用水点用取水工具直接由水源取水，或统一取水后运至各用水点使用，这种方式费劳力、不方便、不卫生，除小规模牧场和专业户外，一般不宜采用。

畜舍的给水应保证饲养管理用水和家畜饮用方便。饲养管理用水包括调制饲料、冲洗圈舍、设备、家畜淋浴和刷洗畜体等，一般是根据用水方便的原则，在舍内或运动场的适宜位置设置水龙头。由于饲养管理用水量较大，水管的规格一般采用 1.524～2.540 cm。

(二)给水设备

家畜的给水设备一般为水槽或各种饮水器。水槽饮水设备投资少，可用于集中式给水，也可用于分散式给水，但水槽饮水易造成周围潮湿，不卫生(特别是猪用水槽)，需经常刷洗消毒。饮水器有乳头式(多用于猪、笼养鸡和兔)、鸭嘴式(多用于猪)、杯式(多用于仔猪、牛和羊)、塔式(用于平养或网养鸡)。各种饮水器一般须采用集中式给水，水压较大时须在舍内设水箱或减压阀减压。畜用饮水器应设置在粪尿沟、漏缝地板或排粪区，以防畜床潮湿。寒冷地区的无供暖畜舍，为防止冻裂给水管道，给水管应在地下铺设，并设回水阀和回水井，夜间回水防冻；供暖畜舍或气候温暖地区，室内给水管应在地上铺设明管，便于维修。

浮子连通管式饮水器很好地解决了饮水卫生和畜舍潮湿问题，无条件采用集中式给水的小型牧场和专业户，建议试用浮子连通管式饮水器。它是由储水箱、浮子水箱、连通水管和饮水器组成，浮子水箱在储水箱下，容量根据舍内家畜一次饮水量和饮水次数决定。冬季为了供给家畜温水、防止结冰，将该系统的浮子水箱加保温并供暖，饮水杯加水位控制阀，设回水循环装置，取得较好的效果。据文献报道，肉牛冬季自由饮用温水(约 17 ℃)比一次饮用冷水(小于 10 ℃)日增重提高 0.36 kg/(头·d)，可见，饮用温水意义重大。

二、畜舍的排水与粪便清除

家畜每天排出的粪尿数量很大，而且日常管理所产生的污水也很多。据统计，每头家畜一天的粪尿量与其体重之比，牛为7%～9%，猪为5%～9%，鸡为10%；生产1 kg牛奶所排出的污水约为12 kg，生产1 kg猪肉约为25 kg。因此，合理地设置畜舍排水系统，及时地清除粪污是防止舍内潮湿、保持良好的空气卫生状况和畜体卫生的重要措施。各种家畜粪尿量和污水排放量可见表6-16、表6-17。

畜舍的排水设施一般与清粪方式相配套，清粪方式不同，每日的排污量相差很大。根据家畜种类和饲养管理方式的不同，清粪方式可分为：干清粪（人工清粪或机械清粪）、水冲清粪和水泡清粪等几种方式；一个年出栏万头规模的猪场，水泡清粪方式粪污为100～200 m^3/d；人工干清粪方式污水为50～60 m^3/d。因此，畜舍的排水系统应根据清粪方式而设计。

表6-16 几种主要畜禽的粪尿产量(鲜粪)

种类	体重/kg	每头(只)每天排泄量/kg			每头(只)每年排泄量/t		
		粪量	尿量	合计	粪量	尿量	合计
奶牛	500～600	30～50	15～25	45～75	14.6	7.3	21.9
成年牛	400～600	20～35	10～17	30～52	10.6	4.9	15.5
育成牛	200～300	10～20	5～10	15～30	5.5	2.7	8.2
犊牛	100～200	3～7	2～5	5～12	1.8	1.3	3.1
种公猪	200～300	2.0～3.0	4.0～7.0	6.0～10.0	0.9	2.0	2.9
空怀、妊娠母猪	160～300	2.1～2.8	4.0～7.0	6.1～9.8	0.9	2.0	2.9
哺乳母猪	—	2.5～4.2	4.0～7.0	6.5～11.2	1.2	2.0	3.2
培育仔猪	30	1.1～1.6	1.0～3.0	2.1～4.6	0.5	0.7	1.2
育成猪	60	1.9～2.7	2.0～5.0	3.9～7.7	0.8	1.3	2.1
育肥猪	90	2.3～3.2	3.0～7.0	5.3～10.2	1.0	1.8	2.8
产蛋鸡	1.4～1.8		0.14～0.16			55 kg	
肉用仔鸡	0.04～2.8		0.13			到10周龄9.0 kg	

资料来源：李如治，2003。

表6-17 家畜污水排放量

家畜种类	污水排放量/[L/(头·d)]	家畜种类	污水排放量/[L/(头·d)]
成年牛	15～20	带仔母猪	8～14
青年牛	7～9	后备猪	2.5～4
犊牛	4～6	育肥猪	3～9
种公牛	5～9		

(一)家畜饲养管理方式与粪便性状

家畜生产污水和粪便的清除方式取决于粪便性状，而粪便性状受家畜的种类、饲养管理方式和清粪方式的影响。不用垫料的新鲜的羊、鸡粪便的含水量约为75%，马粪79%，呈固态，易于清除，因而易保持舍内清洁与干燥。牛、猪粪便含水量高达88%及91%，呈半干状态。如使用垫料，不论粪尿分离与否，因与垫料混合，其含水量可降到70%～80%，呈固态。如饮水器漏水或清扫肆意用水，即使使用垫料，也会使含水量上升到 85%～90%。而采用水冲清粪时，含水量甚至高达 95%以上。

通常含固形物为 20%以上的粪尿可采用固态粪处理办法，含量在 15%以下可按液态处理。当含固形物为 5%～15%时，呈流体状，故可自然流到位于地势较低处的粪水池。但是要达到可直接灌溉和喷洒的匀质则固形物需在 5%以下，故必要时应加水稀释（水冲清粪则无此必要），同时不能使用垫料。

（二）人工或机械干清粪方式的排水

当粪便与垫料混合或粪与尿、水分离，呈半干状态时，常用人力小推车、地上轨道车、单轨吊罐、牵引刮板、电动或机动铲车等清粪。畜舍污水排出系统一般由排水沟、沉淀池、地下排出管及污水池组成。液态物经排水系统流入粪水池贮存，而固形物则借助人或机械直接用运载工具运至堆粪场或粪便处理设施。为便于尿、水顺利流走，畜舍的地面应稍向排水沟倾斜一定坡度，一般牛、马舍为 1%～1.5%，猪舍为 2%～3%，坡度过大会影响家畜舒适度和肢蹄健康。

1. 排水沟

排水沟用于接受畜舍地面流来的粪尿及污水，一般设在畜栏的后端，紧靠清粪道。排水沟必须不透水，且能保证尿水顺利排走。

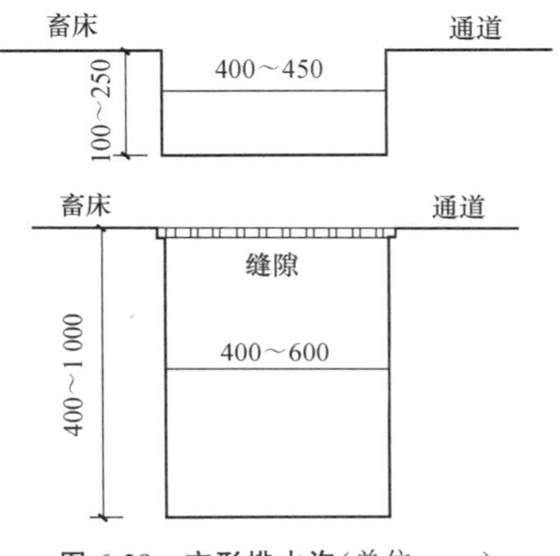

图 6-28　方形排水沟（单位：mm）

排水沟的形式一般为方形或半圆形，后者不便用铁锹清理。马舍宜用半圆形排水沟，马蹄踏入时不易受伤。沟宽一般为 20 cm，深为 8～12 cm。种马在单栏内饲养时，一般不设排水沟。猪舍及犊牛舍、奶牛舍宜用方形排水沟均可，应尽量建成明沟，利于清扫消毒，沟宽一般 30 cm（可容铁锹铲粪为宜），最浅处的深为 5～10 cm，并向沉淀池方向做 0.5%～1%的坡，为避免沟底过深，排水长度一般不宜超过 20 m；如果采用漏缝地板（图 6-28），排水沟宽度与深度可根据排水量需要设计。散栏式饲养的奶牛舍采食与清粪可用一条通道，宽度为 3.0～4.5 m，可设刮粪板或铲车清粪。

2. 沉淀池

采用人工清粪的畜舍无论只设排水沟，还是只设缝隙地板粪沟，或两者皆设，一般要在排水沟或粪沟最深处的通道上设置沉淀池（图 6-29），以便使固体物质沉淀，防止管道堵塞。在沉淀池低于进水管的池壁上设置排往舍外检查井的地下排出管，而池底须低于排出管口不少于 50 cm，并需定期清理沉淀物；沉淀池应加盖与通道平齐的水泥或钢板盖板。由于采用水冲粪、水泡粪的畜舍的粪水混合直接排出舍外。采用刮板干清粪的畜舍的缝隙地板下的粪沟底随时进行固液分离并每日多次自动清除固体粪污，故均无须设置沉淀池。

3. 地下排出管及场区排污系统

地下排出管是将污水由舍内沉淀池排至舍外检查井的地下管道，排出管口应比沉淀池底高为 50～60 cm，一般是穿过纵墙基础以 3%～5%的坡度通往舍外。检查井一般设置在两栋畜舍之间，距离畜舍纵墙 4～5 m，与舍内沉淀池对应设置，检查井之间以排污支管连接，将污水排至排污干管，检查井也起到二次沉淀的作用，故排出管口应高于排污支管管口。检查井也应定期清理，一旦发生排污系统管道堵塞，可从检查井进行疏导。在寒冷地区，地下排出管的舍外部分、检查井及排污支管埋置深度在冻土层以上部分，需采取防冻措施，以免污水在其中冻结。排污干管汇集各支管的污水排至污水池或污水处理设施。为防止干管堵塞，每隔一定距离也需设置检查井。舍外管线的坡度过小会导致堵塞，过大会大大增加管线埋深，故各部分的管径、坡度，须由专业人员设计。

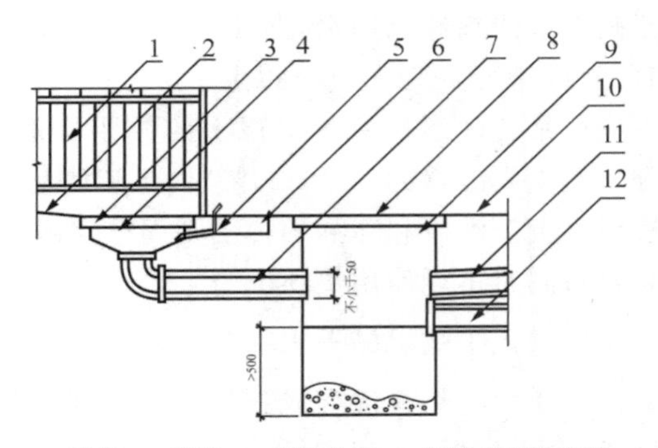

1. 猪栏；2. 猪床；3. 缝隙地板；4. 缝隙地板下粪沟；5. 侧地漏及排水管；6. 排水沟；7. 粪沟排水管；8. 沉淀池盖板；9. 沉淀池；10. 管理通道；11. 对侧猪床粪沟排水管；12. 排出管(排至舍外)。

图 6-29 沉淀池与排水管

4. *污水池和污水处理设施*

污水池一般是小型牧场和养殖户用于贮存污水的设施，应设在舍外地势较低的地方，且应在运动场相反的一侧。距畜舍外墙不小于 5 m，可由地下排出管将污水直接排入。污水池一定要离开饮水井 100 m 以外。须用不透水耐腐蚀的材料做成，以防污水渗入土壤造成污染。其容积及数量根据舍内家畜种类、头数、舍饲期长短与粪水贮放时间来确定。大型牧场均需设置污水处理设施，全场的污水通过片外系统由排污干管排至污水处理设施的污水承接设备。

(三)水冲或水泡及刮粪板清粪方式的排水

在采用漏缝地板时，家畜的粪便和污水混合，粪水一同排出舍内，流入污水池，定期或不定期用污水泵将粪水吸入罐车运走，或由地下管线排污系统直接排至粪便污水无害化处理地点，这种清粪方式为水冲或水泡清粪。我们也可采用刮粪板将粪尿刮至畜舍末端粪沟，或采用暗管将尿及污水排出，固体粪便采用刮粪板刮至粪沟，再由绞龙或刮粪板输送或采用罐车运至粪便处理地点，进行无害化处理，这种清粪方式称为漏缝地板刮粪板清粪。

1. *漏缝地板*

舍内部分地面上铺设用不同材料制作的缝状、孔状或网状的地板，粪尿排在漏缝地板上，尿水从缝隙流入地板下的粪沟，固形的粪便被家畜踩踏落入粪沟内，少量残粪用人工冲入沟内。

漏缝地板可用木板、硬质塑料、钢筋混凝土或金属等材料制成。在美国，木制漏缝地板占 50%，混凝土漏缝地板占 32%，金属漏缝地板占 18%。但木制漏缝地板很不卫生，且易于破损，使用年限不长；金属漏缝地面易遭腐蚀、生锈。混凝土漏缝地面经久耐用，便于清洗消毒；塑料漏缝地板比金属材质的抗腐蚀、易清洗，各种性能均比较理想，但造价高，其表面需做好防滑处理。

鸡舍漏缝地板多占鸡舍地面面积的 2/3，漏缝地板距舍内地平 50～60 cm，可用木条或竹条制作，缝宽 2.5 cm，板条宽 40 cm 制成多个单体，然后排列组合成一体，其余 1/3 地面铺垫草。这种养鸡工艺一般是一个饲养周期清粪(料)一次。猪、牛、羊等家畜的漏缝地板应考虑家畜肢蹄负重，地面缝隙和板条宽度应与其蹄表面积相适应，以减少对肢蹄的损伤。缝隙地板的缝隙须上窄下宽，使粪便容易踩踏落下；板条与缝隙的宽度，因畜禽种类、生理和生长阶段不同也各不相同(表 6-18)。

表 6-18 家畜的漏缝地面板尺寸 mm

家畜种类		缝隙宽	板条宽
牛	10 d 至 4 月龄	25～30	50
	5～8 月龄	35～40	80～100
	9 月龄以上种鸡	40～45	100～150
猪	哺乳仔猪	10	40
	育成猪	12	40～70
	中猪	20	70～100
	育肥猪	25	70～100
	种猪	25	70～100
绵羊	羔羊	15～25	80～120
	肥育羊	20～25	100～120
	母羊	25	100～120
	种鸡	25	40

2. 粪沟

粪沟位于漏缝地板下面，其宽度因家畜种类、饲养管理方式、清粪方式不同而异；根据畜舍的长短，其深度最浅端可为 0.2～0.5 m，沟底向沉淀池方向做 0.5%～1.0%的坡(水泡粪的粪沟不做坡)。也有的采用水泥盖板侧缝形式，即在地下粪沟上盖以混凝土预制平板，盖板稍高于粪沟边缘的地面，因而与粪沟边缘形成侧缝，家畜排的粪便，用水冲入粪沟，侧缝清粪方式现已很少采用。

3. 粪污清除设施

漏缝地板清粪方式一般可分水冲粪、水泡粪和刮粪板清粪。

(1)水冲粪或水泡粪　依靠家畜把粪便踩踏下去，落入粪沟，在粪沟的一端设自动翻水箱，水箱内水满时利用重心失衡自动翻转，水的冲力将粪水冲至粪水井中，由粪罐车定期运走，大规模畜牧场一般不设粪水井，而直接由地下排污系统排至粪污处理设施，此为水冲清粪(图 6-30)。在粪沟一端的底部设挡水坎或闸板，使粪沟内保持有一定深度的水(前者约为 15 cm，后者可达 0.8～1 m)，漏下的粪便被浸泡变稀，随水溢过沟坎，流入粪水井，或定期提起闸板放流到粪水井，由粪罐车定期运走；也有的在粪沟底设活塞，当粪水达一定深度时，将活塞拔起，粪水靠虹吸作用流入粪水池或粪污处理设施；还有采用舍内 2 m 左右的深沟储粪，粪污停留时间较长(几个月)，定期由罐车运走。这几种清粪方式称为水泡清粪(图 6-31)。该清粪工艺自 20 世纪 80 年代后我国从美国引进，主要用于养猪场，其特点是方便管理、省人工，劳动效率高。但其用水量大、粪水混合形成大量的粪污，处理难度大、设备投资和运行成本提高，难以就地利用消纳、易造成环境污染，因此，应慎重选用。

(2)刮粪板清粪　缝隙地板下粪沟底为 V 形，双坡坡度均为 10%，沟底纵向坡度为 3.5%(图 6-32a)，沟底正中埋置直径 150 mm 的 Ω 形 PVC 管(图 6-32b)，其纵向坡度与沟底一致，Ω 形管的开口向上，构成沟底通长的缝隙，落入粪沟的粪便留在沟底斜面上，尿水立即从缝隙流入 Ω 形管，并流入粪沟低端的集尿沟，然后进入地下排污系统；V 形刮粪板的垂直钢板插入缝隙(图 6-32a)，由钢缆牵引将留在沟底的粪便刮向粪沟高端的集粪沟，同

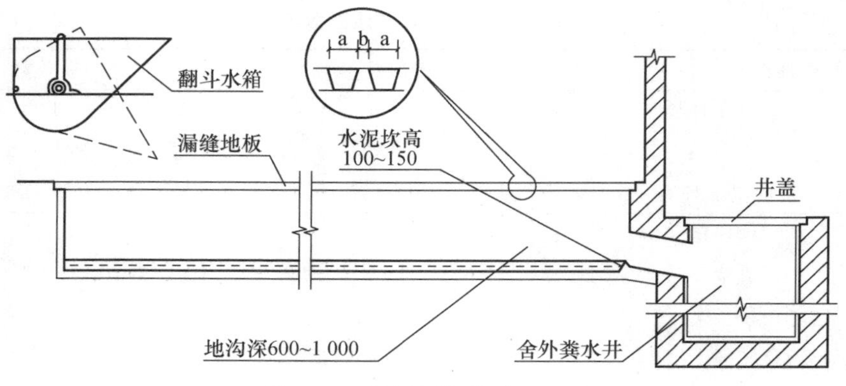

图 6-30 水冲清粪(单位:mm)

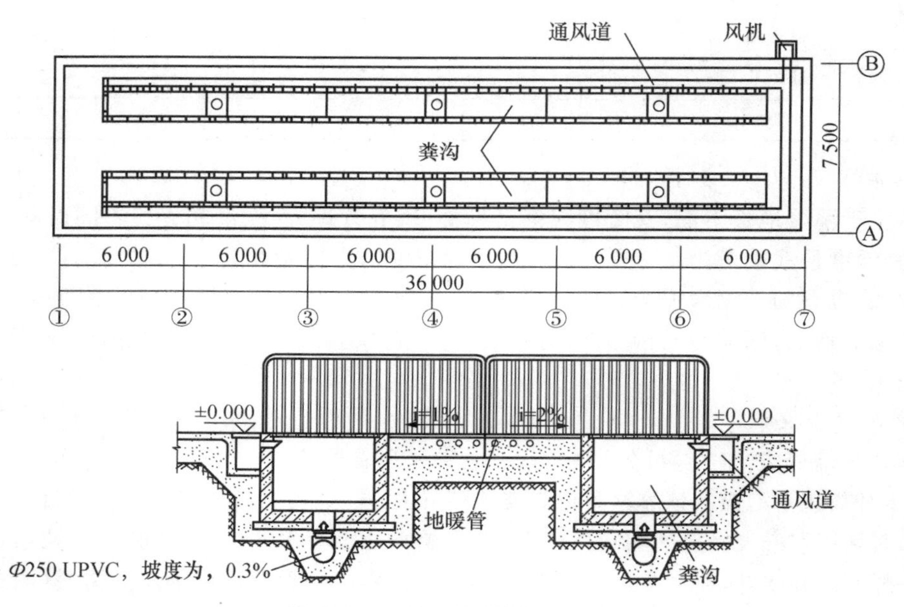

图 6-31 水泡清粪(单位:mm)

时,其垂直钢板还固定着Ω形管内的清洁活塞(图 6-32c),刮粪时可同时将进入缝隙的粪渣一并刮至集粪沟。比较简单的刮粪板可直接将粪尿刮至畜舍末端的集粪沟中,粪车每天及时将集粪沟里的粪便运至堆肥处理设施。刮板清粪粪沟的最大宽度为 2.4 m,最大长度为 90 m。该工艺为机械干清粪,与水冲粪、水泡粪相比,大大减少了畜牧场的污水量及其污染物浓度,降低了污水处理难度,同时,固体粪便可经堆肥处理制成活性有机肥,从而提高畜牧场可持续发展的生态建设水平,此外,也可大大节省劳力、降低劳动强度;其缺点是投资较大、耗电较多,维修不便。

4. 污水池

污水池分地下式、半地下式及地上式三种形式。不管哪种形式都必须防止渗漏,以免污染地下水源。采用水冲清粪时污水量很大,不仅需建造很大的污水池,而且还需用专用罐车及时运往污水处理厂,否则,不可避免地会导致环境污染的严重后果。

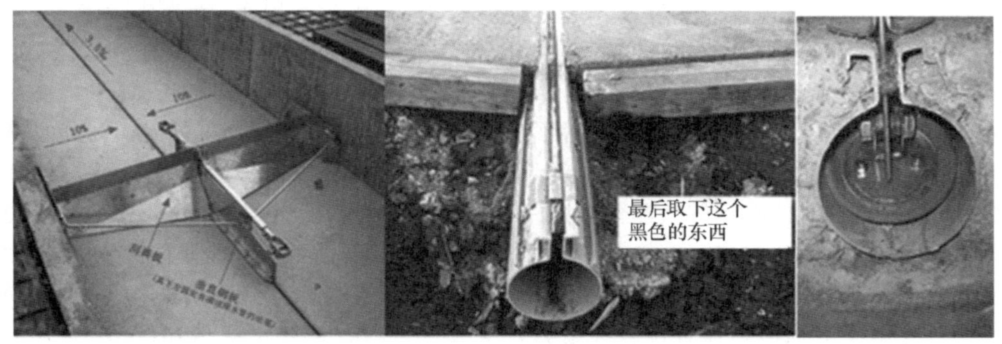

a. 沟底　　b. PVC管　　c. 清洁活塞

图 6-32　刮粪板清粪部分设备

第六节　智能化养殖系统与畜禽舍环境调控

在现代集约化、规模化养殖模式中，如何打造高质量养殖环境，提高养殖场生产效率，减少劳动力投入，实现高效率生产、高收益投资、科学化环保、标准化管理，是当前我国畜禽养殖业与国际接轨、赶超世界先进养殖水平必须面临的一大难题。以大数据、5G、物联网、云计算和人工智能等数字化信息技术为特征的技术革命正在世界范围内日新月异发展，大数据与各行业领域的跨界融合是当前全球信息化发展的显著特征。近年来，以新一代信息技术为抓手的畜禽智能养殖创新技术在畜禽养殖业中不断出现。

据赵一广等(2019))报道，发达养猪国家的繁殖母猪年供断奶仔猪头数可达 30 头以上，如荷兰、丹麦，而我国 2016 年的 PSY 为 16 头左右，与发达国家差距明显。而最能体现精细化与智能化水平的泌乳牛年单产水平，以色列超过了 11 t，美国接近 10 t，而我国总体水平为 6.5 t。我国肉、奶生产总体成本明显偏高，缺乏市场竞争力。例如，牛羊肉的生产成本是美国和澳大利亚的 2～3 倍，生乳生产成本是新西兰的 2 倍以上等。国际知名智能养殖设备制造企业，如德国大荷兰人(Big Dutchman)公司，法国 ACEMO 公司、奥地利 Schauer 公司、荷兰睿保乐(NeDaP)公司、美国奥斯本工业(Osborne)公司、瑞典利拉伐公司等正凭借技术和资本优势全面进入中国，抢占高端家畜养殖设备市场。因此，加快智能养殖装备技术与产品研发，提升供给能力，缩小与国外主流产品差距，支撑现代畜牧业发展，对保障畜产品安全意义重大。

畜禽舍环境调控系统、精准饲喂技术、畜产品采收智能机器人等养殖设备的投入成为畜禽养殖业降低养殖工人劳动强度和人工成本、提高生产效率和经济效益、实现标准化健康养殖的有效手段。大力研究、推广智能智能化养殖系统，实现智能化畜牧业生产是改变我国畜牧业发展相对落后的有效途径。

一、智能化养殖系统

智能化养殖系统包括智能化环境监控系统、智能化精准饲喂系统、智能化生产管控系统和智能化安全防控系统等类别，各种智能化系统的功能各有侧重，但其智能化技术和装备又互相融合。智能化养殖系统可以有效提升畜禽舍环境质量，降低饲养成本，提高生产效率，降低疾病安全风险，是我国目前畜禽养殖业转型升级的重要手段。

智能化养殖系统总体架构分为终端应用、数据处理平台、网络传输和自动采集/终端控制四部分(图 6-33)。终端应用是系统人机界面平台，包括手机端和电脑端，可以实时展示畜禽舍监测数据，查询系统存储资料，设置相关指标参数，人工控制畜禽舍设备开关。数据处理平台是远程服务器，负责对接收到的监测数据进行存储、分析和应用。网络传输部分承担系统通讯功能，通过有线或无线的方式将畜禽舍传感器采集的数据传播到数据处理平台，同时将数据处理平台发布的指令发布到终端控制设备。自动采集/终端控制部分分布在畜禽舍内，自动采集部分利用传感器实时监测畜禽舍内各种指标并生成可传输数据供网络传输，终端控制部分一般由一个智能控制箱接收数据处理平台发出的指令并执行对各种调控设备的开关。

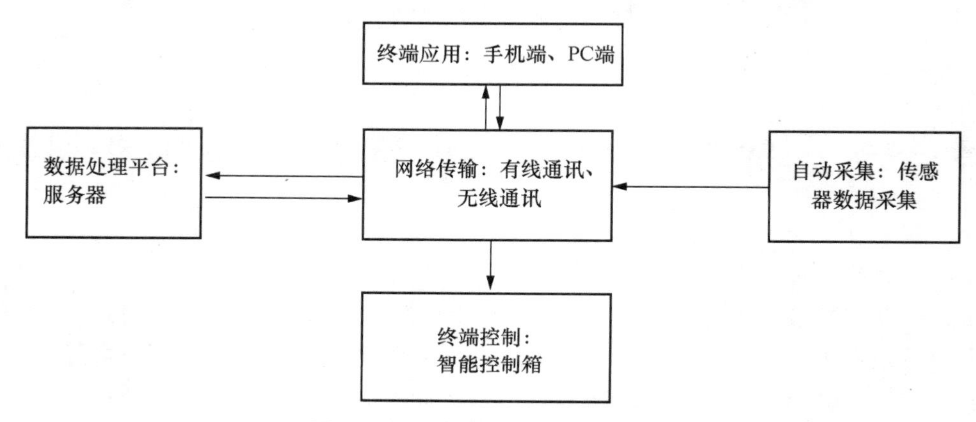

图 6-33 智能化养殖系统总体构架

据李永辉(2016)报道，国内猪场 2008 年引进妊娠母猪智能化管理系统，截至 2016 年，全国已经有 500 家以上的猪场(含科研单位猪场)使用这种养殖模式。使用母猪智能化精确饲喂系统，年出栏万头肥猪的猪场的母猪存栏由 600 头降为 400 头，母猪的使用年限增加 1.5 年，每年节约饲料 300 t，增加经济效益 120 万元以上。据徐岚俊等(2019)对北京市畜牧业的五家养殖园区的调查可知，其中两家引进了荷兰睿保乐(NEDAP)公司的精准饲喂系统，三家应用了北京农科院畜牧兽医研究所的精准饲喂系统。而业界认可世界上较为先进的自动化养殖技术包括荷兰 Velos 智能化母猪管理系统，已经广泛应用在欧美许多国家的养猪场，其主要功能是自动供料功能、自动管理功能、自动数据传输功能、自动报警功能等四种；美国全自动种猪生产性能测定系统，将系统日常智能化管理所获得的各阶段日增重和饲料报酬数据进行种猪选育；温氏集团物联网技术，能够实现猪舍智能化环境参数采集与调控，并辅以自动喂料、自动清粪等设备；中国农业科学院北京畜牧兽医研究所研发的猪群系统包括对猪舍环境数据及日常管理信息的智能化采集、数据通信、信息分析与应用，实现对每头母猪个体的精准饲喂。

(一)智能化环境监控系统

智能化环境监控系统是智能化养殖系统的重要系统。环境监控系统利用智能传感技术，实时采集温热因素、空气质量等畜禽舍环境指标，并将其传输到数据处理中心，中心通过数据的计算和分析，并根据畜禽的生物学特性和生理需求，自动或人为地发送指令信号，控制相应设备，做出通风、降温、光照调控等操作，实现畜禽舍环境的智能化监控。

(二)智能化精准饲喂系统

饲料成本占畜禽养殖成本的70%左右。因此,如何减少饲料消耗,提高饲料利用率,减少成本支出,是养殖场提高利润收益的关键。打造智能化精准饲喂系统,提供畜禽个体生长阶段的采食量、日增重、环境指标等大数据资料,因时施策,精准饲喂,可以提高养殖场生产效率。

近年来,畜禽个体识别技术取得了突破性发展,为畜禽养殖的智能化管理提供了技术储备。主要表现为利用机器视觉、大数据、物联网等技术,对动物个体及其行为活动、生理指标等信息进行自动收集,为畜禽个体的精准饲喂提供了保证。

以生猪生产为例。在母猪妊娠阶段,去掉固定栏群养,通过个体识别系统,根据母猪个体体况、妊娠时间、年龄、体重、胎次等信息,调整饲料营养与饲料供应量,精准提供母猪饲料的需求量,进而确保母猪的适度体况、健康妊娠。在母猪哺乳阶段,更需要根据产仔情况和仔猪体况,针对母猪个体进行有区别性的喂养,根据母猪实际需求饲喂,精准满足母猪差异化需求,还可以科学合理地实现分段饲养,保证母猪产后身体复原和最佳泌乳需要,也可以通过积累的大数据对母猪进行筛选,调优母猪群整体生产状况,提升养殖场母猪群生产力。对于育肥猪而言,精准饲喂系统能够根据育肥猪群不同生长阶段所表现出的不同进食需求,实施分时段、个体差异化投食安排,提高肥猪出栏的整齐度,提高出栏肥猪的瘦肉率,实现饲养效率最大化。此外,智能化精准饲喂系统还可以根据个体体况变化、行为信息、生理指标、采食量等数据对个体猪只健康状况进行监控。

1. 生理指标识别

在养殖场,家畜体尺体重指标是衡量家畜生长发育可靠的数据,其指标变化反映了家畜的生长状态和健康状况。而家畜体重、体尺数据的传统人工测量方法工作量大、效率低、误差大、对动物应激大。由于相同品种家畜体尺与体重数据之间存在一定的关联,家畜的体重可利用体长、体宽、体高信息进行测算。目前国内外家畜体尺测量利用的是计算机视觉技术,测算时根据单视角点云镜像、基于双目视觉原理和RBF神经网络的方法,并通过对相机角度、方位和焦距的自动调整,在家畜没有感知的情况下进行拍摄和计算,采集动物体尺信息,并根据相应数学模型估算体重,得到相对准确的体重数据。据邓兵(2018)报道,对肉牛体尺智能化测量与人工测量的最大误差只有2.73%。

畜禽体温和心率数据是评判畜禽健康与疫病状况的重要依据,体温和心率的异常是动物健康出现异常的特征性表现。家畜体温、心率的测定如果采用人工测定方法费时费力,存在交叉感染和动物应激的风险,不能满足集约化养殖场的需求。目前利用无线物联网技术、大面积红外测温技术、视频成像与心电传感技术研发的畜禽体温心电实时监测系统,技术还不成熟,暂时还难以在生产中应用。而采用电子芯片耳标实时测定畜禽体温和心率有着较高的精度与可靠性,在生产中可以大力推广和应用。对畜禽血液生理生化指标等动物健康数据的智能化收集还鲜有研究。

2. 声音识别

当畜禽的健康处于异常状态时,通常其声音和行为会发生变化,因此,声音特征识别是研究动物健康状况的重要手段之一。现有的声源识别技术采用麦克风、拾音器等收录设备将声音信息实时录制并传输到数据处理中心,然后利用畜禽叫声、饮水声和咳嗽声的声波频率与强度的差异,建立异常声音模型来辨别畜禽的异常声音,对畜禽健康与疾病进行早期预警。

据杨飞云等(2019)报道,比利时鲁汶大学等研究开发的猪咳嗽声音识别技术可以区分猪只的各种咳嗽声，并确定了呼吸道炎症引发的咳嗽声的特征性信息，从而有效避免了抗生素的滥用。该技术在欧洲猪场已经得到应用。宋怀波等(2019)研究结果表明，通过 Lucas-Kanade 光流法检测奶牛花斑边界平均光流方向变化采集奶牛呼吸行为，检测的准确率为 83.33%～100%之间，平均准确率为 98.58%。据许译丹等(2019)报道，利用红外技术和图像模式识别技术对蛋鸡的采食行为和采食量实时监测，传感器检测精度的灵敏性和特异性分别可以达到 95.1%和 98.7%。此外，利用音频分析技术对由采集器组成的监测设备采集到的音频数据进行分析，并将消除噪声后的音频与啄食声音模型进行对比，利用公式计算采食量，实现了采食量监测 86%的正确率。

3. 个体识别

精准饲喂就是根据畜禽的个体差异，对畜禽个体实现合理的时间、科学的配方和差异化的饲喂量。因此，个体识别技术是畜禽精准饲喂的重要前提，其主要包括图像识别与电子耳标识别。虽然说近年来图像识别技术研究很热闹，人脸识别技术已经在超市、银行、安保等领域得到推广应用，但目前对畜禽的图像识别技术并不成熟。近年来，电子耳标技术应用较多的是母猪饲养，国内大多采用手持机读写电子耳标，对家畜进行免疫、用药、死亡、出栏等个体信息登记管理，可追溯性较强，但距离智能化个体识别要求尚有较大差距，这也是妨碍国内精准饲喂技术推广的因素之一。随着国产化 RFID 耳牌的出现，性价比大大提高，个体识别技术应用范围将不断扩大。但体积小、便于佩戴、低耗电、信号容易获取的创新型电子耳牌有待进一步研发。

据赵一广等(2019)报道，荷兰、加拿大、奥地利等国个体识别技术和精准饲喂技术比较成熟，特别是母猪智能饲喂系统和奶牛精料智能饲喂系统比较完善，已在欧美各国推广应用并取得不错的效果。穆秀梅(2015)实验结果，猪场实现智能化管理后，试验母猪年提供断奶仔猪数比传统单体限位饲养方式增加了 3.1 头。由此可为万头猪场(按 500 头基础母猪计算)带来直接经济效益 38.7 万元以上(断奶仔猪价格按 250 元/头计算)，母猪繁殖性疾病和肢蹄病发病率降低了 68.97%，产后配种返情率降低了 77.57%。母猪淘汰率降低了 10%。

(三)智能化生产管控系统

智能化生产管控系统就是将智能物联系统应用于畜禽生产管理与控制，通过自动化机器设备，实现生产过程可视化的系统。智能化生产管控系统还为畜禽产品区块链溯源管理提供了可能。智能化生产管控系统的设备和技术不仅决定着养殖场的智能化水平，而且影响畜禽舍的环境调控、畜禽的健康和畜产品安全卫生，进而影响养殖场生产水平的发挥、生产费用的高低和生产利润的多少。

据舒宝盛(2019)报道，国内有的奶牛场引进智能化生产管控系统，该系统自动化和智能化水平较高，不但改变了奶牛传统的拴系式饲养方式，提高了奶牛在采食和挤奶过程中的自由活动范围，而且充分利用智能设备，有效地记录奶牛个体的完整挤奶过程，实时监测产奶质量和数量，并对产乳异常情况及时发出警示。同时，该系统可以根据奶牛行为信息精准监测奶牛发情状况，提高了奶牛发情鉴定准确度和受精率；还可以根据奶牛在牛舍站卧时间长短与站卧频率的高低等数据，评估奶牛环境的舒适度，并据此调控环境设备的开启或关闭。邓兵等(2018)报道，多人利用动物行为与生理状况的关系，利用智能化数据采集，可以使奶牛发情率检测判断准确度达到 90%以上。

国内某大型猪场引进全自动生产性能测定系统(FIRE)，采用射频电子耳牌识别技术，在群养多变的环境条件下，快速准确地识别个体，并精确测定猪的采食时间、采食量、体重等相关数据，测定所得的数据经系统软件进行计算、分析，并在生产中智能化应用。

国外某猪场母猪定位饲养改为群养，应用母猪个体识别技术、智能化精准饲喂技术、发情识别技术和自动分群技术及设备，彻底解决了母猪传统饲养方式下的繁殖障碍病，猪场母猪年均提供的断奶仔猪数(PSY)提高了20%，实现了母猪繁殖力的大幅提升。

通过对畜禽饲养技术与装备的智能化转型升级，欧美国家畜禽养殖产业的竞争力得到大幅提升。我国目前研发的畜禽智能生产管控技术与装备，主要是参照美国集约化智能化养殖系统，在精准饲喂、自动化清粪、智能化环控、畜禽产品自动采收(挤奶、捡蛋和集蛋)、个体识别等方面也有一定的研究成果和转化应用，但总体处于模仿学习阶段。

(四)智能化安全防控系统

智能化安全防控系统是对养殖场进行生物安全与疾病防控的智能化管理系统。它可实时监控和存储养殖场畜禽个体生产数据，然后根据疫病信息库数据，分析和判断养殖场畜禽个体和群体健康情况，并对养殖场或养殖区域内可能发生的疫病提出警示信息，督促养殖场加强安全风险防范和应对，从而实现养殖场生物安全风险的可预见性管理。

智能化安全防控系统是基于物联网技术建立的猪病智能监测、预警和诊断系统。系统通过对个体猪只图像和视频的远程传输，实时监测猪只异常状况，及时发现疫病，并通过系统模型和专家会诊确定，给出疫病预警信息和诊断方案，从而实现疫情早发现、早预警、早应对，达到控制养殖场及养殖区域各种传染病蔓延的目的。

据魏祥帅等(2018)报道，某养鸡场部署国产智能养殖系统后，鸡舍由24 h轮班巡视改为1人电脑值守，用工下降1/3；风机实现智能开关，供水智能管理，水电费用支出显著降低。由于减少了环境指标的意外变化，减少了肉鸡大多数的应激反应，生产效率大大提升；智能化的环控系统和疾病预警与诊断系统的使用，使得肉鸡的发病率和死亡率显著下降，养鸡场的效益显著提升。邓兵(2018)引用蒋晓新等报道，利用计步器智能采集奶牛步行信息，分析肢蹄病发病规律，该方法可提高奶牛蹄病治愈率达19.60%。闫丽等(2016)通过智能采集梅山母猪的哺乳声、饮水声、采食声及无食咀嚼声等，成功建立了哺乳的声音识别模型，识别率达96.61%以上，可实时掌握母猪的健康状况与繁殖性能。

二、畜禽舍智能化环境调控

从广义上讲，畜禽生产力等于基因潜力加环境因子的作用。因此，提高畜禽舍环境质量，控制畜禽舍的不良环境可以提高养殖场的生产力，同时降低饲养成本，畜禽产品的安全卫生和质量也会得到提升。

近年来，以大数据理论为基础的畜禽智能化养殖技术不断创新和发展。在环境指标控制方面，环境单一指标调控技术，结合智能传感、物联网、无线传输技术，发展为养殖环境综合因素智能化调控系统。

畜禽养殖智能化环境调控系统由畜禽舍环境信息智能采集系统、通信系统、智能化处理系统、养殖舍环境自动调控终端控制器四部分组成。

智能环境调控系统通过传感器(采集系统)实时收集畜禽舍内温热环境指标、光照指标和空气质量指标(CO_2、NH_3、H_2S、粉尘)等数据，然后经过通信系统将数据传输到系统控制中心(智能化处理系统)；系统控制中心将采集的数据信息计算、分析后，做出科学判断，并发出相应的操作指令;指令通过通信系统传输到终端控制器(智能环控调节箱),相应的现场设备响应后,养殖场的环境指标发生变化,环境智能调控目标得以实现。

在智能环境调控系统中,通风系统是畜禽舍环境调控过程中使用最多、最频繁的设备,也是对畜禽舍温热环境及空气质量环境影响最大的设备。因此,通风系统的优化设计与处理是畜禽舍环境智能调控的关键。畜禽舍外维护结构的保温隔热性能和气密性有利于环境控制的效率与效能的提升,是环境智能调控的基础。故环境智能控制舍必须加强地面、墙和顶棚的保温隔热设计,以及畜禽舍门窗、顶棚的密闭性管理。

国内外多种养殖环境自动监控系统已经研发成功并得以推广和使用。畜禽养殖智能化化环境调控克服了传统人工环境监测控制的时间延后,存在人为误差、环境指标单一等缺陷,可以为畜禽创造一个最适舍内环境,使其优良生产潜力得以发挥。

据卢晓春报道,北京市昌平区铁雄养殖有限公司 5 000 头生猪养殖场采用环境智能控制系统,利用温热环境和空气质量的环境综合智能调控技术,平均改善舍内空气质量 20%以上,平均节省人工投入 50%以上,且间接减少了畜禽死淘及疫病发生。据汪建春(2015)对比分析,在养殖过程中,智能化猪场的成本投入少于传统猪场。以 1 个万头猪场为例,通过采取智能化养殖方式,每年将为猪场节省百万元的成本。据顾海洋(2018)报道,江苏某 10 万只规模的蛋鸡场采用智能化养殖设备与传统养殖设备相比,产蛋高峰期增加 70 d,人均养殖蛋鸡由 1 000 只增加到 50 000 只,每只蛋鸡的纯利润由 6.5 元提高到 33 元。

目前,智能化环境调控系统主要是对温热环境、空气质量环境和光照环境的调控。

(一)畜禽舍环境信息智能采集系统

系统实现养殖舍内环境(包括 CO_2、NH_3、H_2S、温度、湿度、光照强度等)信息的实时采集、传输、接收。采集设备实时采集舍内的环境值,并上传至远程服务器。采集任务由环境指标传感器完成,现阶段环境监测传感器包含有空气温湿度传感器、粉尘浓度传感器、光照强度传感器和气体传感器(CO_2、NH_3、H_2S)等。

1. 空气温湿度传感器

空气温湿度传感器可以实时采集畜禽舍内的温度值和相对湿度值。养殖场一般选用 SHT11 系列单芯片传感器,它是一款温湿度复合传感器。该产品包括温度传感器、湿度传感器、运算放大器、校准寄存器、A/D 转换器以及串口接口等内部结构。温湿度复合传感器具有数据准确、反应快、抗干扰能力强等优点。其监测范围和误差分别为:温度 0~50 ℃、±1 ℃,湿度 20%~80%、±3%RH。我们也可以选用可靠性、稳定性及性价比都较高的国产温湿度复合传感器,如 HS-102S、WZP-035 等。

2. 粉尘浓度传感器

粉尘浓度可用 PPD20 V 传感器来测量。该传感器可以测定单位体积内直径在 1 μm 以上粉尘粒子的绝对个数值(粒/m^3)。传感器自带空气采样器,监测时可以自动采集畜禽舍内空气,并测定其粉尘浓度。该设备输出模拟信号电压范围为 0~3.8 V,对输出信号进行 A/D 转换后即可生成相应粉尘浓度指标值。

3. 光照强度传感器

光照强度传感器采用光照度计原理,利用硅光电池对光的敏感性测量光照强度。光敏感元件采样后,再经 A/D 转换成为光照强度数值,单位为 lx。

4. 气体传感器

气体传感器包括半导体气体传感器、电化学气体传感器、催化燃烧式气体传感器、热导式气体传感器、红外线气体传感器、固体电解质气体传感器等。氨气传感器一般是半导体 MQ137 气体传感器。MQ137 气体传感器的半导体气敏材料是 SnO_2，其电导率与氨气浓度存在相关性，根据电导率的变化测算畜禽舍内相对准确的氨气含量。同时，硫化氢传感器（MQ136 气体传感器）用来测量环境中硫化氢的浓度，所使用的气敏材料与原理同 MQ137 气体传感器相似。二氧化碳传感器为红外吸收型二氧化碳传感器，它具有测量范围宽、灵敏度高和抗干扰能力强等特点。

传感器的安装数量与布局应综合考虑通风方式与风向、畜禽舍跨度及长度与高度等因素。传感器的安装数量可考虑每 80～100 m^2 安装 1 组的标准进行，按照梅花式布点，同时避开门窗、墙角和环境自动调控设备 1～1.5 m 及以上。传感器的安装高度一般以畜禽的呼吸线高度为准，大多为 1 m 左右。

（二）通信系统

各种传感器监测的数据可选用有线或无线网络方式进行传输通信，其包括基于 RS-485 总线的监控网络、基于无线射频通信的监控网络和基于嵌入式 Web 的监控网络等方式。对于库内布线不方便的地方，可以采用无线通信方式时进行数据通信，并可有线无线灵活结合。数据采集后，Zigbee 传感器基站收集各种传感器的数据，再通过 USB 转串口线连接到网关，最后由分组无线服务技术 GPRS 以 Httppost 方式将数据传输到中心服务器。Httppost 是客户端与 Web 服务器进行数据交互的一种方法。客户端把提交的数据放置在 Http 包的包体中，当 Web 服务器接收到来自 Httppost 方式发来的数据后，Web 服务程序会对数据进行解析并存储。

中心服务器发布的命令也是通过通讯系统传输到环境自动调控终端（智能环境调控箱），使环境调控命令得以圆满执行。

据刁志刚等(2016)报道，以养殖舍内环境为例，把 zigbee 和以太网结合，对传感器采集的温热环境数据及数据处理中心的温热环境调控指令进行传输通讯，经实验测试，通信系统运行稳定可靠，全天舍内温度变动范围控制在 4 ℃以内，实现了监测与控制的目的。

（三）智能处理系统

智能处理系统包括远程服务器和监控平台对监测数据信息进行处理和应用。

1. 远程服务器

监测数据传输至远程服务器，然后服务器根据畜禽舍环境指标的要求对空气质量进行数据的处理和计算，并完成畜禽舍环境质量综合评价指标分析，最终向环境自动终端控制器发出指令，开启或关闭环境控制设备，以调控相应指标满足环境控制要求。

2. 监控平台

包括手机端和 PC 端的监控平台可实时提供每个监测点的温度、湿度、CO_2、NH_3、H_2S、粉尘浓度、光照强度等环境指标。监控平台支持畜禽舍环境指标历史数据查询，使用者可以根据时间数据曲线总结出指标变化规律，并应用到养殖场饲养管理制度的改进提高之中，也可以对养殖场的问题或突发事件提供查询依据。监控平台还可以提供实时报警功能，任何时候出现任何一个数据超过警示值时，监测平台会出现报警声音或闪烁灯光，为相关管理人员提供报警提示。有的监控平台可以根据畜禽舍分布提供软件界面，在界面上区分畜禽舍位置、布局、每个监测点位置等实现监测界面的生动形象，同时也为实际监测提供方便；平台软件采用全中文操作，软件安装简单，由电脑自动安装即可完成，参数设置人性化，不要需要专业知识，易于使用，不需要复杂设置。

(四)畜禽舍环境自动调控终端控制器

养殖场智能处理系统接收网关发来的传感器实时数据，在对数据进行分析和处理后，通过Web服务器向用户展示人机界面的相关信息。同时，用户可通过Android手机客户端或者PC客户端对远程设备进行人工控制或智能控制，控制命令通过Web服务器转发给安装在畜禽舍中的网关。网关通过RS 232或者RS 485串口向继电器设备发送控制命令来实现环控设备通电电路的开关，进而控制设备的运行。无线继电器PC控制盒可用无线方式实现网关对各路电器设备的电源的"开"或"关"，与有线继电器相比减少了网线的安装和布置。无线信号有效控制范围为可视距离1 000 m，可以单独控制2 500 W功率的设备。养殖场畜禽舍内环境控制内容主要包括温湿度控制、通风控制、光照控制、综合因素控制等。

1. 温湿度控制

温热环境是影响畜禽生长、生产和健康的重要环境，温度和湿度是畜禽舍温热环境控制的主要因素之一。在炎热夏季畜禽舍温度高于养殖要求、且当室内温度高于室外温度时，智能环境控制系统启动风机进行空气交换；若室外温度过高时则启动自动湿帘对室内降温。当室内湿度高于室外湿度且湿度较大时，启动风机通风排湿。在寒冬，畜禽舍需要进行保温处理，智能环境控制系统适当进行恒温热风送暖(如太阳能、电热炉、锅炉供暖)或开启红外线、电热板、碳纤维、水暖、气暖等设备加温，营造舒适的温湿度环境。

2. 通风控制

在封闭的畜禽舍内，空气中的CO_2、NH_3、H_2S、粉尘会不断积累，空气质量的下降则严重影响畜禽的生产性能和健康状况，此时就需要加强舍内通风换气，而通风换气设备可及时排出舍内污浊空气，不断吸收新鲜空气。智能环境控制系统通过对养殖舍内的CO_2、NH_3、H_2S、灰尘等有害物质指标进行实时监测，并通过智能系统自动调节换气设备。同时考虑对舍内温湿度的影响，冬天选择温度较高的中午通风换气，夏天选择凉爽的夜晚或早晨通风换气。两种或两种以上的空气质量污染指标可运用综合污染指数法。对主要污染物指标赋予不同的权重，根据综合污染指数进行智能调控。智能通风主要采用自然通风和排风扇负压通风的方式。

3. 光照控制

充足的光照时间是保证畜禽健康、高效生产的重要因素，对处于繁殖阶段的畜禽显得尤为重要。对于阴天养殖舍内光线阴暗或冬季日照时间不足的情况，适当增加辅助照明，弥补光照度的不足。通过智能环境控制系统可以自动调节室内光照强度、光周期和光色，特别是对于蛋鸡舍而言，它可以保证最佳的光照方案得以实施。

4. 综合因素控制

畜禽舍温热环境和空气质量具有多重复杂性，是一个多变量耦合的非线性系统。尤其在冬季，畜禽舍加强通风以提高空气质量时，舍内温度指标往往得不到理想控制。智能环境控制系统一般采用在空气质量综合污染指数评价的基础上，一定的温热环境幅度范围内，优先考虑空气质量污染指数进行环境控制的方案。智能环境控制系统需要根据养殖场的前期环境管理实际情况，对温热环境因素及空气质量污染指数赋予相应的权重，通过编制非线性运算程序对相关数据进行模糊处理和综合分析，最终向终端控制器发出具体指令，包括开启对象、开启时长、开启数量等以达到环境指标控制的目的。

采用智能化环境监控系统的上庄 1 800 只蛋鸡舍，在 24 h 内 THI(温湿度指数)的最大值约为 66，最小值约为 59，平稳值约为 62，小于压力值 70。稳定的环境温度为 17.2～21.5 ℃，平均温度为 18.79 ℃；相对湿度在 36.9%～75.5%，平均为 59.21%；NH_3 浓度为 2.6～0.2 mg/L，平均稳定为 1.53 mg/L；最低 CO_2 浓度为 568～2 415 mg/L，平均 1 757 mg/L。

总之，智能化养殖在我国是一种技术逐渐成熟、效果逐渐显现的养殖业提档升级模式，具有较高的推广价值和应用前景。今后，在智能养殖技术和装备方面进一步的提高，智能化标准体系的建立，智能化与畜牧专业人才的融合发展，以及云计算技术在智能化养殖方面的应用等，都将进一步提升养殖场的智能化水平，节约用户使用成本，提高养殖场经济效益。

（刘继军、吴中红、陈昭辉、蒲德伦）

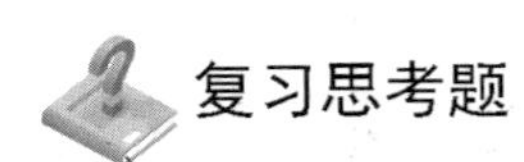

复习思考题

1. 名词解释

导热系数与蓄热系数；材料层热阻和围护结构总热阻；冬季低限热阻值；夏季低限热阻值；总延迟时间和总衰减度；自然通风与机械通风；采光系数；入射角与投光角。

2. 畜舍的主要结构及其作用，畜舍的类型与特点是什么？

3. 如何考虑畜舍的保温防寒？

4. 如何考虑畜舍的隔热防暑？

5. 畜舍通风应考虑哪些因素？如何控制夏季和冬季的自然通风和气流的分布？

6. 纵向通风和横向通风有何不同，如何选择和应用？

7. 自然采光和人工照明的要求是什么？

8. 畜舍的给排水有几种方式？如何选择？

9. 简述智能养殖的概念与实例。

参考文献

[1]颜培实．家畜环境卫生学．4 版．北京：高等教育出版社，2016.

[2]蔡长霞．畜禽环境卫生．北京：中国农业出版社，2006.

[3]郝会元．影响鸡舍湿度的因素及调控措施．家禽科学，2011，5：20-22.

[4]洪小华．季节与西门塔尔肉牛体温调节特性及其体感温度的确立．南京：南京农业大学，2011.

[5]霍小凯，王加启，卜登攀，等．风速对中度热应激奶牛生产性能的影响．乳业科学与技术．2009，3：123-125.

[6]刘继军，贾永全．畜牧场规划设计．北京：中国农业出版社，2008.

[7]赵晓芳．光照对肉鸡生长速度和饲料利用率的影响．中国家禽，2008，30(1)：39-40.

[8]Cosmas C. Ogbu. Body Temperature and Haematological Indices of Boars Exposed to

Direct Solar Radiation. Journal of Biology, Agriculture and Healthcare, 2013, 3(7): 72-75.

[9]Johnson J S, Ross J W, Selsby J T, et al. Effects of In-utero Heat Stress on Porcine Post—natal Thermoregulation. Animal Industry Report, 2013, 659(1): 77.

[10]Lardner K S. The Importance ofdaylength and darkness exposure on the welfare and productivity of commercial broilers. University of Saskatchewan, Saskatoon, Canada, 2011.

[11]Selye H. Stress and the general adaptation syndrome. Br Med J, 1950, 1: 1383-1392.

[12] Suriyasomboon A, Lundeheim N, Kunavongkrit A, et al. Effect of temperature and humidity on sperm morphology in duroc boars under different housing systems in Thailand. J Vet Med Sci, 2005, 67(8): 777-85.

[13] Suriyasomboon A, Lundeheim N, Kunavongkrit A, et al. Effect of temperature- and humidity on reproductive performance of crossbred sows in Thailand. Theriogenology, 2006, 65(3): 606-28.

下编

畜牧业可持续发展的规划与环境卫生防护

第七章

可持续发展中的畜牧场规划

- 了解畜牧业的可持续发展的概念、可持续发展畜牧业的设计原则；
- 理解畜牧场场址选择、工艺设计；
- 掌握畜牧场场区场规划及工程配套等内容。

第一节　畜牧业的可持续发展

一、可持续发展的概念

可持续发展的概念是由世界环境与发展委员会 1987 年在《我们共同的未来》提出的；可持续发展是指："既满足当代人的需要，又不能对后代人满足其自身需要的能力构成危害的发展"。1992 年，联合国环境与发展会议在巴西通过了《关于环境与发展的里约热内卢宣言》和《21 世纪议程》两个纲领性文件。可持续发展作为一项基本原则已成为全球范围内的可持续发展行动计划。

"可持续农业（sustainable agriculture）"是"可持续发展"概念延伸至农业发展领域而生成的。1991 年联合国粮农组织提出了可持续农业的概念，即"管理和保护自然资源基础，调整技术和机制变化的方向，以便确保获得并持续地满足目前和今后世世代代人们的需要，因此，这是一种能够保护和维护土地、水和动植物资源，不会造成环境退化，同时在技术上适当可行，经济上有活力，能够被社会广泛接受的农业"。它包括几层基本的意思：①可持续农业强调不能以牺牲子孙后代的生存发展权益作为换取当今发展的代价。②可持续农业要求兼顾经济的、社会的和生态的效益。"生态上健康的"是指在正确的生态道德观和发展观指导下，正确处理人类与自然的关系，为农业和农村发展维护一个健全的资源和环境基础；"社会能够接受的"主要指不会引起环境污染和生态条件恶化等社会问题以及能够实现社会的公正性，不引起区域间、个人间收入的过大差距。可持续农业是全球的共识，国际标准化组织（ISO）发布的《ISO 14 000 环境管理系列标准》是以降低产品废品率、减少废弃物、保证无污染，零排放为目标的生产环境管理国际标准，将成为国际市场、国际贸易中指定的指标。

可持续农业是针对传统农业和现代农业(石油农业)在资源、环境和经济方面所固有的弊端提出来的。“自然农业”“有机农业”“生物动力农业”“立体农业”“节水生态农业”等都是各国结合本国实际，发展持续农业的具体设计。

我国 20 世纪 80 年代中后期开始了生态农业的试点。1984 年，在第二次全国环境保护大会上宣布，“环境保护是我国的一项基本国策”，1984 年 5 月，国务院发布了《关于环境保护工作的决定》，明确指出“各级环境保护部门要会同有关部门积极推广生态农业，防止农业环境的污染和破坏”。20 世纪 90 年代以后，我国进入全国 50 个生态县的整体建设阶段。我国的生态农业本质是把农业生产经济活动引上生态合理的轨道，是一种生态经济优化的农业体系。《生态农业示范区建设技术规范(试行)》中将中国生态农业(Chinese Ecological Agriculture)定义为：“因地制宜利用现代科学技术，并与传统农业精华相结合，充分发挥区域资源优势，依据经济发展水平及‘整体、协调、循环、再生’的原则，运用系统工程方法，全面规划，合理组织农业生产，实现高产、优质、高效、可持续发展，达到生态与经济两个系统的良性循环和经济、生态、社会效益的统一。

2007 年，国务院发布了《国务院关于促进畜牧业持续健康发展的意见》(国发〔2007〕4 号)，明确了我国在由传统畜牧业向现代畜牧业转变的进程中，必须通过优化产业区域布局，依靠科技创新，促进产业升级和畜牧业的可持续健康发展。要根据区域资源承载能力，明确区域功能定位，充分发挥区域资源优势，加快产业带建设，形成各具特色的优势畜产品产区。要转变养殖观念，调整养殖模式，改变人畜混居、畜禽混养的落后状况，强化养殖环境建设，建立标准化、规模化养殖生产示范基地。

2016 年 10 月 17 日，国务院印发《全国农业现代化规划(2016—2020 年)》(国发〔2016〕58 号)，指出要统筹考虑种养规模和资源环境承载力，推进以生猪和草食畜牧业为重点的畜牧业结构调整，形成规模化生产、集约化经营为主导的产业发展格局，在畜牧业主产省(区)率先实现现代化。并将“种养结合循环农业工程”列为创新强农重大工程五大工程之一，加强畜禽规模养殖场的标准化改造，加快建设种养结合循环农业发展示范县，促进畜牧业绿色高质量的发展。

二、畜牧业可持续发展系统工程

绿色是畜牧业现代化的重要标志，必须牢固树立绿水青山就是金山银山的理念，组建畜牧业绿色生产工艺体系，补齐畜牧业发展中的生态建设和质量安全短板，实现资源利用高效、生态系统稳定、产地环境良好、产品质量安全，推动畜牧业健康和可持续发展。

(一)畜牧业可持续发展系统工程的类型

1. 农区农牧生态系统工程

(1)农区　农区种植的粮食作物、经济作物以及一些特殊用途的植物是农业生态系统中的初级生产者，是畜牧业的主要饲料来源。家畜是这些饲料的消费者。在消费谷物、豆类等的同时，也把不能直接利用的秸秆、糠麸等，经过家畜转化为肉、乳、蛋、皮、毛等畜产品。而畜牧业的大量废弃物经过发酵、沼气等处理既为种植业提供优质的有机肥料，又为农村提供了能源，如粪尿、垫料等。因此，以种植业为主体的农区应合理配置牧业生产比例，使生态系统的物质循环和能量流动得以畅通，种植业与畜牧业互相促进。

(2)城郊区模式 目前,我国城市的菜、肉、鱼、蛋、奶、花等鲜活产品的供应部分来自城郊区。城郊区也最先获得工业生产所提供的化肥、农药、薄膜、机械,以及科研部门提供的技术和优良种苗。城郊区还要接纳城市的扩散工业和排放的废渣、废水和废气。20 世纪 70 年代,北京市大兴区留民营村离北京 27 km,耕地为 131 hm^2,占生产总值的 78%仍是稻米、小麦、大麦和棉花的产值,饲养业产值只占 10%,工副业产值只占 11.5%。自 1983 年起,留民营村在以下几个方面做了大幅度调整,建设小型奶牛场,扩大肉牛场和鸡场,建立瘦肉型猪场和鸭场,开辟新鱼塘,强化畜牧业生产;建立饲料加工厂和豆制品厂,建立 16.7 hm^2 蔬菜大棚和 400 m^2 蘑菇房,强化蔬菜、饲料和加工生产。留民营村在内部建立起良好的物流联系,在外部适应的同时加大商业辅助的投入强度。这样的措施被实行 3 年后,其农业总产值从 55.6 万上升到 280 万,人均收入从 405 元提高到 1 100 元,土壤有机质从 1.296 上升到 1.5%。该村每年向北京市场提供牛奶 80 t、鲜蛋 75 t、水果 30 t、肉类 15 t、鱼 8.5 t、菜 600 t、肉鸡 7.5 t,显示出典型的城郊型农业特点。区域环境深刻地影响着农业模式的取向。成功的生态农业模式必定能充分利用环境资源的优势巧妙地解脱环境中的关键性制约,通过农业生态系统结构与功能的调节,使得农业在资源利用率、投入转化率和综合效益方面都创造出“1+1>2”的系统整合优势。

2. 草地农牧生态系统工程

草地农牧生态系统以草地为主,结合农田和林地,把草、粮、林、牧有机组合在一起,进行农、林、牧产品的物质生产。在草地农牧生态系统中,土地资源划分为农田、林地、草地三种类型。由于各地自然和社会经济条件不同,各类型所占土地比例也有差异。一般草地面积典型的为 40%~50%,但不少于总面积 25%。草地农牧生态系统进行的初级生产(饲料生产)是直接为次级生产(畜牧生产)服务的,因此,草地植物的栽种应根据家畜种类、数量以及营养需要安排,其产量应以单位面积提供的饲草总营养物质或单位面积所提供的畜产品为衡量单位。草地和林地有利于保持水土,提高土壤肥力,改善生态环境,并通过家畜沟通了物质循环和能量流动的渠道。

3. 工业化畜牧生态系统工程

我国 20 世纪 80 年代初期开始实施现代化、工厂化畜牧业。它采用现代养殖技术和装备,以流水作业形式,连续均衡地进行畜产品规模化生产。在这个体系中,大量采用了先进的畜牧生产技术如优良的品种、科学的动物营养及饲养管理技术、环境控制技术以及兽医防疫体系使家畜在生产性能、经营者的劳动生产率和经济效益都达到前所未有的高水平。但按照生态学原理,在这个开放的系统中,我们既要求外界环境不对畜牧场造成污染,充分考虑家畜的生理需要,为其提供良好的生活生产环境,也要注意生产过程中大量畜禽粪尿、废弃物不要成为环境污染源。只有这样,才能充分发挥畜禽品种生产性能的遗传潜力,使畜牧场周围生态因素的优化,形成可持续发展。理想的办法是将这些粪尿和废弃物在农田或牧场生态系统内进行再循环。

目前,畜牧生态工程正伴随着无公害养殖的发展逐渐被人们所认识。我国已开始从畜牧场规划、设计开始进行相关方面的探索,大型养殖生产企业已对包括从土地到餐桌全程各个环节给予了相应的重视。如饲料种植、畜禽饲养、废弃物和粪便处理(如有机肥的生产)以及将剩余有机物再利用来生产蛋白质饲料和化工产品的集约化及战略联合。这种战略转变必将大大提高畜牧业经济效益,并显著地改善周边的生产和生活环境。

(二)提高生态畜牧业效率的手段

生态畜牧业是一个开放系统,对当地自然资源和社会经济现状的深入调查研究,因地制宜地应用各种先进技术措施是提高生态系统的能量转化和物质循环,生产量不断提高的重要措施。

1. 培育优良畜禽品种

畜禽饲料转化率是一个重要育种指标。我国的畜牧工作者在长期的育种实践中不断提高家畜的饲料转化率。如猪的饲料转化率由 20 世纪 50 年代的 5∶1 提高到 20 世纪 80 年代的 2.5∶1;肉鸡目前已接近 2∶1。蛋鸡的料蛋比也达到了 2∶1。因此培育适应性好,生产性能高的品种,同时组成合理的畜禽结构,提高适龄母畜的比例,减少老、弱和非繁殖母畜的比例,使整个畜群保持最佳生产状态。

2. 建立合理的畜群结构

生态系统的多样性与稳定性是相联系的。生物种群的多样性说明食物链长,食物网复杂,能量转化和物质循环的途径多,可以大大提高生态效益和系统的稳定性。在牧业生态系统中,应当按照系统中主要生物群体的组成特点和时间、空间分布的状况,综合利用各畜种的特性,使畜种间相互协调与配合,充分发挥它们的效益。因为在一定时间和单位面积内,植物的生物量是有一定的限度的,这就意味着载畜量和单位面积的生产能力要有一个理想的比率,超过一定数值,牧草供应不足,生产力必然下降。为此,应合理规划草场各畜种的载畜量,并采用混牧与轮牧的方法。如当牛和山羊混牧时,牧场利用率高达 80%。牛和山羊对牧草的利用没有竞争性,且可用山羊控制灌木的生长,用牛控制牧草生长,这样可以最有效地利用草场,而不使草原退化。

3. 提高家畜的能量转化效率

饲料生产是家畜生长、发育、繁殖的物质基础。作为牧业生态系统的初级生产,应根据家畜种类、生产要求和自然条件制订相应的饲料、牧草种植计划。如在能量产量相等的情况下,紫云英的蛋白质收获量比大麦高 2 倍多。牧业生态系统的能量从初级生产开始经家畜转化为畜产品。采用优良品种,控制家畜生活生产环境,给予满足其生理需要的全价日粮可提高饲料的消化吸收率,增加总畜产品的次级生产量。另外,在家畜粪便中能量约占摄食能量的 20%。据测定,猪饲粮中 N 和 P 的利用率分别约 40% 和 30%,有 1/2 以上的 N 和 2/3 以上的 P 随粪尿排出体外,造成水体及空气的污染,导致江河、湖泊、水库等水体的"富营养化"。如何减轻排泄物中 N、P、Cu、Zn 等元素的含量是畜牧业可持续发展中长期面临的任务。

4. 配合全价饲料、扩大饲料资源

家畜能量转化率的提高与家畜营养密切相关。按照家畜的营养需要,给予全价饲料,可以加速家畜生长,缩短饲养期,减少维持能量的消耗,缩短能流过程,从而提高能量的转化率。而有机废物的多级循环利用是提高能利用率的另一重要措施。

农业有机废物多级循环利用的流程是先用秸秆来培养食用菌。在通常情况下,每千克秸秆(小麦、玉米茎叶、玉米轴、稻草、谷糠等)生产出银耳、猴头、金针菇、草菇(0.5～1 kg)或平菇、香菇(1～1.5 kg)。菌渣作为畜禽的饲料,1 000 kg 的秸秆在产出 1 000 kg 鲜菇后,尚有 800 kg 的菌渣。据云南畜牧兽医研究所分析,菌渣的粗纤维分解达 50%左右,木质素分解达 30%,粗蛋白质和粗脂肪含量提高了 1 倍以上。菌渣喂牛、猪的效果与玉米粒饲料相同。菌渣(即菌糠饲料)还可养蚯蚓,蚯蚓用作鸡的饲料;畜禽粪便养苍蝇,以蛆喂鸡,干蛆含粗蛋白质 59%～63%,粗脂肪 12.6%,与鱼粉的含量近似。据天津市蓟州区试验,每只鸡每天多吃 10 g

鲜蛆，产蛋数和重量都提高11%。养完蛆的粪便用来制取沼气作能源；沼气渣用来培养灵芝；最后的废料再去做肥料，施于农田，这样就做到了多级循环利用，

5. 改善和控制畜舍环境，加强饲养管理

在高度集约化的生产系统中，畜牧场环境因素中的温度、湿度，风速、光照、噪声以及饲养管理制度、卫生防疫措施等均以不同形式影响着家畜的饲料转化率。

6. 推行种养平衡

促进养殖业粪便资源化利用种养平衡"以种定养"是从种养系统物质循环的角度合理规划养殖规模，防止畜禽粪便过量产出增加环境压力；"以养促种"是通过畜禽粪便无害化处理和科学合理的还田利用等手段，降低畜禽粪便资源化的环境风险。通过建立"以种定养""以养促种"的农业生产模式，实现废弃物高效循环利用，降低养殖环境污染风险，从而缓解畜牧业污染减排压力。

（三）农牧业生态工程的设计

农牧业生态工程的设计是一件长期宏大的系统工程，必须从分析当地自然资源和社会经济具体情况出发，根据生态学原理，对生产、生活等多项建设进行各种分析、计算和设计，从而取得最佳的环境效益和最好的效益。生态工程的设计主要包括农牧业生态系统的结构设计和工艺设计。

1. 结构设计

首先，确定系统边界、范围。它既可以是单一的畜牧业系统、种植业系统、林业系统、渔业系统，又可以是上述各系统的几个或全部所构成的复合农牧业生态系统。系统边界的大小可以是省、地、县、乡、场、户。其次，全面、系统地进行调查研究，合理布局农、林、牧、副、渔各业的比例，充分发挥当地自然资源生产潜力进行合理配置，使结构网络多样化，加速物质的循环与再生，促使生态平衡和稳定。

（1）平面结构设计　平面结构是指在一定的生态区域内，各生物种群或生态类型所占面积的比例与分布特征。在研究、规划、设计农牧业生态系统总体布局时，必须根据畜牧业区域规划和市场需要，在有利于生产和有利于促进本系统良性循环的前提下，根据各生物种群特点，合理安排最适地点、相应的面积和密度，并通过饲养和栽培手段控制密度的发展，以求达到最佳的平面结构布局。

（2）垂直结构设计（又称立体结构设计）　垂直结构是指在单位面积上，各生物种群在立面上组合分布情况。就植物来说，垂直结构包括地上和地下两部分。垂直设计的目的，是把居于不同生态位的动物或植物组合在一起，最大限度地利用土地和自然资源，发挥和利用种间功能，使系统稳定、协调、高效发展。

（3）时间结构设计　在生态系统内，各生物种群的生长、发育、繁殖及生物量的积累呈周期性更迭，具有明显的时间系列。一方面，根据这种周期规律，人们可以对不同时段进行具体设计，以充分利用不同时段的自然条件和社会条件，使生态系统获得较大的生产力。另一方面，外界物质、能量的投入要与生物种群的需求相协调，这也是时间结构设计需要解决的问题。

（4）食物链结构设计　充分利用自然资源可以增加或改变原来的食物链，填补空白生态位，使系统内有害的链节受到限制，把人类原来不能直接利用的产品经过"加环"转化为新产品，从而让系统更加稳定、协调、高效。

综合上述各项结构设计可构成本系统的总体结构设计。在此基础上，再进行生态可行性、技术可行性、经济可行性和社会可行性的综合分析研究，充分利用当地的各种环境资源，达到

增加系统生产力和改善环境的目的。

2. 工艺设计

工艺设计主要是模拟生态系统结构与功能相互协调以及物质循环再生和物种共生等原理，设计、规划、调整和改造生产结构和生产工艺，使一种生产的“废物”成为另一种生产的原料，资源多层次、多级被充分利用，物质循环再生。这样不仅提高了资源利用率，而且整个自然界能保持生命不息和物质循环经久不衰，资源永续利用。

第二节　畜牧场选址与规划布局

畜牧生产是营养科学、配合饲料技术、畜牧养殖技术、疫病防治技术、环境控制技术、畜禽舍建筑技术、生产机械化及自动化等技术的综合体，具有生产专业化、品种优良化、产品上市均衡化和生产过程设施化的特点。充分利用现代科学技术，选择符合动物生理和行为特点的良好生产方式，规划设计一个科学、布局合理、各方面配套设施完备的畜牧场，对减少建设投资、提高劳动效率，充分发挥动物的遗传潜力，保证今后正常运行至关重要。畜牧场建设必须符合环境保护、土地资源合理利用的要求。

一、畜牧场选址

场址选择是畜牧场建设可行性研究的主要内容和规划建设必须面对的首要问题，科学的选址可有效规避生物安全风险，减少对外部环境的污染。无论新建畜牧场，还是在现有设施的基础上进行改建或扩建，选址时均应综合考虑自然条件、社会经济、畜群的生理和行为需求、卫生防疫条件、生产工艺、饲养技术、生产流通、组织管理和场区发展等各种因素，因地制宜地处理好相互之间的关系。场址选择不当可导致整个畜牧场在运营过程中不但得不到理想的经济效益，有可能因为对周围的大气、水、土壤等环境污染而遭到周边企业或城乡居民的反对，甚至被诉诸法律。

(一)自然条件

1. 地势地形

地势是指场地的高低起伏状况；地形是指场地的形状、范围以及地物(山岭、河流、道路、草地、树林、居民点等)的相对平面位置状况。总体上，畜牧场的场地应选在地势较高、干燥平坦及排水良好的场地，要避开低洼潮湿地，远离沼泽地。地势要向阳背风，以保持场区小气候温热状况的相对稳定，减少冬春风雪的侵袭。

平原地区一般场地比较平坦、开阔，应将场址选择在较周围地段稍高的地方，以利排水防涝。地面坡度以1%～3%为宜；且地下水位至少低于建筑物地基深埋0.5 m以下。对靠近河流、湖泊的地区，场地应比当地水文资料中最高水位高1～2 m，以防涨水时受水淹没。

山区建场应选在稍平缓的坡上，坡面向阳，总坡度不超过25%，建筑区坡度应在2.5%以内。坡度过大不但在施工中需要大量填挖土方，增加工程投资，而且在建成投产后也会给场内运输和管理工作造成不便。山区建场还要注意地质构造情况，避开断层、滑坡、塌方的地段，也要避开坡底和谷地以及风口，以免受山洪和暴风雪的袭击。有些山区的谷地或山坳，常因地形地势限制，易形成局部空气涡流现象，致使场区内污浊空气长时间滞留、潮湿、阴冷或闷热，因此，应注意避免。

场地地形宜开阔整齐，避免过多的边角和过于狭长。狭长场地影响建筑物合理布置，拉长生产作业线，不利于场区的卫生防疫和生产联系。边角过多会增加防护设施等投资。

2. 水源水质

畜牧生产需要大量的水。水质好坏直接影响牧场人、畜健康。畜牧场要有水质良好和水量丰富的水源，同时便于取用和进行防护。

水量充足是指能满足场内人畜饮用和其他生产、生活用水的需要，且在干燥或冻结时期也能满足场内全部用水需要。畜牧场的用水量受多种因素影响，由于条件差异较大，我国并无统一的标准。各养殖场因生产方式和管理水平不同，用水量和排水量均存在较大差异。如采用水冲清粪系统时清粪耗水量大，一般按生产用水120％计算。考虑到环保压力，新建场不提倡水冲清粪方式。夏季为防止奶牛热应激，主要采用喷淋降温方式，夏季用水量会比其他季节用水量增加约30％。

在确保用水需求的同时，对水质卫生也有严格要求。水质要清洁，不含细菌、寄生虫卵及矿物毒物。畜禽饮用水应符合《无公害食品　畜禽饮用水水质》(NY 5027—2008)、《无公害食品 畜禽产品加工用水水质》(NY 5028—2008)等要求。在选择地下水作水源时，要调查是否因水质不良而出现过某些地方性疾病。《无公害食品　畜禽饮用水水质》(NY 5027—2008)明确规定了无公害畜牧生产中的水质要求。当水源不符合饮用水卫生标准时，必须经净化消毒处理，达到标准后才能饮用。

3. 土壤地质

土壤的透气性、吸湿性、毛细管特性及土壤化学成分等不仅直接和间接影响畜牧场的空气、水质和地上植被等，还影响土壤的净化作用。沙壤土最适合场区建设，但在一些客观条件限制的地方，选择理想的土壤条件很不容易，需要在规划设计、施工建造和日常使用管理上，设法弥补土壤缺陷。

对施工地段工程地质状况的了解，主要是收集工地附近的地质勘查资料，地层的构造状况，如断层、陷落、塌方及地下泥沼地层。对土层土壤的了解也很重要，如土层土壤的承载力是否是膨胀土或回填土。膨胀土遇水后膨胀，导致基础破坏，不能直接作为建筑物基础的受力层；回填土土质松紧不均，会造成建筑物基础不均匀沉降，建筑物将会倾斜或遭破坏。遇到这样的土层，需要做好加固处理，严重的不便处理的或投资过大的土层则应放弃选用。此外，了解拟建地段附近土质情况，对施工用材也有意义，如砂层可以作为砂浆、垫层的骨料，就地取材，节省投资。

4. 气候因素

气候状况不仅影响建筑规划、布局和设计，而且会影响畜舍朝向、防寒与遮阳设施的设置与畜牧场防暑、防寒日程安排等也十分密切。因此，在规划畜牧场时，需要收集拟建地区与建筑设计有关和影响畜牧场小气候的气候气象资料和常年气象变化、灾害性天气情况等，如平均气温、绝对最高气温、最低气温、土壤冻结深度、降水量与积雪深度、最大风力、常年主导风向、风向频率，日照情况等。各地均有民用建筑热工设计规范和标准，在畜舍建筑的热工计算时可以参照使用。

(二)社会条件

1. 城乡建设规划

在我国现阶段及未来很长一个时期,城乡建设将继续保持快速发展态势。因此,畜牧场选址应符合本地区农牧业发展总体规划、土地利用发展规划、城乡建设发展规划和环境保护规划,不要在城镇建设发展方向上选址,以免影响城乡人民的生活环境,造成频繁的搬迁和重建。

2. 交通运输条件

畜牧场每天都有大量的饲料、粪便、畜禽产品进出,所以场址应尽可能接近饲料产地和加工地,靠近产品销售地,确保其有合理的运输半径。大型集约化商品场,其物资需求和产品供销量极大,对外联系密切,故应保证交通方便,场外应通有公路,但应远离交通干线。

3. 水电供应情况

供水及排水要统一考虑。拟建场区附近如有地方自来水公司供水系统,可以尽量引用,但需要了解水量能否保证。

畜牧场生产、生活用电都要求有可靠的供电条件,一些畜牧生产环节如孵化、育雏、机械通风等电力供应必须绝对保证。通常,建设畜牧场要求有Ⅱ级供电电源。在Ⅲ级以下供电电源时,则需自备发电机,以保证场内供电的稳定可靠。为减少供电投资,应尽可能靠近输电线路,以缩短新线路敷设距离。

4. 卫生防疫要求

畜牧场选址应符合《中华人民共和国畜牧法》的规定,防止畜牧场受到周围环境的污染。选址时应避开居民点的污水排出口,畜牧场周围 3 km 内无大型化工厂、矿场或其他畜牧场等污染源。场区周围要有围墙、绿化带等隔离措施,且应建在居民点的下风向(当地全年主风)和地势相对较低处,防止粉尘、臭气等会随着气流扩散。

5. 土地征用需要

必须遵守十分珍惜和合理利用土地的原则,不得占用基本农田,尽量利用荒地和劣地建场。大型畜牧场分期建设时,场址选择应一次完成,分期征地。近期工程应集中布置,征用土地满足本期工程所需面积(表 7-1)。远期工程可预留用地,随建随征。征用土地可按场区总平面设计图计算实际占地面积。通常,随着单场养殖规模的增加,建场土地需求可以适当酌减。此外,也可以选择更节约土地的方式,比如近几年推出的楼房养猪,奶牛无运动场的全舍饲饲养方式等。为进一步明确畜牧场建设用地需要,2019 年 10 月,农业农村部组织有

表 7-1 畜牧场所占场地面积推荐值

牧场性质	规模	所需面积/(m^2/头)	备注
奶牛场	100～400 头成乳牛	160～180	
繁殖猪场	100～600 头基础母猪	75～100	按基础母猪计
肥猪场	年上市 0.5 万～2.0 万头肥猪	4～5	本场养母猪,按上市肥猪头数计
羊场		15～20	
蛋鸡场	10 万～20 万只蛋鸡	0.65～1.0	本场养种鸡,蛋鸡笼养,按蛋鸡计
蛋鸡场	10 万～20 万只蛋鸡	0.5～0.7	本场不养种鸡,蛋鸡笼养,按蛋鸡计
肉鸡场	年上市 100 万只肉鸡	0.4～0.5	本场养种鸡,肉鸡笼养,按存栏数 20 万只肉鸡计
肉鸡场	年上市 100 万只肉鸡	0.7～0.8	本场养种鸡,肉鸡平养,按存栏数 20 万只肉鸡计

关专家，开始编制《设施农业建设用地标准 设施畜牧》农业行业标准，待标准颁布实施后，畜牧场土地征用将纳入法制化轨道。

二、场区规划布局与功能分区

在选定的场地上，根据地形、地势和当地主导风向，对不同功能区、建筑群、人流、物流、道路、绿化等内容进行规划。根据场区规划方案和工艺设计要求，合理安排每栋建筑物和每种设施的位置和朝向。

(一)场区布局要求

畜牧场场区布局，应考虑人的工作条件和生活环境，保证畜禽不受污染源的影响。

1. 生活管理区与辅助生产区

生活管理区和辅助生产区应位于场区常年主导风向的上风处和地势较高处，隔离区位于场区常年主导风向的下风处和地势较低处(图 7-1)。地势与主导风向不是同一个方向，按防疫要求又不好处理时，则应以风向为主。地势的矛盾可以通过挖沟设障等工程设施和利用偏角(与主导风向垂直的两个偏角)等措施来解决。

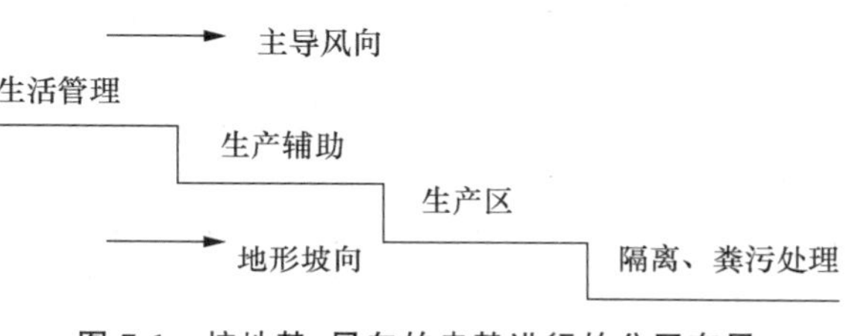

图 7-1　按地势、风向的走势进行的分区布局

2. 生产区与生活管理区、辅助生产区

生产区与生活管理区、辅助生产区应设置围墙或树篱严格分开，在生产区入口处设置第二道更衣消毒室和车辆消毒设施。这些设施一端的出入口开在生活管理区内，另一端的出入口开在生产区内。生产区内与场外运输、物品交流较为频繁的有关设施，如挤奶厅、人工授精室、家畜装车台、销售展示厅等必须布置在靠近场外道路的地方，以尽量避免外部车辆、人员进入生产区造成防疫隐患。

3. 生产辅助区的设施要紧靠生产区

对于饲料仓库而言，则要求其卸料口开在辅助生产区内，取料口开在生产区内，杜绝外来车辆进入生产区，保证生产区内外运料车互不交叉使用。青贮、干草、块根等多汁饲料及垫草等大宗物料的贮存场地应按照贮用合一的原则，布置在靠近畜舍的边缘地带，贮存场地应排水良好，便于机械化装卸、粉碎加工和运输。干草棚常设置于下风处，与周围建筑物的距离符合国家现行的防火规范要求。

4. 生活管理区

生活管理区应在靠近场区大门内侧集中布置。

5. 隔离区与生产区

隔离区与生产区之间应设置适当的卫生间距和绿化隔离带。场区内的粪污处理设施与其他设施保持适当的卫生间距，与生产区有专用道路相连，与场区外有专用大门和道路相通。

(二)功能分区

畜牧功能分区是否合理，各区建筑物布置是否得当，不仅直接影响基建投资、经营管理、生产的组织、劳动生产率和经济效益，而且影响场区小气候状况和兽医卫生水平。在畜牧场规划设计中，必须按照各部门功能的不同，合理进行规划布局。

1. 生活管理区

生活管理区包括办公室、接待室、会议室、技术资料室、监控室、化验室、场内人员淋浴消毒更衣室、食堂、值班宿舍、厕所、传达室、围墙、大门以及外来人员更衣消毒室和车辆消毒设施等。其中,办公室、人员淋浴、消毒、更衣室等宜靠近场部大门,以利于对外联系及防疫。

2. 生产区

生产区是畜牧场的主体,布置着各种畜禽舍及蛋库、孵化出雏间、挤奶厅、乳品处理间、羊剪毛间、家畜采精室、人工授精室、家畜装车台、选种展示厅等与畜禽场与外界有直接物流关联的生产性建筑。其主要生产建筑应根据其互相关系,结合现场条件,考虑光照、风向等环境因素,进行合理布置。以奶牛场为例,生产区包括成乳牛舍、产房、育成牛舍、青年牛舍、犊牛舍以及挤奶厅和附属建筑等。其中成乳牛舍常成为奶牛场的主要建筑群,数量最多。因犊牛容易感染疫病,犊牛舍要设在生产区的上风向。隔离牛舍是病原微生物相对集中的场所,需设在生产区的下风向,并离其他牛舍有一定的距离。

3. 生产辅助区

生产辅助区由饲料库、饲料加工车间,以及供水、供电、供热、维修、仓库等建筑设施组成。饲料库与饲料加工间应靠近场部大门,并有直接道路对外联系,其卸料口开在辅助生产区内,仓库的取料口开在生产区内,杜绝外来车辆进入生产区,保证生产区内外运料车互不交叉使用。奶牛场应有足够的面积用来布置干草堆场和饲料贮放场等。在青贮料贮存季节,生产辅助区还要有一定的加工场地。供水、供电、供热、维修、仓库等设施。这些设施要紧靠生产区布置,与生活管理区没有严格的界限要求。

4. 粪污处理与隔离区

粪污处理与隔离区主要包括兽医室、隔离畜禽舍、畜禽尸体解剖室、畜禽病尸高压灭菌或焚烧处理设备、粪便和污水储存与处理设施。这些设施通常是排菌集中的场所,需设在全场常年主导风向的下风处和场区最低处,并应与生产区之间设置适当的卫生间距和绿化隔离带。粪便污水贮存与处理设施占地面积大,由于我国大部分地区冬季盛行西北风、夏季盛行东南风,为避免场区环境污染,宜将其布置在侧风向位置(如场区的西南角或东北角),与生产区有专用道路相连,与场区外有专用大门和道路相通。

三、畜牧场建筑设施布置

(一)畜牧场建筑设施组成

畜牧场建筑设施因家畜不同而异,大体归纳为表7-2至表7-4。

表7-2 规模化鸡场建筑设施组成

鸡场的类别	生产建筑设施	辅助生产建筑设施	工程配套设施	生活与管理建筑
种鸡场	育雏舍、育成舍、种鸡舍、孵化厅	消毒门廊、消毒沐浴室、兽医化验室、急宰间和焚烧间、饲料加工间、饲料库、蛋库、物料库、污水及粪便处理设施	场区工程、汽车库、修理间、变配电室、发电机房、水塔、蓄水池和压力罐、水泵房、通信设施等	办公用房、食堂、宿舍、文化娱乐用房、大门、门卫间、厕所
蛋鸡场	育雏舍、育成舍、蛋鸡舍			
肉鸡场	育雏舍、肉鸡舍			

表 7-3 规模化猪场建筑设施组成

生产建筑设施	辅助生产建筑设施	配套设施	生活与管理建筑
配种舍(含公猪)、妊娠舍、分娩哺乳舍、仔猪培育舍、育成舍、育肥舍、装卸猪台	消毒沐浴室、兽医化验室(含病猪隔离间)、病猪无害化处理设施、饲料加工间与饲料库、物料库、污水及粪便处理设施	场区工程、汽车库、修理间、变配电室、发电机房、水塔、蓄水池和压力罐、水泵房、通信设施等	办公用房、食堂、宿舍、文化娱乐用房、大门、门卫间、厕所

表 7-4 规模化牛场建筑设施组成

牛场类别	生产建筑设施	辅助生产建筑设施	配套设施	生活与管理建筑
奶牛场	成乳牛舍、青年牛舍、育成牛舍、犊牛舍或犊牛岛、产房、挤奶厅	消毒沐浴室、兽医化验室(病牛隔离间)、急宰间和焚烧间、饲料加工间、饲料库、青贮窖、干草房、物料库、污水及粪便处理设施	场区工程、汽车库、修理间、变配电室、发电机房、水塔、蓄水池和压力罐、水泵房、通信设施等	办公用房、食堂、宿舍、文化娱乐用房、围墙、大门、门卫间、厕所
肉牛场	母牛舍、后备牛舍、育肥牛舍、犊牛舍			

(二)畜舍布置

畜舍布置形式主要有单列式、双列式和多列式等(图 7-2),应根据现场条件,因地制宜地合理安排。一般来说畜舍应平行整齐排列,四栋以内,宜呈单列布置,单列布置使场区的净道(饲料道)与污道(粪便道)分别设置在畜舍两侧,分工明确、不会产生交叉。但会使道路和工程管线线路过长,可能会影响送料、清粪等,因此,这种布局适于小规模场。双列式布置是畜舍最常使用的布置方式。其优点是既能保证场区净污分流明确,又能缩短道路和工程管线的长度。在这种布置方式中,净道居中,污道在畜舍两边。此外,一些大型畜牧场有时会采用多列式布置,通常这种布置方式很难解决场区内的空气污染问题,应尽量避免采用。

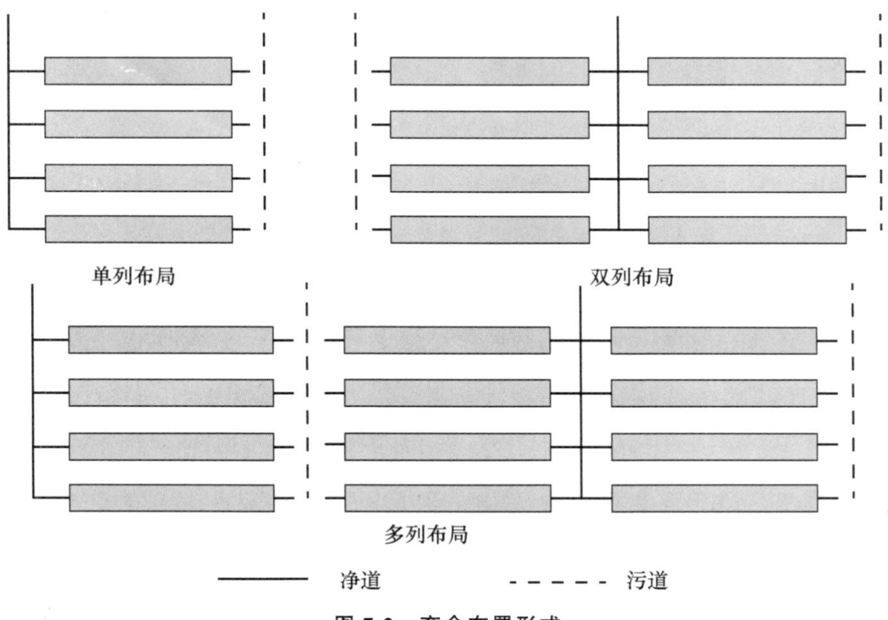

图 7-2 畜舍布置形式

(三)畜舍朝向选择

畜舍朝向的选择与当地的地理纬度、地段环境、局部气候特征及建筑用地条件等因素有关。适宜的朝向一方面可以合理地利用太阳辐射能,避免夏季过多的热量进入舍内,而冬季则最大限度地允许太阳辐射能进入舍内以提高舍温;另一方面,可以合理利用主导风向,改善通风条件,从而为获得良好的畜舍环境提供可能。

1. 朝向与光照

光照是促进家畜正常生长、发育、繁殖等不可缺少的环境因子。自然光照的合理利用,不仅可以改善舍内光温条件,还可起到很好的杀菌作用,利于舍内小气候环境的净化。我国地处北纬 20°～50°,太阳高度角为冬季小、夏季大。为确保冬季舍内获得较多的太阳辐射热,防止夏季太阳过分照射,畜舍宜采用东西走向或南偏东或西 15°左右朝向较为合适。

2. 朝向与通风与冷风渗透

畜禽舍布置与场区所处地区的主导风向关系密切,主导风向直接影响冬季畜禽舍的热量损耗和夏季畜禽舍的舍内和场区的通风,特别是在采用自然通风系统时。从室内通风效果看,若风向入射角(畜禽舍墙面法线与主导风向的夹角)为零时,舍内与窗间墙正对这段空气流速较低,有害空气不易排除;当风向入射角改为 30°～60°时,舍内低速区气流减少,改善舍内气流分布的均匀性,可提高通风效果。从整个场区的通风效果看,风向入射角为零时,畜禽舍背风面的涡流区较大,有害气体不易排除;当风向入射角改为 30°～60°时,有害气体能顺利排除。从冬季防寒要求看,若冬季主导风向与畜禽舍纵墙垂直,则会使畜禽舍的热损耗最大。因此,畜禽舍朝向要综合考虑当地的气象、地形等特点,抓住主要矛盾,兼顾次要矛盾和其他因素合理确定。

综合日照和通风要求,即可确定畜舍的最佳朝向。表 7-5 是在参考了民用建筑朝向的基础上确定的畜舍建筑朝向。

表 7-5 我国部分地区畜舍最佳朝向

地区	最佳朝向	适宜朝向	不宜朝向
武汉	南偏西 15°	南偏东 15°	西、西北
广州	南偏东 15°,南偏西 5°	南偏东 25°,南偏西 5°	西
南京	南偏东 15。	南偏东 25°南偏西 10°	西、北
济南	南、南偏东 10°～15°	南偏西 30。	西偏北 1°～5°
合肥	南偏东 5°～15°	南偏东 15°、南偏西 5°	西
郑州	南偏东 15°	南偏东。	西北
长沙	南偏东 10°左右	南	西、西北
成都	南偏东 45°至南偏西 15°	南偏东 45°至东偏北 30°	西、北
昆明	南偏东 25°	东至南至西	北偏东 35°、北偏西 35°
重庆	南、南偏东 10°	南偏东 15°南偏西 5°	东、西
拉萨	南偏东 10°,南偏西 5°	南偏东 15°,南偏西 10°	西、北
上海	南至南偏东 15°	南偏东 30°,南偏西 15°	北、西北
杭州	南偏东 10°～15°,北偏东 6°	南、南偏东 30°	北、西
厦门	南偏东 5°～10°	南偏东 22°,南偏西 10°	南偏西 25°、西偏北 30°
福州	南、南偏东 5°～10°	南偏东 15°以内	西
北京	南偏东 30°内,南偏西 30°内	南偏东 45°以内,南偏西 45°以内	北偏西 30°
沈阳	南、南偏东 20°	南偏东至东,南偏西至西	东北、东至西北、西
长春	南偏东 30°,南偏西 10°	南偏东 45°,南偏西 15°	北、东北、西北
哈尔滨	南偏东 15°	南至南偏东 15°,南至南偏西 15°	西、西北、北

(四)畜舍间距

除个别采用连栋形式的畜舍外具有一定规模的畜牧场的,生产区内都有一定数量不同用途的畜舍。在排列时,畜舍与畜舍之间均有一定的距离要求。若距离过大,则会造成占地太多、浪费土地,而且会增加道路、管线等基础设施长度,增加投资,管理也不方便。但若距离过小,会加大各舍间的干扰,对畜舍采光、通风防疫、防火等不利。适宜的畜舍间距应根据采光、通风、防疫和消防几点综合考虑:

1. 采光间距

应根据当地的纬度、日照要求以及畜禽舍檐口高度求得。采光间距一般为1.5~2倍的檐高。纬度越高的地区,其系数取大值。

2. 通风与防疫间距

畜禽舍经常排放有害气体,这些气体会随着通风气流影响相邻畜禽舍。通风与防疫间距要求一般取3~5倍的檐高,可避免前栋排出的有害气体对后栋的影响,减少互相感染的机会。

3. 防火间距

目前没有专门针对农业建筑的防火规范,但现代畜禽舍的建造大多采用砖混结构、钢筋混凝土结构和新型建材围护结构,其耐火等级为二级至三级,所以可参照民用建筑的标准设置。耐火等级为三级和四级的民用建筑间最小防火间距是8 m和12 m,所以畜禽舍的间距为3~5倍的檐高可以满足上述各项要求。干草棚等易燃设施应该距离其他建筑25~30 m以上。可见,畜禽舍间距主要是由防火间距来决定。在设计时可按表7-6和表7-7参考选用。

表7-6 鸡舍的间距 m

类别		同类鸡舍	不同类鸡舍	距孵化场
祖代鸡场	种鸡舍	30~40	40~50	100
	育雏、育成舍	20~30	40~50	50以上
父母代鸡场	种鸡舍	15~20	30~40	100
	育雏、育成舍	15~20	30~40	50以上
商品场	蛋鸡舍	12~15	20~25	300以上
	肉鸡舍	12~15	20~25	300以上

表7-7 猪、牛舍的间距 m

类别	同类畜舍	不同类畜舍
猪场	10~15	15~20
牛场	12~15	15~20

第三节 畜牧场工艺设计

特定生产工艺流程和综合的工程配套具有现代化、规模化、集约化生产的特点,而畜牧生产与一般工业生产不同(产品对象为活物),它有独特的工艺流程,再配以相应的建筑设施与装备,才能满足环境管理的要求。

畜牧场工艺设计包括生产工艺设计和工程工艺设计两个部分。生产工艺设计主要根据场区所在地的自然和社会经济条件，对畜牧场的性质和规模、畜群组成、生产工艺流程、饲养管理方式、水电和饲料等消耗定额、劳动定额、生产设备的选型配套、牧场所在区域的气候和社会经济条件等加以确定，进而提出恰当的生产指标、耗料标准等工艺参数。工程工艺设计是根据畜牧生产所要求的环境条件和生产工艺设计所提出的方案，利用工程技术手段，按照安全和经济的原则，提出畜舍的基本尺寸、环境控制措施、场区布局方案、工程防疫设施等，为畜牧场工程设计提供必要的依据。

一、畜牧场生产工艺设计的基本内容

畜牧生产工艺涉及整体、长远利益，其正确与否，对建成后的正常运转、生产管理和经济效益都将产生极大的影响。良好的畜牧生产工艺设计可很好地解决各个生产环节的衔接关系，充分发挥畜牧品种的生产潜力。因此，生产工艺设计是进行畜牧场规划和畜舍设计的最基本的依据，也是畜牧场建成后实施生产技术，组织经营管理，实现和完成预定生产任务的决策性要求。生产工艺设计的内容包括以下几个方面。

(一)畜牧场的性质与任务

一般按繁育体系分为原种场(曾祖代场)、祖代场、父母代场和商品场。原种场的任务是运用动物遗传育种规律进行畜禽优化、纯化和配套的品种、品系生产的场所，向外提供祖代种畜、种蛋、精液、胚胎等。原种场由于育种工作的严格要求，必须单独建场，不允许进行纯系繁育以外的任何生产活动，一般由专门的育种机构承担。

祖代场的任务是改良品种，运用从原种场获得的祖代产品，用科学方法来繁殖培育下级场所需的优良品种。通常，培育一个新的品种需要大量的资金和较长的时间，并且要有一定数量的畜牧技术人员，现代畜禽品种的祖代场根据畜禽商品需要，要饲养两个以上的品种或品系，一般是饲养有四个品种或品系，提供二元种畜(禽)。

父母代场的任务是利用从祖代场获得的品种，生产商品场所需的种源。而商品代场则是利用从父母代场获得的种源专门从事商品代畜产品的生产。

通常，祖代场、父母代场和商品场往往以一业为主，兼营其他性质的生产活动。如祖代鸡场在生产父母代种蛋、种鸡的同时，也可生产一些商品代蛋鸡或鸡蛋供应市场。为了解决本场所需的种源，商品代猪场往往也饲养相当数量的父母代种猪。

奶牛场一般区分不明显。因为在选育中一定会产生商品奶，所以表现出向外供应鲜奶和良种牛双重任务，但各场的侧重点不同，有的以供奶为主，有的则着重于选育良种。

(二)畜牧场的规模

畜牧场的规模尚无规范的描述方法。有的畜牧场按存栏头(只)数计，有的畜牧场则按年出栏商品畜禽数计。如商品猪场和肉鸡、肉牛场按年出栏量计，种猪场亦可按基础母猪数计，种鸡场一般按种鸡套数计，奶牛场则按成乳牛头数或存栏量计。

畜牧场性质和规模的确定必须根据市场需求，并考虑技术水平、投资能力和各方面条件。种畜禽场应尽可能纳入国家或地区的繁育体系，其性质和规模应与国家或地区的需求相适应，在建场时应慎重考虑。盲目追求高层次、大规模易导致失败。

(三)工艺流程及其工艺参数

工艺流程，也叫“生产流程”，是指在畜牧生产过程中，人们根据畜禽生长发育和生产的特点，为畜禽完成某一生理时期制定的技术流程。畜牧场生产工艺流程需要依据畜禽生理、生长发育规律、环境管理要求、生产技术水平、劳动力资源等进行选择。不同畜禽品种的工艺流程不尽相同，即使同一畜种，不同场制定的工艺也可能不同，甚至同一个场在不同阶段采用的工艺也不同。工艺流程具有不确定性和不唯一性。工艺设计中，一定要注重工艺流程的技术先进性和经济合理性。

生产工艺参数是现代畜牧场生产能力、技术水平、饲料消耗以及相应设置的重要根据，也是畜牧场投产后的生产指标和定额管理标准，主要包括畜群结构、繁殖周期、饲养时间、配种方式、生产性能指标、死淘率、利用年限、饲料定额等。工艺参数正确与否，对整个设计及生产流程组织都将产生很大影响，必须对其反复推敲，谨慎确定。

(四)环境参数

在工艺设计中，应提供温度、湿度、通风量、风速、光照时间和强度、有害气体浓度、含尘量、微生物含量等舍内环境参数和标准。

(五)饲养方式

饲养方式是指为满足动物生长发育要求(如吃、喝、拉、撒、睡)而提供的相关技术条件。不同饲养方式对设备选型、畜舍建筑设计、劳动强度与生产效率有不同影响，应综合考虑畜禽种类、畜牧场任务、地区经济条件和生产技术水平、市场消费群体需求等来选择。集约化畜牧生产中采用限位栏、拴系、漏缝地板、限饲、笼养、无垫料或垫草等饲养方式以及高密度、早期断奶、社会隔离等管理措施造成疾病传染率和发病率高、种畜利用率低、应激综合征发生率高、身体易损伤、异常行为表现的个体多等问题较为普遍。选择满足动物行为和福利需求的饲养方式不但有利于动物的健康和良好生产性能的发挥，而且更利于保证畜产品品质和安全。

(六)畜群结构和畜群周转

任何一个畜牧场在明确了生产性质、规模、生产工艺以及相应的各种参数后，即可确定各类畜群及其饲养天数，将畜群划分成若干阶段，然后对每个阶段的存栏数量进行计算，确定畜群结构组成。

根据畜禽组成以及各类畜禽之间的功能关系，可制定出相应的生产计划和周转流程。为更形象地表达畜群组成和周转过程，可按照规定的工艺流程和繁殖节律，结合场地情况、管理定额、设备规格等，确定畜舍种类和数量，并绘制成周转流程图。

二、主要畜禽的生产工艺流程、工艺模式选择

(一)规模化养猪生产工艺

1. 工艺流程

现代化养猪普遍采用分段式饲养，全进全出的生产工艺。它是适应集约化养猪生产要求，提高养猪生产效率的保证，同样它也需要根据当地的经济、气候、能源交通等综合条件因地制宜地确定饲养模式。猪场的饲养规模不同，技术水平不一样，为了使生产和管理方便、系统化，提高生产效率，可以采用不同的饲养阶段。例如，猪场的四段饲养工艺流程设计为空怀及妊娠期→哺乳期→仔猪保育期→生长肥育期，确定工艺后，同时确定生产节拍。生产节拍也被称为繁殖节律，是指相邻两群哺乳母猪转群的时间间隔(天数)，在一定时间内对一群母猪进行人工授精或组织自然交配，使其受胎后及时组成一定规模的生产群，以保证分娩后形成确定规模的

哺乳母猪群，并获得规定数量的仔猪。合理的生产节拍是全进全出工艺的前提，也是有计划利用猪舍和合理组织劳动生产管理，均衡生产商品肉猪的基础。现代化猪场多采用批次化全进全出生产方式，一般选择 7 d 制生产节拍。规模大的猪场，也可采用 1 d 或 2 d 制生产节拍，即每天有一批母猪配种、产仔、断奶、仔猪保育和肉猪出栏。全进全出可以猪舍局部若干栏位为单位转群，转群后进行清洗消毒；也有将猪舍按照转群的数量分隔成单元，以单元全进全出；年出栏 3 万～5 万头的规模猪场可按每个生产节拍的猪群设计猪舍，以舍为单位全进全出。年出栏 10 万头以上的规模猪场则可考虑以场为单位实行全进全出，这样更利于防疫和管理，同时，可避免猪场过于集中给环境控制和废弃物处理带来负担。以场为单位实行全进全出的工艺流程如图 7-3 所示。

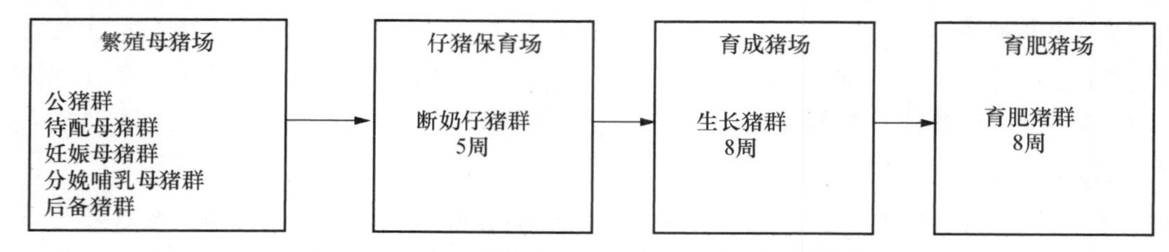

图 7-3 以场为单位实行全进全出的饲养工艺流程

需要说明的是，饲养阶段的划分不是固定不变的，例如，有的猪场将妊娠母猪群分为妊娠前期和妊娠后期，加强对妊娠母猪的饲养管理，提高母猪的分娩率。如果收购商品肉猪按照生猪屠宰后的瘦肉率高低计算价格，为了提高瘦肉率一般将肥育期分力肥育前期和肥育后期。在肥育前期自由采食，肥育后期限制饲喂。总之，饲养工艺流程中饲养阶段的划分必须根据猪场的性质和规模，以提高生产力水平为前提来确定。

2. 主要工艺参数

就规模化猪场而言，其生产工艺参数的制定，对准确计算猪群结构即各类猪群的存栏数、猪舍及各猪舍所需栏位数、饲料用量和产品数量有很大影响，必须根据养猪的品种、生产力水平、技术水平、经营管理水平和环境设施等，实事求是地加以确定。表 7-8 是年出栏 1 万头猪场的工艺参数，供参考。

3. 现代养猪生产工艺模式

现代养猪生产应用较为广泛的生产工艺模式有定位饲养、圈栏饲养以及厚垫草饲养等工艺模式，近年来，福利化饲养模式越来越受到关注，即根据猪的生理、行为、习性、环境等要求，采用福利化的技术设施设备，改善高密度饲养下的养殖条件，从而实现增产增值、提高肉的品质和品位的目标。其中户外养猪和舍饲散养工艺就是比较突出的例子，在欧美等国取得了良好的经济、社会与生态效益。

（1）定位饲养生产工艺　定位饲养工艺也称完全圈养饲养工艺。最早的定位饲养形式是用皮带或锁链，把母猪固定在指定地点，或者有用板条箱限制母猪的活动空间。大部分母猪专业场和自繁自养猪场，其配种、妊娠期的母猪及分娩期母猪一般都采用单体栏饲养。猪与猪之间由铁栏杆隔开，全部或部分漏缝地板。其特点是“集中、密集、节约”，猪场占地面积少，栏位利用率高，工厂化水平高，劳动组织合理；可较好地采用各种先进的科学技术，如可配合采用先进省水的滴水降温法对母猪进行夏季降温等，实现养猪生产的高产出、高效率。但是定位饲养面临最大的问题就是母猪只能起卧，不能运动，造成母猪种用体质下降，繁殖障碍增多。

表 7-8 某万头猪场的工艺参数

指标	参数	指标	参数
妊娠期/d	114	初生/头	19.8
哺乳期/d	35	35 日龄/头	17.8
仔猪培育期/d	28～35	36～70 日龄/头	16.9
断奶至受胎/d	7～10	71～180 日龄/头	16.5
繁殖周期/d	163～169	初生至 180 日龄体重/kg：	
母猪年产胎次	2.24	初生	1.2
母猪窝产仔数/头	10	35 日龄	6.5
窝产活仔数/头	9	70 日龄	20
种猪年更新率/%	33	180 日龄	90
母猪情期受胎率/%	85	每头母猪年产肉量/活重 kg	1 575.0
公母比例		平均日增重/g	
自然交配	1∶25	初生至 35 日龄	156
人工授精	1∶100	36～70 日龄	386
成活率/%		71～180 日龄	645
哺乳期	90	圈舍冲洗消毒时间/d	7
仔猪培育期	95	繁殖节律/d	7
育成育肥期	98	周配种次数	1.2～1.4
每头母猪年产活仔数		妊娠母猪提前进入产房时间/d	7
		母猪配种后原圈观察时间	21

(2)圈栏饲养生产工艺　与定位饲养工艺所不同的是，采用该生产工艺的各类猪场，其配种、妊娠期母猪以及断奶期仔猪、育成育肥期猪等都在大圈中饲养。母猪一般每圈 3～4 头，有的还设有舍外运动场；断奶仔猪、育成育肥猪一般每圈饲养 8～10 头，有些甚至达 20 头。但分娩母猪仍采用“扣笼”饲养，对母猪健康生产造成一定影响，且圈栏饲养存在占地面积大，猪死亡率高等问题。公猪饲养中通常为圈栏饲养。与一般的圈栏饲养不同的是，公猪一般为每圈 1 头，圈栏面积相对较大，一般在舍外配置相应面积的运动场，以确保其足够的运动。

(3)厚垫草饲养生产工艺　为了减少猪蹄的损伤，提高床面温度，国外采用厚垫草饲养工艺来进行断奶仔猪及育肥猪生产。国内的发酵床饲养工艺与此类似，只是垫料厚度不同，一般为 70～90 cm，主要采用锯末、粉碎秸秆为原料。该工艺易导致舍内粉尘浓度高，对呼吸道的损害较大，尘肺率高，还容易造成寄生虫病，增加蛔虫病感染的概率。

(4)户外养猪生产工艺　主要是放牧结合定点补饲，恢复动物原来的活动状态和生态环境，并强化生产管理技术设施。户外养猪是一种最古老的养猪生产工艺模式，因其效率低曾经被养猪企业冷落。随着人们生活水平的提高，环境保护意识的增强，加上动物福利事业的发展，使该工艺模式又在欧洲流行起来。该模式的优点是可以满足猪的行为习性要求，投资少、节水节能，对环境污染少；缺点是受气候影响较大，占地面积大，应用有一定的局限性。我国南方山地草山草坡多，气温较高，在有条件的地方可以采用这种模式。

二维码 7-1
福利化舍饲散养
工艺设施装备

(5)舍饲散养生产工艺　舍饲散养生产工艺也称诺廷根暖床养猪工艺或猪村养猪工艺。该工艺中，舍内有较大范围的活动面积，猪群可自由行动，自己管理自己，形成猪的“社区”——“猪村”。其主要设施设备包括专供猪睡卧的“暖床”适于猪群定点排粪并可自行出入的“猪厕所”；为适应猪采食拱料行为的可干可湿的“自拌”料箱；为散发体热满足水浴要求的自行开关淋浴器以及克服啃咬以满足猪只磨牙生理要求的磨牙链和拱癖槽，满足猪蹭痒用的蹭痒架等装置。这种养猪新工艺的技术特点是集猪的生理、生态、行为、习性于一体的全生态型的养猪工程工艺符合猪的生物学特点和生命活动所需的环境要求(图 7-4)。

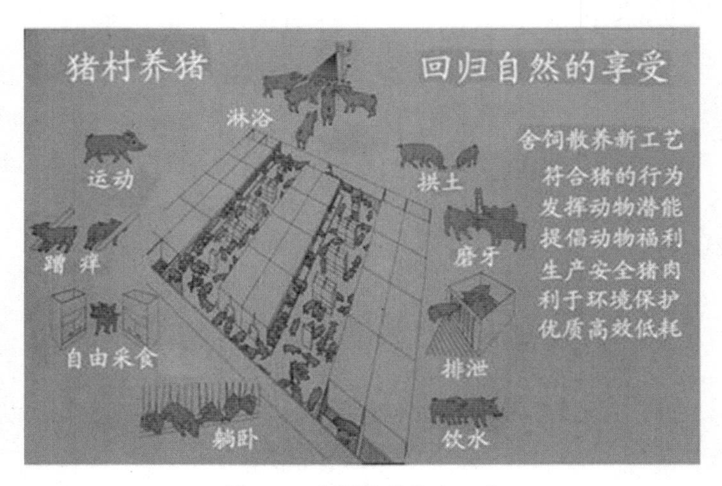

图 7-4 舍饲散养生产工艺

养猪生产采用什么样的生产工艺模式，必须根据当地的经济、气候、能源等综合条件来决定，最终要取得经济效益、社会效益和生态效益。生产工艺模式不可照抄照搬，否则有些工艺看起来很先进，但不适用，经济效益低。

(二)规模化养鸡生产工艺

1. 鸡的饲养阶段划分

习惯上，种鸡和蛋鸡的饲养阶段通常是根据鸡的周龄进行划分的。一般 0～6 周龄为育雏期，7～20 周龄为育成期，21 周龄直至淘汰为产蛋期，也有从单纯的以周龄为界限结合体重或体形指标来划分饲养阶段，如黄金褐胫长达 83 cm、依莎褐体重达 850 g 时为育成期；黄金褐体重达到 1 450 g、伊莎褐体重达到 1 570 g 为产蛋期。此外，对周龄划分的界限也要求不严格，如有些场将育雏期确定为 0～8 周龄或 10 周龄，甚至更长，9～17 周龄为育成期，17～18 周龄以后为产蛋期。总体看来，育雏期、产蛋期有所延长。过去，大部分鸡场 72～74 周龄即全部淘汰。近些年，由于饲养管理水平的提高，鸡的高产期维持较长，蛋鸡开产后连续产蛋至 700 日龄才淘汰。肉仔鸡的饲养一般都不分阶段，整个饲养期为 1 日龄直至上市。

2. 鸡的生产工艺流程

鸡的生产工艺流程通常是根据饲养阶段确定的，生产环节包括育雏、育成、产蛋及孵化等。不同性质的鸡场可根据各个生产环节，确定其工艺流程(图 7-5)。按照生产工艺流程建立不同类型的鸡舍，以满足鸡群生理、行为与生产等的要求，最大限度地发挥鸡群的生产潜能。

3. 主要工艺参数

养鸡生产工艺参数主要根据鸡场的种类、性质、鸡的品种、鸡群结构、饲养管理条件、技术及经营水平等确定。鸡场主要工艺参数可参考表 7-9 至表 7-11。

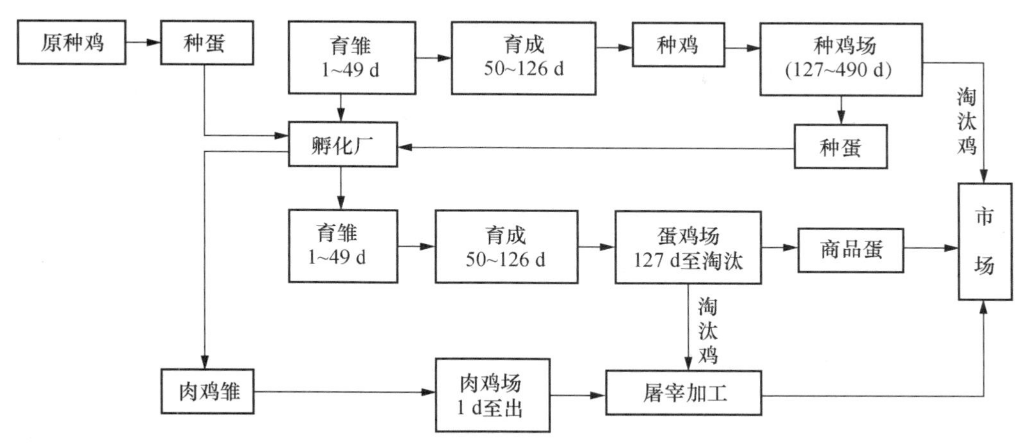

图 7-5　各种鸡场的生产工艺流程

表 7-9　蛋鸡场主要工艺参数

指标	参数	指标	参数
轻型/中型蛋鸡体重及耗料			
雏鸡(0～6 或 7 周龄)		8～18 周龄日耗料量/(g/只)	46/48 渐增至 75/83
7 周龄体重/(g/只)	530/515	8～18 周龄总耗料量/(g/只)	4 550/5 180
7 周龄成活率/%	93～95	产蛋鸡(21～72 周龄)	
1～7 周龄日耗料量/(g/只)	10/12 渐增至 43	21～40 周龄日耗料量/(g/只)	77/91 渐增至 114/127
1～7 周龄总耗料量/(g/只)	1 316/1 365	21～40 周龄总耗料量/(g/只)	15.2/16.4
育成鸡(8～18 或 19 周龄)		41～72 周龄日耗料量/(g/只)	100 渐增至 104
18 周龄体重/(g/只)	1 270/未统计	41～72 周龄总耗料量/(g/只)	22.9/未统计
18 周龄成活率/%	97～99		
轻型和中型蛋鸡生产性能			
21～30 周入舍鸡产蛋率/%	10 渐增至 90.7	饲养日平均产蛋率/%	78.0
31～60 周入舍鸡产蛋率/%	90 渐减至 71.5	入舍鸡产蛋数/(枚/只)	288.9
61～76 周入舍鸡产蛋率/%	70.9 渐减至 62.1	入舍鸡平均产蛋率/%	73.7
饲养日产蛋数/(枚/只)	305.8	平均月死淘率/%	1 以下
轻型蛋用型种鸡(来航)体重、耗料及生产性能			
雏鸡(0～6 或 7 周龄)		60 周龄体重/(g/只)	1 730
7 周龄体重/(g/只)	480～560	41～60 周总耗料量/(g/只)	14 600
1～7 周龄总耗料量/(g/只)	1 120～1 274	72 周龄体重/(g/只)	1 780
育成鸡(8～18 或 19 周龄,9～15 周龄限饲)		61～72 周总耗料量/(g/只)	8 300
18 周龄体重/(g/只)	1 135～1 270	22～73 周龄生产性能	
8～18 周龄总耗料量/(g/只)	3 941～5 026	平均饲养日产蛋率/%	73.1
产蛋鸡(21～72 周龄)		累计入舍鸡产蛋数/(枚/只)	267
25 周龄体重/(g/只)	1 550	种蛋率/%	84.1
19～25 周总耗料量/(g/只)	3 820	累计入舍鸡产种蛋数/(枚/只)	211
40 周龄体重/(g/只)	1 640	入孵蛋总孵化率/%	84.9
26～40 周总耗料量/(g/只)	11 200	累计入舍产母雏数/(只/只)	89.7

表 7-10 肉种鸡场主要工艺参数

指标	参数	指标	参数
配种方式	自然配种或人工授精	饲养日平均产蛋率/%	68
公母比例	1∶(8～10)	年平均产蛋量/枚	160
种鸡选留率/%	公鸡:60～80	平均孵化率/%	85 以上
	母鸡:50～70	种蛋合格率/%	90～95 以上
死淘率/%	育雏期:5	种蛋破损率/%	5 以下
	育成期:10	受精率/%	90 以上
		出雏率/%	80 以上
	产蛋期:0.8	雏鸡雌雄鉴别率/%	98 以上
饲养日产蛋数(枚)	209	平均蛋重/g	60

表 7-11 肉仔鸡生产工艺参数

指标	参数	指标	参数
出壳体重/g	40	料肉比	公鸡 8 周龄:2.06∶1
			母鸡 7 周龄:1.95∶1
仔鸡成活率/%	95 以上	屠宰率/%	80
上市体重/g	2800 左右	商品鸡合格率/%	95 以上

4. 养鸡生产工艺模式

无论蛋鸡、种鸡,还是肉鸡,均可采用笼养或平养方式。近年来,一些地方还出现了立体栖架散养、户外散养等福利化养鸡模式。

(1)笼养　根据笼型特征分为叠层笼养(H 型笼,图 7-6)和阶梯笼养(A 型笼,图 7-7),叠层笼养一般为 4～8 层。

图 7-6 叠层笼养

图 7-7 阶梯笼养

成年蛋鸡的饲养密度为 24～40 只/m^2,甚至更高,阶梯笼养为 2～4 层,相应的饲养密度为 18～20 只/m^2。笼养的特点是饲养密度高,便于机械化作业和生产管理,鸡不接触粪便,鸡舍卫生条件较好。但鸡只的活动比较受限,许多行为得不到表达;肉鸡笼养因增重快、骨骼发育慢,容易出现胸囊肿及抓鸡时骨骼损伤问题;种鸡笼养通常采用人工授精技术,耗时耗力。近年来,为克服传统笼养的这些问题,出现了一些新的笼养设备,如蛋鸡单体笼改小笼为大笼,由以往饲养 3～4 只/笼增加到 10～20 只/笼;肉鸡笼改

二维码 7-2
八层肉鸡舍

用翻转式底网;专门为种鸡设计了自然交配的本交笼以及为改善蛋鸡福利在笼内安装栖架、台阶、产蛋窝的富集笼(福利笼)等。

(2)平养　分为网上平养、地面厚垫料平养(图 7-8)以及地面-网上混合平养等形式。在平养条件下,鸡的自由活动空间和范围大,对骨骼发育较为有利,但由于接触粪便,易引发球虫病、白痢等疾病,且粉尘浓度高,抓鸡、转群较为困难。通常,肉鸡更适合采用网上或厚垫料平养方式,种鸡主要采用地面-网上混合平养。育雏育成期蛋鸡的平养多选择厚垫料饲养。平养的饲养密度较低,通常雏鸡为 25 只/m^2,育成鸡不超过 10 只/m^2。

图 7-8　地面厚垫料平养

(3)立体栖架散养　立体栖架散养是一种典型的蛋鸡福利化饲养方式,充分考虑了禽类的栖息特点,同时较好地利用了立体空间,产蛋期蛋鸡的饲养密度可达到 20～24 只/m^2。这种饲养方式在舍内提供分层栖架,供蛋鸡栖息和活动,其中栖架材料的选择和结构设计是关键,栖架布置、栖杆之间的角度、距离等都会影响到蛋鸡对栖杆的使用。栖架饲养系统中,安装有产蛋箱供蛋鸡产蛋。蛋鸡可以在栖架之间自由活动,其活动面积要远大于笼养方式。这种模式在德国、荷兰等欧洲国家应用广泛。中国农业大学多年来致力于研究适合我国蛋鸡生产的福利栖架养殖模式(图 7-9),因其采用离地饲养结合传送带清粪方式,以及可限制鸡自由活动的开闭式立式隔网设计,较好地克服了国外同类模式不易清粪、舍内粉尘浓度过高的问题,避免了鸡与粪的直接接触,又解决了散养条件下常规免疫时的抓鸡难题。

图 7-9　中国农业大学的蛋鸡立体离地栖架养殖模式

(4)户外散养　这是近几年兴起的一种迎合我国消费需求的饲养模式,用于生产"土鸡蛋""土鸡"。一般选择林地或植被比较好的山地进行放养,通过修建简易的房舍使蛋鸡能够晚上回屋休息、避风雨和产蛋(图 7-10)一般要求舍内面积每平方米 10 只鸡,舍外面积每只鸡 3～4 m^2。

(三)现代奶牛生产工艺

1. 工艺流程

奶牛生产常采用如下工艺流程:成年母牛配种妊娠,经过 10 个月的妊娠期分娩产下犊牛,

图 7-10 户外散养

哺乳 2 个月 →断奶，饲养至 6 月龄→育成牛群，饲养至 13～16 月龄，体重达 350～400 kg 时第 1 次配种，确认受孕→青年牛群，妊娠 10 个月（临产前 1 周进入产房）→ 第 1 次分娩、泌乳。产后恢复 7～10 d→成年牛群，泌乳期 10 个月（泌乳 2 个月后，第 2 次配种），妊娠至 8 个月→干奶牛群，干奶期 2 个月→第 2 次分娩、泌乳……直至淘汰。奶牛生产的工艺流程见图 7-11 所示。

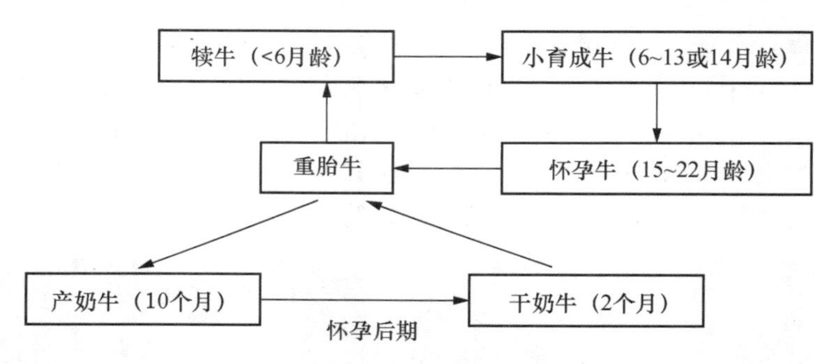

图 7-11 奶牛生产工艺流程

2. 主要工艺参数

牛场工艺参数主要包括牛群的划分及饲养日数，配种方式，公母比例，利用年限，生产性能指标，饲料定额等，表 7-12 是奶牛场的部分生产工艺参数，供参考。

表 7-12 奶牛场主要工艺参数（♂公牛参数，♀母牛参数）

指标	参数	指标	参数
工艺指标			
性成熟月龄	6～12	泌乳期/d	300
适配年龄	♂2～2.5，♀1.5～2	干奶期/d	60
发情周期/d	19～23	公母比例（自然交配）	1∶(30～40)
发情持续时间/d	1～2	奶牛利用年限	8～10
产后第一次发情/d	20～30	犊牛饲养日数（1～60 日龄）	60
情期受胎率/%	60～65	育成牛饲养日数（7～18 月龄）	365
年产胎数	1	青年牛饲养日数（19～34 月龄）	488
每胎产仔数	1	成年母牛年淘汰率/%	8～10

续表 7-12

指标	参数	指标	参数
生产性能			
0～18 月龄体重/(kg/头)(中等水平)		奶牛中等生产水平 300 d 泌乳量/kg	
初生重	♂38,♀36	第一胎	3 000～4 000
6 月龄体重	♂190,♀170	第三胎	4 000～5 000
12 月龄体重	♂340,♀275	第五胎	5 000～6 000
18 月龄体重	♂460,♀370		
犊牛喂乳量[kg/(头·d),30 日龄后补饲]			
1～30 日龄	5 渐增至 8	91～120 日龄	4 渐减至 3
31～60 日龄	8 渐减至 6	121～150 日龄	2
61～90 日龄	5 渐减至 4		
饲料定额[kg/(头·年)]			
犊牛(体重 160～280 kg)		体重 500～600 kg 泌乳牛(产奶量 4 000 kg)	
混合精料	400	混合精料	1 100
青饲料、青贮、青干草	450	青饲料、青贮、青干草	12 900
块根块茎	200	块根块茎	5 700
1 岁以下幼牛(体重 160～280 kg)		体重 450～500 kg 泌乳牛(产奶量 3 000 kg)	
混合精料	365	混合精料	900
青饲料、青贮、青干草	5 100	青饲料、青贮、青干草	11 700
块根块茎	2 150	块根块茎	3 500
1 岁以上青年牛(体重 240～450 kg)		体重 400 kg 泌乳牛(产奶量 2 000 kg)	
混合精料	365	混合精料	400
青饲料、青贮、青干草	6 600	青饲料、青贮、青干草	9 900
块根块茎	2 600	块根块茎	2 150
体重 500～600 kg 泌乳牛(产奶量 5 000 kg)		种公牛(900～1 000 kg 体重)	
混合精料	1 100	混合精料	2 800
青饲料、青贮、青干草	12 900	青饲料、青贮、青干草	6 600
块根块茎	7 300	块根块茎	1 300

3. 奶牛生产工艺模式

奶牛场采用何种生产工艺模式，应视牛的品种、投资能力、技术生产水平、防疫卫生、饲养习惯及当地的气候环境条件等，经全面权衡，认真研究，论证后加以确定。现代奶牛生产多为舍饲饲养，饲养模式主要有拴系饲养、散放饲养和散栏饲养三种，以散栏饲养为主。自 2005 年以来，我国新建牛场基本上也都采用这种方式，但与国外采用全舍饲饲养不同，多数牛场仍保留运动场。近年来，迫于环保压力，有的牛场亦不再设运动场。

(1)拴系饲养　这是一种传统的奶牛饲养模式。拴系式饲养需要修建比较完善的奶牛舍，每头牛都有固定的床位，牛床前设食槽，用颈枷拴住奶牛。一般都在牛床上挤奶，并在舍外设置运动场。为清扫和冲洗方便，拴系牛床一般均采用混凝土地面，而混凝土地面容易造成奶牛机体损伤。在拴系饲养时，奶牛的休息区与采食区不分，由于奶牛喜欢在采食时排泄，容易造成牛床污染，影响舍内环境和奶牛休息。

(2)散放饲养　这种模式牛舍内设有固定的牛床，奶牛不用上颈枷或拴系，可以自由进出牛舍，在运动场上自由采食，定时分批到挤奶厅挤奶。其优点是牛舍设备简单，建设费用较低，舍内铺以厚垫草，平时不清粪，只需添加新垫草，定期用推土机清除。劳动强度相对较小，每个饲养员养牛数可提高到30～40头。但管理粗放，舍内环境较差。

(3)散栏饲养　此模式是按照奶牛生态学和奶牛生物学特性设计的，牛舍内有明确的功能分区，采食、躺卧、排泄、活动、饮水等分开设置(图7-12)。牛床尺寸一般为(100～110)×(210～220)cm，牛可在栏内站立和躺卧，但不能转身，以使粪便能直接排入粪沟。牛舍内有专门的采食区，每头奶牛有一个80 cm左右的采食位置，饮水可通过饲槽旁装有自动饮水器(每6～8头奶牛共用一个)或牛舍内饮水槽满足。一般采用机械送料、清粪，且强调牛能自由活动，集中挤奶，因此，可以节省劳动力、提高生产力。此模式中的核心是牛床，设计是否合理对舍内环境、奶牛生产性能和健康有很大影响。

图7-12　舍饲散栏式饲养

三、畜牧场工程工艺设计

良好的工程配套技术对充分发挥优良品种的遗传潜力，提高饲料利用率极为重要；而且可以充分发挥工程防疫的综合防治效果，大大减少疫病的发生率。因此，在进行工程工艺设计时，需根据生产工艺提出的饲养规模、饲养方式、饲养管理定额、环境参数等，对相关的工程设施和设备加以仔细推敲，以确保工程技术的可行性和合理性。在此基础上，来确定各种畜禽舍的种类和数量，选择畜禽舍建筑形式、建设标准和配套设备，确定单体建筑平面、剖面的基本尺寸和畜舍环境控制工程技术方案。

(一)工程工艺设计遵循的原则

1. 节地

我国耕地有限，可利用耕地人均不到0.1 hm^2。因此，新建的畜禽场选址规划和建设应充分考虑节约用地，不占良田、不占或少占耕地，多利用沙荒地、故河道、山坡地等。

2. 节能

尽管现代畜禽生产离不开电，但设计良好可大幅度节电。如集约化养殖场是否利用自然通风、自然采光，其用电量可相差10～20倍。以一个20万只蛋鸡场为例，每个鸡位的平均年耗电量，全封闭型鸡舍为7～10 kWh，全开放型鸡舍为0.6 kWh，半开放型鸡舍视开放程度为2～5 kWh。又如，在密闭型鸡舍中，改横向通风为纵向通风、以农用风机代替工业风机，可节电40%～70%。可见，在畜牧场工程工艺设计中确立节能观点是十分必要的。

3. 满足动物需求

善待动物，善待生命。从生产工艺到设施设备都应充分考虑动物的生物学特点和行为需要，将动物福利落到实处。

4. 符合人—机工程需求

研究如何使工作环境和机具设备的设计能符合人的生理和心理要求而不超过人的能力和感官能适应的范围。我国大型畜牧场设备绝大部分引进，并未考虑中国人的人体特征及国情，需要加以改进，使之符合中国人体特征及国内生产水平。

5. 有利于实现清洁生产

畜禽规模化生产必然带来大量的粪便、污水和其他畜产废弃物，从而造成环境污染。因此，在总体规划时，生活区、生产区、污染区必须分明，建场伊始就要处理好环境保护问题。在设计、施工、生产中须有有效的处理和利用方案及相关的配套措施，对粪便及废弃物进行无害化处理，使之变废为宝。

6. 有利于工程防疫

在贯彻正常防疫程序的同时，采用良好的工程防疫技术手段，如利用合理的场区功能分区，顺畅的生产功能联系，良好的建筑设施布局，完备的雨污水分流排放系统，因地制宜的绿化隔离等可有效地防止交叉感染。

(二)工程工艺设计的基本内容

1. 畜禽舍的种类、数量和基本尺寸确定

畜禽舍的种类和数量根据生产工艺流程中畜群组成、占栏天数、饲养方式、饲养密度和劳动定额计算确定，并综合考虑场地、设备规格等情况。因畜禽种类、生产工艺、饲养方式、饲养定额等不同而其计算结果不同，特别是鸡场和猪场的计算比较复杂。

畜舍的平面基本尺寸设计是根据上述已经确定的工艺设计参数、饲养管理和当地气候条件等条件，合理安排和布置畜栏、通道、粪尿沟、食槽等设备与设施，确定畜舍跨度和长度。确定畜舍的跨度时，必须考虑通风、采光、建筑结构(屋架或梁尺寸)的要求。自然采光和自然通风的畜舍，其跨度不宜大于8～10 m；机械通风和人工照明时，畜舍跨度可以加大；如圈栏列数过多或采用单元式畜舍，当其跨度大于20 m时，将使畜舍构造和结构处理难度加大，可考虑采用纵向或横向的多跨联栋畜舍。确定畜舍的长度时，要综合考虑场地的地形、道路布置、管沟设置、建筑周边绿化等，长度过大则须考虑纵向通风效果、清粪和排水难度(落差太大)以及建筑物不均匀沉降和变形等。此外，通过确定畜舍合理的平面尺寸，畜舍的构、配件能与工业与民用建筑常用的构(配)件通用，提高畜舍建筑的通用化和装配化程度，利于缩短建筑周期以减少投资，增加效益。

2. 设备选型与配套

畜牧场设备主要包括饲养设备(栏圈、笼具、畜床、地板等)、饲喂及饮水设备、清粪设备、通风设备、加热降温设备、照明设备、环境自动控制设备等,选型时应着重考虑:①畜禽生物学特点和行为需要以及对环境的要求;②生产工艺确定的饲养、喂料、饮水、清粪等饲养管理方式;③畜舍通风、加热、降温、照明等环境调控方式;④设备厂家提供的有关参数及设备的性能价格比;⑤各种设备间配套。对设备进行选择后,还应对全场设备的投资总额和动力配置、燃料消耗等分别进行计算。

3. 畜禽舍建筑类型与形式选择

畜禽舍建筑过去通常采用砖混结构,其建筑形式也主要参考工业与民用建筑规范进行设计。20 世纪 80 年代以后,又出现了简易节能开放型畜禽舍、大棚式畜禽舍、拱板结构畜禽舍、复合聚苯板组装式畜禽舍、被动式太阳能猪舍、菜畜互补畜禽舍等多种建筑类型。简易节能开放型畜禽舍与封闭型舍相比,具有低造价、节能效果显著等优点,基建费用减少 1/2 以上,用电仅为封闭型舍的 1/10～1/15。近年来出现的开放型可封闭畜舍和屋顶可自然采光的大型连栋鸡舍等新型畜禽舍建筑,使畜禽舍建筑的形式更加多样化。它们不但综合了开放舍和密闭舍的特点,且更有利于节约土地、资金,减少运行费用,对推动现代畜牧生产起到了很好的示范作用。

我国的畜禽舍建筑设施还缺少标准化与规范化研究,未能形成与一定工程工艺相配套的定型设计,尤其在畜舍建筑的新材料、新工艺与新技术应用方面存在许多问题,工程技术不到位,有关技术设施也不配套,因而与发达国家的差距较大,有些形式的畜舍目前还难以大面积推广应用。因此,选择畜舍建筑形式时,应根据不同类型畜舍的特点,以节能高效为目的,结合当地的气候特点、经济状况及建筑习惯全面考虑,选择适合本地、本场实际情况的畜舍形式,不要一味求新型、上档次。

4. 畜禽舍环境控制技术方案制定

工程工艺设计中的环境控制工程技术方案是根据经济、安全、适用的原则,想方设法利用工程技术来满足生产工艺所提出的环境要求,包括场区环境参数和畜舍内的光照、温度、湿度、风速、有害气体等环境因子与畜禽生长发育间相关的各种参数,为畜禽的生长发育创造适宜的生长环境条件。畜禽环境控制技术是畜牧工程技术的核心,主要包括通风方式和通风量的确定;保温与隔热材料的选择;光照方式与光照量的计算等。

四、畜牧场工艺设计中的动物福利要求

随着现代畜牧业的发展,家畜的生活条件发生了巨大的变化,一方面伴随着规模化养殖,畜群的群体不断扩大,群内生物环境以及个体之间的关系,另一方面家畜生活在集约化饲养的封闭畜舍中,失去了与外界自然环境的直接联系,动物的生理机能和本能与现代集约化畜牧生产要求之间的冲突日益加深,而动物福利措施是研究如何关怀动物,在各种环境因素、畜舍面积以及活动范围、设施等方面给以关注,缓解动物心理压力,促进其生产性能充分发挥的手段。同时动物福利观念对提高生产管理人员素质,通过日常管理,满足动物康乐,促进现代化养殖健康、可持续发展的重要内容。

李世安教授在《应用动物行为学》的序言中指出:“要解决不断演变的人为环境与家畜行为之间的矛盾,最经济有效的办法不可能是育种,而是在掌握行为规律的基础上‘因势利导’,并

根据各种动物的行为特点改进我们的饲养管理方法，或者创造出适合动物行为方式的设备条件去弥补或者延伸家畜的先天机能，同时充分利用动物的学习潜力，使其后天的行为表现符合人们的要求。”除了前面我们在工艺设计中需要考虑的问题外，考虑动物的社会空间的需求，社会空间需求是心理性的，因而可以根据不同家畜的特点，利用立体空间。如设置台阶、添设栖木等。比如为了增加运动、改善鸡的福利，平养鸡每只母鸡最小使用 18 cm 栖木，栖木宽度在 4 cm 以上，栖木之间至少间隔 30 cm，栖木下面应离开缝隙地面，栖木下设粪池，其面积应占地面面积的 50%。为了保障猪的游戏行为，最好提供一些道具，例如吊起旧轮胎供猪操作，床面上放置硬球，满足猪鼻尖的环绕运动，提供可动的横棒可以满足鼻尖的上举运动，这些措施在肥育猪舍得到了广泛的应用。额外的刺激使其安静和减少易怒性，故而有助于防止混群时的争斗，防止对单调环境的厌倦，减少恶习(例如咬尾)。当然玩具的设置要考虑家畜爱清洁的特点。猪对玩具有严格的选择性，如果球滚进猪粪他们将不再玩它，这也是为什么常常将玩具吊起的理由。小猪可试用提供绳、布条和橡皮软管等玩具，尤其喜欢布条和软管结链。猪的行动举止很复杂，包括咀嚼或性情古怪的摇动。猪群可以共同玩耍，也可看到彼此配合和赠予行为。

总之，在进行畜牧场工艺设计中，动物行为学与动物福利观念的引入对规模化养殖中的现代化管理，在客观上创造有利于家畜生活习性、适宜的生活生产条件，满足其福利要求，提高生产性能和发挥其最大的遗传潜力，并使我们畜牧经营者获得最大的经济效益是非常有利的。

第四节　畜牧场场区配套工程

一、工程防疫设施

严格的卫生防疫制度是保证畜牧生产顺利进行的关键。应切实落实“预防为主、防重于治”方针，严格执行国务院发布的《家畜家禽防疫条例》和农业农村部制定的《家畜家禽防疫条例实施细则》。在畜牧场规划时，应按照防疫要求，从场址选择、场区规划、建筑布局、道路设置、绿化隔离、生产工艺、环境管理、粪污处理等方面全面加强卫生防疫，有关卫生防疫设施与设备配置，应尽可能配备合理和完备，并保证生产中能方便、正常运行。

(一)体现工程防疫的思想

以工程技术手段做好阻隔、切断致病菌毒侵袭动植物的途径，防范交叉感染，称为工程防疫。利用工程设施创造有利于场区防疫和环境净化对畜牧场非常重要。工程防疫的主要内容包括利用合理的场区功能分区、顺畅的生产功能联系、良好的建筑设施布局、完备的雨污水分流排放系统、因地制宜的绿化隔离等。畜牧场的所有工程防疫设施必须建立严格的管理制度予以保证。工程防疫能否做好，需要自始至终从工程设计、施工投产及日常管理方面给予切实的关注、重视和贯彻落实。

(二)防疫隔离

畜牧场应有明确的场界，按照缓冲区、场区、畜禽舍实施三级防疫隔离。场区内各功能区之间应保持 50 m 以上距离。无法满足时，应设置围墙、防疫沟、种植树木等加以隔离。不同生理阶段的畜群，可实施分区饲养。场区内引种用隔离舍、病畜禽舍、尸体解剖室、病死畜禽处理间等设施应设在场区常年下风向处，距离生产区的距离不应小于 100 m，并设置绿化隔离带。

在规模较大的场区，其四周应建较高的围墙或坚固的防疫沟，以防止场外人员及其他动物进入场区。为了更有效地切断外界的污染因素，必要时可往沟内放水。但这种防疫沟造价较高，也很费工。最好采用密封墙，以防止野生动物侵入。在场内各区域间，也可设较小的防疫沟或围墙，或结合绿化培植隔离林带。场区周围可以通过栽种具有杀菌功能的树木，如银杏、桉树、柏树等既能起到防护林的作用，又可以绿化环境、改善场内的小气候。场内各区域间，应修筑沟渠疏导地面雨水的流向，阻隔流水穿越畜禽舍，防止交叉污染。

(三)工程防疫关键点

1. 车辆消毒设施

场区入口处应设置封闭式车辆消毒通道(图 7-13)，长度应超出入场车辆最大长度为 2 m 以上。通道内应配置消毒池和高压喷雾等设施设备。消毒池采用防渗硬质水泥结构，两端设 1∶(5～8)的斜坡与地面连接。消毒池与大门同宽，池底长度不低于入场最大车辆车轮周长的 1.5 倍，池深不小于 30 cm。消毒通道顶部、两侧、底部均应安装高压喷雾消毒设施。

图 7-13　场区消毒池与员工消毒室

2. 人员消毒设施

场区入口应设人员消毒通道，并应安装洗手池、喷雾消毒设施，地面铺设消毒垫。生产区入口需要设置更衣消毒间，配置衣柜、鞋柜及二次消毒设施。

3. 生产区消毒设施

生产区应配备移动式机动高压水枪、喷雾消毒设备。畜舍出入口设置小型消毒池及洗手池。舍内应安装消毒管线和自动喷雾降尘设施。舍内地面、墙壁、顶棚应便于清洗，并能耐受酸、碱等消毒药液的清洗消毒，安装的设备基础、脚垫等应牢固、填实、便于清洗，不留清理死角等。

4. 道路设置

场区内施行净污分道，梳状布置，防止交叉；内外分道，直线布置，防止迂回。严格控制外部车辆进入场区，对挤奶厅、饲料配送、蛋库、选种展示厅等必须有场外车辆出入的区域，设计时尽可能靠近场区出入口，避免这些车辆进入生产区腹地。

5. 通风组织与消毒装备

组织好正常的通风气流流向，以创造净污分区的场区大环境和舍内净化环境；为舍内外定期做封杀消灭菌毒的防疫消毒，设置有关配套的机具设备；舍内安装微生物净化装置如臭氧发生器、空间电场装置和饮水免疫喷雾消毒等药品施放装置。

二、道路工程

畜牧场道路包括与外部交通道路联系的场外主干道和场区内部道路。场外主干道担负着全场的货物、产品和人员的运输任务，其路面最小宽度应能保证两辆中型运输车辆的顺利错车，为6.0～7.0 m。场内道路的功能不仅是运输，同时也具有卫生防疫作用，因此，道路规划设计要满足分流与分工、联系简洁、路面质量、路面宽度、绿化防疫等要求。

(一)道路分类

按功能分为人员出入、运输饲料用的清洁道(净道)和运输粪污、病死畜禽的污物道(污道)，有些场还设供畜禽转群和装车外运的专用通道。按道路担负的作用分为主要道路、次要道路。

(二)道路设计标准

净道一般是场区的主干道，路面最小宽度要保证饲料运输车辆的通行，宽为3.5～6.0 m，宜用水泥混凝土路面，也可选用整齐石块或条石路面，路面横坡为1.0%～1.5%，纵坡为0.3～8.0%。污道宽度为3.0～3.5 m，路面宜用水泥混凝土路面，也可用碎石、砾石、石灰渣土路面，但这类路面横坡为2.0%～4.0%，纵坡为0.3%～8.0%。与畜舍、饲料库、产品库、兽医建筑物、贮粪场等连接的次要干道，宽度一般为2.0～3.5 m。

(三)道路规划设计要求

首先要求净污分开与分流明确，尽可能互不交叉，兽医建筑物须有单独的道路；其次要求路线简洁，以保证牧场各生产环节最方便的联系；三是路面质量好，要求坚实、排水良好，以沙石路面和混凝土路面为佳，保证晴雨通车和防尘；道路的设置应不妨碍场内排水，路两侧也应有排水沟，并应植树。道路一般与建筑物长轴平行或垂直布置，在无出入口时，道路与建筑物外墙应保持1.5 m的最小距离；有出入口时则为3.0 m。

三、给排水工程

(一)给水工程

1. 给水系统组成

给水系统由取水、净水、输配水三部分组成，包括水源、水处理设施与设备、输水管道、配水管道。大部分畜牧场的建设位置均远离城镇，不能利用城镇给水系统，所以都需要独立的水源，一般是自己打井和建设水泵房、水处理车间、水塔、输配水管道等。

2. 用水量估算

畜牧场用水包括生活用水、生产用水及消防和灌溉等其他用水。生活用水一般可按每人每天40～60 L计算。生产用水包括畜禽饮用、饲料调制、畜体清洁、饲槽与用具刷洗、畜舍清扫等所消耗的水。各种畜禽的需水量参见表7-13。消防、灌溉等其他用水可按总用水量的10%～15%考虑。畜牧场用水量并非是均衡的，在每个季度、每天的各个时间内都有变化。夏季用水量远比冬季多；上班后清洁畜舍与畜体时用水量骤增，夜间用水量很少。因此，为了充分地保证用水，在计算畜牧场用水量及设计给水设施时，必须按单位时间内最大用水量来计算。

表 7-13 畜禽每天需水量

畜禽类别	需水量/[L/(d·头或只)]	畜禽类别	需水量/[L/(d·头或只)]
牛		羊	
泌乳牛	80～100	成年绵羊	10
公牛及后备牛	40～60	羔羊	3
犊牛	20～30	马	
肉牛	45	成年母马	45～60
猪		种公马	70
哺乳母猪	30～60	1.5 岁以下马驹	45
公猪、空怀及妊娠母猪	20～30	鸡、火鸡 *	1
断奶仔猪	5	鸭、鹅 *	1.25
育成育肥猪	10～15	兔	3

注：* 雏禽用水量减半。

3. 管网布置

因规模较小，畜牧场管网布置可以采用树枝状管网。干管布置方向应与给水的主要方向一致，以最短距离向用水量最大的畜禽舍供水；管线长度尽量短，减少造价；管线布置时充分利用地形，利用重力自流；管网尽量沿道路布置。

(二)排水工程

1. 排水系统组成

排水系统应由排水管网、污水处理站、出水口组成。畜牧场的粪污量大而极容易对周遍环境造成污染，因此，畜牧场的粪污无害化处理与资源化利用是一项关系着全场经济、社会、生态效益的关键工程，粪污处理与利用另有专项工程论述，在此的排水工程仅指排水量的估算、排水方式选择与排水管网布置。

2. 排水分类

排水分类包括雨雪水、生活污水、生产污水(畜禽粪污和清洗废水)。

3. 排水量估算

雨水量根据当地降雨强度、汇水面积、径流系数计算，具体参见城乡规划中的排水工程估算法。畜牧场的生活污水主要是来自职工的食堂和浴厕，其流量不大，一般不需计算，管道可采用最小管径为 150～200 mm。畜牧场最大的污水量是畜禽生产过程中的生产污水，生产污水量因饲养畜禽种类、饲养工艺与模式、生产管理水平、地区气候条件等差异而不同；其估算是以在不同饲养工艺模式下，单位规模的畜禽饲养量在一个生长生产周期内所产生的各种生产污水量为基础定额，乘以饲养规模和生产批数，在考虑地区气候因素加以调整。

4. 排水方式选择

畜牧场排水应采用分流排放方式，即雨水和生产、生活污水分别采用两个独立系统。生产与生活污水采用暗埋管渠，将污水集中排到场区的粪污处理站；专设雨水排水管渠，不要将雨水排入需要专门处理的粪污系统中。

5. 排水管渠布置

场内排水系统多设置在各种道路的两旁及家畜运动场的周边。采用斜坡式排水管沟，以尽量减少污物积存及被人畜损坏。为了整个场区的环境卫生和防疫需要，生产污水一般应采用暗埋管沟排放。暗埋管沟排水系统如果超过 200 m，中间应增设沉淀井，以免污物淤塞，影响排水。沉淀井不应设在运动场中或交通频繁的干道附近。沉淀井距供水水源至少应有 200 m 以上的间距。暗埋管沟应埋在冻土层以下，以免因受冻而阻塞。雨水中也有些场地中的零星粪污，有条件也宜采用暗埋管沟，如采用方形明沟，其最深处不应超过 30 cm，沟底应有 1%～2%的坡度，上口宽为 30～60 cm。

四、暖通工程

(一)基本要求

畜牧场的采暖工程要保证畜牧生产需要和工作人员的办公和生活需要。不同种类的畜禽在生长发育的各个阶段，体温调节机能具有不同的生理学和行为学特点。从出生到成年，适宜的环境温度差异较大。成年畜禽一般尽量利用和提高维护结构热阻和合理提高饲养密度等方法来增加保温能力和产热量，除严寒地区外，尽量避免采暖。但是鸡场中的育雏舍、猪场的哺乳舍与仔猪培育舍、牛场中的产房与犊牛舍以及寒冷地区的机器车辆维修车间均需要稳定、安全的供暖保证。

(二)供暖方式

采暖系统分为集中供暖系统、分散供暖系统和局部供暖。集中供暖系统一般以热水为热媒，由集中锅炉房、热水输送管道、散热设备组成，全场形成一个完整的系统。分散供暖是指每个需要采暖的建筑或设施自行设置供暖设备，如热风炉、空气加热器和暖风机。集中供暖能保证全场供暖均衡、安全和方便管理，但一次性投资太大，适于大型畜牧场。分散供暖系统投资较小，可以和冬季畜禽舍通风相结合，便于调节和自动控制；其缺点是采暖系统停止工作后余热小，使室温降低较快，中小型畜牧场可采用。局部供暖主要用于育雏前期和仔猪活动区，主要设备有育雏伞、红外线灯和加热地板。

(三)采暖量估算

根据不同的畜禽在不同的生长阶段需要的舍内温度，参考建设地区的工业和民用建筑采暖规范的室外设计温度，来计算畜禽舍的采暖负荷。工作人员的办公与生活空间采暖与普通民用建筑采暖相同，由此估算全场的采暖负荷，根据供暖方式的不同来确定供暖设备选型。

五、电力电讯工程

(一)基本要求

电力是经济、方便、清洁的能源，电力工程是畜牧场不可缺少的基础设施；同时随着经济和技术的发展，信息在经济与社会各领域中的作用越来越重要，电讯工程也成为现代畜牧场的必需设施。电力与电讯工程规划就是需要经济、安全、稳定、可靠的供配电系统和快捷、顺畅的通信系统，保证畜牧场正常生产运营和与外界市场的紧密联系。

(二)供电系统

畜牧场的供电系统由电源、输电线路、配电线路、用电设备构成。规划主要内容包括用电负荷估算、电源与电压选择选择、变配电所的容量与设置、输配电线路布置。

(三)用电量估算

畜牧场用电负荷包括办公、职工宿舍、食堂等辅助建筑和场区照明等的生活用电和畜禽舍、饲料加工、孵化、清粪、挤奶、供排水、粪污处理等生产用电。照明用电量根据各类建筑照明用电定额和建筑面积计算,用电定额与普通民用建筑相同;生活电器用电根据电器设备额定容量之和,并考虑同时系数求得。生产用电根据生产中所使用的电力设备的额定容量之和,并考虑同时系数、需用系数求得。在规划初期可以根据已建的同类畜牧场的用电情况来类比估算。

(四)电源和电压选择及变配电所的设置

畜牧场应尽量利用周围已有的电源,若没有可利用的电源,需要远距离引入或自建。孵化厅、挤奶厅等地方不能停电,因此,为了确保畜牧场的用电安全,一般场内还需要自备发电机,以防止外界电源中断给畜牧场带来巨大损失。畜牧场的使用电压一般为 220/380 V,变电所或变压器的位置应尽量居于用电负荷中心,最大服务半径要小于 500 米。

(五)电讯工程

畜牧场根据生产与经营需要配置电话、电视、网络等,随着智能化、数字化牧场的出现,更加注重畜牧场各种数据信息的采集和分析,对畜牧场电讯工程规划提出的要求将会越来越高。

六、绿化工程

搞好畜牧场绿化不仅可以调节小气候,减弱噪声,净化空气,起到防疫和防火等作用,而且可以美化环境。绿化应根据本地区气候、土壤和环境功能等条件,选择适合当地生长的树木、花草进行。

场区绿化率不低于 20%,绿化的主要地段是:生活管理区,绿化应具有观赏和美化效果;场内卫生防疫隔离用地与粪便污水处理设施周围应布置绿化隔离带;场区全年盛行风的上风侧围墙一侧或两侧应种植防风林带,围墙的其他部分种植绿化隔离带。树木与建筑物外墙、围墙、道路边缘及排水明沟边缘的最小距离不应小于 0.5 m。为防止候鸟在场内停留,家禽养殖场建议不要强求绿化,尤其不要种植高大树木。

(一)绿化带(防疫、隔离、景观)

在场界周边种植乔木和灌木混合林带,如属于乔木的大叶杨(北京杨及加拿大杨)、旱柳、垂柳、笔杨(钻天杨)、榆树以及常绿针叶树等;属于灌木的河柳、 柳、紫穗槐、刺榆、醋栗和榆叶梅等。特别是场界的北、西侧,应加宽这种混合林带(宽度达 10 m 以上,一般至少应种 5 行),以起到防风阻沙的作用。场区隔离林带主要用以分隔场内各区及防火,如在生产区、住宅及生产管理区的四周都应有这种隔离林带,一般可用北京杨、柳或大青杨(辽杨)、榆树等,其两侧种以灌木(种植 2~3 行,总宽度为 3~5 m),必要时在沟渠的两侧各种植 1~2 行,以便切实起到隔离作用。

(二)道路绿化

场区内外道路两旁,一般种 1~2 行,常用树冠整齐的乔木或亚乔木(如槐树、杏树、唐槭)以及某些树冠呈锥形、枝条开阔、整齐的树种。可根据道路宽窄选择树种的高矮。靠近建筑物的采光地段,不宜种植枝叶过密、过高的树种,以免影响畜舍的自然采光。

(三)运动场遮阳林

在家畜运动场的南及西侧应设 1~2 行遮阳林。一般可选枝叶开阔、生长势强、冬季落叶后枝条稀少的树种，如北京杨、加拿大杨、辽杨、槐、枫及唐槭等。也可利用爬墙虎或葡萄树来达到同样目的。运动场内种植遮阴树时，可选用枝条开阔的果树类，以增加遮阴、观赏及经济价值，但必须采取保护措施，以防家畜损坏。

七、粪污处理工程

(一)粪污处理与资源化利用技术选择

畜禽场的粪污处理与利用是关系畜禽场乃至整个农业生产的可持续发展问题，也是世界性面临的一个比较突出的问题。设计或运行一个粪污处理系统，必须对粪便的性质，粪便的收集、转移、贮存及施肥等加以全面的分析研究。规划设计时，应视不同地区的气象条件、土壤类型特点、管理水平等进行，以便使粪污处理工程能发挥最佳的工作效果。畜牧场粪污处理技术选择主要考虑：①要处理达标；②要针对有机物、氮、磷含量高的特点；③注重资源化利用；④考虑经济实用性，包括处理设施的占地面积、二次污染、运行成本等；⑤注重生物技术与生态工程原理的应用。

(二)粪污处理工程主要内容

粪污处理工程应包括粪污收集(即清粪)、粪污输送(管道和车辆)、粪污处理等各个环节，需要在选址和占地规模确定时同时考虑，并要进行处理设施的平面布局、粪污处理设备选型与配套、粪污处理工程构筑物(池、坑、塘、井、泵站等)的建设工程量进行估算。通常，粪污处理的工程量大小与养殖规模、处理工艺及处理后末端利用有关。

(三)粪污量估算

粪污处理工程除了满足处理各种家畜每日粪便排泄量外，还须将全场的污水排放量一并加以考虑。几种畜禽大致的粪尿产量见表7-14。按照目前城镇居民污水排放量一般与用水量一致的计算方法，畜牧场污水量估算也可按此法进行。

表7-14 几种主要畜禽的粪尿产量(鲜量)

种类	体重/kg	每头(只)每天排泄量/kg			平均每头(只)每年排泄量/($\times 10^3$ kg)		
		粪量	尿量	粪尿合计	粪量	尿量	粪尿合计
泌乳牛	500～600	30～50	15～25	45～75	14.6	7.3	21.9
成年牛	400～600	20～35	10～17	30～52	10.6	4.9	15.5
育成牛	200～300	10～20	5～10	15～30	5.5	2.7	8.2
犊牛	100～200	3～7	2～5	5～12	1.8	1.3	3.1
种公猪	200～300	2.0～3.0	4.0～7.0	6.0～10.0	0.9	2.0	2.9
空怀、妊娠母猪	160～300	2.1～2.8	4.0～7.0	6.1～9.8	0.9	2.0	2.9
哺乳母猪	—	2.5～4.2	4.0～7.0	6.5～11.2	1.2	2.0	3.2
培育仔猪	30	1.1～1.6	1.0～3.0	2.1～4.6	0.5	0.7	1.2
育成猪	60	1.9～2.7	2.0～5.0	3.9～7.7	0.8	1.3	2.1
育肥猪	90	2.3～3.2	3.0～7.0	5.3～10.2	1.0	1.8	2.8
产蛋鸡	1.4～1.8		0.14～0.16			55 kg	
肉用仔鸡	0.04～2.8		0.13			到10周龄9.0 kg	

(四)粪污存贮与处理设施设置

堆粪场地标高与污道末端形成较大的落差，以防止粪堆充盈向污道反向延伸，污染生产场区，造成恶劣环境。粪污采用暗管输送，始端到末端以1%、2%、3%三级倾斜的坡度流向粪污处理区。做好雨污分流，减轻污水处理压力。

(施正香、刘凤华、蒋林树、郭晓红、李银生)

复习思考题

1. 简述畜牧业可持续发展工程的概念及提高其效率的手段。
2. 简述畜牧场场址选择的原则。
3. 畜牧场工艺设计的主要内容是什么?
4. 在进行畜牧场场区规划时，建筑物布局应注意哪些方面?
5. 在畜牧场规划设计中，如何考虑动物的福利化要求?

[1]李保明，施正香，席磊．家畜环境卫生与设施．北京：中央广播电视大学出版社，2015.

[2]施正香，李保明．健康养猪工程工艺模式：舍饲散养工艺技术与装备．北京：中国农业大学出版社，2012.

[3]李保明，施正香．设施农业工程工艺及建筑设计．北京：中国农业出版社，2005.

[4]颜培实，李如治．家畜环境卫生学．4版．北京：高等教育出版社，2016.

第八章

畜牧场的环境污染与废弃物处理与利用

学习目标

- 理解畜牧场环境污染的防治措施；
- 掌握畜牧场废弃物的种类、性质及其对周围环境的危害；
- 熟练掌握畜牧场废弃物无害化处理与资源化利用技术。

随着畜牧业逐步走向规模化、集约化和现代化，畜禽饲养量迅速增加，已经成为农村经济最具活力的增长点，对保障居民“菜篮子”供给，促进农民增收致富具有重要意义。但是我国畜牧业的发展相对缺乏必要的引导和规划，从而导致畜牧业布局不合理，部分地区畜禽养殖总量超过其环境承载量；种养脱节；可作为优良生物质资源的畜禽粪便、污水等得不到有效利用；畜禽养殖场污染治理设施配套不到位。大量畜牧场废弃物未经无害化处理就进入环境，使畜禽养殖污染呈现总量增加，程度加剧和范围扩大的趋势。畜禽养殖规模越大，环境污染的风险就越高。由畜牧养殖等造成的环境污染问题直接阻碍着畜牧业的可持续发展，已引起人们的广泛关注。国务院于2013年颁布了《畜禽规模养殖污染防治条例》，目的是防治畜禽养殖污染，推进畜禽养殖废弃物的综合利用和无害化处理，保护和改善环境，保障公众身体健康，促进畜牧业持续健康发展。随后，2017年，农业部印发了《畜禽粪污资源化利用行动方案（2017—2020年）》，旨在深入贯彻新时代社会主义生态文明建设的要求，指导养殖从业者从畜牧场废弃物减量化、无害化和资源化利用等方面采取综合措施解决畜牧业发展对周围环境的污染问题，提升我国畜牧场废弃物综合利用水平，促进形成种养结合的生态农业、循环农业模式，促进实现畜禽养殖产业发展与环境保护的和谐统一。

第一节　畜牧场废弃物的性质及危害

畜牧场废弃物是指在畜禽养殖过程中所产生的废弃物质，主要包括固体废弃物、污水和恶臭气体等。其中固体废弃物主要包括畜禽粪便及尸体。这些废弃物不仅产生量大，产生时间持续，而且产生点相对集中，如果未经有效处理或资源化利用直接进入环境，就有可能造成环境污染。目前，畜牧场废弃物已成为引发农业点源和面源污染的重要原因。但是对畜牧场废弃物经科学合理化处理后，可以实现资源化利用，变废为宝，体现“绿水青山就是金山银山”的价值理念，促进我国畜牧业的绿色可持续发展，满足人民日益增长的对优美生态环境和优质安全畜禽产品的需要。

一、畜牧场废弃物的性质

（一）畜牧场废弃物的种类

1. 固体废弃物

畜牧场固体废弃物包括畜禽粪便、垫料、场内剖检或死亡的畜禽尸体、发霉变质的饲料、孵化场的死胚及蛋壳、羽毛等。其中畜禽粪便是畜牧场主要的固体废弃物，也是畜牧场造成环境污染的主要污染源。近年来，畜禽尸体的不合理处置所引发的环境问题，也引起越来越多的关注。

(1)畜禽粪便　粪便是畜禽的排泄物主要是饲料未被消化吸收的部分。该部分不仅含有大量的有机物、氮、磷等环境污染物质，而且含有大量的微生物和寄生虫及其卵以及兽药和重金属残留等，直接进入环境后会造成严重的有机污染、化学污染和生物污染，成为畜产公害，直接或间接危害人畜健康。畜禽粪便中所含的主要养分成分和重金属元素如表 8-1、表 8-2 所列。

表 8-1　各种畜禽粪便的主要养分组成　　%

畜禽粪	有机质	全氮	全磷	全钾	蛋白氮
猪粪	24.16	2.65	0.68	1.99	2.22
牛粪	23.75	2.17	0.84	0.48	2.05
羊粪	25.83	1.84	0.67	0.60	1.72
鸡粪	25.12	4.98	1.62	1.62	4.14
兔粪	20.47	3.32	0.58	0.58	3.14

资料来源：中国农业大学，上海市农业广播电视学校，华南农业大学．家畜粪便学．上海：上海交通大学，1997。

表 8-2　不同来源畜禽粪便中重金属元素的含量　　mg/kg

类型	来源	Cu	Zn	Pb	Ni	Cd	Cr	As
猪粪	规模化养殖场	1 044.13	1 771.37	2.54	11.32	0.53	5.87	16.83
	农户家庭养殖	191.62	372.88	2.39	6.14	0.39	6.29	6.29
鸡粪	规模化养殖场	271.16	379.59	4.87	5.50	0.73	7.06	5.04
	农户家庭养殖	91.60	178.02	3.64	5.99	0.44	6.47	3.58
鸭粪	规模化养殖场	198.76	352.10	9.36	8.37	0.77	6.60	6.34
	农户家庭养殖	34.68	97.82	10.27	9.53	0.34	8.55	6.83
牛粪	规模化养殖场	90.35	175.23	9.30	7.83	0.34	6.57	3.30
	农户家庭养殖	40.91	48.72	7.37	7.81	0.24	6.08	1.75

资料来源：单英杰，章明奎．不同来源畜禽粪的养分和污染物组成．中国生态农业学报，2012.(1)。

除化学污染物质外，畜禽粪便还含有大量微生物，包括细菌、古菌、真菌、原虫和病毒等。其中厚壁菌门和拟杆菌门是细菌中最丰富的门类。每克猪粪所含不同菌群的对数值：总细菌(10.8 ± 0.4)，其中类杆菌(10.3 ± 0.5)，乳杆菌(9.9 ± 0.4)，消化球菌(9.8 ± 0.3)，螺旋体(9.5 ± 0.8)，厌氧弯曲杆菌(9.4 ± 0.4)，优杆菌(9.2 ± 1.0)，肠杆菌(8.1 ± 0.1)，链球菌(7.9 ± 1.0)，芽孢杆菌(6.4 ± 0.9)等。猪粪中还含有病原微生物，如黄曲霉菌、破伤风梭菌、沙门氏菌属、志贺氏菌属、埃希氏菌属等。因此，如果畜禽粪便未经无害化处理直接进入土壤或水体，可以导致土壤和水体中微生物的种类及数量发生变化，直接影响陆生生态系统和水生生态系统的基本功能，并可通过食物链影响人体健康。

此外，随着规模化畜牧业的发展，畜牧业应用兽药愈来愈多。兽药进入畜禽机体后，其原形和代谢产物除以游离和结合的形式残留在畜禽机体组织和畜禽产品中外，有 40%～90%以原形或代谢产物的形式随粪、尿等排泄物排出体外，进入水生生态系统和陆生生态系统。这些排泄物可能对生态系统中的生物群落构成威胁，对系统的结构和功能产生影响，并沿食物链进行生物富集，最终影响人类健康。据测定，猪粪中土霉素、四环素、金霉素的平均含量分别为 9.09 mg/kg、5.22 mg/kg、3.57 mg/kg；鸡粪中土霉素、四环素、金霉素的平均含量分别为 5.97 mg/kg、2.63 mg/kg、1.39 mg/kg。

随着兽药的大量使用和畜禽粪便中的残留，会进一步诱发耐药菌和耐药基因的产生，威胁人类健康。据统计，2013 年兽用抗生素使用量占我国总抗生素使用量的 52%。畜禽对兽用抗生素的吸收代谢量小于其摄入总量，有 30%～90%的兽用抗生素或其代谢产物未经畜禽体吸收直接排出体外。畜禽粪便中残留的抗生素会诱导微生物产生抗生素抗性，并导致抗性基因在不同种属的微生物间传播。当畜禽粪肥被用于种植业，其所含的抗生素及抗生素抗性基因残留可能会通过土壤—植物系统进入食物链，进而影响人体健康。

(2)畜禽尸体　畜禽尸体是畜禽养殖过程中流产、死胎或因管理、疫病等死亡的畜禽。我国畜禽养殖水平与发达国家相比还有较大差距，因管理不善及疫病暴发而导致的畜禽死亡率也较高。据统计，我国每年因疫病而引起的猪死亡率为 8%～12%，牛为 2%～5%，羊为 7%～9%，家禽为 12%～20%，其他家畜死亡率为 2%以上。依据我国常年的畜禽存栏量及死亡率，估算我国目前每年需要进行无害化处理的畜禽尸体约为 200 万 t。

畜禽尸体，尤其是病死畜禽尸体内存在大量的致病微生物是引发畜禽疫病的重要传染源之一。如果不能合理处置而直接进入环境，或作为正常畜禽产品违法出售，则会直接威胁养殖业和人类健康，并将导致严重的动物卫生、食品安全以及环境污染问题。

发生在 2013 年 3 月的“黄浦江漂猪”事件就是一个典型的事例。事件起始于 2013 年 3 月 9 日，民众发现数千头死猪漂在上海黄浦江，上海市累计打捞死猪超过万头。据调查，死猪主要来自黄浦江上游的浙江嘉兴地区，死亡的生猪主要是由于当地生猪饲养量大，散养比例高，生猪死亡淘汰率相对较大，而且由于当时气候寒冷潮湿，圆环病毒感染和腹泻等常见病引起生猪死亡率较往年偏高。该事件引发群众对如何合理处置畜禽尸体的极大关注以及对未经无害化处理的畜禽尸体对环境污染的担忧。由此，农业部于 2013 年 9 月 23 日印发《建立病死猪无害化处理长效机制试点方案》，2013 年 10 月 15 日印发《病死及病害动物无害化处理技术规范》(已于 2017 年 7 月 3 日更新)，以建立病死畜禽无害化处理长效机制和处理规范，有效防控重大动物疫病，确保动物产品质量安全。

二维码 8-1
中国抗生素使用量与排放量

二维码 8-2
抗性基因的残留

二维码 8-3
动物尸体无害化处理规范

2. 污水

畜产污水主要包括畜牧生产污水和畜牧场工作人员的生活污水等。其中，生产污水是畜产污水的主要来源，一般会占到畜产污水总量的90%以上。其数量因清粪方式不同而差别很大，例如，一个年产万头的商品猪场采用水冲粪、水泡粪和干清粪的日产污水量分别为200～250 m^3、120～150 m^3 和 60～90 m^3。畜产污水与工业行业的污水有较大差别，如有毒物质较少，但排放的水量大，污水中有机物、氮、磷含量高，其中COD含量高达8 790～19 500 mg/L，BOD含量为3 407～8 800 mg/L，悬浮物含量为3 960～11 700 mg/L，氨氮(NH_3-N)含量为1 200～4 768 mg/L，总氮含量为21～40 g/L，而且含有大量病原体(表8-3)，危害及处理难度大。

表 8-3 畜产污水中的主要病原体

细菌	病毒	寄生虫
致病性大肠杆菌	脊髓灰质炎病毒	结肠小袋虫(卵)
志贺氏菌属	柯萨基病毒	钩虫(卵)
钩端螺旋体属	腺病毒	蛲虫(卵)
链球菌(属)	肝炎病毒	蛔虫(卵)
分枝杆菌属	胃肠炎病毒	鞭虫(卵)
芽孢杆菌属	其他	其他
变形杆菌属		
霍乱菌属		
其他		

资料来源：中国农业大学，上海市农业广播电视学校，华南农业大学．家畜粪便学．上海：上海交通大学，1997。

3. 恶臭

畜牧场排出的恶臭气体主要来源于畜禽粪便、污水、垫料、饲料和畜尸中碳水化合物和含氮有机物的厌氧分解，畜禽消化道排出的气体，皮脂腺和汗腺的分泌物，畜禽体释放的外激素等，其中畜禽粪尿中有机物的厌氧分解是恶臭气体的主要来源。组成畜牧场恶臭的有机成分主要包括VFA(挥发性脂肪酸)、酸类、醇类、酚类、酮类、酯类、胺类、胺醇类及含氮杂环化合物；无机成分主要包括 NH_3 和 H_2S 等。

上述粪便、垫料等畜牧场废弃物中的碳水化合物和含氮有机物在有氧的条件下分解为 CO_2、水和最终产物无机盐类等，不会产生臭气。但在厌氧条件下，这些物质可分解释放出恶臭气体。碳水化合物在厌氧条件下可以分解为甲烷、有机酸和各种醇类。这些物质带有酸味和臭味，如甲基硫醇有腐烂洋葱臭，硫化甲醇为烂白菜味等。含氮杂环化合物在厌氧条件下可以分解为氨、硫酸、乙烯醇、二甲基硫醚、硫化氢、甲胺、三甲胺等恶臭气体，如硫化氢为臭鸡蛋味，三甲胺为鱼腥臭味等。据测定牛粪恶臭成分有94种，猪粪有230种，鸡粪有150种。

二维码 8-4
臭气检测方法

(二)畜牧场废弃物的特征

1. 产生量大

畜牧场废弃物的产生是一个持续的过程，而且每天的产生量较大。例如，一个年出栏10 000

头的生猪养殖场，每年约产生 2 190 t 固体粪便和 5 200 m^3 尿液，折合 COD 约为 460 t、总氮约为 37 t、总磷约为 5.6 t。规模化畜牧场污染物产生量大、排放比较集中，不合理处理和科学化利用对环境造成的压力更大。

2. 污染物质含量高

由于畜禽消化的特点，饲料中大部分的蛋白质等营养元素不能被机体消化吸收，它们会随粪便和尿液排出体外。粪便和尿液中含有大量的有机物、氮素、磷等污染物会导致污水中 COD、BOD、悬浮物、氨氮和总氮等污染物浓度较高。

3. 有大量的有害物质

畜禽养殖过程中会使用大量的药物、重金属等，另外畜禽肠道中栖息着大量的微生物，其中包括大量的病原菌。这些有害物质随着排泄物会进入到环境中，如果不进行合理和科学化的无害化处理和资源化利用，就可能会对环境造成一定的风险。

4. 具有资源化利用潜力

畜禽粪便中的氮、磷等元素是植物所需的营养元素，经合理的无害化处理后，可进行资源化利用，提高畜禽废弃物资源化利用水平，形成种养结合、农牧循环的可持续发展新格局，这个新格局对于促进畜牧业可持续发展具有重要意义。

二、畜牧场废弃物的危害

如前所述，畜牧场所排放的粪尿、污水及恶臭气体中含有很多对环境生物有害的物质，如未对其进行无害化处理或无害化处理不当，就会污染所进入的环境，使环境质量恶化，并经食物链最终影响人体健康。在世界各国发生的畜产公害中，以畜禽废物厌氧性分解产生的恶臭占首要地位，其次为畜禽废物造成水质污染。如在 1987 年日本发生的畜产公害案件中，恶臭占 71.8%。从家畜类别来看，危害以猪粪尿为主，占 46.6%，鸡粪危害占 31.4%。

(一)污染土壤

畜牧场固体和液体废弃物的农田利用是解决畜牧业环境污染的根本渠道。但由于畜禽废弃物中含有大量植物性营养物质(如氮、磷)，如不按照科学施肥(氮或磷平衡策略)，进行合理施用，过量的施肥则在进入土壤后，转化为硝酸盐和磷酸盐。当土壤中的氮蓄积量过高时，不仅会对土壤造成污染，而且会通过土壤渗透和毛细管作用对地下水造成污染。遭污染的饮用水水源，将严重威胁人体健康，而且这种地下水污染通常需要 300 年才能自然恢复。

畜禽饲料中还含有许多微量元素，未被消化吸收的部分随排泄物排出。长期用粪便作为有机肥可能导致砷、铜、锌及其他微量元素在环境中的富集，从而对农作物产生毒害作用，影响其生长发育和减产。20 世纪 90 年代末，为促进猪的生长发育，在饲料中添加高剂量铜、锌和砷制剂，不仅导致猪肌肉和内脏中铜、锌和砷的含量明显上升，而且导致排泄物中铜、锌和砷的含量显著增加，引起土壤中的重金属累积，造成环境污染。一般认为当土壤中铜和锌分别达到 100～200 mg/kg 和 100 mg/kg 时，即可造成土壤污染和植株中毒。一个年产 10 万只的肉鸡场，若连续使用有机砷促生长剂，15 年后周围土壤中的砷含量就会增加 1 倍，那时当地所产的大多数农产品的砷含量将超过国家标准，而无法食用。据测算，按美国食品及药物管理局(Food and Drug Administration，FDA)规定允许使用的砷制剂的用量计算，一个万头猪场 5～8 年就可能排出 1 t 以上的砷。近

二维码 8-5 饲料添加剂安全使用规范

年来，欧盟已经先后对瘦肉精、抗生素和含有机砷等饲料添加剂都已经实行禁用。2017 年，我国颁布了《饲料添加剂安全使用规范》(农业部公告第 2625 号)，该使用规范对猪饲料中铜锌的使用做了新的限量标准，较旧标准有所下降，并且自 2019 年 5 月 1 日起，停止经营、使用喹乙醇、氨苯胂酸、洛克沙胂(最经济的有机砷制剂)等 3 种兽药的原料药及各种制剂。

残留在畜禽废弃物中的兽药进入土壤后可以在土壤中富集，并对作物产生毒害作用，如恩诺沙星对黄瓜、莴苣、菜豆、萝卜均有一定程度的毒性作用，当其含量达到高浓度时，则会显著抑制初生根的生长，而且根部蓄积的药物量最多；当基质中恩诺沙星的浓度达到 5 000 μg/L 时，则会在植物组织内能检测出环丙沙星。这种情况说明植物对恩诺沙星也有代谢能力，而植物的这种代谢可能会导致交叉环境污染(crossed environmental contamination)。为此，我国也非常重视对兽用抗菌药使用减量的工作，主导推行"无抗饲料"和"无抗养殖"模式的发展大方向。2018 年，农业农村部印发了《兽用抗菌药使用减量化行动试点工作方案(2018—2021 年)》，方案提到力争通过 3 年时间，实施养殖环节兽用抗菌药使用减量化行动试点工作，推广兽用抗菌药使用减量化模式，减少使用抗菌药类药物饲料添加剂，兽用抗菌药使用量实现"零增长"，兽药残留和动物细菌耐药问题得到有效控制。

二维码 8-6 兽用抗菌药使用减量化行动试点工作方案

(二)污染水体

水体是畜禽废弃物在环境中的另一归宿。从全国来看，粪便进入水体的流失率为 2%～8%，而污水的流失率则可能达到 50%。另外，据上海市对集约化畜禽养殖场污染情况进行的调查表明，畜禽粪便进入水体的流失率甚至可能达到 25%～30%。根据全国第二次污染源普查数据可知，2017 年畜禽养殖业水污染物排放量：化学需氧量为 1 000.53 万 t，氨氮量为 11.09 万 t，总氮量为 59.63 万 t，总磷量为 11.97 万 t。

除了大量滋生蚊蝇和其他昆虫外，地表水被污染后对渔业的危害也相当严重。大量的氮、磷等微生物会造成水体的富营养化，使浮游生物大量繁殖，如藻类和其他水生植物等生物群体。这些生物死亡后产生毒素并使水中溶解氧(DO)大大减少，导致水生动物因缺氧而死亡，最终，由于死亡生物遗体的腐败，水质进一步恶化。这种受到污染的水难以自净恢复，不仅不能饮用，即使作为灌溉水也会使作物徒长、早熟、倒伏和大量减产。

在我国华南地区，尤其是广东省目前普遍采用"畜(禽)-鱼"立体养殖模式来处理和利用畜禽废物，此模式一方面为水产养殖提供肥料和饵料，变废为宝，形成科学的良性循环，降低养殖成本；另一方面为畜牧场粪便的处理和利用提供出路。此外，该模式还为农村经济发展和农民增收起了重要作用。"畜(禽)-鱼"立体养殖模式几乎成为中、小型养殖户的共识。然而，传统的"畜(禽)-鱼"立体养殖模式采用水清粪的工艺直接将含有大量粪尿的污水排入鱼塘。该种立体养殖模式在生态安全方面受到严峻挑战，它已经被大部分地区禁止使用。究其原因，一方面，为获得更多的经济效益，塘面养殖的畜禽数量过大，进入鱼塘的粪便、污水超过了水体的自净能力，水体中含有大量氮、磷等微生物所需的营养物质会导致水体富营养化，出现水质下降，渔业生境退化，从而直接影响水产品的品质；另一方面，畜禽粪便中含有的病原微生物，会被带入水体，导致水体中微生物和种类及数量发生变化，影响水生生态系统的基本功能，并可通过食物链影响人体的健康，如大肠杆菌、黄曲霉菌、破伤风梭菌、沙门氏菌属、志贺氏菌属、埃希氏菌属等。但是 2017 年"浙江湖州桑基鱼塘系统" 被认定为全球重要农业文化遗产(GIASH)，其主要是将桑林附近的洼地深挖为鱼塘，垫高塘基、基上种桑，以桑养蚕、蚕丝织布，蚕沙喂鱼、塘泥肥桑，形成可持续多层次复合生态农业循环系统，至今其科学的物质循环利用链和能量多级利用依旧堪称完美。

二维码 8-7
浙江湖州桑基鱼塘系统

此外，为提高生产力或治疗疾病，在畜禽日粮中添加的抗生素、重金属、微量元素、激素、镇静剂或兴奋剂等方式不仅导致产品污染，而且其原型及代谢产物还会随粪尿及污水进入水环境，对水生生物造成影响。由于兽药通常具有水溶性较好的特点，土壤环境中残留的兽药可以通过雨水的冲刷进入表面水体，而水产用药的70%～80%都会随饲料或粪便进入水体或沉入底泥。如果兽药在环境中不易发生生物降解，就容易使该类药物在水体中，特别是底泥中产生富集，进入水体的兽药可以对水生生物产生毒性反应。Wollenberger等(2 000)研究了养殖场常用的抗生素，如甲硝唑、喹乙醇、土霉素和泰乐菌素等对大型蚤(daphins magna)的作用，结果表明喹乙醇对大型蚤的急性毒性最强，并对水环境有潜在的不良作用；伊维菌素对大型蚤的毒性大于鱼类，其对太阳鱼和虹尊鱼 48 h 的半数致死浓度分别为 4.8 μg/L 和 3.0 μg/L。

(三)污染大气

畜牧场排放的恶臭气体是污染空气环境的首要因素。畜牧场散发出的恶臭所含的臭味化合物有 168 种，其中 30 多种的臭味阈值≤0.001 mg/m^3。恶臭气体一旦散发出来，就会对空气环境造成严重污染。除此之外，畜牧生产过程中所产生的粉尘和病原微生物也是空气的重要污染源，特别是粉尘和水汽微滴可形成气溶胶。该气溶胶成为空气中微生物的载体和庇护所。据统计，一个年出栏 10.8 万头的猪场，每小时向大气排放 NH_3 15.9 kg、H_2S 14.5 kg、15 亿个菌体、粉尘 25.9 kg，污染半径达 45～50 km。

资料表明，畜牧生产已经成为大气中氨气最主要的排放源，约占全球氨气排放量的 50%以上，在畜牧业发达国家甚至达到了 70%。畜牧场氨气产生的主要来源是畜禽粪尿、垫草、饲料等含氮有机物分解、畜禽废物在贮存和土地施用期间的挥发。大气中的氨气是形成温室效应和酸雨的污染源之一。氨气也可能会促进雾霾的形成，导致土壤的酸化和水体富营养化。此外，空气中含量过高的 NH_3 会影响周围人及畜禽的健康。在低浓度氨的长期作用下，机体的抵抗力明显减弱，许多传染病病原菌，如结核杆菌、肺炎球菌、大肠杆菌等对家畜的易感程度提高。

二维码 8-8
氨气与雾霾的关系

甲烷也是畜牧业产生的有害气体之一。资料表明，在进入大气中的甲烷中，70%的甲烷是由人为甲烷排放源排放的，其中反刍动物肠道厌氧发酵是甲烷产生的最主要来源，占已知人为甲烷排放量的 20%；动物粪便的处理及施用也是重要的人为甲烷排放源，其排放量占人为甲烷排放总量的5.5%～8%。在美国猪场污水处理方式中，采用厌氧塘处理方式占 25%以上。而这种处理方式所散发的 CH_4 占北美动物废弃物全部散发量的 61%。

(四)影响人体健康

畜禽废物中含有大量的病原微生物、寄生虫卵、兽药代谢产物及残留的一些有毒、有害物质。这些有毒、有害物质进入环境后若不能被及时消除，就有可能通过食物链传递，危害人体健康。

已证实的人畜共患病约有 200 种，其中细菌病有 20 种、病毒病有 27 种、立克次体病有 10

种、原虫病和真菌病有 5 种、寄生虫病有 22 种、其他疾病有 5 种。可由猪传染的疾病有 25 种，由禽类传染的疾病有 24 种，羊传染的疾病有 25 种，马传染的疾病有 13 种。这些人畜共患疾病的载体主要是病死畜禽、畜禽粪便及排泄物。震惊世界的疯牛病、猪链球菌病、禽流感等均被证实属于人畜共患病，与患病和病死畜禽及其产品和排泄物接触均可导致这些传染病的流行。其他病原体可借畜禽粪便污染人的食品、饮水和用物而传播，如结核病、布氏杆菌病、沙门氏菌病等。只有通过对病死畜禽及其排泄物进行无害化处理，才能阻断人畜共患病感染人的途径，避免人的感染发病。

随畜禽排泄物进入环境的兽药也有可能对人体健康产生不良影响。JECFA（食品添加剂联合专家委员会）于 1987 年报告了有关兽药残留的毒性评价，并将目前残留的兽药种类分为 7 类，分别为抗生素类、驱肠虫药类、生长促进剂类、抗原虫药类、灭锥虫药类、镇静剂类和β-肾上腺素能受体阻断剂。虽然我国畜禽养殖兽药的使用已逐步科学化、规范化，但是畜禽养殖仍然会使用一定剂量的治疗用药，从而导致畜禽体内存在着大量耐药菌。这样一方面使得原有的兽药失去作用，动物细菌病难以控制，另一方面这些耐药菌携带大量耐药基因。这些耐药基因有随着畜禽粪污资源使用进入食物链的风险，将耐药基因（质粒）传递给人类病菌，使现有的抗生素失效，危及人类健康。

二维码 8-9
抗性基因与
人体健康

兽药的使用主要有两个方面：第一，为了达到集约化养殖，部分兽药常被作为动物促生长剂添加在饲料中（antibiotic growth promoters）；第二，用于畜禽疾病治疗的兽药。其中，针对第一部分促生长类兽药的使用，农业农村部在 2019 年发布了第 194 号公告，自 2020 年 1 月 1 日起，退出除中药外的所有促生长类药物饲料添加剂品种，自 2020 年 7 月 1 日起，饲料生产企业停止生产含有促生长类药物饲料添加剂（中药类除外）的商品饲料，为维护我国动物源性食品安全和公共卫生安全将起到重要作用。

在畜禽养殖过程中添加了微量元素，其中部分属于重金属。残留最为严重的两种重金属为铜和锌。2010 年，畜禽业铜排放 980.03 t，锌排放量为 2 323.95 t，占总农业污染的 33.97% 和 47.79%。姚丽贤等（2013）对广东饲料厂和养殖场进行采样，共 76 个猪饲料样，结果显示饲料中的铜的含量为 12.5～289.4 mg/kg，锌的含量为 58.2～2 974.9 mg/kg。根据我国饲料添加剂安全使用规范规定，仔猪（≤25 kg）的铜限量标准为 125 mg/kg，其他动物 25 mg/kg。仔猪（≤25 kg）的锌限量标准为 110 mg/kg，但是仔猪断奶后的前两周允许在 110 mg/kg 基础上使用氧化锌或碱式氧化锌至 1 600 mg/kg（以配合饲料中 Zn 元素计），母猪锌限量标准为 100 mg/kg，其他猪 80 mg/kg，其他动物 120 mg/kg。按此标准，部分猪场使用的饲料铜锌含量超标。饲料中过量地添加铜和锌会直接导致猪场废弃物重金属残留的发生。李书田等（2009）取样并分析了我国 20 个省（自治区、直辖市）主要畜禽粪便的养分含量发现，2009 年我国猪粪锌、铜含量的平均值达到 663.3 mg/kg 和 488.1 mg/kg 显著高于 1990 年我国猪粪的铜、锌含量，分别为 37.6 mg/kg 和 137.2 mg/kg。重金属在环境中具有累积性，要进一步规范使用，在源头进行减排，同时，结合后端无害化手段对重金属进行钝化，减少重金属在食物链中的累积和对人类健康的影响。

三、畜牧场废弃物的处理原则

(一)源头减排

畜禽废弃物源头减排可减轻后端无害化处理与资源化利用压力。其主要的源头减排方式包括通过选用消化率较高的原料,改善饲料加工处理方式,精准分阶段饲喂,配制低蛋白和低磷平衡日粮,外源添加益生菌、益生元、酶制剂、酸制剂等方式提高饲料的消化利用效率,有效地减少畜禽排粪量,降低畜禽排出的污染物质量;规范兽药和铜、锌等饲料添加剂减量使用;降低养殖业中兽药和重金属的排放;通过改善养殖模式和环境控制也可实现源头减排,如采用干清粪工艺和节水型饮水器或饮水分流装置,实现雨污分离、清污分离、回收污水循环清粪等有效措施,从源头上控制养殖污水产量;采用粪污全量收集的养殖场应最大限度降低用水量;控制好畜禽养殖温热环境,可以减少畜禽饮水量,降低粪便中的含水率和尿液产量,提高畜禽饲料转化效率,减少排放。据试验证明,日粮干物质消化率从85%提高到90%,粪便干物质排出量可减少1/3,粪氮含量也会降低。

(二)过程控制

规模养殖场根据土地承载能力确定适宜养殖规模,建设必要的粪污处理设施,使用堆肥、污水处理及臭气控制的相关菌剂和物理及化学添加剂等,加速粪污无害化处理过程,减少氮、磷和臭气排放。

在粪便的收集、储存、运输和利用环节加强管理,避免粪污养分流失是畜牧场养分管理的重要环节。畜禽的养殖工艺、组群大小、垫料类型等因素会影响粪便的收集和养分的流失,如采用干清粪的粪便收集方式,可避免粪便氮被脲酶分解,减少氨气的挥发;环境因素直接影响微生物活性及其对粪便中尿酸的降解,如温度、湿度和粪便pH。在通常情况下,当粪便pH、温度、湿度升高时,氨的排放增加;在粪便中添加化学改良剂可降低粪便pH和水分含量,进而减少氨排放量,如氯化铝和硫酸亚铁可使氨的排放量分别降低97%和91%,硫酸铝(明矾)、明矾和碳酸钙(碳酸钙)、氯化铝和碳酸钙以及高锰酸钾可分别使氨的排放量减少86%、79%、76%和69%。

(三)末端利用

粪污还田是最常见,也是最理想的末端利用方式。但是随着畜禽养殖的快速发展,产生的粪尿越来越多。一些地方排放的畜禽粪尿量超过了当地作物目标产量的有机肥养分需求量,在当地出现水体、土壤污染等一系列环境问题。这些环境问题已成为农村面源污染的主要原因之一。为了确保畜牧生产的可持续发展,一个地区畜禽养殖量应确保不超过这个地区土壤对畜禽粪尿的负荷(carrying capacity),即区域内施用于土壤的畜禽粪尿量不得超过该区域内作物对有机肥的需求量。如果超过负荷量,就有可能引起土壤污染。在进行区域畜牧业规划时,应首先评估当地畜禽养殖造成土壤污染可能性,即先了解当地作物面积,计算作物对养分的需求总量,然后依据畜禽粪尿中植物营养物质的排泄量,推算区域内适合饲养的畜禽养殖总量。

二维码 8-10 畜禽粪污土地承载力测算技术指南

在大田施用时,应掌握粪肥施用时机和方法,采用有效的施肥方式,防止其进入河流、水体或环境敏感地区,减少因地表径流或渗滤而造成的水体污染，减少病原体和控制恶臭气体产生。同时，还需要测定土壤和粪便养分含量，按需施肥。粪肥采用刀式、开放槽式、带状散布、撒播等施用方式，其氨挥发量和氮流失依次增加。施用粪肥后应采用免耕、作物残茬管理、放牧管理和其他保护措施，减少粪肥中有机物、营养物质和病原体流向地表和地下水。农场经营者应记录产生的粪便量和如何利用粪便，包括在哪里施用、什么时间施用及施用数量，同时土壤、粪肥监测应纳入记录备案系统。

《欧盟水域保护良好农业规范条例》(European Communities Good Agricultural Practice for Protection of Waters Regulations 2009)对畜牧场粪便收集、贮存及其他可能造成养分流失的环节都做了详细规定。该条例规定，畜牧场雨水及其他来源的干净水应避免与畜舍粪便或场区储粪系统粪污混合；做好畜牧场建筑、粪便收集系统、运输系统和粪便储存设施的建设和维护，防止有机物、养分泄漏；提供足够的粪污存储设施，液态粪便贮存系统应保证足够的容积，安全存放动物产生的粪便和污水；干燥的粪便(如在某些家禽和肉牛粪便)应存放在生产建筑或贮存设施内，以防止径流污染；储粪系统的位置应与水体、漫滩和其他环境敏感地区保持距离；动物尸体处理方式应不影响地下水或地表水，不引起公共健康问题。

第二节 畜牧场固体废弃物的处理与利用

目前，畜禽养殖污染已直接影响了农村人类居住地的生活和生产环境。如果忽视畜禽废物的处理和综合利用，畜牧业发展所带来的生态环境问题将会日益突出，并会直接阻碍畜牧业的可持续发展。因此，解决好畜牧业发展对农村环境的污染问题是今后我国畜牧业生态工程建设面临的重要任务。

一、畜禽粪便的处理与利用

由于畜禽粪便中含有病原微生物及寄生虫卵等物质，所以必须对其进行无害化处理才能进行后续利用。目前对畜禽粪便的处理技术主要包括物理法和生物化学处理法。物理法的主要方式为干燥，即采用机械或自然干燥的方式降低畜禽粪便的含水率，以便后续的运输贮存，最终主要用作肥料；生物化学处理法主要包括好氧堆肥、厌氧发酵和用作培养料等三种方式，其中好氧堆肥是无害化处理畜禽粪便的最主要方式，堆肥的最终产品可作为有机肥施用于农田。

(一)干燥

干燥法主要用于处理鸡粪。鸡的消化道短，采食的饲料不能被完全消化和吸收就随鸡粪排出体外，粪尿中营养物质含量高。如鸡干粪中的粗蛋白质含量为20%～32%，其还含有18种氨基酸和大量的微量元素，维生素含量也较高，因此，如经适当的加工处理，鸡粪可制成优质肥料和水产饲料加以利用。新鲜鸡粪的含水量较高，需通过机械或自然干燥等方式降低鸡粪的含水率，重量减轻，体积减小，并可去除臭味，便于农田化利用或将用作水产饲料。干燥法可以分为自然干燥法和机械干燥法(图8-1)。

自然干燥适于小规模的养鸡户采用，其具体做法为在新鲜鸡粪里掺入20%～30%的米糠或麦麸，然后摊在水泥场或塑料薄膜上，在阳光下曝晒，鸡粪的含水量经过一段时间降到15%

自然干燥

机械干燥

图 8-1 畜禽粪便的干燥处理

以下，干燥后过筛去除杂质，装入袋内或堆放于干燥处备用。为避免外界气候环境对干燥效果的影响，对鸡粪进行日光干燥可在塑料大棚中进行，借助塑料大棚形成的“温室效应”对鸡粪进行干燥处理。专用的塑料大棚一般宽为 4.5 m，长为 45～56 m。夏季，只需 1 周即可把鸡粪的含水量降到 10%左右。该方法的优点是投资小、成本低，但其处理规模小、耗时长、占地面积大，而且受气候条件的影响较大，其间产生 NH_3 和 H_2S 等有害气体，会污染环境。

机械干燥法主要利用研究开发出的各种型号的干燥设备，如快速高温干燥设备、微波干燥设备、气流干燥设备等实现对鸡粪的干燥处理。这种方法可以使物料能与高温气体充分接触，大大缩短了干燥完成所需的时间，并可使物料彻底干燥。这种设备可连续生产或批量生产，占用场地面积小。但该设备投资较大，运转费用高，不适合中小型养殖场的粪便处理。河南省安阳市是河南省蛋鸡生产数量最多的地区之一。该地区采用回转筒烘干炉对鸡粪进行干燥处理，用煤作为鸡粪烘干的热源，通过高效燃烧炉产生洁净的高温烟道气，以此作为热介质来烘干鸡粪。目前烘干的鸡粪主要用作肥料，每生产 1 t 烘干鸡粪，其利润为 60～90 元。但鸡粪烘干设备投资较大，一般配套设备投资在 10 万元以上，适合在日产鸡粪 10 t 以上的大型养鸡场应用。

这种处理鸡粪的方法曾在 20 世纪 90 年代左右在我国大范围推广。干燥后的鸡粪作为一种非常规饲料资源来饲喂畜禽。试验表明，用占日粮 29%的烘干鸡粪喂肉牛，经 180 d 试验，增重与胴体质量与对照组相同；用占日粮干物质 35%的肉鸡粪喂后备猪，效果可与商品饲料相媲美；在饵料中添加鸡粪 30%，与此对照比，鱼产量增加 9%～17%，成本降低 30%，盈利提高 50%。但值得注意的是，畜禽粪便是畜禽体内代谢的产物，其不仅含有未经消化吸收的营养成分，而且含有病原体及体内代谢产生的有毒有害物质、微量元素和兽药等，再次用作畜禽饲料时必须加以注意。我们不建议干燥后的鸡粪再次用作畜禽饲料，干燥后的鸡粪应主要用作肥料。

(二)厌氧发酵

厌氧发酵是常用于畜禽粪污处理的一种。此种方式可将畜禽粪便中的大部分有机物去除，同时可回收沼气作为能源，这是我国畜禽粪污资源化利用的主推方式之一。但是传统的厌氧发酵后面临着沼液和沼渣的后续处理问题，从而增加了处理成本和存在引发二次污染的风险。厌氧干发酵以其处理有机负荷、投资小、操作简单和无沼液后续处理压力等优点日益受到人们的关注。畜禽粪便的厌氧干发酵是直接采用新鲜畜禽粪便作为发酵原料在发酵设备中进行厌氧发酵，无须添加大量水。而发酵后产物的含水量变化不大，发酵完毕后只需进行简单的脱水干燥即可，避免了湿发酵方式中大量沼液的后续处理。厌氧干发酵也可以有效避免好氧发酵中的臭气被直接排放于空气而产生二次污染。厌氧干发酵是通过微生物作用将发酵底物转化成甲烷和二氧化碳等可燃混合气体的生物化学过程。影响厌氧干发酵的因素有很多，如原料特性、发酵温度、接种物、pH、营养物质的含量与配比、搅拌频率与强度等。畜禽粪便中高蛋白含量的性质及发酵总固体浓度较高，使得发酵过程存在启动慢、易酸化、容易产生氨抑制、传质和传热差等问题，需要更多研究来解决。

二维码 8-11
厌氧干发酵

(三)好氧发酵——堆肥

畜禽粪便中含有大量农作物生长所必需的氮、磷、钾等营养成分和大量的有机质，将其作为有机肥料施用于农田是一种被广泛采用的处理和利用方式。据统计，畜禽粪便占我国有机肥总量的63%～71%，其中占36%～38%的猪粪是我国有机肥料组成中极为重要的肥料资源。美国、日本等国家60%以上的有机肥都是堆肥。我国利用有机肥料历史悠久，它在恢复地力、保持土壤肥力等方面起着重要作用。目前我国有机肥料约提供土壤氮素的1/3，磷(以P_2O_5形式)的3/5，钾(以K_2O形式)的92%。

1. 畜禽粪便堆肥概述

当新鲜及未完全腐熟的畜禽粪便施于农田时，其所含的有机物被快速分解，土壤中的氨气、二氧化碳浓度增加，无机氮浓度太高，从而影响根系的呼吸作用。同时微生物的活动消耗氧气使土壤氧气不足，有机质分解产生的有机酸等代谢产物不利于作物的发芽及发育。因此，在土地利用前必须对畜禽粪便进行无害化处理。

堆肥是目前常用的好氧发酵处理有机废弃物以达到稳定化和农肥化的方法。通过堆肥，可将畜禽粪便中的复杂有机物降解为易被植物吸收的简单有机化合物，降低堆肥的碳氮比有利于作物根系的吸收。在堆制过程中，堆内温度达60～70 ℃，可杀死绝大部分病原微生物、寄生虫卵和杂草种子等，消除了它对作物生长及对人畜健康的影响。在堆制结束后，堆肥施于农田，可提高土壤氮、磷、钾含量，有利于培肥土壤，特别是可以增加土壤中有效态氮、磷、钾的含量，提高土壤腐殖质和腐殖酸含量，为作物生长提供营养物质。同时，腐殖质是一种亲水胶质，可以促进土壤团粒结构形成，改善土壤透气性和渗透性，提高土壤持水持肥能力；腐殖酸是一种生理活性物质，可促进种子发芽、根系发育和作物生长，还可提高土壤酶活性，促进土壤养分转化。这些作用是化肥不具备和不可代替的。

2. 堆肥的主要方式

根据堆肥物料的发酵方式、流动过程、发酵状况以及提供空气的方法等，可把堆肥系统区分为无发酵装置的堆肥系统和发酵仓系统(图8-2)。无发酵装置系统主要包括条垛式堆肥系统、槽式堆肥系统和通气固定垛堆肥系统等；发酵仓系统则包括塔式堆肥、旋转滚筒式堆肥和筒仓式堆肥等。

条垛式堆肥是最古老的堆肥化系统，即将堆肥物料垛状堆置，通过人工或机械翻堆来实现供氧目的，它投资小，运转费用低，生产率高，但占地面积大，腐熟时间长，且受外界气候的影响较大。通气固定垛堆肥系统与条垛式堆肥不同的是在堆肥过程中不进行翻堆，而是通过机械强制通风或抽气来实现通风供氧的目的。它的投资与其规模成正比，通过通风量和风速来控

条垛式堆肥

槽式堆肥

图 8-2 畜禽粪便的好氧堆肥方式

制堆肥进程，缩短了堆肥周期，提高了处理能力和处理效果，但其占地面积大，所需运转费用高。发酵仓式堆肥是通过机械化和自动化来完成的。近年来，发酵仓式堆肥发展较快，其可有效控制堆肥过程中的臭气、灰尘、蚊蝇及其他污染环境的因素，腐熟时间短，但它投资大，运转过程中对能源依赖性高。由于粪便具有一定的腐蚀性，因此，发酵仓式堆肥对设备的要求高。

在国外，已实现堆肥的工厂不断致力于新型机械化堆肥工艺的研究，开发出 DANO、Ashbrook-Simon-Hartley、Taulman-Weiss 等多种发酵仓系统的堆肥化工艺，而且已被广泛应用。目前，塔式堆肥、槽式堆肥及管式堆肥是国外工厂化堆肥较为常用的方法，条垛式堆肥及通气固定垛式堆肥也占一定比例。

目前，我国仍有大量研究集中在堆肥条件的优化方面。堆肥是以微生物为媒介的生理生化过程，创造适合微生物生长繁殖的环境是堆肥制作中应首先考虑的因素。

3. 堆肥条件的控制

一般而言，畜禽粪便堆肥的 C/N 以(20～30)：1 较佳，当新鲜畜禽粪的 C/N 为(7～25)：1，以其作为堆肥基质时，必须调节其 C/N，加入碳源调理剂，如稻秆、麦秸及蔗渣等，使其 C/N 达到最佳。在选取调理剂时，不仅要考虑其能够提供碳源物质的量，重视其所含碳源物质的可降解性，而且还要考虑加入调理剂后的物料的孔隙度(或自由空域)。

水分是微生物发酵物料所必需的成分之一。堆肥适合的水分含量为 50%～65%，此时堆肥过程中的氧气的摄入量、CO_2 生成速度、细菌生长速度为最大，以利于堆肥的发酵过程。

在堆肥过程中，进行通风一方面可以维持好氧微生物的活动，满足有机物分解的需氧量，另一方面还可以从堆肥基质中带走多余的水分及热量，使物料适当干化并防止堆内温度过高。堆肥通风方式可分为静态通风、倒堆供氧和强制通风等。倒堆供氧除了通风供氧外，它还起到混匀堆肥基质的作用。因此，在进行大规模有机废弃物处理时，可选择机械倒堆供氧的通风方式。

在堆肥过程中，堆肥基质的酵解主要由微生物来完成。目前从微生物入手，选择、培育能提高堆肥速度的菌种，通过添加外源性微生物来加速堆肥化过程是国内研究的热点。据已有的研究表明，添加微生物制剂可以调控堆制过程中的碳氮代谢，碳类物质降解为芳香小分子有机物，减少氮类物质分解为氨氮后，以气态挥发损失来控制臭味的产生，促使氮类物质向蛋白氮和硝酸盐氮转化，保留更多的氮养分并加速堆肥进程，提高堆肥质量，减少臭气。

小规模的畜禽养殖场可采用分格发酵槽内堆肥的方法处理畜禽粪便。其具体做法为堆肥池的深、宽、高分别为：1.5 m、1.0 m、1.8 m，堆肥场地外搭一个竹棚，防止雨水进入堆体，或在堆肥池边开沟；雨天时在堆体上盖塑料布，使雨水从沟中流走。鲜粪或粪渣均可作为堆肥基质，以稻草作为堆肥的调理剂，其中稻草铡成 3 cm 长。堆肥的 C/N 应调至(20～30)：1，稻草与鲜猪粪的重量比为 1：(7.5～8)。在开始堆肥时，需用人工或机械使堆肥原料混合均匀，并将含水率调节至 60%～65%，加入 1%的除臭剂以起到除臭的作用。堆肥的高度大约为 1.5 m，深度为 1～1.2 m。在堆肥开始后的 10 d 内，在堆体上加盖塑料布，一方面防止水分蒸发过快而影响堆肥的分解过程，另一方面可以保存热量，堆温迅速上升，此外，还有灭蛆的作用。

供氧方式采用翻堆供氧。翻堆供氧有人工翻堆和机械翻堆两种方式。前 15 d 翻堆频率为：每 3 d 1 次；15 d 后当堆温开始下降时，可逐步延长翻堆间隔时间，由每 3 d 1 次变为每 7 d 1 次，直到堆体腐熟。为减少堆肥的占地面积，可在堆肥后的第 15 d 将堆肥基质装袋，再需 15～20 d 即可腐熟，将其作为成品堆肥出售。

(四)生物培养料

畜禽粪便含有丰富的有机质和 N、P、K 等元素，加入一定的辅料堆制发酵后，其可用于食用菌栽培。在畜禽粪便中加入含碳量较高的稻草或秸秆调节碳氮比，再添加适当的无机肥料、石膏等。在堆制后，它们可作为培养基栽培食用菌。通过食用菌的进一步分解代谢，食用菌生长的栽培原料不仅能减少和消除粪便对环境的污染，实现猪粪渣的资源化利用，提高粪渣的利用价值，减少养殖业污染物的排放，同时有利于养殖业的污染物减量化和食用菌生产的可持续发展，增加农业经济作物的生产，从生态系统上实现物质能量的良性循环。

二、畜禽尸体的无害化处理

通常畜禽尸体携带大量病原体，若不对其进行无害化处理，就有可能污染周围环境，还有可能引起重大疫情，引发公共卫生事件，直接影响养殖生产的可持续发展。因此，畜禽尸体的无害化处理对保障养殖业的健康发展，保证畜禽产品质量安全等有着重大意义。目前，常用的畜禽尸体处理方法包括深埋法、焚烧法、化制法、高温法和化学降解法等。

(一)深埋法

深埋法是指按照相关规定将病死及病害动物和相关动物产品投入深埋坑中并覆盖、消毒，处理病死及病害动物和相关动物产品的方法。深埋法适用于动物疫情或自然灾害等突发时病死及病害动物的应急处理以及边远和交通不便地区的零星病死畜禽的处理。深埋法不得用于患有炭疽等芽孢杆菌类疫病以及牛海绵状脑病、痒病的染疫动物及产品、组织的处理。深埋法是传统的死畜禽处理方法，容易造成环境污染，并且有一定的隐患。在小型畜牧场中，非芽孢病菌致死的动物可选用深埋法处理。深埋坑体容积由实际处理动物尸体及相关动物产品数量确定；深埋坑底应高出地下水位 1.5 m 以上，要放渗、防漏；坑底撒一层厚度为 2～5 cm 的生石灰或漂白粉等消毒药；放入死畜，在最上层死畜的上面再撒一层生石灰，最后用土埋实，要求病死及病害动物尸体或产品上层应距地表 1.5 m 以上。深埋覆土不要太实，以免腐败产气造成气泡冒出和液体渗漏；在深埋后，在深埋处设置警示标识；在深埋后，第 1 周内应每日巡查 1 次，第 2 周起应每周巡查 1 次，连续巡查 3 个月，深埋坑塌陷处应及时加盖覆土；在深埋后，立即用氯制剂、漂白粉或生石灰等消毒药对深埋场所进行 1 次彻底消毒，第 1 周内应每日消毒

1 次，第 2 周起应每周消毒 1 次，连续消毒 3 周以上。畜禽场要尽量少用深埋法，若临时要采用，也一定要选择地势干燥、远离学校、公共场所、居民住宅区、村庄、动物饲养、屠宰场所和饮用水源地及河流等地区，且要在畜牧场的下风向，离畜牧场有一定距离。深埋后的地表环境应使用有效的消毒药消毒。

(二)焚烧法

焚烧法是指在焚烧容器内病死及病害动物和相关动物产品在富氧或无氧条件下进行氧化反应或热解反应的方法。焚烧法是比较安全、彻底地处理畜禽尸体的方法。它适用于国家规定的染疫动物及其产品、病死或者死因不明的动物尸体，屠宰前确认的病害动物，屠宰过程中经检疫或肉品品质检验确认为不可食用的动物产品以及其他应当进行无害化处理的动物及动物产品。畜禽尸体在焚烧过程中会产生大量的灰尘和气体污染物，易对环境造成二次污染，因此，畜禽尸体在焚烧过程中必须配有气体净化装置，所产生的气体经处理后方可向外界排放。在采用这种处理方法时，投资和运行成本较高。其主要适合于大规模养殖场处理畜禽尸体，较难在中小型养殖户推广。焚烧法分为直接焚烧法和碳化焚烧法。

1. 直接焚烧法

直接焚烧法是指视情况对病死及病害动物和相关动物产品进行破碎等预处理后，投至焚烧炉本体燃烧室，经充分氧化、热解，产生的高温烟气进入二次燃烧室继续燃烧，产生的炉渣经出渣机排出的方法。燃烧室温度应≥850 ℃，燃烧所产生的烟气从最后的助燃空气喷射口或燃烧器出口到换热面或烟道冷风引射口之间的停留时间应≥2 s，焚烧炉出口烟气中氧含量应为 6%～10%(干气)；二次燃烧室出口烟气经余热利用系统、烟气净化系统处理，达到《大气污染物综合排放标准》(GB 16297—1996)的要求后排放；焚烧炉渣与除尘设备收集的焚烧飞灰应分别收集、贮存和运输，焚烧炉渣按一般固体废物处理或作资源化利用；焚烧飞灰和其他尾气净化装置收集的固体废物需按《危险废物鉴别标准　浸出毒性鉴别》(GB 5085.3—2007)的要求做危险废物鉴定，如属于危险废物，则按《危险废物焚烧污染控制标准》(GB 18484—2020)和《危险废物贮存污染控制标准》(GB 18597—2001)的要求处理。在操作过程中，严格控制焚烧进料频率和重量，病死及病害动物和相关动物产品能够充分与空气接触，保证完全燃烧；燃烧室内应保持负压状态，避免焚烧过程中发生烟气泄露；二次燃烧室顶部设紧急排放烟囱，应急时开启；烟气净化系统包括急冷塔、引风机等设施。

2. 炭化焚烧法

炭化焚烧法是将病死及病害动物和相关动物产品投至热解炭化室，在无氧情况下经充分热解，产生的热解烟气进入二次燃烧室继续燃烧，产生的固体炭化物残渣经热解炭化室排出。热解温度应≥600 ℃，二次燃烧室温度≥850 ℃，焚烧后烟气在 850 ℃以上停留时间≥2 s。烟气经过热解炭化室热能回收后，降至 600 ℃左右，经烟气净化系统处理，达到《大气污染物综合排放标准》(GB 16297—1996)的要求后排放。其操作注意事项包括应检查热解炭化系统的炉门密封性，以保证热解炭化室的隔氧状态；应定期检查和清理热解气输出管道，以免发生阻塞；热解炭化室顶部需设置与大气相连的防爆口，热解炭化室内的压力过大时可自动开启泄压；应根据处理物种、体积等，严格控制热解的温度、升温速度及物料在热解炭化室里的停留时间。

(三)化制法

化制法是指在密闭的高压容器内通过向容器夹层或容器内通入高温饱和蒸汽，在干热、压力或蒸汽、压力的作用下，处理病死及病害动物和相关动物产品的方法。化制法适用对象与焚烧法相同，但不得用于患有炭疽等芽孢杆菌类疫病以及牛海绵状脑病、痒病的染疫动物及产品、组织的处理。化制法分为干化法和湿化法。

1. 干化法

干化法是指视情况对病死及病害动物和相关动物产品进行破碎等预处理后，输送入高温、高压灭菌容器的方法。其处理物中心温度≥140 ℃，压力≥0.5 MPa(绝对压力)，时间≥4 h(具体处理时间随处理物种类和体积大小而设定)；加热烘干产生的热蒸汽经废气处理系统后排出；加热烘干产生的动物尸体残渣传输至压榨系统处理。在操作时，搅拌系统的工作时间应以烘干剩余物基本不含水分为宜，根据处理物量的多少，适当延长或缩短搅拌时间；应使用合理的污水处理系统，有效去除有机物、氨氮，达到《污水综合排放标准》(GB 8978—1996)的要求；应使用合理的废气处理系统，有效吸收处理过程中动物尸体腐败产生的恶臭气体，达到《大气污染物综合排放标准》(GB 16297—1996)的要求后排放；处理结束后，需对墙面、地面及其相关工具进行彻底清洗消毒。

2. 湿化法

湿化法是指将病死及病害动物和相关动物产品或破碎产物送入高温、高压容器的方法。其总质量不得超过容器总承受力的4/5；处理物中心温度≥135 ℃，压力≥0.3 MPa(绝对压力)，处理时间≥30 min(具体处理时间随处理物种类和体积大小而设定)；在高温高压结束后，对处理产物进行初次固液分离；固体物经破碎处理后，送入烘干系统；液体部分送入油水分离系统处理；冷凝排放水应冷却后排放，产生的废水应经污水处理系统处理，达到《污水综合排放标准》(GB 8978—1996)的要求；处理车间废气应通过安装自动喷淋消毒系统、排风系统和高效微粒空气过滤器(HEPA 过滤器)等进行处理，达到《大气污染物综合排放标准》(GB 16297—1996)的要求后排放。

(四)高温法

高温法是指在常压状态下的封闭系统内利用高温处理病死及病害动物和相关动物产品的方法。其适用对象与化制法相同，处理物或破碎产物的体积(长×宽×高)≤125 cm^3 (5 cm×5 cm×5 cm)；向容器内输入油脂，容器夹层经导热油或其他介质加热；将病死及病害动物和相关动物产品或破碎产物输送入容器内与油脂混合；在常压状态下，维持容器内部温度≥180 ℃，持续时间≥2.5 h(具体处理时间随处理物种类和体积大小而设定)；处理系统的热蒸汽和残渣要经过相应的处理系统处理后排出。

(五)化学降解法

化学降解法是指将病死及病害动物和相关动物产品或破碎产物，投至耐酸的水解罐中，按每吨处理物加入水150～300 kg，后加入98%的浓硫酸300～400 kg(具体加入水和浓硫酸量随处理物的含水量而设定)，密闭水解罐，加热使水解罐内升至100～108 ℃，维持压力≥0.15 MPa，反应时间≥4 h，至罐体内的病死及病害动物和相关动物产品完全分解为液态。在处理中使用的强酸应按国家危险化学品安全管理、易制毒化学品管理有关规定执行，操作人员应做好个人防护；在水解过程中要先将水加入耐酸的水解罐中，然后加入浓硫酸；控制处理物总体积不得超过容器容量的70%；酸解反应的容器及储存酸解液的容器均要求耐强酸。化学降解法的适用对象与化制法相同。

上述这些方法各有优缺点，在实际处理时应依据养殖场规模、周边环境等条件加以选择。

第三节 畜牧场污水的处理与利用

畜牧业污水处理的最终目的是将污水经处理后达到排放标准并经允许而排放，或达到农田灌溉标准加以综合利用。畜牧业污水与其他行业的污水有较大差别，如工业污水。比如，有毒物质含量较少，污水排放量大，而且污水中含有大量粪渣，其中有机物、氮、磷等含量高，它们属可降解或较易降解污水（BOD_5/CODcr 0.4～0.5），但含有很多病原微生物，其危害及处理难度大，因此，必须加以重视。

一、畜牧场污水减排

（一）采用干清粪方式

清粪技术主要包括水冲清粪、水泡清粪和干清粪工艺等。由于水冲消粪和水泡清粪方式的粪尿与污水混合容易形成厌氧发酵，产生大量的有害气体，影响畜禽及饲养人员的健康；也同样会使粪便可溶性肥料养分损失，而且粪水混合物的污染物浓度更高，后续处理也更加困难。相比较而言，干清粪工艺可以对固体粪便和污水分别进行处理，污水量小。因其畜粪和尿、水分离，故固态粪便中的养分得以保留，污水的各项污染指标浓度也大大降低（表 8-4），为畜禽粪便、污水的分别处理和综合利用提供了方便。干清粪工艺不仅处理技术简单，污水处理基建和设备投资也比水冲清粪和水泡清粪工艺大大降低。

表 8-4 水冲清粪和清除粪便后冲洗的污水理化指标

指标	水冲清粪的废水	清除粪便后冲洗水
化学耗氧量 COD_{cr}/(mg/L)	17 000～19 500	8 790～13 200
生化需氧量 BOD_5/(mg/L)	7 700～8 800	3 407～5 130
悬浮物 SS/(mg/L)	10 300～11 700	3 960～5 940
总氮 TN/(g/L)	31～40	21～25
铵态氮(NH_4^+-N)/(mg/L)	2 120～4 768	1 200～2 100
总磷 P_2O_5/(g/L)	116	58

资料来源：华南农业大学，香港猪会．规模化猪场用水与废水处理技术．北京：中国农业出版社，1999；中国农业大学，上海市农业广播电视学校，华南农业大学．家畜粪便学．上海：上海交通大学出版社，1997。

（二）雨污分流

雨污分流是养殖场粪污处理与利用的第一步，是通过建设雨水收集管道（沟）和污水收集管道（沟），将雨水和污水分开收集。收集的雨水直接排到河塘或农田，收集的污水集中处理，在雨季时，雨污分流可以大大减少污水的处理量。

污水收集管道（沟）可采用砖砌明沟或铺设管道，砖砌明沟的建设成本一般比铺设管道的成本低，养殖场可以根据实际情况选择建设。砖砌明沟是明沟两侧及底部用水泥粉刷，防止污水外渗；明沟上面加盖盖板并将接口封堵，防止雨水和地表水流入；污水管道每隔一段距离，设置一块可掀盖的盖板，这样污水管道被堵塞时可掀开疏通。铺设管道是铺设直径 300 mm 以上的 PVC 管道，注意留有疏通口，方便需要管道堵塞时疏通。雨水收集管渠一般通过自流排出，养殖场要根据自身场地情况，设置相应的雨水收集渠道，保证雨水不进入污水收集管道。养殖场实行雨污分流能大大减少养殖污水的排放，畜禽粪尿通过污水管网收集后进入沼气工程或者粪污存储池，进行厌氧发酵处理，使之“变废为宝”，实现资源化利用；雨水则通过雨水收集渠道，排入附近河塘，不会对水体造成污染。

（三）清污分流

畜禽饮水过程中由于饮水器的漏水、畜禽戏水等会造成很多水浪费，流到圈舍与粪污混合，增加了粪污量和后端处理压力。通过改造饮水分离器（图 8-3），从源头减量可保证畜禽饮水的漏水不流入粪污处理收集与处理系统中，减少污水量的产生。

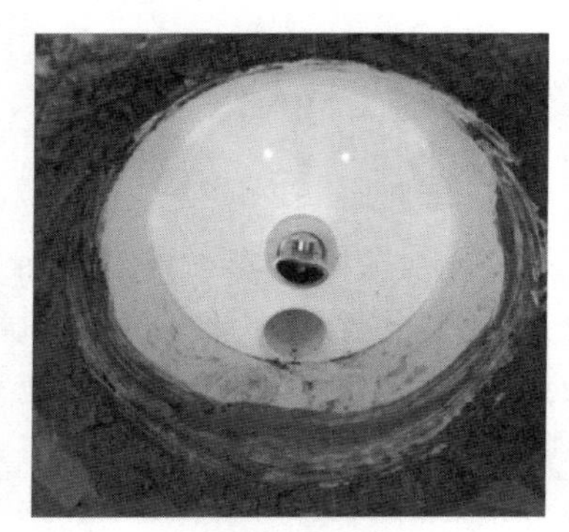

畜舍内饮水分离器

畜舍外的污水收集管道系统

图 8-3 饮水分离器

二、畜牧场污水的利用与处理

畜牧场产生的污水（或与粪便的混合物）经过厌氧发酵后，沼气可以用作能源，沼渣按照固体粪便的处理方式进行进一步的处理。沼气是一种无色，略带臭味的混合气体，与氧混合进行燃烧，并产生大量热能，每立方米沼气的发热量为 20～27 MJ。沼气的主要成分是一种简单的碳氢化合物，甲烷（CH_4）占总体积的 60%～76%，二氧化碳占 25%～40%，还含有少量的 O_2、H_2、CO、H_2S 等气体。一份 CH_4 与两份 O_2 混合燃烧，可产生大量热能。甲烷燃烧时的最高温度可达 1 400 ℃。当空气中甲烷含量达 25%～30%时，对人畜有一定的麻醉作用。如在理想状态下，10 kg 的干燥有机物能产生 3 m^3 的气体，这些气体能提供 3 h 的炊煮，3 h 照明或供适当的冷冻设备工作 10 h。

甲烷的生产是一个复杂的过程，有若干种厌氧菌混合参与该反应过程。在发酵的初期，在氧气不足的环境中，粪尿等含有的丰富有机物可被沼气池中的厌气性菌分解，其过程大体上分为两个阶段：第一阶段为成酸阶段，由成酸细菌将碳水化合物、多糖、蛋白质等三类化合物分解成短链脂肪酸（乙酸、乳酸、丙酸）、NH_3 和 CO_2；第二阶段是沼气和 CO_2 的生成过程。粪便厌气发酵生产沼气过程的主要反应为：

$$CH_3COOH \rightarrow CH_4 + CO_2$$

$$CO_2 + 4H_2 \rightarrow CH_4 + 2H_2O$$

$$4CH_3CH_2COOH+2H_2O \rightarrow 4CH_3COOH+CO_2+3CH_4$$

大约有60%的碳素转为沼气，从水中冒出，积累到一定程度后产生压力，通过管道即可使用。粪污产生沼气需要五个方面的条件：第一，是保持无氧环境可以建造四壁不透气的沼气池，上面加盖密封。第二，需要充足的有机物来保证沼气菌等各种微生物正常生长和大量繁殖。一般认为每立方米发酵池容积，每天加入1.6～4.8 kg固形物为适。第三，有机物中碳氮比适当。在发酵原料中，碳氮比一般以25∶1时产气系数较高，在进料时须注意，适当搭配、综合进料。第四，沼气菌的活动温度以35 ℃最活跃，因而此时产气快且多，发酵期约为一个月，如当池温为15 ℃时，则产生招气少而慢，发酵期约为一年，沼气菌生存温度范围为8～70 ℃。第五，沼气池保持在pH6.4～7.2时，产气量最高，酸碱度可用pH试纸测试。一般情况下，如果发酵液过酸，可用石灰水或草木灰中和。总之，大规模甲烷生产就要对发酵过程中的温度、pH、湿度、振荡、发酵原料的输入及输出和平衡等参数进行严格控制，才能获得最大的甲烷生产量。

如果养殖场配备有足够的农田，通过科学配比进行沼液施用，不仅能够提升作物营养水平，还能改良土壤。由于沼液中的营养物质浓度较高，施用前必须加一定比例的清水稀释后才能施用。另外，还可以利用反渗透等膜分离技术将沼液中的营养成分浓缩，开发成优质液态肥，进而用于种植业，实现"种植—养殖—液体肥—种植"的绿色循环生态农业。沼液中的N、P、K等元素是维持植物生长过程中不可或缺的营养组成，同时，一些微量元素（如铁、锌、钙等）和相关生长素以及氨基酸、维生素种类的生物活性物质在促进种子萌发、调节植物生长和增强植株抗性方面具有至关重要的作用。沼液的利用是促进畜禽养殖生物质资源绿色循环的一个有效途径。沼液的施用有这几种方式。

①沼液喷施。沼液中含有大量的营养元素可被作物茎叶等器官迅速吸收和利用。叶面喷施沼液能够有效提高单瓜重，促进叶片营养的合成；当沼液浓度75%时，瓜重最大(2.70 kg)。随着沼液喷施浓度的增加，甜瓜叶片中过氧化物酶、超氧化物歧化酶活性呈下降趋势，过氧化氢酶活性变化无明显规律。沼液喷施通过提升叶片营养含量、降低叶片抗氧化酶活性达到增产目的，且以喷施浓度以75%较为适宜。叶面喷施沼液和亚硒酸钠能有效增加苹果产量，最大增产率可达21%，并增加果实中可溶性总糖、蔗糖、维生素C、可滴定酸、果实含硒量等果实内在品质。综上所述，沼液叶面喷施技术应得到了广泛的试验验证，具有一定的应用前景。但针对不同作物，应准确把握好沼液施用的浓度和时期，最大化沼肥的效益，并降低对植物和环境的影响。

②根部施肥。根部施肥的重要方式有沼液灌溉、沼液穴贮、沼液与其他肥料混施和无土栽培等。沼液根部施用时要避免直接用于根部，防止烧苗。其中，最简易的方式就是与适当比例的清水混合稀释后施用。当沼液供磷水平为90 kg/hm^2、135 kg/hm^2、180 kg/hm^2时，马铃薯产量分别比化肥组增产10.98%、16.54%和18.37%，沼液的施用能显著提高马铃薯还原糖含量，同时，也可以使土壤有机质、碱解氮、速效钾含量都得到了显著的提高。但是在磷匮乏或磷充足的土壤，沼液供磷水平分别以180 kg/hm^2、90 kg/hm^2为宜。

二维码 8-12
沼液施用

③沼液浸种。利用沼液中含有的多种营养和微量元素浸种可以起到抗病、壮苗及增产的

作用。采用一定浓度范围内的浓缩沼液浸种，显著提升了水稻种子的发芽率，同时水稻幼苗质量和活力显著增强，而浸种浓缩沼液若超出特定浓度范围，将显著抑制种子的发芽率及水稻幼苗质量和活力。因此，在沼液浸种使用过程中要注意沼液的浓度和浸种的时间。

综上所述，沼液的合理和科学施用不仅可以改善作物的产量，而且可以对土壤起到改良作用。例如，提高土壤肥力、腐殖酸等有机质可促进土壤团粒的形成，从而达到疏松土壤的作用，一些活性物质还可以增强土壤微生物群落的活性，进而调节土壤理化性质。但是沼液施用也会对大气、土壤和水体造成一定的影响，在沼液施用过程中可能会影响土壤的 CH_4、N_2O、NH_3 排放，但是需要进一步研究。沼液的长期使用可能导致重金属等有害物质在土壤中的积累或经过农田水分的迁移作用，通过地表径流和地下渗透等方式进入周围或地下水体，影响水体的安全，因此，需要进一步的长期研究来评估施用沼液的环境风险。

但是没有足够土地的养殖企业为了降低对于环境的污染风险，需要对养殖污水进行深度处理。目前，国内外畜牧业污水处理技术一般采取“三段式”处理工艺，即固液分离、厌氧处理和好氧处理。

(一)固液分离

针对畜牧业污水中含有高浓度的有机物和固体悬浮物(SS)，如采用水冲清粪方式的污水，SS 含量高达 11 700 mg/L，即使采用干清粪工艺，SS 含量仍可达到 5 940 mg/L，因此，无论采用何种工艺措施处理畜牧业污水，都必须先进行固液分离。通过固液分离，污水的污染物负荷降低，化学需氧量(CODcr)和 SS 的去除率可达到 50%～70%，所得固体粪渣可用于制作有机肥；可防止大的固体物进入后续处理环节，以防造成后续处理设备的堵塞损坏等。此外，在厌氧消化前进行固液分离能增加厌氧消化运转的可靠性，减少所需厌氧反应器的尺寸及所需的停留时间，减少气体产生量 30%。

固液分离技术一般有筛滤、离心、过滤、浮除、絮凝等，这些技术都有相应的设备，从而达到浓缩、脱水目的。畜牧业多采用筛滤、压榨、过滤和沉淀等固液分离技术进行污水的一级处理。其常用的设备有固液分离机、格栅、沉淀池等。

固液分离机有振动筛、回转筛和挤压式分离机等多种形式，通过筛滤实现固液分离的目的。筛滤是一种根据禽畜粪便的粒度分布状况进行固液分离的方法，污水和小于筛孔尺寸的固体物从筛网中的缝隙流过，大于筛孔尺寸的固体物则凭机械或其本身的重量截流下来，或推移到筛网的边缘排出。固体物的去除率取决于筛孔大小。筛孔大则去除率低，但不易堵塞，清洗次数少；反之，筛孔小则去除率高，但易堵塞，清洗次数多。

格栅是畜牧业污水处理的工艺流程中必不可少的部分，一般由一组平行钢条组成，通过过滤作用截留污水中较大的漂浮和悬浮固体，以免阻塞孔洞、闸门和管道，并保护水泵等机械设备。在采用格栅进行固液分离时，通常还会加装筛网以保证固液分离效果。

沉淀池是畜禽污水处理中应用最广的设施之一，一般畜禽养殖场在固液分离机前会串联多个沉淀池，通过重力沉降和过滤作用对粪水进行固液分离。这种方式主要适用于中小型养殖场，其建造成本低，简单易行，设施维护简便。

(二)厌氧发酵

厌氧发酵即利用畜禽污水厌氧发酵生产沼气。此种方式可将畜禽粪便中有机物去除 80%以上，同时回收沼气作为可利用的能源。沼气是一种可再生的燃料，燃烧后的产物是二氧化碳和水。

沼气是高度环保的燃料，可以给居民提供廉价、优质的生活用能。据测定，每头奶牛粪便平均每天是可产生 1 m^3 沼气，每饲养 2 900 头奶牛每年排放 4 500 t 粪便，通过兴建 6 座 450 m^3 沼气发酵池，年产生 450 m^3 沼气，可供 3 000 户居民生活用气；1 m^3 的猪场粪水(按 COD 为 10 000 mg/L 计)可产沼气约为 4 m^3。一个万头猪场年产沼气约为 7.3 万 m^3，可发电约 110 MW·h；10 万只鸡的年产粪便转化为沼气热值约等于 232 t 标准煤。厌氧处理可分为以下两个阶段，如图 8-4 所示。

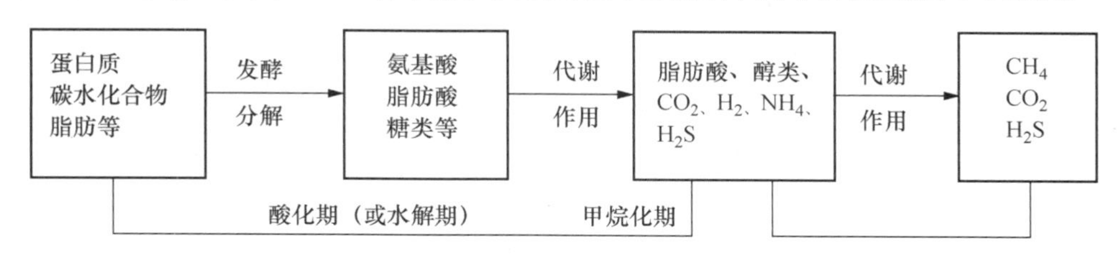

图 8-4 厌氧处理过程

(资料来源：华南农业大学，香港猪会．规模化猪场用水与废水处理技术．北京：中国农业出版社，1999)

厌氧处理不仅可以将污水中的不溶性的大分子有机物变为可溶性的小分子有机物，为后续处理技术提供重要的前提，而且在厌氧处理过程中，微生物所需营养成分减少，可杀死寄生虫及杀死或抑制各种病原菌，同时，通过厌氧发酵，还可产生沼气，开发生物能源。但是利用畜禽污水生产沼气在实践上还存在一些问题：第一，修建大型沼气池的一次性投资太大，大部分畜禽场难以承受，如在年出栏 1 万头商品猪的育肥猪场建设能源-环保模式沼气工程，需投资 175 万元，其中前处理及厌氧消化系统需 56 万元、好氧处理系统需 18 万元、沼气利用系统需 31 万元、有机肥生产系统需 41 万元、附属设施和市政设施及其他需 29 万元，工程每年的运行费用总计 16.7 万元，静态投资回收期 9.7 年；第二，沼气池的运行效果受到温度、酸碱度、碳氮比等多种因素的影响，如无保温措施，冬季往往产气少甚至不产气；第三，由于大中型畜禽场远离居民点，沼气利用比较困难，有些规模化畜禽场的沼气直接向空中排放，有些沼气池被闲置或者改装为普通厌氧池；第四，生产沼气后的沼液的 NH_3-N 仍然很高，达不到排放标准，而且其残余物沼渣体积比原粪便体积增加了 3～5 倍，含水率高，且仍然含有很高的 COD 值，存在二次污染问题。因此，畜牧场(特别是北方地区)为减少污水处理压力，宜采用干清粪工艺，粪便采用投资较少的堆肥处理生产便于施用的有机肥或复混肥，少量污水无论采用沼气厌氧处理或各种好氧处理，均可大大减少设备投资。

农业农村部将大中型养殖场沼气示范工程建设作为治污重点，2005 年已在大中型畜禽养殖场中建沼气示范工程 1 500 个，并规划 2010 年全国 8 000 多个大中型养殖场(小区)有 85% 以上建立沼气池示范工程。研究表明，运用沼气工程技术对浙江省浦江县三埂口生态养猪场所产生的粪便污水，进行净化处理，造价低、管理方便、能源回收率高；南平市副食品基地夏道猪场于 2003 年投资 146 万元建立 2 000 m^3 生态环保型沼气能环工程，制取的沼气用于猪舍保温和生活用能，沼液灌溉牧草、果园，沼渣和固态粪便经脱水处理生产有机肥，畜禽粪便、污水处理后实现达标排放；福建省福清市龙田西安养猪场，采用斜流隧道式厌氧污泥滤床工艺技术，建设沼气工程 1 100 m^3，日处理猪粪便污水约 200 t，基本解决污染问题，而且年产沼气 2 818 万 m^3；浙江省海宁市同仁养殖园沼气发电综合利用工程，日处理养殖污水约 60 t，日产沼气 500 m^3，年可发电 32 万度，每年可创收 12.8 万元。

按消化器的类型，厌氧处理方法可分为常规型消化器、污泥滞留型消化器和附着膜型消化器。常规型消化器包括常规消化器、连续搅拌消化器和塞流式消化器。污泥滞留型消化器包括厌氧接触工艺、升流式固体消化器、升流式厌氧污泥床消化器、折流式消化器等。附着膜型消化器包括厌氧滤器、流化床和膨胀床等。常规型消化器一般适宜于料液浓度较大、悬浮物固体含量较高的有机废水；污泥滞留型消化器和附着膜型消化器主要适用于料液浓度低、悬浮物固体含量少的有机废水。目前国内在畜禽养殖场应用最多的是连续搅拌消化器和升流式厌氧污泥床消化器工艺两种。

①连续搅拌消化器。连续搅拌消化器在我国也被称为完全混合式沼气池，即为将发酵原料连续或半连续加入消化器，经消化的污泥和污水分别由消化器底部和上部排出，所产的沼气则由顶部排出。利用连续搅拌反应器可对水冲清粪或水泡清粪后产生的畜禽污水进行厌氧处理。其优点是处理量大，产沼气量多，便于管理，易起动，运行费用低；其缺点是反应器容积大，投资多，污水的后续处理麻烦。

②升流式厌氧污泥床消化器。升流式厌氧污泥床消化器属于微生物滞留型发酵工艺，污水从厌氧污泥床底部流入，与污泥层中的污泥进行充分接触，微生物分解有机物产生的沼气泡向上运动，穿过水层进入气室；污水中的污泥发生絮凝，在重力作用下沉降，处理出水从沉淀区排出污泥床外。升流式厌氧污泥床反应器工艺一般用于处理固液分离后的有机污水。其优点是需消化器容积小，投资少，处理效果好。其缺点是产沼气量相对较少，起动慢，管理复杂，运行费用稍高。

杨朝晖等(2002)的研究表明，在有机负荷为 8～10 kg COD/(m^3 · d)条件下，升流式厌氧污泥床反应器对猪场废水 COD 去除率可达到 75%～85%；Fernanda 等(2003)采用含两级 UASB 反应器的一体化生物消化系统处理猪场废水，取得良好的处理效果，如果增加停留时间，可以满足农用要求。

③其他厌氧工艺。研究表明，采用厌氧折流板消化器处理规模化猪场污水，常温条件下容积负荷可达到 8～10 kg COD/(m^3 · d)，COD 去除率为 65%左右，表现出比一般厌氧反应器启动快，运行稳定，抗冲击负荷的能力强的特点。邓良伟等(2004)进行了厌氧-加原水-间隙曝气(Anarwia)工艺与厌氧-SBR 工艺以及 SBR 工艺净化猪场废水的技术经济研究。实验室试验和生产试验一致证明，厌氧-SBR 工艺去除效率低，处理出水污染物浓度高，不适于猪场废水处理；Anarwia 工艺的处理效果与 SBR 工艺相当，污染物去除率高，出水 COD 和 NH_3-N 浓度低，达到了国家《畜禽养殖业污染物排放标准》(GB 18596—2001)。

覆膜沼气池是目前在大规模畜禽养殖场较为流行的沼气发酵工艺。这种工艺集发酵、贮气于一体，采用防渗膜材料将整个厌氧塘进行全封闭。覆膜沼气池具有施工简单方便、快速、造价低，工艺流程简单、运行维护方便以及污水滞留时间长、消化充分、密封性能好、日产沼气量多等优点，同时池底设自动排泥装置，池内污泥量少。

二维码 8-13 《畜禽养殖业污染物排放标准》(GB 18596—2001)

(三)好氧处理

好氧处理是指主要依赖好氧菌和兼性厌氧菌的生化作用来完成废水处理过程的工艺。好氧处理方法可分为天然和人工两类。天然条件下的好氧处理一般不设人工曝气装置，其主要利用自然生态系统的自净能力进行污水的净化，如天然水体的自净、氧化塘和土地处理等。人工条件下的好氧处理方法采取向装有好氧微生物的容器或构筑物不断供给充足氧的条件下，利用好氧微生物来净化污水。该方法主要有活性污泥法、氧化沟法、生物转盘、序批操作反应器生物膜法、人工湿地等。

好氧处理法处理畜禽场污水能有效降低污水COD，除氮、磷。采用好氧处理技术处理畜禽场污水，大多采用序批操作反应器、氧化沟法、缺氧-好氧处理工艺（A/O），尤其是序批操作反应器工艺对高氨氮的畜禽场污水有很好的去除效果。国内外大多采用SBR工艺作为畜禽场污水厌氧后的后续处理。好氧处理技术也有缺点，如污水停留时间较长，需要的反应器体积大，且耗能大、投资高。

1. SBR工艺

序批操作反应器是一种按间歇曝气方式运行的活性污泥污水处理技术。与传统污水处理工艺不同，SBR技术采用时间分割的操作方式替代空间分割的操作方式，非稳定生化反应替代稳态生化反应，静置理想沉淀替代传统的动态沉淀。它的主要特征是在运行上的有序和间歇操作，SBR技术的核心是SBR反应池，该池集均化、初沉、生物降解、二沉等功能于一池，无污泥回流系统。Tilche等（2001）研究SBR技术对猪场污水的处理效果时发现，高浓度的猪场污水不经过稀释就进入序批操作反应器，在一年多的运行期间，出水中COD、N、P的去除率均在98%以上。林伟华等（2003）针对当前我国规模化养殖场排放污染物的特点，以实际工程为例，介绍了“CSTR＋序批操作反应器”在畜禽废水处理中的设计及其运行情况，其中序批操作反应器池的脱氮效果特别理想，达99%以上，出水效果良好。Obaja等（2001）根据序批操作反应器的特点，对反应器中厌氧、好氧和缺氧阶段进行时间调节，从而达到去除猪场废水中高浓度有机物和氮磷的目的。

2. 人工湿地

人工湿地（constructed wetlands）是模仿自然生态系统中的湿地，经人为设计、建造的，在处理床上种有水生植物或湿生植物的用于处理污水的一种工艺。它是结合生物学、化学、物理学过程的污水处理技术设施。通过人工湿地的处理床、湿地植物以及微生物及其三者的互作，不仅可以去除污水中的相当大部分悬浮物（SS）和部分有机物，而且对畜禽场污水中N、P、重金属、病原体的去除更具潜力，并具有运行维护方便等优点。

集约化畜牧场污水排放量大，经过固液分离、厌氧发酵、好氧处理后，水中COD和SS含量仍然较高，尚需进行二级处理方可达到排放标准。人工湿地的应用可以有效地解决这一问题。人工湿地的基质可由碎石构成，在碎石床上栽种耐有机物污水的高等植物；当污水渗流石床后，在一定时间内碎石床会生长出生物膜，在近根区有氧情况下，生物膜上的大量微生物把有机物氧化分解成CO_2和H_2O，通过氨化、硝化作用把含氮有机物转化为含氮无机物。在缺氧区，通过反硝化作用脱氮，人工湿地碎石床既是植物的土壤，又是一种高效化的生物滤床，也是一种理想的全方位生态净化方法。

可构建若干个串联的潜流式人工湿地（subsurface flow constructed wetland）用于畜禽场污水的处理。人工湿地的结构如图8-5所示，填充粒径为3～5 cm，厚为60 cm的碎石作为处理床，处理床上种植风车草。湿地进水通过位于湿地前部的进水槽从处理床前端底部分多孔均匀进水，从另一端上部多孔均匀出水。

在利用人工湿地处理畜牧业污水时，不同湿地植物和不同基质处理床等对水体中悬浮性固体（SS）、有机质、氮和磷等物质的去除效率不同。其分别以香根草和风车草为人工湿地植被时，4个季节对猪场污水COD和BOD有较稳定的去除效果，去除率可保持在50%以上，特别是夏季，当进水COD高达1 000～1 400 mg/L时，COD去除率接近90%；而且这两种湿地植被还可有效去除猪场污水SS。选用不同基质会影响人工湿地在不同季节处理猪场污水的运行效果，传统型碎石床湿地系统NH_3-N去除率在各季节稳定为52%，而沸石和沸石+煤渣型系统在冬季NH_3-N去除效率随季节的变化而不同，秋季的去除率最高，分别达89.8%和93.4%，冬季最低，分别为64.2%和73.5%。

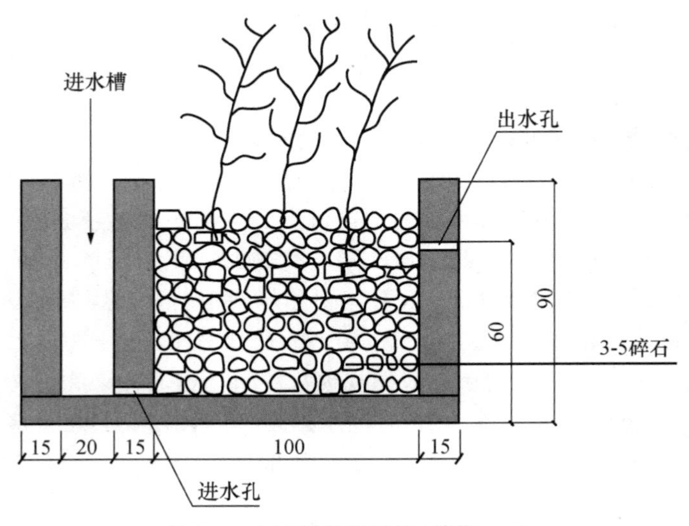

图 8-5 人工湿地的结构（单位：cm）

3. 氧化塘

氧化塘是指天然的或经过一定人工修整的有机污水处理池塘。近年来，氧化塘技术在畜牧业废水处理中被广泛地应用。根据畜禽场污水氮高、磷高、溶解氧低的特点，可采用比上述好氧工艺占地面积更大的氧化塘，如水生植物塘、鱼塘。

目前，浮水植物净化塘是研究的应用最广泛的水生植物净化系统。其经常作为畜禽粪污水厌氧消化排出液的接纳塘，或是厌氧+好氧处理出水的接纳塘，其中最常用的浮水植物是水葫芦，其次是水浮莲和水花生。鱼塘是畜禽场最常用的氧化塘处理系统，通常也是畜禽场污水处理工艺的最后一个环节。它不仅简单、经济、实用，而且有一定经济回报，在我国南方地区应用非常普遍。

第四节 畜牧场恶臭的减排与处理

畜牧场恶臭能影响人畜的生理机能，刺激嗅觉神经与三叉神经对呼吸中枢发生作用，影响人畜的呼吸机能，引起人畜的不适反应。此外，恶臭的成分还具有毒性，直接危害人畜的健康。畜牧场恶臭对人的健康安全的伤害影响了附近居民的正常生活，引得人们的不满。据统计，我国畜禽养殖场接到恶臭投诉的比例越来越高，在养殖场接到的投诉案件中排到了第二位，仅次于污水。因此，需要采取措施消除畜牧场恶臭对环境的污染和对人畜的健康的影响。

一、恶臭减排

(一)机体产臭减排

在日粮中添加一种或多种饲料添加剂,通过吸附、降低 pH 等物理方式或改善微生物菌群、调节肠道微生态等微生物手段提高饲料消化率、减少恶臭排放的策略统称为饲料营养调控技术。目前恶臭减排的饲料营养调控技术包括减少日粮中蛋白质和含硫化合物,添加酸化剂、酶制剂、可发酵碳水化合物、微生态制剂、植物提取物和中草药添加剂等。

二维码 8-14
臭气减排

1. 减少日粮中蛋白质和含硫化合物含量

降低日粮中蛋白质含量,调节畜禽所需蛋白类型与数量,使其在营养上平衡,从而提高饲料消化率,有效减少氮的排泄。Le 等(2009)试验证明,日粮中粗蛋白含量降低 1%,氨排放量减少 9.5%。Kerr 研究表明将日粮粗蛋白水平从 13%降到 10%,同时补充赖氨酸等限制性氨基酸,猪的生长性能与对照组并无显著差异,但能够显著降低粪便中的总氮和氨(表 8-5)。Shurson 等(1999)等报道,通过减少日粮中的硫酸根(SO_4^{2-})含量,H_2S 的产量也会随之降低,因此,减少肉骨粉、鱼粉等含硫化合物较高的饲料原料,能有效减少 H_2S 的产生。虽然减少日粮中的蛋白质和含硫化合物能有效减少 NH_3 和 H_2S 的排放,但是在养殖生产中,促进动物生长,提高生产效率是其主要目的,而高蛋白饲料往往具有促生长作用,往往在养殖中使用较多。

表 8-5 添加合成氨基酸对猪粪尿排出的影响

项目	粗蛋白饲料	赖氨酸+苏氨酸	赖氨酸+苏氨酸+蛋氨酸+色氨酸	所有必需氨基酸
蛋白质水平/%	16.7	14.0	11.2	9.5
赖氨酸/%	0.84	0.84	0.84	0.84
日增重/g	720	730	757	750
饲料转化	2.99	2.90	2.84	2.78
每千克增重吸收蛋白/g	499	400	318	254
每天氮排出/g	55.8	34	26.9	21.5
比较/%	100	61	48	38

资料来源:华南农业大学,香港猪会. 规模化猪场用水与废水处理技术. 北京:中国农业出版社,1999。

2. 酸化剂

酸化剂是指将有机酸与无机酸进行一定比例复配而成的饲料添加剂。其作用机制是降低畜禽消化道 pH,延缓胃排空速度,平衡肠道菌群,提高抗应激能力和饲料消化率,减少 NH_3 和 H_2S 的排放。酸化剂可分为单一酸和复合酸。单一酸又包括无机酸和有机酸。无机酸主要包括磷酸、硫酸和盐酸,其中磷酸应用最广。有机酸则包括富马酸、柠檬酸等大分子有机酸和甲酸、乙酸等小分子有机酸。猪场中使用的主要酸化剂及其应用如表 8-6 所列。

表 8-6 猪场中使用的主要酸化剂及其应用

酸化剂类型	添加比例	应用阶段	应用效果
柠檬酸	0.3～0.5	未断奶仔猪、断奶仔猪、妊娠后期母猪、哺乳母猪	降低消化道 pH、调整胃肠道微生态环境、促进营养物质的消化吸收
富马酸	0.3～0.5		
磷酸	0.3～0.5		
乳酸	0.3～0.5		
乙酸	0.3～0.5		
硫酸	0.3～0.5		

Eckel 等(1992)发现，酸化剂能减少育肥猪肠道中含氮有害代谢产物(NH_3 等)的产生，改善消化道内环境。φverland 等(2008)通过比较甲酸和苯甲酸组与对照组发现，在日粮中添加有机酸组中，生长肥育期的未去势公猪血浆中 3-甲基吲哚浓度显著降低。郭鹏等(2011)研究发现日粮中添加磷酸型酸化剂和乳酸型酸化剂在能显著降低仔猪胃和十二指肠食糜 pH 的同时，还能显著提高仔猪胃蛋白酶和胰蛋白酶活性。

无机酸化剂酸性较强且成本低，但只能降低胃 pH，并不能到达肠道后端，而且可能破坏日粮的电解质平衡，引起采食量下降。有机酸化剂价格相对较高，其中大分子有机酸(乳酸、苹果酸、富马酸、柠檬酸等)可降低胃中 pH，从而间接降低有害病菌数量；小分子有机酸(甲酸、乙酸、丙酸等)不仅可以降低胃肠道的 pH，而且对革兰氏阴性菌有抑制作用。目前而言，效果最好且研究较多的是复合型酸化剂，如将磷酸、乳酸和柠檬酸复合。复合酸能够在各酸化剂间起到协同增效的作用，不但能降低胃肠道 pH，而且具备抑制有害细菌的作用。

3. 酶制剂

酶制剂是指能提高消化道内源酶活性、补充内源酶不足，破坏植物细胞壁，提高饲料利用效率，消除饲料中的抗营养因子，促进营养物质消化吸收的，具有催化功能的蛋白质。在养猪生产中，应用较多的酶制剂是植酸酶和复合酶，其可使氮的利用率提高 17～25%。Drinić 等(2009)通过在猪日粮中添加 0%(对照组)、0.1%和 0.2%酶制剂发现，对照组饲料平均日消耗要高于实验组，而体重和生长速度却低于实验组。这个实验结果说明添加酶制剂后促进了营养物质的消化吸收，提高了消化率。有学者报道，在断奶仔猪的日粮中添加 0.1%的由 α-淀粉酶(1 500 U/g)、β-木聚糖酶(4 050 U/g)、酸性蛋白酶(1 200 U/g)、中性蛋白酶(1 800 U/g)、β-甘露聚糖酶(500 U/g)组成的复合酶，能够提高仔猪平均日增重 10.15%($P<0.05$)，提高粗蛋白消化率 3.3%($P<0.05$)。酶制剂虽然能提高饲料消化率，作用效果显著，但目前仍出现了酶活力单位不高且普遍不耐高温等问题。

4. 可发酵碳水化合物

可发酵碳水化合物主要包括菊粉、纤维素、半纤维素、木质素、果胶、乳糖等低聚糖。这些物质在猪胃和小肠中消化吸收率极低，能够完整地到达猪的后肠，成为微生物发酵的底物，并通过改变猪肠道和排泄物中的微生物及其发酵过程，改变粪便的理化特性，减少臭气的产生。

在猪饲粮中添加聚糖等低聚糖可通过调节肠道菌群显著降低 NH_3、吲哚等臭气物质的产生。在猪饲粮中添加 0.50%和 0.75%的果寡糖均能使其皮下脂肪、肌肉、粪便中 3-甲基吲哚浓度显著降低。Rideout 等(2001)报道在以玉米和豆粕为基础的日粮中添加 5%的菊粉可降低排泄物 pH，粪氮增加，粪臭素的排泄量减少，臭味降低。可发酵碳水化合物的来源广泛，且能够从源头上控制臭气产生，但添加过量可能会使猪的生长性能以及微生物生长受到影响。

5. 微生态制剂

微生态制剂是由动植物体及环境中分离出，通过一定发酵工艺制成，能够促进畜禽体内微生态平衡的微生物或其发酵产物。其臭气减排的作用机理是促进有益菌生长繁殖，同时抑制有害菌的活动，而其中有益菌能够利用氨气、硫化氢等臭气，部分真菌可以发挥固氮作用。

目前乳酸杆菌、酵母菌、双歧杆菌、芽孢杆菌和肠球菌是制作微生态制剂的主要菌种(表8-7)。其中乳酸杆菌对肠道菌群的稳定起到了不可替代的作用；双歧杆菌能够抑制消化道内有害细菌产生氨，并中和肠道内的有害物质；有效微生物(effective microorganisms，EM)菌剂能有效降低猪粪中的 NH_3 和吲哚的生成；大肠中的芽孢杆菌也能将吲哚等化合物代谢成无臭的物质。

表 8-7 常见微生态制剂的主要菌种及其功能

微生物种类	减排功能
乳酸杆菌	改变肠道内环境，抑制有害菌繁殖产生臭气
酵母菌	为益生菌提供营养物质
双歧杆菌	抑制有害细菌产生氨
芽孢杆菌	抑制有害腐败菌，利用吲哚等化合物，将其代谢成无臭的物质

虽然微生态制剂在改善肠道环境方面有很好的效果，但其作为饲料添加剂从采食到最终的定植，需要经历胃酸、胆汁等强酸性环境，菌的活性会受到损耗，功能的发挥也会不稳定。

6. 植物提取物

植物提取物主要是从树木、花草等植物中抽取的精油或浸膏，通过加工形成天然植物提取液，依靠其中的酚类等活性成分进行化学反应和生物物理过程的除臭。植物提取物降低臭气释放的机理是其有效成分能直接抑制猪肠道和粪便中的脲酶活性或干扰产脲酶微生物的代谢活动，甚至与肠道中产生的臭气分子反应生成无毒的物质。

目前，植物提取物研究较多的是樟科和丝兰属植物的提取物。在日粮中添加两者均可降低畜禽舍内的氨气和硫化氢浓度，改善空气质量。Tabak 等(1999)报道樟科植物提取物能够抑制胃肠道幽门螺杆菌的生长，并且能够抑制此菌产生的脲酶活性，从而能降低氨气释放。Santacruz-Reyes 等(2001)研究发现，哈夫丝兰提取物能使粪便中的氨气释放量减少55.5%，且粪便的微生物蛋白、总氮和铵态氮并没有受其影响。此外，茶叶中所含的茶多酚和大蒜、洋葱里提取德的大蒜素均能对脲酶产生菌和脲酶活性有一定程度的抑制作用。植物提取物在提高饲料消化率，抑制甲烷等有害气体产生的同时，单宁、挥发性精油均存在一定的抗营养作用，添加过量会降低动物采食量。

上述的各种添加剂可以通过科学的配伍使用，提高使用效果，更好地提高饲料消化率，减少臭气的排放。

7. 中草药添加剂

在日粮中添加中草药能够为畜禽提供多种营养物质，提高饲料的消化率，而且其中含有的天然生物活性物质能够与 NH_3 等臭味物质反应，生成无臭物质，部分中草药的杀菌消毒作用可抑制病原菌的生长繁殖。刘凤华等(2019)提出的“药食同源”理论为中草药添加剂在畜牧养殖过程中的应用奠定了坚实的基础并指明了方向。在哺乳母猪日粮中添加0.25%的黄芪、甘草、川穹、通草、当归等中草药，发现其粗蛋白质的消化率比对照组提高了12.77%，减少了氮的排放。通过添加0.3%的中草药提取物，发现实验组在改善肠道内环境和调整肠道正常菌群方面均好于对照组，从而能间接地控制腐败菌的繁殖，减少臭气的产生。10%的甘草提取物加90%的矿物质粉末制成的除臭剂，能够用于畜禽肉、鱼和贝类的除臭。中草药添加剂虽然有一定的除臭效果，但添加量和作用机理仍然不是很明确，需要进一步研究。

8. 减少畜禽场臭气的饲养技术

除了饲料营养调控技术外，饲养技术的改进同样可以有效减少猪场臭气排放。

(1)通风　通风是减少畜禽舍内臭气的重要方式。在饲养过程中，除了粪便废弃物厌氧发酵释放臭气外，畜禽也会通过呼吸、排汗等行为释放水分、热量和二氧化碳，通过自然通风和机械通风，可以将有害气体等排出至舍外，使舍内空气环境得到保障。Jones等(2015)研究报道，使用机械通风的漏缝地板猪舍即使粪便会频繁被清除到舍外，适当设计的通风系统也能够通过清除臭气、干燥漏缝地板区域和给动物提供温暖舒适的微风来改善舍内环境。Ni等(2016)通过对通风系统的改进，实现了直接、持续通风，能有效实时地进行可靠除臭。但此种方法仅能将舍内臭气排放至舍外，臭气并没有被清除，且畜禽场其他区域仍有恶臭。

(2)畜禽场绿化与卫生管理　畜禽场周围应栽种树木，建立隔离绿化带。隔离绿化带不仅可以通过树木吸收氨气和硫化氢等臭气，提供氧气，而且可以降低风速、防止臭气外溢。猪粪需要及时清理，每日至少清理两次，使猪舍内的地面保持清洁、干燥，防止粪便在猪舍内堆积。此方法可在一定程度上减少臭气。

(二)堆肥产臭减排

虽然在堆肥过程中产生了多种恶臭气体，但氨气是最重要的臭气之一。首先，在堆肥中，氨气是浓度最高的臭气。以鸡粪为主要原料进行堆肥，氨气的产量可以达到17.35 mg/m^3；其次，氨气的释放量与堆肥中的其他臭味物质的释放量呈显著正相关，人们常常用氨气浓度来衡量整个堆肥过程臭气排放的水平。目前为止，好氧堆肥氨气减排可分为改善堆肥条件和外源添加法两种。国内外学者对于氨气减排方面做过不少研究，取得了大量成果。

1. 改善堆肥条件

通过控制通风与翻堆、调整堆体的C/N的方法可以在不添加外物的情况下，达到改善堆肥条件，减少氨气排放的目的。①通风不仅为堆体提供了充足的氧气，让微生物迅速分解堆体中的有机物质，使之充分发酵，而且可以带走多余的水分并调节堆体温度。堆肥过程氨气的排放量与通风速率成正比，即通风量越高，氨气的释放量也随之增加。因此，在保持好氧的情况下，在一定范围内减少通风量并采用间歇式通风的方式能在一定程度减少氨气的排放。②翻堆频率也可以影响氨气排放量。翻堆频率的提高改善了堆体内部含氧量，促进了微生物的氨化作用，同时由于人为搅动加快了气体挥发速度，从而加速了氨气的排放。③堆肥物料C/N不仅影响整个堆肥进程中物质和能量的转化，也会间接影响臭气的排放。堆体中的微生物发酵需要营养物质作为底物。碳一般充当微生物发酵所需要的能量来源，而氮则是微生物合成细胞蛋白的基础，合适的C/N能够使堆体里的微生物快速生长和繁殖，分解物质，加快堆肥进程。

通过在畜禽粪便中添加碳素含量较高的物料来提高C/N，可有效降低氨气的排放，减少了氮素损失。虽然添加含碳量较高的物料能减排氨气，但若C/N过高，则会使得微生物生长缓慢。有机物分解缓慢，堆肥发酵的时间就较长。因此，初始堆体C/N应当稍高些，到腐熟时趋近微生物菌体的 C/N 较好。

2. 外源添加法

除了调整通风和 C/N 外，通过外源添加少量物质，也能够显著改善堆肥质量，降低氨气释放。这些外源物质按照种类可分为三种：物理添加剂、化学添加剂和微生物添加剂。

（1）物理添加剂　是指多孔、比表面积大，具有良好吸附功能的物质。这些物质多是天然物质，对气体有着优良的吸附能力。较为常见具有代表性的吸附剂有沸石、膨润土、食用菌渣、锯末、农作物秸秆等。相较于化学剂而言，物理吸附剂性质更加稳定且加工过程简单，在实际生产中被广泛应用。但物理吸附剂被添加到堆肥中往往因为吸附能力不一，吸附效果不太稳定。

（2）化学添加剂　添加化学物质来降低氨气排放主要通过的是两种机制来完成：一种是添加柠檬酸、甲酸、磷酸、明矾、硫酸铝和过磷酸钙等物质。这些物质可溶解产生 H^+，降低堆体 pH，使铵态氮向硝态氮的形式转化。另一种是 $MgCl_2$、$CuSO_4$、$FeSO_4$ 等金属盐类或含硫化合物，将离子形态存在的氮元素固定，从而能减少氮的损失。化学添加剂的添加量少却往往能够取得较好的氨气减排和保氮的效果。但在添加后会发生一系列化学反应，可能导致生成新的有害物质，同时铜、铁等重金属的沉积使得肥料施到土壤中，环境因此受到污染。近年来，环境污染问题越来越受到重视，而改善所添加的化学物质往往成本较高，因此，此方法使用较少。

（3）微生物添加剂　在堆肥中，外源添加少量微生物可改变堆体中微生物区系，调整优势菌群，从而可达到减排氨气，改善堆肥品质的目的。外源添加菌剂不仅可以有效调控堆体中的碳氮代谢，加快堆肥进程，而且添加量少，减排效率高，无二次污染等。但堆体中的微生物成分复杂，添加进堆体的菌不一定会成为优势菌群，且在堆肥过程中会经历 50 ℃以上的高温。部分微生物会承受不了高温而死亡或休眠，达不到预期的效果。接种量、菌种的选择和承受极端环境的能力是影响堆肥进程和氨气排放的主要因素。

二、恶臭的处理

根据 Weber-Fechne（韦伯-费希纳）定律，恶臭的强度与其组成物分子浓度的对数成正比。即使恶臭组成物浓度下降 90%，人的感觉却只下降 50%，这也就决定了恶臭处理的难度和重要性。目前，除臭方法包括物理法、化学法、生物法。

（一）物理法

物理法并没有真正去除恶臭气体，只是通过稀释扩散、掩蔽、液化分离、水洗、吸附等物理手段，将恶臭气体浓度稀释、掩蔽或转移。常用的物理法有以下几种。

1. 稀释扩散法

稀释扩散法主要是通过自然通风和机械通风将恶臭气体直接排入大气，利用大气稀释扩散及氧化能力降低恶臭气体的浓度。养殖场周围应栽种树木，建立绿化隔离带，减少恶臭外溢对附近居民的健康造成危害。

2. 水洗法

水洗法主要是利用恶臭气体中 H_2S 和 NH_3 以及低级脂肪酸等组分易溶于水的特性，利用雾化喷嘴喷雾水，将恶臭气体中易溶于水的组分由气相转移为液相。此方法的弊端在于会产生二次污染，需对洗涤水进行后续处理，而且对溶解度较低的恶臭气体组分基本没有去除效果，因此，常作为预处理方法与其他方法联合使用。

3. 物理吸附法

物理吸附法是指恶臭气体通过活性炭、沸石粉、膨润土等比表面积大、孔隙多、吸附及交换物质能力强的吸附剂，将恶臭气体由气相转移为固相的过程。但物理吸附法未改变臭气组分，只改变了相对浓度，并未使臭气真正转化或消除，且反复再生的吸附剂其孔隙会变小或结构塌陷，从而导致吸附容量减小。

4. 电净化法

电净化法一般将电净化系统设置在粪道空间中部和猪舍上方空间。电净化系统通过直流电场抑制由粪便和空气形成的气-固、气-液界面恶臭物质的蒸发扩散，将恶臭气体形成的气溶胶封闭起来，其抑制效率可达 40%～70%。电净化法所耗成本高，实际应用推广不便。

5. 掩蔽型除臭法

掩蔽型除臭法的除臭原理是利用强烈的香气物质掩蔽恶臭，气味相互抵消从而减轻臭味。虽然吲哚、粪臭素等化合物含量很小，但刺激性很强，宜采用香料、精油等进行掩蔽，NH_3 可使用薄荷油、肉桂油，而 H_2S 使用香叶油、松叶油等效果更好。另外，芳香类化合物具有特殊香味或气味的物质也可使舍内臭味降低，如木醋酸、樟脑、桉油等植物精油和大蒜、干草白术和茴香等。利用掩蔽剂减少了感官上的刺激，但并没有减少臭味物质，只是起到掩蔽的效果，且成本较高。

(二)化学法

化学法是指利用化学药剂或化学方法将恶臭气体组分转变成无臭物质。目前常用化学方法有以下两种。

1. 化学法吸收法

化学法吸收法使用的除臭剂主要包括过氧化钙、磷酸氢钙、氯化钙、硫酸亚铁、氯化亚铁、过氧化氢和亚硝酸盐等。将过氧化钙等除臭剂均匀撒在地面或粪池中，除臭剂与臭味物质会发生化学反应，臭味物质转化为无臭物质，达到除臭的效果。虽然这种方法能够除掉较多的臭味物质，但往往反应剧烈，容易产生有毒有害的副产物，从而造成二次污染。

2. 紫外光技术法

紫外光技术法去除有害气体的方式主要有两种：一是紫外线作用于水分子和氧气，产生羟基、自由基、活性氧等活性基团和臭氧等强氧化性物质，它们对恶臭物质进行氧化，使其转化为无害无臭的物质。二是紫外线产生携能光量子，恶臭物质分子键受到携能光量子的轰击会分解甚至断裂，从而臭味物质会变成无臭味的分子、原子。紫外光技术法除臭需要较长照射时间，而动物长时间被照射会有不良影响，因此使用时需注意。

(三)生物法

生物法是指利用微生物的代谢活动去除臭气的方法。如将微生物菌剂投放到畜禽的排泄物中，不同的菌有降低 pH，抑制其他有害菌，调整粪便中的微生物区系等作用，从而减少臭气排放。Kim 等（2014）在猪粪中添加 10%的淀粉芽孢杆菌发现，相对于对照组，实验组的 NH_3、H_2S 和二氧化硫（SO_2）显著减少。Matulaitis 等（2013）在猪粪中投放了含有芽孢杆菌、双歧杆菌、乳酸菌、红假单胞菌等菌的复合菌剂，观察到实验组比对照组的 NH_3 排放量有减少的趋势（$0.05<P<0.1$），而 H_2S、甲烷（CH_4）和一氧化氮（NO）的排放并无显著差异。微生物

除臭剂除臭效果显著，通常复合菌比单一菌的效果更好，有良好的前景，但有时效果不稳定，受到环境制约。

生物滤器通常是一层由堆肥和碎木片混合物组成可以满足微生物生长的有机材料，当臭味物质被强制通过生物滤器时，其中的微生物吸附降解臭味物质，转化为简单的无机物或合成细胞，处理后的气体从生物滤池排出。通过生物过滤技术，畜舍内的甲烷、NH_3 和二氧化碳去除率可达 95%；氮氧化物和一氧化碳去除率可达 85%，可以有效去除猪舍内的臭气。此法除臭效果显著，且成本较低，适于推广应用。

（吴银宝、米见对、王燕）

复习思考题

1. 举例说明畜牧场废弃物的种类及其危害。
2. 通过营养调控手段调节排放，主要有哪几种措施？
3. 畜牧场恶臭产生原因及减排方法有哪些？
4. 畜禽尸体的处理方法有哪些？
5. 什么是堆肥？有何优点？
6. 什么是畜产污水的“三段式”处理？采用厌氧处理畜产污水有何优缺点？

参考文献

[1]颜培实．家畜环境卫生学．4 版．北京：高等教育出版社，2016.

[2]刘继军．家畜环境卫生学．北京：中国农业出版社，2016.

[3]张信宜，王燕，吴银宝，等．规模化猪场臭气减排的营养和饲养技术研究进展．家畜生态学报，2017，38(4)：1-7，14.

[4]易贤明，廖新俤，吴银宝，等．基于马铃薯需磷量确定沼液适宜施用量的试验研究．华南农业大学学报，2012，33(2)：140-145.

[5]汪开英，吴捷刚，赵晓洋．畜禽场空气污染物检测技术综述．中国农业科学，2019，52(8)：1458-1474.

[6]杨亦文，米见对，邹永德，等．广东省规模化猪场猪粪中典型耐药基因污染分析．中国兽医学报，2018(8)：17.

第九章

畜牧场的卫生管理

- 了解畜牧场绿化的意义；
- 理解环境卫生监测与评价的内容和方法；
- 掌握畜牧场老鼠和蚊、蝇的控制措施；
- 熟悉畜牧场环境消毒的常用方法。

第一节　畜牧场环境消毒

在畜牧场生物安全防疫体系中，消毒越来越受到重视。世界动物卫生组织(Office international des épizooties，OIE)曾将生物安全防疫体系作为减少畜牧生产中抗生素使用的重要措施。生物安全(Bio-Safety)在形式和内容上可分为三大类：消毒(disinfection)、清洗(cleaning)和隔离(isolation)。消毒便是其中的重要措施之一。消毒不仅关系到畜禽的健康和生产力，同时也是减少抗生素和药物使用，生产无公害畜产品的必要条件。

一、消毒有关的概念

消毒和灭菌是两个不同的概念。灭菌是指将所有的微生物(包括病原微生物和非病原微生物)全部杀灭或清除。而消毒是指杀灭病原微生物，使其达到无害化。畜牧环境消毒则是指杀灭或清除被污染畜体表面、场内各设备、物品或水源等环境表面的病原微生物，以切断传播途径，防止疾病发生和蔓延。在病原微生物的杀灭中，通常以保证水平进行规范。保证水平是指灭菌处理后的单位产品上存在活微生物的概率。其中，消毒的保证水平是 10^{-3}(指一件物品经消毒处理后仍有微生物存活概率)，灭菌的保证水平为 10^{-6}。

用于消毒的药物被称为消毒剂，它是指用于杀灭传播媒介上的微生物使其达消毒或灭菌要求的制剂。根据效果不同，消毒剂可分为高效消毒剂、中效消毒剂和低效消毒剂。高效消毒剂是指可杀灭一切细菌繁殖体(包括分枝杆菌)、病毒、真菌及其孢子等，对细菌芽孢(致病性芽孢菌)也有一定杀灭作用，达到高水平消毒要求的制剂。中效消毒剂是指仅可杀灭分枝杆菌、真菌、病毒及细菌繁殖体等微生物，达到消毒要求的制剂。低效消毒剂指仅可杀灭细菌繁殖体和亲脂病毒，达到消毒要求的制剂。

用于灭菌的药物被称为灭菌剂。它是指可杀灭一切微生物（包括细菌芽孢）使其达到灭菌要求的制剂。灭菌剂可作为消毒剂使用。如含氯消毒剂、环氧乙烷、过氧乙酸等一类药物既能杀灭各种繁殖体型微生物，又能杀灭细菌芽孢，都是很好的灭菌剂与高效消毒剂。

在消毒、灭菌工作中，常见几个有关名词：①杀灭作用指在处理微生物时使之彻底死亡。②抑菌作用指仅使微生物停止生长与繁殖，一旦作用因素去除仍可复苏。③抗菌作用指杀灭与抑制作用统称为抗菌作用。在进行畜牧场环境消毒时，要求的是“杀灭”病原微生物，不是抑制它们。而抗菌作用与消毒剂的浓度和消毒时间长短息息相关，因此，正确选择消毒剂及其浓度和消毒时间非常重要。

二、畜牧场常用消毒方法

（一）物理消毒法

这种方法是利用物理因子杀灭微生物的方法。

1. 机械性清除

机械性清除是指用清扫、铲刮和洗刷等机械方法清除墙壁、地面以及设备上的粪尿、残余饲料、废物、垃圾等。畜禽的日常饲养管理应按照日常管理规范认真执行，必要时可将舍外表层土一起清除，以减少感染疫病的机会。

2. 通风换气

通风换气可以减少空气中微粒与细菌的数量，减少经空气传播疫病的机会。

3. 直射阳光及紫外线消毒

直射阳光具有较强的消毒作用，其主要依靠其光谱中的紫外线，利用光化学作用对细菌进行杀灭。紫外线是阳光中波长为 10～400 nm 的光线，可以分为 UVA（紫外线 A，波长为 320～400 nm，长波）、UVB（紫外线 B，波长为 280～320 nm，中波）、UVC（紫外线 C，波长为 100～280 nm，短波）三种。不同波长的紫外线具有不同的作用。A 段主要起到色素沉着作用，B 段可以防止佝偻病。

当波长在 240～280 nm 时，UVC 有较强的杀菌能力（图 9-1）。一般病毒和非芽孢的菌体在直射阳光下需几分钟到 1 h。即使是抵抗力很强的芽孢在连续几天强烈阳光反复曝晒下，也可变弱或杀死，因此，利用直射阳光照射畜牧场、运动场及可移出舍外、已清洗的设备与用具既经济，又简便。

紫外线对微生物的作用主要有两个方面：一方面，它可以使细菌的酶、毒素等灭活；另一方面，紫外线能使细胞变性，进而引起菌体蛋白质和酶代谢障碍而导致微生物变异或死亡。但这种射线穿透力甚微，只对表面光洁的物体才有较好消毒效果，且空气中的微粒能吸收大部分的紫外线，不能达到普遍灭菌的目的。紫外线对不同的微生物灭活所需照射量不同。病毒对紫外线的抵抗力更大一些。需氧芽孢杆菌的芽孢对紫外线的抵抗力比其繁殖体高许多倍。

紫外线可结合化学试剂进行消毒，消毒效果更佳。研究表明，当紫外线和臭氧、氯气、次氯酸钠、微酸性电解水（slightly acidic electrolyzed water，SAEW）等消毒剂结合使用时，会产生较强的协同作用（图 9-2）。特别是当紫外线与氯制剂协同作用时，其会产生具有较强氧化能力的羟基。羟基可以对细菌的细胞膜进行破坏，从而使消毒剂快速穿过细菌的细胞膜进入细菌中，破坏细菌线粒体和遗传物质，起到极快且较强的杀灭作用。紫外线灯在畜牧场或生产区入口的消毒通道是常用设备。其主要用于对人员衣物、饲料和饲养工具进行消毒，另外，也用于对鸡蛋表面进行消毒。

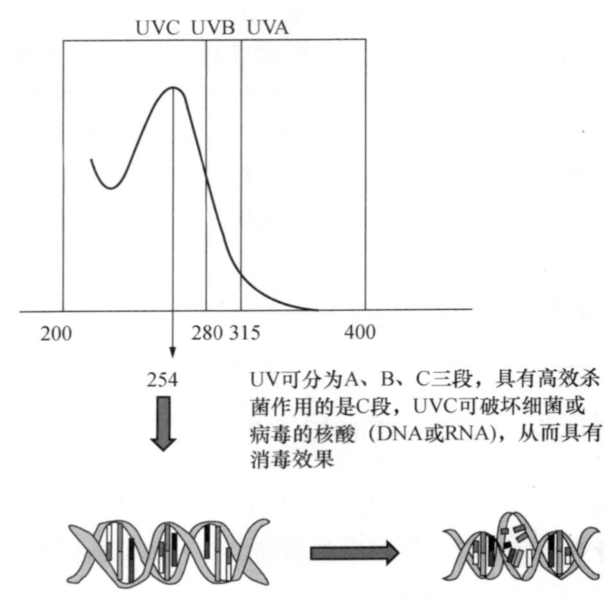

图 9-1 紫外线杀菌机理（单位：nm）

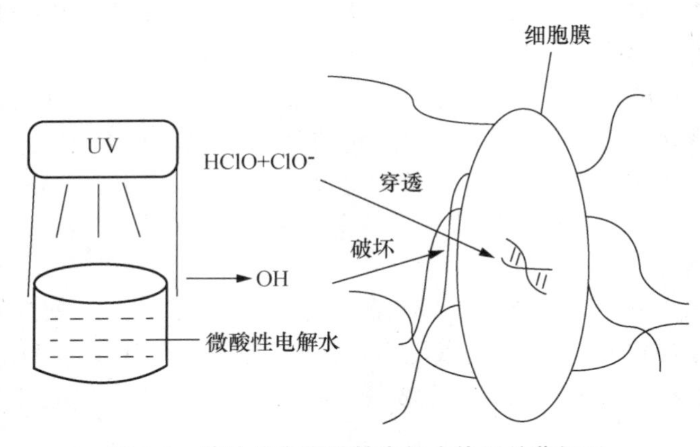

图 9-2 紫外线和微酸性电解水协同杀菌机理

紫外线消毒的注意事项：①在使用过程中，应保持紫外线灯表面的清洁，一般每两周用酒精棉球擦拭一次，发现灯管表面有灰尘、油污，应随时擦拭。②当用紫外线灯消毒室内空气时，房间内应保持清洁干燥，减少尘埃和水雾。当温度低于 20 ℃或高于 40 ℃，相对湿度大于 60％时，应适当延长照射时间。③当用紫外线消毒物品表面时，应使照射表面受到紫外线的直接照射，且应达到足够的照射剂量。④不得使紫外线光源照射人，以免引起损伤。⑤紫外线强度计至少一年标定一次。

4. 热力学消毒

热力学消毒是一种常用且应用广泛的一种技术。热对微生物杀灭的机制主要是对蛋白质的凝固和氧化,对细胞膜和细胞壁的直接损伤,对细菌生命物质核酸的作用等。其主要有火焰、煮沸与蒸汽三种形式。火焰可用于直接烧毁一切被污染而价值不大的用具、垫料及剩余饲料等,可杀灭一般微生物及对高温比较敏感的芽孢,是一种较为简单的消毒方法。因此,铁制设备及用具、土墙砖墙水泥墙缝等均可用此方法,木制工具表面也可用烧烤的方法消毒。但对有些耐高温芽孢的消毒效果却难以保证。煮沸与蒸汽消毒则主要用于消毒衣物和器械。

5. 过滤除菌

过滤除菌是将欲消毒的介质通过致密的过滤材料以物理阻留的原理,去除气体或液体中的微生物。空气过滤除菌的机制包括随流阻留、重力沉降、惯性碰撞、扩散粘留、静电吸附。液体过滤除菌的机制包括网截阻留、筛孔阻留、静电吸附。近年来,过滤除菌主要用于畜舍内排出空气的过滤消毒,如生物过滤、生物滴滤等工艺。

6. 其他物理消毒

超声波、微波、低温等离子体等也属于物理消毒技术。其中,超声波是一种常见的物理消毒手段,具有杀菌速度较快,对物品无损害等优点,可用于器械的消毒。低温等离子体消毒法在畜牧场中应用较少。

(二)化学消毒法

化学消毒方法是利用消毒剂杀灭微生物的方法。其作用机理主要是三种:一种是药物被菌体细胞壁吸收,破坏菌体壁;二是药物渗入细胞的原生质,与细胞中成分反应,使菌体蛋白质变性;三是药物包围菌体表面,阻碍呼吸使之死亡。目前,畜牧场应用化学消毒法进行消毒最为普遍,然而不合理的消毒方式常影响消毒效果。因此,化学消毒剂的选择和使用方法对消毒的效果极为重要。

1. 常用的消毒剂

根据化学特性的不同,消毒剂可分为:酚类、醛类、醇类、酸类、碱类、氯制剂、氧化剂、碘制剂、染料类、重金属盐类、表面活性剂等。应根据消毒对象和使用方法选择合适的药物,否则既造成经济上损失,又达不到消毒目的。

(1)酚类　包括苯酚和煤酚皂溶液

①苯酚(酚、石炭酸)。其为无色或淡红色针状结晶,有特异臭味,可溶于水,易溶于醇、甘油。苯酚能溶解胞浆膜类脂层,而使胞浆膜损伤,从而导致细菌死亡。本品是酚类化合物中最早的消毒剂,对组织有腐蚀性和刺激性,故已被更有效且毒性低的酚类衍生物所代替。苯酚对芽孢和病毒无效。因有特异臭味,肉、蛋的运输车辆及贮藏肉、蛋品仓库不宜用本品消毒。一般消毒都需用3%～5%的浓度。苯酚多用于运输车辆、墙壁、运动场及畜禽舍内的消毒。

②煤酚皂溶液(甲酚皂溶液、来苏儿)。其为黄棕色至红棕色的黏稠液体,有甲酚臭味,能溶于水或醇中。本品含甲酚50%。杀菌力强于苯酚,而腐蚀性与毒性则较低。对于一般繁殖型病原菌作用良好,但对芽孢和病毒作用不可靠。其主要用于禽舍、用具与排泄物消毒。由于有臭味,煤酚皂溶液不用于肉品、蛋品的消毒。禽舍、用具的浓度为3%～5%,排泄物消毒的浓度为5%～10%。

(2)酸类　包括无机酸和有机酸两类。在生产中常用有机酸。

①乳酸。其对伤寒杆菌、大肠杆菌、葡萄球菌和链球菌具有杀灭抑制作用。蒸气或喷雾用于消毒空气,能杀死流感病毒及某些革兰氏阳性菌。乳酸空气消毒有价廉、毒性低的优点,但杀菌力不够强。蒸气或喷雾用作空气消毒时的用量为6～12 mL/100 m^3,将本品加水24～

28 mL，使其稀释为20%的浓度，消毒30～60 min。

②醋酸。其为无色透明的液体，味极酸，能与水、醇或甘油任意混合。药典规定本品含CH_3COOH(纯醋酸)36%～37%，临床常用的稀醋酸含纯醋酸5.7%～6.3%，食用醋含纯醋酸2%～10%。醋酸的杀菌和抑菌作用与乳酸相同，但消毒效果不如乳酸。醋酸可实施带畜消毒，本品用于空气消毒，可预防感冒和流感。稀醋酸加热蒸发用于空气消毒，用量为20～40 mL/m^3，如用食用醋的用量为300～1 000 mL/m^3。

(3)碱类　强碱能水解蛋白质和核酸，使细菌的酶系统结构受到损害，以致细菌体内代谢被破坏而死亡。碱尤其对革兰氏阴性菌有效，对病毒作用较强，高浓度的碱液对芽孢也有作用。其杀菌性能取决于氢氧离子浓度，其浓度越高，杀菌力越大。

①氢氧化钠(苛性钠)。其为白色的块状或棒状物质，易溶于水和醇，露置空气中因易吸收CO_2和水汽而潮解，故须密闭保存。本品的杀菌作用很强，常用于病毒性感染(如鸡新城疫等疾病)及细菌性感染(如禽出血性败血症等疾病)的消毒，还可用于炭疽芽孢的消毒，对寄生虫卵也有消毒作用。氢氧化钠用于禽舍、器具和运输车船的消毒，也可在食品工厂使用，但高浓度的氢氧化钠会灼伤组织，并对铝制品、纺织品、漆面等有损坏作用。其中，2%的溶液用于病毒性与细菌性污染的消毒，5%的溶液用于炭疽的消毒。

②石灰。其为白色的块或粉，主要成分是氧化钙(CaO)，加水形成氢氧化钙，俗称熟石灰、消石灰，属强碱性，吸湿性很强。本品为价廉物美的消毒药，对一般细菌有效，对芽孢及结核杆菌无效。其常用于墙壁、地面、粪池及污水沟等的消毒。常用石灰乳因石灰必须在有水分的情况下，才会游离出OH^-离子而发挥消毒作用。石灰乳由石灰加水配成，消毒浓度为10%～20%。石灰可从空气中吸收CO_2变成碳酸钙沉淀而失效，故石灰乳须现用现配，不宜久贮。

(4)氧化剂　氧化剂是一些含不稳定的结合态氧的化合物，遇有机物或酶即放出初生氧，破坏菌体蛋白质或酶蛋白而起杀菌作用，其中对厌氧菌作用最强，其次是革兰氏阳性菌和某些螺旋体。本类消毒剂应密闭保存。

①高锰酸钾(灰锰氧)。其为暗紫色斜方形的结晶性粉末，无臭，易溶于水(1∶15)，溶液呈粉红色乃至暗紫色。作为强氧化剂，高锰酸钾遇有机物起氧化作用。氧化后分解出的氧能使一些酶蛋白和原蛋白中的活性基团如巯基(—SH)氧化变为二硫键(—S—S—)而失活。本品在酸性溶液中杀菌作用增强，如含有1.1%盐酸的1%高锰酸钾溶液能在30 s内杀死炭疽芽孢。0.1%溶液可用于蔬菜及饮水消毒，但不宜用于肉食品消毒，因其能使表层变色，其与蛋白质结合的二氧化锰对食品卫生也有害。此外，常利用高锰酸钾的氧化性能来加速福尔马林蒸发而起到对空气的消毒作用。本品除杀菌消毒作用外，还有防腐、除臭功效。高锰酸钾常用水溶液，要求现配现用。

②过氧乙酸。其为无色透明液体，易溶于水和有机溶剂，呈弱酸性，易挥发，有刺激性气味，并带醋味。高浓度遇热易爆炸，20%以下浓度无此危险，故市场销售品为20%溶液，有效期为半年，但稀释液只能保持药效3～7 d，故应现用现配。本品的杀菌作用在于本身有强大的氧化性能，可分解出酸和过氧化氢等产物起到协同的杀菌作用。本品的杀菌作用具有快而强、抗菌谱广的特点，对细菌、病毒、霉菌和芽孢均有效。过氧乙酸常用于耐酸塑料、玻璃、搪瓷和橡胶制品及用具的浸泡消毒，还可用于禽舍、仓库、食品车间的地面、墙壁、通道、食槽的喷雾消毒和室内空气消毒。在使用中须注意本品对组织有刺激性和腐蚀性，对金属也有腐蚀性，故消毒时必须注意保护，避免刺激眼、鼻黏膜。

(5)卤素类　卤素和易放出卤素的化合物均有强大的杀菌能力。卤素对细菌原生质及其他结构成分有高度的亲和力,易渗入细胞与菌体原浆蛋白的氨基或其他基团相结合(卤化作用),使有机物分解或丧失功能呈现杀菌作用。在卤素中,氟、氯的杀菌力最强,依次为溴、碘。但氟和溴一般不用作消毒药。

①氯与含氯化合物。氯(Cl)是气体,有强大的杀菌作用。氯遇到水以后可生成盐酸和次氯酸,而次氯酸又可放出活性氯,并产生盐酸和初生态氧。次氯酸易于进入细胞内发挥杀菌作用。水中含有 2 μL/L 浓度的氯即可杀死大肠杆菌、痢疾杆菌、亲脂性病毒、阿米巴原虫。通常液态氯加入水中,达 0.1～0.2 μL/L 浓度作饮水或游泳池的水质消毒。由于氯是气体,其水溶液不稳定,故杀菌作用不持久,使用也不方便。通常情况下,一般多使用能释放出游离氯的含氯化合物。以含氯化合物制成的含氯消毒剂,目前在市场上应用很广泛。

含氯消毒剂是指在消毒剂中起作用的是那些含氯的离子、自由基、分子等。含氯消毒剂大多是高效、广谱的杀菌剂。其种类包括液氯、漂白粉、漂粉精、次氯酸钠(钙)、电解水、氯胺、二氧化氯、二氯异腈脲酸(钠)(优氯净)、三氯异腈脲酸(钠)(强氯精)等等。目前所说的含氯消毒剂都是氯化型消毒剂。在本类消毒剂中,有些氯制剂(二氧化氯、次氯酸)对金属用具(尤其是铁制品)有腐蚀作用,对纺织品有褪色作用,在使用时应加以注意。含氯消毒剂的评价方法是测定有效氯含量。有效氯含量越高,其消毒作用越强。

A. 漂白粉类即含氯石灰。氯化石灰属于无机氯消毒剂,其主要品种有漂白粉、三合二和漂白粉精。有效成分都是次氯酸钙。它们的共同特点是生产工艺简单,成本低,毒副作用小,但稳定性较差,遇日光、热、潮湿等加快分解,同时它们均对金属有一定的腐蚀性。漂白粉类消毒剂可于饮水、禽舍、用具、车辆及排泄物等的消毒。

B. 二氧化氯属无机氯消毒剂。目前市场上二氧化氯制剂多为二元型粉剂,即主原料与活化剂分开包装。二元型制剂的有效氯含量较高,一般约为 60%。活化剂有固体和液体两种。液体多为无机酸,固体一般为有机酸。市场上一元型的二氧化氯液体不分开包装,有效氯的含量一般较低,多为 5%～10%。实际上,这种二氧化氯是将纯二氧化氯气体溶入水中。二氧化氯高效、广谱,杀灭病原微生物的效果比其他含氯消毒剂强,广泛用于食品加工器械、饮用水及食品保鲜及畜牧水产养殖等诸多领域。因其安全高效,世界卫生组织于 1948 年将其列为 AI 级安全消毒剂,以后又被联合国粮食及农业组织定为食品添加剂。

C. 电解水(electrolyzed water,EW),又称电生功能水(electrolyzed functional water,EFW)。它是一种在日本及美国广泛应用多年的氧化电位水。近几年来,作为一种消毒剂,电解水被逐渐应用于农业、牙科,医药及食品业等行业中。相对于其他清洁剂,电解水拥有巨大潜力且价格低廉。其中,电解水最大优势是对环境和人的无害性。其原因在于电解水在制备及生产过程中,无任何化学物质添加,只须通过将低浓度电解质溶液。如 NaCl、稀盐酸或两者混合溶液等放入电解槽中,随后,通入电流,使 NaCl、稀盐酸等电解质溶液的有效氯浓度(ACC)、氧化还原电位(ORP)与 pH 等因电化学作用发生改变,以使最后产出的电解水具有杀灭微生物的效能。

目前,因电解方式和 pH 不同,电解水分为碱性电解水(alkaline electrolyzed water,pH 7.0～11.5)和酸性电解水(acidic electrolyzed water)。酸性电解水又分为微酸性电解水(slightly acidic electrolyzed water,pH 5.0～6.5)、弱酸性电解水(weakly acidic electrolyzed water,pH 2.7～5.0)和强酸性电解水(acidic electrolyzed water,pH 2.2～2.7)。

微酸性电解水和强酸性电解水则具有极强杀菌消毒性能，它们制备的区别是电解槽中有无隔膜。当有隔膜时，在电流作用下，一些阴离子会向阳极移动，失去电子从而变成氯气、氧气、次氯酸盐离子、次氯酸和盐酸等，如氯离子和氢氧根离子等；而一些阳离子则会移动到阴极，得到电子而变成氢气和氢氧化钠，如氢离子及钠离子等。其中，带有高溶解氧、次氯酸和次氯酸根离子的强酸性电解水（ORP >1 000 mv，pH 2.3～2.7）会从阳极流出，同时，带有高溶解氢和高 ORP（－900～－800 mv）的碱性电解水（pH 7.0～11.5）会从阴极产出。当采用无隔膜电解时，电解所得水的 pH 近似中性（pH 5.0～6.5），因此，被命名为微酸性电解水（图 9-3）。

微酸性电解水电化学反应式为：

阳极：

$$2H_2O \longrightarrow 4H^+ + O_2\uparrow + 4e^-$$

$$2NaCl \longrightarrow Cl_2\uparrow + 2e^- + 2Na^+$$

$$Cl_2 + H_2O \longrightarrow HCl + HOCl$$

阴极：

$$2H_2O + 2e^- \longrightarrow 2OH^- + H_2\uparrow$$

$$2NaCl + 2OH^- \longrightarrow 2NaOH + Cl^-$$

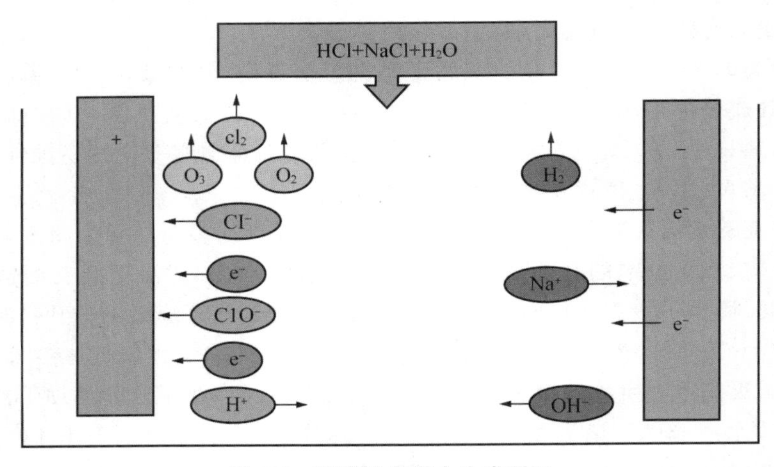

图 9-3 微酸性电解水生成原理

目前，已有很多研究表明，电解水中起主要杀菌作用的因素是有效氯。有效氯主要存在形式为氯气、次氯酸根离子和次氯酸。其存在形式会随着 pH 的变化而发生改变。当 pH 近似中性时，其有效氯存在的主要形式为次氯酸（HClO）。微酸性电解水 pH 近似中性，因此，其有效氯的主要形式基本为 HClO。HClO 比其他形式氯的杀菌效果要好，它是次氯酸根离子杀菌效果的 80～100 倍，因此，微酸性电解水具有很强的杀菌能力。

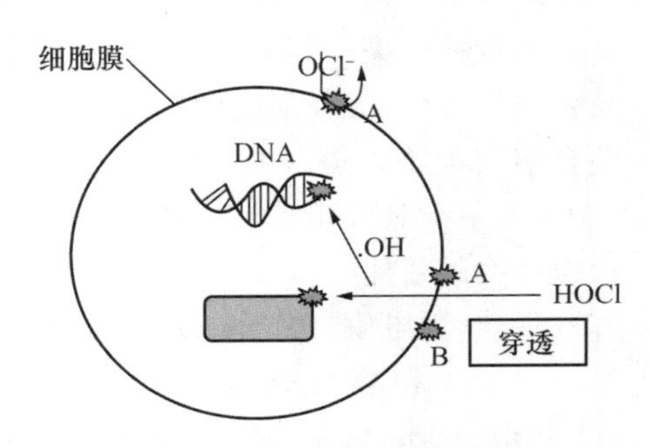

图 9-4 HClO 和 ClO^- 杀菌机理

HClO 和 ClO^- 杀菌机理见图 9-4。ClO^- 无法穿透进入细胞内部，只能对细菌的细胞膜进行攻击，进行 A 循环；HClO 为中性，小分子，可以进入细菌细胞膜中，因此，除可以进行 A 循环对细菌细胞膜进行攻击外，HClO 也可以进入细菌内部，进行 B 循环，对细菌的核酸和线粒体进行攻击。

在畜牧场生态环境安全问题日益突出的现代及未来，环保型消毒剂的应用将具有极大的潜力和优势。微酸性电解水在作用完全后可变为普通的水，残留极少，是环保型消毒剂，已在日本和美国的医学、食品及农业广泛应用。目前，中国农业大学、浙江大学、西南大学及江西农业大学等中国各高校也都已开展针对微酸性电解水在畜牧业上的消毒研究。据这些消毒研究发现，其具有高效广谱的杀菌特性，并对蓝耳病病毒及 PRRS 病毒等也具有较好的杀灭效果。同时，各高校分别开展了在牛场，鸡场及猪场等各场的畜舍、设备表面、消毒通道、空气及饮水管道的试验研究。据这些试验研究发现，其对大部分细菌都具有极强的杀菌效果，并在国内各地进行了该消毒剂的推广。

②碘。其为灰黑色、有金色光泽的薄片结晶，质重而脆，极难溶于水（1∶2 950），能溶于醇（1∶13）。碘在常温下有挥发性，故须密闭保存。本品具有强大的杀菌、杀病毒和杀霉菌作用。杀菌机理是碘化和氧化细菌原浆蛋白质，抑制细菌代谢酶。碘对所有各种微生物的有效浓度相同。因本品与碱能生成盐类而失去作用，故当有碱性环境及有机物存在时，其杀菌作用减弱。本品的制剂以碘酊为最常用和最有效的皮肤消毒药，也可作饮水消毒用。

（6）表面活性剂　带有典型亲水基和亲脂基组成的化合物，具有明显降低表面张力的特殊性能，这类物质被称为表面活性剂。表面活性剂可分为离子型和非离子型两大类。离子型又可分为阴离子型表面活性剂和阳离子型表面活性剂。阳离子型表面活性剂，如肥皂、合成洗涤剂（烷基苯磺酸钠）；阴离子型表面活性剂，如新洁尔灭、氯己定等。非离子型表面活性剂有聚乙二醇、吐温-80 等。其中只有阳离子表面活性剂作为临床常用的消毒剂，具有强大的抗菌作用。阳离子表面活性剂具有杀菌范围广的特点，对革兰氏阳性菌、阴性菌以及多种真菌、病毒有作用，同时其还具有杀菌效力强、作用迅速、刺激性小、毒性低、用量少、可长期保存和价格便宜等优点。阳离子表面活性剂可以代替碘酊作外科防腐消毒药，用于皮肤、手指和器械的消毒，还可用于黏膜、创伤的防腐。阳离子表面活性剂忌与阴离子表面活性剂配合应用，因会中和而失效。

①新洁尔灭，又名溴苄烷胺。它是一种常用的阳离子表面活性剂，兼有杀菌和去污效力。新洁尔灭为无色或淡黄色的胶状液体，有芳香味，易溶于水，性质稳定，可长期保存。本品对肠道菌、化脓性病原菌及部分病毒有较好的杀灭作用，对细菌芽孢一般只能起抑制作用。作为常用消毒防腐药，新洁尔灭应用较广，0.1%溶液用于皮肤、黏膜及器械消毒，0.15%～0.2%水溶液可用于圈舍内喷雾消毒。本品也用于畜禽场的用具和种蛋清毒，如可用 0.1%溶液喷雾消毒蛋壳、孵化器及用具等。

②百毒杀。它为双链季铵盐消毒剂，无色、无臭液体，比一般单链季铵盐化合物强数倍，能溶于水。它能迅速渗透入胞浆膜脂质体和蛋白质，改变细胞膜的通透性，具有较强的杀菌力。百毒杀对沙门氏菌、多杀性巴氏杆菌、大肠杆菌、金黄色葡萄球菌、鸡新城疫病毒、法氏囊炎病毒以及霉菌、真菌、藻类等微生物有杀灭作用。其可用于饮水消毒、带禽消毒、种蛋与孵化室消毒、肉品与乳品机械用具消毒、饲养用具及室内外环境消毒。百毒杀应严格按剂量应用，避免中毒。百毒杀（50%）可用 50～100 mg/L 饮水消毒，300 mg/L 带畜消毒；百毒杀（10%）可用 250～500 mg/L 饮水消毒，1 500 mg/L 带畜消毒。在病毒、细菌性传染病发生时，百毒杀（50%）可用 100～200 mg/L，百毒杀（10%）可用 500～1 000 mg/L。

（7）挥发性烷化剂　在室温下，由于化学性质很活泼，挥发性烷化剂可与菌体蛋白、核酸、羧基和羧基的不稳定氢原子发生烷基化反应，使细胞质中的蛋白质变性或核酸功能改变而起作用。因此，本类药物的杀菌作用强，对细菌、芽孢、病毒、霉菌，甚至昆虫及虫卵均有杀灭能力。其主要用作气体消毒。常用的药物有环氧乙烷。

环氧乙烷是一种高效、广谱的杀菌消毒气体，对细菌及其芽孢、立克次氏体、真菌和病毒等各种微生物以及某些昆虫和虫卵都有杀灭作用。环氧乙烷适用于精密仪器、医疗器械、生物制品、皮革、皮裘、羊毛、橡胶、塑料制品、图书、谷物、饲料等忌热、忌湿物品的消毒，也可用于仓库、实验室、无菌室等的空间消毒。由于它极易扩散，所以消毒后很易被消除。本品不腐蚀金属，不污损物品，但价格贵，消毒时间长，对人及畜禽有一定毒性作用，一次大量吸入可引起恶心呕吐，大脑抑制，接触皮肤可引起水泡，若刺激呼吸道可引起肺水肿。所以使用时一定要注意安全和防护。

用环氧乙烷消毒要注意掌握温度和时间。其最适宜的相对湿度为30%～50%，最适宜的温度为38～54 ℃，不能低于18 ℃，且消毒的时间越长，效果越好，杀灭繁殖型细菌，用量为300～400 g/m^3，作用8 h；用于芽孢和霉菌污染物品的消毒，用量为700～ 950 g/m^3，作用24 h或用量为800～1 700 g/m^3，消毒6 h。在消毒后，应将物品取出放于通风处1 h才能使用。消毒时必须在密闭室、密闭箱、聚乙烯薄帐篷和消毒袋内进行，在消毒过程中，严禁烟火。

2. 化学消毒剂的选择

化学消毒剂的选择应注意：①消毒剂必须消毒力强，性能稳定；②易溶于水、作用速度快；③毒性及刺激性小，对人畜无害，并对畜舍，器具等无腐蚀性（各消毒剂毒副作用可见表9-1）；④不易受各种物理化学因素的影响；⑤在畜产品中不易残留；⑥价廉易得、易配制和使用。

表 9-1 各类消毒剂的毒副作用

类别	产品举例	毒副作用		
		人	畜	环境
次氯酸消毒剂	次氯酸、次氯酸钠、二氯异氰脲酸钠、二氧化氯、电解水	刺激大（次氯酸、微酸性电解水、二氧化氯刺激小）	刺激大（次氯酸微酸性电解水、二氧化氯刺激小）	易分解
过氧化物类	过氧化氢、过氧乙酸	无毒，刺激小	无毒，刺激小	安全
醛类	戊二醛、甲醛	致癌、刺激性强	致癌、刺激性强	水体污染大
酚类	甲基苯酚	低毒	低毒	水体污染小
醇类	乙醇	低毒	低毒	易挥发
过硫酸氢钾类	过硫酸氢钾	刺激性低	刺激性低	易分解
季铵盐类	苯扎溴铵、双癸甲溴铵	低毒、刺激小	低毒、刺激小	污染小
干粉消毒剂	硅铝酸盐类 纳米矿物盐类	刺激小	刺激小	污染小

所选择的消毒剂应根据消毒对象和病原体进行有针对性的消毒，不同情况选用不同的药剂和消毒方法。化学消毒剂的选择可参考在非洲猪瘟期间由农业农村部发布的《2019年非洲猪瘟防控秋季大消毒技术指导意见》（表9-2）。

3. 影响消毒效果的因素

消毒时要保证实效，才能达到彻底消毒的目的，因此，必须注意以下问题。

(1)化学消毒剂的性质　由于其本身的化学特性和结构不同,各种化学消毒剂对微生物的作用方式也各不相同,所以各类消毒剂的消毒效果也不一致。

表 9-2　非洲猪瘟消毒剂选择推荐方案

区域	应用范围	推荐种类
车辆	车辆及运输工具	酚类、戊二醛类、季铵盐类、复方含碘类(碘、磷酸、硫酸复合物)
	大门口及更衣室消毒池、脚踏池	氢氧化钠
	畜舍建筑物、圈栏、木质结构、水泥表面、地面	氢氧化钠、酚类、戊二醛类、二氧化氯类
生产加工区	生产、加工设备及器具	季铵盐类、复方含碘类(碘、磷酸、硫酸复合物)、过硫酸氢钾类
	环境及空气消毒	过硫酸氢钾类、二氧化氯类
	饮水消毒	季铵盐类、过硫酸氢钾类、二氧化氮类、含氯类
	人员皮肤消毒	含碘类
	衣、帽、鞋等可能被污染的物品	过硫酸氢钾类
办公、生活区	办公、饲养人员的宿舍、公共食堂等场所	二氧化氮类、过硫酸氢钾类、含氯类
人员、衣物	隔离服、胶鞋等,进出人员	过硫酸氢钾

(2)微生物的种类　由于微生物本身的形态结构、代谢方式等生物学特性的不同,其对化学消毒剂所表现的反应也不同。如革兰氏阳性细菌的等电点比革兰氏阴性菌的等电点低,在一定的 pH 下所带的负电荷较多,容易与带正电荷的离子结合,所以革兰氏阳性菌较易与碱性染料的阳离子、重金属盐类的阳离子及去污剂结合而被灭活。细菌的芽孢因有较厚的芽孢壁和多层芽孢膜,结构坚实,消毒剂不易渗透进去,芽孢对消毒剂的抵抗力比其繁殖体要强得多。

(3)有机物的存在　当有机物(粪便、痰液、脓汁、血液及其他排泄物)存在于消毒对象表面时,所有消毒剂的作用都会大大减低甚至无效。大部分有机物具有还原性,特别易与具有氧化性作用的消毒剂起反应而降低消毒剂的消毒效果,如季胺化合物、碘制剂、氯制剂所等。因此,应将欲消毒的对象在清洁后再使用消毒剂作为最基本的要求。

(4)消毒剂的浓度　在一定的范围内,化学消毒剂浓度越大,其对微生物的毒性作用越强。但化学消毒剂浓度过大,势必会造成消毒成本提高,消毒对象也会受到严重的破坏,因此,各种消毒剂应按说明书要求,进行配制。有些药物浓度增加,杀菌力反而可能会下降,如 70%酒精的杀菌作用比 100%的纯酒精强。

(5)温度、湿度与时间　温度升高可增进消毒杀菌率。大多数消毒剂的消毒作用在温度上升时有显著增进,尤其是戊二醛类。许多温和性消毒剂在冰点温度时毫无作用,如当戊二醛等醛类消毒剂在低于室温时,其作用效果会降低很多。在寒冷时,最好是将消毒剂泡于温水(50~60 ℃)中使用。

在熏蒸消毒时,湿度可影响消毒效果。在使用过氧乙酸熏蒸消毒时,相对湿度以 60%~80%为最好。湿度太低,则消毒效果不良。在其他条件一定的情况下,作用时间越长,消毒效果越好。消毒剂杀灭细菌所需时间的长短取决于消毒剂的种类、浓度及其杀菌速度,同时也与细菌的种类、数量和所处的环境有关。

(6)酸碱度(pH) 许多消毒剂的消毒效果均受消毒环境 pH 的影响，如酸类、来苏儿等阴离子消毒剂，在酸性环境中杀菌作用增强。而阳离子消毒剂在碱性环境中杀菌力增强，如新洁尔灭等。但过酸或过碱对设备或器具具有腐蚀性。另外，电解水，pH 会影响其有效氯的成分，从而影响其消毒效果，如电解水。

4. 消毒剂使用方法

常用的有浸泡法、喷洒法、熏蒸法，近年来气雾法也普遍采用。

(1)浸泡法 主要用于消毒器械、用具、衣物等。一般洗涤干净后再行浸泡，药液要浸过物体。浸泡时间以长些为好，水温以高些为好。场区进门处以及在圈舍进门处消毒槽内可用浸泡消毒或用浸泡消毒药物的草垫或草袋对人员的靴鞋进行消毒。

(2)喷洒法 主要用于地面、墙裙、舍内固定设备等喷洒消毒。如对圈舍空间消毒，则用喷雾器。喷洒要全面，药液要喷到物体的各个部位。在喷洒地面时，按 2.0 L/m^2 喷洒药液；在喷墙壁、顶棚时，按 1.0 L/m^2 喷洒药液。

(3)熏蒸法 在畜舍密闭的情况下产生气体，各个角落都能消毒。这种方法简便、经济，对房舍结构无损，易于驱散消毒后的气体，因而是牧场较受欢迎的消毒方法。但在实际操作中，熏蒸法要严格遵守基本要点，否则无效。①畜舍及设备必须进行清洗。因为气体不能渗透到粪或污物中，所以不能发挥应有的效力；② 畜舍须无漏气处，应将进气口、排气扇等空隙处用纸条糊严，否则影响熏蒸效果。

(4)气雾法 气雾粒子是指悬浮在空气中气体与液体的微粒，直径小于 200 nm，分量极轻，能长期悬浮在空气中，可到处飘移，穿透到畜舍内各物体的周围及其空隙间。气雾法是将消毒液倒进气雾发生器后喷射出的雾状微粒来消灭气携病原微生物的理想办法。如全面消毒畜舍空间，5%过氧乙酸溶液按照用量为 2.5 mL/m^3 使用。

5. 消毒剂使用的注意事项

①充分了解各种消毒剂特性，要制订消毒计划，配合季节、天气，考虑对象、场合执行。

②不混合使用，不要把不同种类的消毒剂混在一起使用，防止相拮抗的两种成分发生反应，削弱甚至失去消毒作用。若需要用数种，则单独使用数日再使用另一种消毒剂。

③不要只使用某种单一消毒剂。每种消毒剂各具特征，其能杀灭的病原种类也一定。长期使用一种消毒剂可能使一些该消毒剂无法杀灭的病原大量增殖，所以常用复式消毒，定期换用多种不同消毒剂。

④免疫前后 1 d 和当天不喷洒消毒剂，免疫前后 2～3 d 和当天不得饮用含消毒剂的水，否则，会影响免疫的效果。

⑤一些消毒剂要选择合适的消毒方法，避免对人体或畜禽产生伤害。

(三)生物性(生物热)消毒法

生物性(生物热)消毒法是利用一些生物及其产生的物质来杀灭或清除病原微生物的方法。在畜牧场中，主要用于畜禽粪便的消毒。在粪便堆肥的开始阶段，嗜热菌的发育使堆肥内的温度升高到 30～35 ℃。此后嗜热菌继续发育，而将堆肥的温度逐渐提高到 60～80 ℃，在此温度下，大多数病毒及除芽孢以外的病原菌、寄生虫幼虫和虫卵在几周内死亡。粪便、垫草、污物等采用此法消毒较经济，且在消毒后，粪便、垫草、污物等可作为肥料使用。该方法不会对环境造成持续性危害，但该方法对有害生物的杀灭效果尚不完全可靠，尤其对抵抗力较强的细菌芽孢一般无杀灭作用，存在消毒效果难以确定、消毒效率不高等问题。

三、畜禽养殖场所的消毒

畜禽养殖场的消毒可以参考《畜禽养殖消毒技术》(NY/T 3075—2017)。

(一)入场消毒

养殖场大门应主要包括行李寄存房、人员消毒间、门卫人员办公室、物资熏蒸室、车辆冲洗通道、消毒池等。车辆消毒池(池宽同大门,长至少为机动车车轮周长的 2 倍以上)内放消毒液,每半月更换一次。大门入口处设消毒通道,室内两侧、顶壁设紫外线灯,另两侧最好装有消毒液的喷雾器,一切人员都要在此用漫射紫外线照射 3～10 min,而进入生产区的工作人员必须进入淋浴消毒间(图 9-5),进行洗浴并更换场区工作服、工作鞋(注意净衣与污衣不能交叉),再通过消毒池进入自己的工作区域,严禁互相串舍(圈),不准带入可能污染的畜产品或物品。

除消毒池对轮胎消毒外,入场的车辆在生物安全要求严格的种畜场应进行登记并清洗与消毒,采用高压水枪对车辆的轮胎及车体进行清洗;随后,喷涂消毒剂,消毒时间根据消毒剂浓度而定,待作用一段时间后,再进行清洗;最后,才可进入场区。条件具备的畜场应建立洗消中心,并安装车辆自动消毒通道,进行车辆的自动清洗消毒,经过干燥后,才可进入场区。

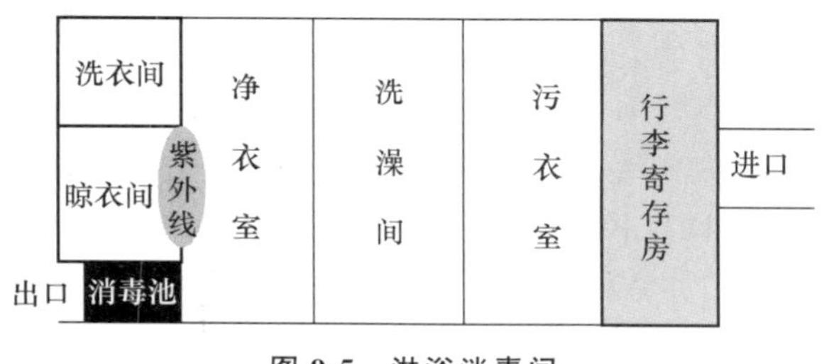

图 9-5 淋浴消毒间

二维码视频 9-1 车辆消毒通道消毒

(二)场区消毒

搞好畜牧场环境卫生,彻底清理场区的杂草、垃圾和杂物,对道路定期铺设生石灰等进行消毒,可用喷雾消毒器每周一次定期对场区进行彻底的消毒,可选用 2%的烧碱溶液或过氧乙酸等,消毒药物应交替使用。

(三)圈舍消毒

圈舍消毒分为空舍消毒和带畜消毒。

1. 空舍消毒

(1)清扫畜禽舍　畜禽出栏后的舍内及时清除所剩饲料、药品及畜禽舍内外的粪便、杂物等,可移动的设备移出畜禽舍,清理、冲洗和阳光照射杀毒。清扫畜禽舍的顺序是先清扫畜禽舍棚顶、墙壁,再清扫饲槽、水槽、网床、围栏、笼架等,最后再清扫地面。注意清扫一定要彻底、全面,不留死角。清扫前适当洒水,增加舍内湿度,减少灰尘。

(2)冲洗畜禽舍,彻底清除残存脏物　畜禽舍消毒效果的好坏取决于清洗是否彻底。彻底清洗畜禽舍是减少病原体最基本的方法,冲洗可以清除 70%～90%的细菌。先用水喷湿舍内墙壁、设备和地面,软化脏物,便于冲洗,然后用高压水枪冲洗。冲洗按照先上后下、先里后外的顺序,依次为:顶部、笼架、喂料设备、进出风口、墙壁、地面、粪道。墙角、粪沟等角落要冲洗干净,冲洗的废水及时排出并进行处理,防止对舍外环境造成污染。冲洗完毕后,要认真检查冲刷效果,保证无残存饲料、粪便等污物。冲洗不合格的部位需重新冲洗干净,保证舍内干净整洁。

(3)消毒 待畜禽舍干燥后,对空舍和周围环境消毒,首先要选择广谱和对环境有机物污染有良好抵抗力、受环境温度影响较小的消毒剂。可用2%～3%火碱、0.5%～1.0%过氧乙酸、0.1%～0.2%次氯酸钠等喷洒消毒地面及1 m以下的墙壁、地面、门窗,同时选用消毒灵、微酸性电解水、百毒杀、戊二醛或季铵盐等消毒制剂对畜禽舍内的笼、料槽、水槽等设备进行喷雾消毒。

(4)熏蒸消毒 待畜禽舍干燥后,密封畜禽舍,按照药物说明书,选择熏蒸方式和剂量;消毒效果与熏蒸时间长短有关,时间越长,效果越好。因此,熏蒸时,畜舍应密闭24 h以上。熏蒸要注意舍内温度和湿度,舍温一般不低于15 ℃,湿度为60%～80%。

(5)消毒效果检测 在消毒结束一段时间后,要对消毒结果进行检测。若不达标,则需再次消毒。

2. 带畜消毒

带畜消毒是指对圈舍内的一切物品及畜禽群体、空间用一定浓度的消毒液进行喷洒或熏蒸消毒,以杀灭圈舍内的病原微生物,阻止其在舍内繁殖。按消毒方式一般分为人工消毒和机械消毒。在消毒前,先对圈舍环境进行彻底清洁,以提高消毒效果和节约药物用量。在人工消毒时一定注意消毒方法,切忌从下至上进行空气消毒,易引起粉尘的蔓延。消毒器械一般选用高压动力喷雾器或背负式手动喷雾器,将喷头高举空中,喷嘴向上以画圆圈方式先内后外逐步喷洒,使药液如雾一样缓慢下落。喷出的雾粒直径应控制为80～120 μm,不要小于50 μm。初生畜禽不宜带畜消毒,2周龄后方可进行。带畜消毒的程序包括以下几个方面。

(1)做好准备 首先,将畜禽圈舍、环境彻底清扫干净;然后,打开门窗,让空气流通,用高压水枪对地面沉积物及污物进行彻底清洗。

(2)选择合适的消毒药及合理配制 针对不同的畜禽场地,根据畜禽的日龄、体质状况、季节和传染病流行特点等因素有针对性地选用不同的带畜消毒药,并参照说明书,准确用药。配药最好选用深井水,含有杂质的水会降低药效。根据畜禽的日龄和季节确定水温,低龄畜禽用温水,一般畜禽夏季用凉水,冬季用温水,水温一般控制为30～45 ℃。夏季,尤其是炎热的夏伏天可选在最热的时候消毒,以便消毒的同时,起到防暑降温的作用。

(3)选择适用的消毒器 一般选用高压动力喷雾器、背负或手摇喷雾器或超低容量喷雾器,喷嘴直径以80～120 μm为佳。雾粒过大会导致喷雾不均匀和圈舍潮湿;雾粒过细则易被畜禽吸入,引起肺水肿、呼吸困难等呼吸道疾病。有条件的畜场还可选用电动喷雾器,可以随时调节雾粒大小及流量。

带鸡消毒,尤其是雏鸡带鸡消毒需减少应激,使用对鸡只刺激性小的消毒药物,在合理配制后,利用一定压力将其均匀喷洒在舍内,以起到消毒、降尘和预防疾病的作用。

二维码9-2 带鸡消毒的程序

(四)器械或衣物消毒

场外器具未经消毒不可进入生产区,生产区内的各类器械应防止窜舍使用,各类器械定期(至少间隔1个月)清洗后,再消毒处理;衣物在进入生产区时必须应进行更换,并防止净衣与污衣的交叉使用;在脱下后,污衣需进行清洗，晾干，同时用紫外线照射 24 h。

(五)饮水消毒

其具体内容见第四章。各场所的整体消毒程序及方法可参考非洲猪瘟期间，农业农村部推荐的《生猪养殖场户消毒作业指导书》。

二维码 9-3 生猪养殖场户消毒作业指导书(农业农村部)

四、畜牧场常用的消毒设备

畜牧场的消毒方法主要有物理消毒法、化学消毒法和生物性消毒法。消毒设备也应根据消毒的方法、消毒的性质进行选择。在消毒工作中，由于消毒方法的种类很多，要根据具体的消毒对象的特点和消毒要求确定。在消毒过程中，除了了解上述内容以及选择适当的消毒剂外，还要了解进行消毒时采用适当的设备、操作中的注意事项等。

五、消毒工作中的个人防护

在消毒时，消毒人员一定要有自我保护的意识和自我保护的措施，以防止消毒事故的发生和因消毒方法操作不当造成对人体的损害。防护要点包括：①热力灭菌。干热灭菌时要注意防止燃烧；蒸汽灭菌时要注意防止爆炸事故及对操作人员烫伤事故。②紫外线、微波消毒。注意不可对人员进行过量照射。③气体类消毒剂消毒。防止气体泄漏，对环氧乙烷消毒剂，严防燃烧和爆炸事故。④液体类消毒剂。防止过敏和对皮肤的损害。⑤在人畜共患病类疫情发生时，一定要穿戴符合标准的防护服进行消毒，且消毒人员需是专业人员，且在接受培训后执行。

第二节　畜牧场的绿化

随着我国畜牧业发展对环保要求的日益提高，畜牧场绿化逐渐成为一项重要工程。它不仅可以改善和美化环境，还可以调节气候、减少污染。对于风尘比较大的地区，畜牧场绿化可以防风阻沙、涵养水源、净化水源、吸附灰尘，在一定程度上能够起到保护环境的作用。

畜牧场绿化必须纳入畜牧场的总体规划。它是总体规划的有机组成部分，在畜牧场建设总体规划的同时进行绿化规划。要本着统一安排、统一布局的原则进行，规划时既要有长远考虑，又要有近期安排；要与全场的分期建设协调一致，既要充分利用好土地资源，又要注意节约成本。

一、畜牧场绿化的卫生学意义

畜牧场绿化不仅可以美化环境，还可以调节小气候，减弱噪声，净化空气，起到防疫、防火等作用。

(一)改善场区小气候

绿化可以明显改善畜牧场内的温度、湿度、气流、太阳辐射等状况。在夏季，绿化可以减弱太阳辐射，降低环境温度。

1. 通过植物的蒸腾作用和光合作用，吸收太阳辐射热以降低气温

树林的树叶面积是树林种植面积的 75 倍；草叶面积是草地面积的 25～35 倍。比绿化面积大几十倍的这些叶面积通过蒸腾作用和光合作用，大量吸收太阳辐射热，可显著降低空气温度。

2. 通过遮阳以降低辐射

草地上的草可遮挡 80% 的太阳光；茂盛的树木能挡住 50%～90% 的太阳辐射热，故可使建筑物和地表面温度降低。绿化了的地面的辐射热比未绿化地面的辐射热低 4～15 倍。

3. 通过植物根部的水分吸收大量热能

通过植物根部所保持的水分，可从地面吸收大量热能而降温，故一般森林中的气温比畜牧场内的气温低 3～5 ℃。绿化的降温作用使空气"冷却"，同时使地表面温度降低，辐射到外墙、屋面和门、窗的热量减少，并通过树木遮阳挡住阳光透入舍内，降低舍内气温。

在冬季，绿化地带的树枝和树叶吸收了太阳的热量，在晚间将热量放出，所以冬季森林地区的温度比非森林地带的温度高 0.5～1.0 ℃，减小了场区冬季的温度日较差，以使气温变化不大。

绿化可增加空气的湿度。绿化区风速较小，空气的乱流交换较弱，土壤和树木蒸发的水分不易扩散，空气中绝对湿度普遍高于未绿化地区。由于绝对湿度大，平均气温较低，因而绿化地区的相对湿度高于未绿化地区的相对温度达 10%～20%，甚至可达 30%。

绿化树木对风速有明显的减弱作用。气流在穿过树木时通过被阻截、摩擦和过筛等作用，将气流分成许多小涡流，这些小涡流方向不一，彼此摩擦可消耗气流的能量，在冬季可降低风速 20%，其他季节可达 50%～80%。

(二)净化空气

家畜集中，畜牧场饲养量大，密度高，在一定的区域内耗氧量大，由畜舍内排出的二氧化碳也比较集中，与此同时，畜禽生产也会排出有害气体。畜牧场的绿化由于绿色植物等进行光合作用，吸收大量的二氧化碳，同时又释放氧气，提高空气中的含氧量，改善空气质量，防止呼吸道疾病的发生，所以绿化畜牧场的树木或周围的农作物能净化空气，是二氧化碳的消耗者。每公顷阔叶林在生长季节每天可以吸收约 1 000 kg 的二氧化碳，生产约 730 kg 的氧气(表 9-3)。

表 9-3 松林、柳杉林、垂柳、紫花苜蓿等吸收二氧化碳的能力

树种	松林	柳杉林	垂柳	紫花苜蓿
吸收二氧化碳的情况	每天从 1 m^3 的空气中吸收 20 mg	1 hm^2 面积可吸收 720 kg/年	生长季节 1 hm^2 吸收 10 kg/月	1 hm^2 年吸收空气中 600 t 以上的二氧化碳

注：落叶树吸收二氧化碳的能力最强，常绿树次之，针叶树较差。

许多植物还能吸收氨气。生长中的植物能使畜牧场内的氨气浓度下降。这些被吸收的氨气可作为植物生长所需要的一部分氮原，可减少这些植物氮肥的施用量。畜牧场附近的玉米，大豆，棉花或向日葵都会从大气中吸收氨而促其生长。有些植物还能吸收大气中的二氧化硫、氟化氢等，柳杉、梧桐、泡桐、柑橘能吸收二氧化碳，刺槐、桧柏、女贞、向日葵等能吸收氟化氢，槐、银桦、悬铃木等能吸收硫化氢，夹竹桃、桑、棕榈能吸收汞。

(三)减少微粒

绿色植物是天然消尘器。植物叶子表面粗糙不平，多绒毛。有些植物的叶子分泌的油脂

或黏液能滞留或吸附空气中的大量微粒。当含微粒量很大的气流通过林带时，风速降低，可使直径大的微粒下降，其余的粉尘与飘尘可为树木枝叶滞留或为黏液物质及树脂所吸附，大气中的微粒量大为减少，空气较为洁净。在绿化较好的地区，大气中的颗粒物的含量比非绿化地区大气中的颗粒物的含量减少 50%～70%。在夏季，当空气穿过林带时，微粒含量下降了 35.2%～66.5%，微生物减少 21.7%～79.3%。由于树木总叶面积大，吸滞烟尘的能力也很强，就像是空气的天然滤尘器(表 9-4)。因此，畜牧场内及其四周种植高大树木的林带能净化和澄清大气中的粉尘。

表 9-4　绿色植物叶子面积上的滞尘量　g/m^3

种类	绣球	栀子	桂花	黄金树	白杨	蜡梅	乌桕
滞尘量	0.63	1.47	2.02	2.05	2.06	2.42	3.39
种类	樱花	五角枫	泡桐	悬铃木	紫薇	丝棉木	三角枫
滞尘量	2.75	3.45	3.53	3.73	4.42	4.77	5.52
种类	夹竹桃	桑树	构树	臭椿	楝树	刺槐	大叶黄杨
滞尘量	5.28	5.39	5.87	5.88	5.89	6.37	6.63
种类	女贞	重阳木	广玉兰	木槿	朴树	榆树	刺楸

(四)减弱噪声

绿色植物是天然消声器。树木与植被等对噪声具有吸收和反射的作用可以减弱噪声的强度。树叶的密度越大，则减音的效果也越显著。栽种树冠大的树木可减弱家畜鸣声对周围居民的影响。据研究证明，中等度的森林能使噪声的强度减少 10～13 dB，茂密森林可减少 18～20 dB，通常的街心花园也能使噪声减少 4～7 dB。

(五)减少空气及水中细菌含量

森林使空气中的微粒量减少，细菌失去了附着物，细菌的含量相应减少。同时，某些树木的花、叶能分泌一种芳香物质可杀死细菌、真菌等，因而可以减少呼吸道疾病的发生。

树木可吸收水中溶解物质，减轻污水对环境的污染。试验证明，有色、有味、混浊和含细菌的污水流过森林后，水的色度改善，异味减弱或消失，透明度升高，细菌的含量明显减少。含有大肠杆菌的污水若从宽为 30～40 m 的松林流过，细菌数量可减少为原有的 1/18。

(六)防疫、防火作用

畜牧场外围的防护林带和各区域之间种植的隔离林带可以防止人畜任意往来，减少疫病传播的机会。含有大量水分的树木枝叶有很好的防风隔离作用，可以防止火势蔓延，因此，绿化良好的畜牧场可以适当减小各建筑物的防火间隔。

搞好畜牧场的绿化是一项效益非常显著的环保生态工程，它对于环境的优化，促进畜禽健康，保证畜牧场生产的正常进行，提升企业的文明形象都具有十分重大的意义。

二、绿化植物的选择

除考虑其满足绿化设计功能、抗病害能力等因素外，绿化植物的选择还要考虑在当地环境容易栽培。在满足各项功能要求的前提下，结合畜牧场生产，还可种植一些经济植物，充分合理地利用土地，提高整场的经济效益。另外，在畜舍周围种植的树种不能影响畜舍的正常采光和通风，防止夏季挡风、冬季遮阳。畜牧场的绿化分为场界带林绿化、场区隔离带绿化、场内道路绿化、运动场绿化、畜舍周围的绿化以及行政管理区和生活区的绿化等。

(一)场界林带绿化

场界林带的主要作用是隔离和防风阻沙。在场界周边种植乔木、灌木混合林带或规划种植水果类植物带，乔木类的大叶杨、旱柳、钻天杨、白杨、柳树、洋槐、国槐、泡桐、榆树及常绿针叶树等；灌木类的河柳、紫穗槐、侧柏；水果类的苹果、葡萄、梨树、桃树、荔枝、龙眼、柑橘等，在场界的北侧和西侧可以适当加宽这种混合林带(宽度达 10 m 以上，一般至少应种植 5 行)。

(二)场区隔离带绿化

场区隔离带的主要作用是分隔场内各区及防疫防火。场内各区(生产区、生活区及行政管理区的四周)都应设置隔离林带。其一般可采用绿篱植物小叶杨树、松树、榆树、丁香、榆叶等，或以栽种刺笆为主。刺笆可选陈刺、黄刺梅、红玫瑰、野蔷薇、花椒和山楂等起到防疫、隔离、安全等作用。

(三)场内道路绿化

场内道路绿化的主要作用是隔绝噪声、净化空气、美化环境。场内道路绿化宜采用乔木为主，乔灌木搭配种植。如选种塔柏、冬青、侧柏、杜松等四季常青树种，并配置小叶女贞或黄洋成绿化带，也可种植银杏、杜仲以及牡丹、金银花等。这些绿化植物既可起到绿化观赏作用，还能收获药材。

(四)运动场绿化

运动场绿化的主要作用是遮阳、防暑降温等。运动场的南、东、西三侧应设 1～2 行遮阳林。一般可选择枝叶开阔，生长势强，冬季落叶后枝条稀少的树种，如杨树、槐树、法国梧桐等。在运动场内种植遮阳树木时，可选用枝条开阔的果树类，以增加遮阳、观赏及经济价值，但必须采取保护措施，以防家畜损坏。

(五)畜舍周围的绿化

畜舍周围绿化的主要作用是净化空气、杀菌和减弱噪声等。畜舍周围是场区绿化的重点部位，要根据实际情况，有针对性地选择对有害气体抗性较强及吸附粉尘、隔音效果较好的树种。畜舍四周不宜种植密植成片的树林，而应种植低矮的花卉或草坪，以利于通风，便于有害气体扩散，又不影响畜舍的自然采光。

(六)行政管理区和生活区的绿化

该区是与外界社会接触和员工生活休息的主要区域。该区的环境绿化具有观赏和美化效果，可以进行适当的园林式规划，提升企业的形象和优美员工的生活环境。为了丰富色彩，宜种植容易繁殖、栽培和管理的花卉灌木，如榕树、构树、大叶黄杨、唐曹蒲、臭椿，波斯菊、紫茉莉、牵牛、银边翠、美人蕉、玉替、葱兰和石蒜等。

第三节 畜牧场的防害

畜牧场的有害动物主要有老鼠和蛴虫、苍蝇。对这些有害动物进行适当的控制和杀灭可以减少饲料浪费，降低疫病的发生，提高畜牧场经济效益。

一、畜牧场老鼠的危害及控制措施

鼠害是农业生产中重要的生物灾害之一。据报道，发展中国家由鼠害造成的农业损失占农产品值的5%～17%。老鼠的生命力旺盛、数量繁多并且繁殖速度极快，适应能力很强，几乎什么都吃，在什么地方都能住，对人类生活和畜牧业生产的危害十分巨大。

(一)畜牧场老鼠的危害

老鼠的繁殖能力超强，适应力好，它们一年四季都可以交配，怀孕期约为21 d，一年生6～8胎，一胎生5～10只。有人曾做过老鼠繁殖实验，一对老鼠平均一年繁殖的子孙后代如果个个存活，则将近5 000只。因其适宜的环境和充足的食物，畜牧场为老鼠的生长繁殖提供了良好的生存条件。

1. 偷吃饲料，储存粮食

老鼠的日均采食量为其体重的8%～15%，即1只体重约为250 g的老鼠日采食量为20～37.5 g，在仓库里存留1年可吃掉7～13 kg粮食，排泄2.5万粒鼠粪。这种状况不仅损失了饲料，还造成了污染。另外，老鼠还储存大量的粮食，导致猪场饲料流失。

2. 携带病原，传播疫病

老鼠是许多种细菌、病毒、真菌和寄生虫的携带者，可传播多种疾病，传播诸如鼠疫、伤寒、出血热等疾病。其中有些疾病属于人畜共患病，如弓形体病、流行性出血热、鼠咬热和鼠疫等。老鼠传播疾病有三个途径：一是鼠体外寄生虫作媒介，通过叮咬将病原体传染给人和家畜；二是体内携带致病微生物的鼠，通过鼠的活动或粪便污染食物或水源，造成人和家畜食后发病；三是老鼠直接咬人和家畜，造成病原体通过外伤侵入而引起感染。

二维码 9-4
老鼠传播的疾病

3. 破坏草地生态

老鼠对草原生态系统的破坏极大。庞大种群的生长需要较多的食物。它们啃食牧草，使牧草数量减少，导致无法满足畜牧业的正常需求，严重影响草地畜牧业的发展。鼠类属于穴生动物，其在生长过程中需要挖掘洞穴，在挖掘过程中牧草的根部会受到严重破坏，造成大面积草场退化，土地逐渐沙化，严重影响草地环境。

另外，老鼠牙齿较长，爱啃咬硬物，常损坏场内的木质门窗、工具、衣物，咬坏饲料袋、电线、电缆和塑料管，影响正常的生产，造成停电、停水和停料等不良后果。

(二)畜牧场老鼠的控制措施

在畜牧生产过程中，畜牧业从业人员必须提高认识，高度重视，采取适当措施，减少或消除老鼠对畜牧生产的危害。为了达到较好的防鼠效果，需要从防鼠(建筑防鼠、环境防鼠)和灭鼠

(物理学灭鼠、化学灭鼠和超声波灭鼠等)两方面进行综合防控。春天是灭鼠的季节。如果消灭老鼠赶在鼠类繁殖之前动手,不但事半功倍,效果良好,而且可以预防鼠害的出现。

1. 建筑防鼠

建筑防鼠是在养殖场的内外围的墙角处分别用水泥打上地板,外围、内围的高度分别为1.0 m、1.5 m左右,可避免老鼠穿墙进入。墙基的材料可选择水泥,若用砖块、碎石等搭建,则需要灰浆将缝隙抹实,确保墙的表面光滑,避免鼠类攀墙而上。

养殖场内的排污系统一定要保证"三面光"。地面、门、窗户等部位务必要坚固,一旦发现有洞及时用水泥堵住。养殖场内的地面要修理平整并进行硬化处理,并将场区内的杂草彻底清除。

2. 环境防鼠

环境防鼠是指将养殖场内的废弃物、垃圾和杂草等全部清理干净、保证场内卫生整洁,使老鼠无处藏身。养殖场内的树木,要进行定期修剪,以符合鼠害防治的要求。养殖场内严禁积水,平时及时处理生活用水。及时清理畜禽的排泄物,保证环境干燥卫生。在饲喂过程中尽量不要残留饲料,及时将饲料残渣清理干净,减少老鼠的食物来源。

3. 物理学灭鼠法

物理学灭鼠法,又称器械灭鼠法,这种方法效果好,简单易行,对人、畜安全。物理学灭鼠法不仅包括各种专用捕鼠器,如鼠夹、鼠笼,也包括压、卡、关、夹、翻、灌、挖、黏和枪击等。规模较大的养殖场不太适合采用物理方法灭鼠,效果不佳。

4. 化学灭鼠法

化学灭鼠法,又称药物灭鼠法,是应用最广、效果最好的一种灭鼠方法。化学灭鼠法又可分为肠毒物灭鼠和熏蒸灭鼠。

(1)肠毒物灭鼠　灭鼠所用的肠道灭鼠药根据进入鼠体后作用快慢,它可分为急性、慢性两类。①急性灭鼠药,又称急性单剂量灭鼠药,鼠类一次吃够致死量的毒饵就可致死。这类药的优点是作用快、粮食消耗少,但它们对人畜不安全,容易引起二次中毒,同时,在灭鼠过程中老鼠死之前反映较激烈易引起其他鼠的警觉,故灭鼠效果不如慢性鼠药。这类药有磷化锌、氟乙酰胺、毒鼠磷、毒鼠强、溴代毒鼠磷、溴甲灵、敌溴灵等。②慢性灭鼠药,又称缓效灭鼠药,可分第一代抗凝血灭鼠剂和第二代抗凝血灭鼠剂。如果第一代抗凝血灭鼠剂,如敌鼠钠盐、杀鼠灵、杀鼠迷(立克命)、杀鼠酮、氯敌鼠等要达到理想灭鼠效果,就要连续几天投药。第二代抗凝血灭鼠剂的急性毒力相对较强,老鼠吃2～3次就可致死,且对第一代抗凝血灭鼠剂有抗性的老鼠也能杀灭。这类药包括溴敌隆、大隆、杀它仗、硫敌隆等。这种方法可在很短的时间内取得明显效果,且方法简便,可广泛使用,节约成本及时间,但要防止人、畜中毒。

(2)熏蒸灭鼠　熏蒸灭鼠的方法很多,其主要包括:①硫黄熏蒸灭鼠。其运用于消灭屋顶上的老鼠及室内害虫。经燃烧后,硫黄产生大量的二氧化硫,老鼠吸入后,使咽喉水肿、痉挛、呼吸麻痹,窒息而死。熏蒸之前,要关上门窗,封死孔隙。测量好房子的容积,按1 mg/m^3硫计算出需要硫黄的总量,加少许锯末混合点燃．充分产生二氧化硫,熏蒸6～8 h即可,熏完之后,打开门、窗,通风换气,直至不呛人时再进屋。②漂白粉熏蒸灭鼠。事先测算好房间的容积,封严所有的道口和孔隙。取几个容器,先放上适量的生石灰,然后按10 mg/m^3称好漂白粉,同时放几个容器一齐熏蒸,10～15 min即可。其适用于仓库及其他密闭场所的灭鼠,还可以灭杀洞内鼠。

熏蒸灭鼠的优点是具有强制性，不必考虑鼠的习性；收效快，效果一般较好；兼有杀虫作用；对畜禽较安全。其缺点是只能在可密闭的场所使用；毒性大，作用快，使用不慎时容易中毒；用量较大，有时费用较高。

5. 超声波灭鼠

超声波灭鼠器是一种利用专业电子技术研制出能够产生 20～55 kHz 超声波的一种装置，该装置产生周期性的连续频率的震撼性超声波，直接密集、强烈刺激和攻击老鼠的听觉神经和脑中枢神经系统，使其十分痛苦，恐惧和不舒服，食欲不振，全身痉挛，繁殖能力降低，无法在此环境下生存而逃离该超声波放射区域，但对人体无毒害。

二、畜牧场蚊虫、苍蝇的危害与控制措施

蚊蝇具有数量大、种类多、繁殖快和分布广的特点。蚊蝇是多种疫病的传播媒介，蚊蝇一旦大量滋生繁殖将难以控制，极易造成疫病的发生和流行，给畜牧业带来严重危害。

(一)畜牧场蚊虫、苍蝇的危害

在高温高湿的夏季，大量滋生的苍蝇和蚊子可加速动物疫病的传播，严重影响养殖业的正常生产，同时，蚊蝇还传播人类的多种疾病。蚊蝇是人畜共患病的主要传播媒介之一，其危害主要体现在以下三个方面。

1. 影响畜禽休息，降低畜禽产量

蚊虫叮咬骚扰畜禽，使畜禽烦躁不安，影响采食和休息，导致消瘦、贫血，甚至引起幼畜死亡。蚊虫吸食畜禽血液时还能分泌有毒的唾液，引起皮肤红肿发痒，甚至发炎或出现脓疮，同时，过多的蚊蝇叮咬还会造成畜禽体内营养物质流失，疾病抵抗力下降，从而妨碍畜禽的正常生长发育。

2. 携带致病细菌，传播动物疾病

蚊类主要是利用叮咬动物的方式，通过血液传播疾病，而蝇类主要利用病原接触的方式携带多种病原微生物，并通过食物、餐饮用具、医疗用品和周围环境等传播疾病。苍蝇是非洲猪瘟(african swine fever，ASF)的一个直接接触媒介，猪可以通过采食受感染的苍蝇感染非洲猪瘟病毒，引发猪只发生非洲猪瘟。

二维码 9-5
蚊蝇传播的疾病

3. 威胁人员健康，降低工作效率

蚊蝇对养殖场员工的工作和休息造成较大影响，可降低工作效率，影响夏季养殖场的日常生产管理。通过蚊子传播给人的主要猪病包括乙型脑炎、猪弓形体病和猪流感等，这些疾病对养殖场工作人员的健康造成威胁。

(二)畜牧场蚊虫、苍蝇的控制措施

驱蝇灭蚊应与蚊蝇的生物学特性结合起来。在蚊子生活史的 4 个虫态中，有 3 个(卵、幼虫、蛹)在低洼沼泽的积水中生活；在苍蝇的生活史 4 个时期中，也有 3 个(卵、幼虫、蛹)在肮脏潮湿的环境中发育。最好抓住蚊蝇发育过程的 3 个最弱时期，对蚊蝇滋生地进行物理、化学、生物等杀灭措施。

1. 正确选址，合理布局

环境整洁是控制蚊子和苍蝇最根本的方法，包括清除滋生源、创建适宜的畜禽舍及保持良

好的卫生状况等。在建设畜禽舍时，要选择地势高、南向的坡址，地势应平坦稍有坡度，便于污水污物的收集排放，并有足够干净的水源。生产区、饲料加工区、生活区分区合理，净道污道严格分开，化粪池应远离畜禽舍和生活区并加盖；院内无杂草，清洁卫生，设置隔离带，勤消毒，以防蚊蝇携带的细菌、病毒交叉感染，杜绝人畜共患病的发生。

2. 合理配比饲料，科学饲养

饲料合理配比，降低甜、腥味物质的含量，宜现配现用，集中给料，库存饲料不宜储备时间过长。食槽内未吃完的饲料应及时清理，勤打扫，可在畜禽舍通风口装置机械通风设备，加大空气对流，以防蚊蝇叮扰、滋生；此外，在饲料中添加灭蝇蛆的添加剂。对苍蝇幼虫（即苍蛆）有很好的抑制和杀灭作用，其可杀灭粪沟里的蝇蛆、蛹，从而控制苍蝇繁衍，如在饲料中添加蝇得净（10%环丙氨嗪）预混剂。

3. 物理方法

常用的物理方法包括安装大功率风扇、光诱捕、修建蚊蝇引诱池等。安装大功率风扇是夏季降低畜禽热应激的有效措施，同时还可有效驱赶畜禽体表的蚊蝇，减少其叮咬时间。若在风扇扇叶上加几滴风油精，驱赶蚊蝇效果会更佳。畜禽舍和生活区应悬挂足量的光电生物杀虫灯，每天粉刷电网以维持灭虫灯的高效杀虫特性。

在畜禽场内蚊虫较多的地方可以放置装有洗衣粉水的盆子诱使蚊虫在洗衣粉水内产卵。洗衣粉具有碱性，蚊子幼虫不适宜在碱性环境下生长，从而达到灭蚊效果。

4. 化学方法

在养殖场、畜舍外，定期使用高效农药喷洒于圈舍外墙壁、排粪池、污水沟、水塘、杂物堆放处。在入夏时，畜禽进舍前，对舍内彻底冲洗打扫，定期用生石灰水涂刷养殖舍内外的墙壁，并在墙四周边角撒生石灰，屋顶空间用高效、低毒药物交替喷雾消毒。化学方法防治要遵循经济、简便、安全、高效的原则。

在养殖场舍内应选用无毒或是低毒药剂杀灭蚊蝇，可在停留面施药和空间喷药。应注意由于蚊蝇（特别是苍蝇）单用某一种化学药剂，会很快产生抗药性，必须轮换选用多种药剂以确保防效。当停留面施药时，应选择具残效、促杀作用的杀虫剂，喷刷在蝇类停落物的表面和室内 1 m 以上的墙面和屋顶。一般吸水性强的表面使用低浓度、大剂量，多次喷刷；吸水性差的表面，则采用高浓度、低用量。同时，室外的绿化带植物叶子背面喷洒氯氟氰菊酯，滋生地喷洒三氯杀虫酯（蚊蝇净），并使用甲基吡啶磷涂墙或涂纸板，然后悬挂。

5. 生物方法

（1）植树栽花种草　在牧场内选择性种植有特殊气味的树木花草不仅可以遮阳美化环境，还可吸附畜牧场异味，并能有效驱逐蚊蝇，如山苍子树、夜来香、菊花和玫瑰等。

（2）培养天敌　蜘蛛、壁虎、蛙类等是蚊蝇的天敌，应禁止捕杀。在夏季，有选择地对其进行培养，可在自然状态下有效降低牧场内的蚊蝇数量；还可通过保护水生态，维持适宜鱼、蛙、蜻蜓生存的水环境，有效减少蚊子数量。

综上所述，蚊蝇的防控是个复杂的系统工程。我们应提高认识，转变观念，注重综合治理，结合蚊蝇的生物学特性，以消灭蚊蝇滋生地为主，消灭成虫为辅，加强饲养管理，杜绝蚊蝇滋生繁殖，减少蚊蝇对养殖场人、畜造成的危害，促进养殖业健康发展。

第四节 环境卫生监测与评价

当今世界正面临着数量和种类日益增多的污染物的直接威胁和长期的潜在威胁，污染物引起的环境问题直接关系到人畜的健康和生长。如何消除或减少污染物的产生及其有害影响是人们日益关注的焦点，也是当前亟待解决的难题。随着人们生活质量的提高，“高效、健康、安全、低碳”的畜禽养殖逐渐受到重视，畜牧场的环境质量亟待提高。对环境进行监测和及时预警是减少环境污染，提高环境质量的一个重要环节，目前各项环境卫生的监测与评价已经提上日程。该节内容主要是对环境污染的监测及评价目的、监测内容、监测方法及生物监测技术进行介绍。

一、环境监测与评价的目的和任务

环境卫生监测是畜牧场环境控制的基础工作。它是指对环境中某些有害因子进行调查和监测，以查明被监测环境受到污染的状况，以便采取有效的预防和治理措施。通过畜牧场环境卫生的监测，及时了解畜舍及场内环境的状况，掌握环境中存在哪些污染物，污染范围有多大，污染程度如何，对人畜的影响怎样。通过对测定数据与环境卫生标准（环境质量标准）进行比较及其对畜体的健康和生产状况的影响，对环境质量进行评价并给出结论，针对存在的问题及时采取措施，从而保证畜牧场或舍内保持良好的环境条件。

二、环境监测与评价的基本内容

环境监测的内容或项目的确定取决于监测的目的，应根据本场已知或预计可能出现的污染物质来决定。因而，监测工作的第一步是确定污染物质及其浓度的限制标准，这个标准是根据家畜对环境质量的要求所制定的环境卫生标准，以保障家畜的健康和正常生产水平而确定的各种污染物在环境中的允许范围，畜牧学上常用有害因子的“最高容许量标准（maximum permissible level)”表示，如果是有毒物质，则用“最高容许浓度（maximum permissible concentration)”表示。限定标准制定的卫生学原则，一是无传播传染病的可能，即无病原微生物及寄生虫卵等；二是从各项成分上看，不会引起中毒病症；三是要求无特殊臭味，感官性状良好，并尽可能不受有机物的污染。目前，针对我国畜牧业的各项卫生指标，有些卫生指标已有规定，如《无公害食品　畜禽饮用水水质》(NY 5027—2008)和《畜禽场环境质量标准》(NY/T 388—1999)，尚无明文规定的可参照有关工矿企业及居民区的卫生标准。

对畜牧场的环境进行分析，应查明畜牧场环境中的污染物种类、浓度及其畜污染源，包括两方面：①对场内的水源、土壤、空气和饲料等进行监测；②对畜牧生产所排放的污水、粪便等废弃物以及畜产品进行监测。前者是家畜所处的环境，后者为家畜对环境的污染。监测目的是不仅要控制场内的环境，还要防止污染外排，影响生态环境。

一般情况下，对牧场、畜舍以及场区内的空气、水质、土壤、饲料及畜产品应给予全面监测与评价。但在适度规模经营的饲养条件下，畜禽多为舍饲圈养，集约化程度较高，如猪和鸡。舍内环境直接影响畜禽的健康和生长，所以从畜禽角度来看，舍内环境尤其重要，舍内的温热指标和空气指标更为重要。而土壤、水源和饮水质量往往在建场前进行监测与评价，指标相对稳定，建场后可定期抽查监测。目前，饲料监测日趋重要，饲料发霉的问题层出不穷，饲料监测不容忽视。

(一)温热环境监测与评价

温热环境监测与评价主要包括环境温度、湿度和风速。温热环境指标主要表示环境的热指标，是通过温度、湿度和风速的测定体现出来的，因不同畜禽品种和不同生理阶段对温热环境要求不同，所以不同品种、不同生理阶段畜禽的各项温热指标都有相关的标准，如《规模猪场环境参数及环境管理》(GB/T 17824.3—2008)和《奶牛热应激评价技术规范》(NY/T 2363—2013)。虽然在温热环境的三个测定指标中，每个因子可以单独检测并从某个角度说明环境状况，但综合的温热效果更能说明环境现状。三个温热指标相辅相成，相互影响。温度是主导因子，当适温时，湿度和风速对环境影响较小，但当低温或高温时，湿度和风速的变化直接影响温热环境的质量，其对畜禽健康和生长影响较为明显。

(二)空气环境监测与评价

空气环境监测与评价主要包括有害气体(氨气、硫化氢、二氧化碳、甲烷等)、粉尘(TPM 和 PM_{10})、微生物、光照和噪声等。从畜禽养殖模式与空气环境质量现状来看，有害气体，尤其是氨气对畜禽影响严重，特别是通风不良、管理不善的密闭舍，养殖密度较大的猪舍和鸡舍中的氨气浓度相对较高，而奶牛舍和羊舍中的氨气浓度较低。粉尘和微生物浓度往往引起畜禽的呼吸道疾病，目前也受到国家的重视。饲喂粉料畜禽舍中的粉尘和微生物浓度比饲喂颗粒料和液体料畜禽舍中的粉尘和微生物浓度要高。因此，开发湿拌料、液体料和颗粒料的研究近几年已经逐步开展。这一不仅考虑的是环境质量，更多考虑的是营养利用。

另外，在对畜牧场空气环境进行监测时，除了常规检测的指标，还要考虑场外环境带来的影响，了解牧场周围有无排放有害物质的工厂，再根据工厂性质有选择性地测定一些非常规的指标，如氯碱工厂可选氯作检测指标，磷肥厂和铝厂可选氟化物作检测指标，钢铁厂可测二氧化硫，一氧化碳和灰尘等指标，炼焦厂、化纤厂、造纸厂、化肥厂须检测硫化氢、氨气等。

(三)水质监测与评价

水质监测应根据供水水源性质而定，如为自来水或地下水时，应主要参照一般评定参数。如果地下水水量和水质都比较稳定，一般在选场时对其进行感官性状观测。化学指标分析主要有以下几种：pH、总硬度、悬浮固体物、生化需氧量、溶解氧、氨氮、氯化物和氟化物等。在有毒物质中，卫计委规定有五项污染物，即酚、氰化物、汞、砷和六价铬。但许多研究者认为，这五大污染物污染的水体只是局部，不带普遍性，应不受其限制，可因地制宜地确定测定监测指标。一般来说，监测项目不应过多，要合乎实际情况和突出重点，特别是在对地面水进行监测时，更应根据当地具体情况而定。此外，细菌学指标可测定大肠菌群数和细菌总数，以间接判断水体受人、畜粪便等污染的情况。

(四)土壤监测与评价

土壤可容纳大量污染物，其污染状况日益严重。但在畜禽集约化饲养条件下，家畜很少直接接触土壤，直接危害程度降低，但间接危害较大。虽然城市生活污水以及畜牧业废弃物排放有严格的规定，但偷排、乱排的现象时有发生。种养结合、废弃物循环利用仍只落在字面上。在饲养过程中饲料添加剂、抗生素、违禁化学制剂等的不合理应用导致粪污中有毒、有害物质积累，进而污染土壤。土壤监测的项目主要包括硫化物、氟化物、五大毒物、氮磷化合物、农药等。

(五)饲料品质监测与评价

家畜采食品质不良的饲料可以引起营养代谢性病。不良饲料包括：①有害植物以及结霜、冰冻、混入机械性夹杂物的物理性品质不良的饲料；②有毒植物以及贮存过程中产生或混入有毒物质的化学性品质不良的饲料；③感染真菌、细菌及害虫的生物学品质不良的饲料；④添加剂中的有害物质超标，如磷酸氢钙中的氟超标引起的氟中毒。

(六)畜产品品质监测与评价

畜产品品质监测主要是畜产品的毒物学检验。有害元素检验是针对砷、铅、铜、汞的检验，防腐剂检验为苯甲酸和苯甲酸钠、山梨酸和山梨酸钾、水杨酸(定性试验)的检验，其他检验还有对磺胺药、生物碱、氢氰酸、安妥、敌百虫和敌敌畏等的检验。

三、环境监测与评价的方法

环境监测所采取的方法和应用的技术对监测数据的正确性和反映污染状况的及时性起着重要的作用。目前，我国畜牧场的环境监测仍以化学分析方法为主。下面简单介绍空气环境、水质和土壤环境监测与评价方法。

(一)空气环境

空气环境监测时间应根据监测目的和条件而定。其主要监测的指标包括温热指标(环境温度、湿度和气流)、有害气体(氨气、二氧化碳、硫化氢和一氧化碳等)、粉尘、噪声、微生物等。

1. 经常性监测

通过定点设置的仪器随时监测，以了解所测环境因素的变化情况。

2. 定期定点监测

每隔一段时间(每月、每旬或每季)对某个地点进行定时监测。在测定之日全天间隔一定时间监测或者采样3～4次，监测或采样时间应包括全天空气环境状况即最清新、中等及最污浊时刻。例如，当测定气温、气湿、风速时，则可以全天24 h每隔1 h监测一次，计算所有时段的平均值；全天监测四次(2:00、8:00、14:00和20:00)，取平均值；全天监测三次，即9:00、14:00和20:00，将8:00时的监测值乘2后与其他时刻的监测值相加，然后除以4作为日平均值。旬、月、年平均值可根据日平均值推算。

3. 临时性监测

根据家畜健康状况或突发的环境污染状况临时对环境进行测定。如家畜发生呼吸道疾患，或在清粪时有害气体剧增，或当寒流、热浪来临时都需要进行这种短时间的临时性测定，以确定污染危害程度。

4. 测定方法

首先，对所测畜禽舍进行调查，了解畜舍特点、管理方法及饲养的畜禽情况，如畜舍面积、畜禽品种及年龄、畜群数量、畜栏/圈结构、设施运行情况以及畜禽生产性能和健康状况等。其次，根据调查了解的基本情况，选择监测和采样的位点，如交叉法和均匀分布法，确定监测的时间。

畜牧场及舍区的环境温度、湿度、风速测定可采用连续记录的温湿度记录仪(如KTH-

350-I 型电子温湿度记录)和风速记录仪进行实时监测,根据监测情况随时掌握舍内环境条件。小规模养殖场或农户可以采用普通的温湿度表和风速计(如热球式电风速仪)进行临时性监测。奶牛舍夏季全天的气温连续变化可以反映哪个时段气温较高,应针对性地采取降温措施。有害气体测定方法常用的有两种,即化学方法和传感器方法。前者相对烦琐,需先收集空气样品,再用化学方法进行分析,如氨气的纳氏比色法、二氧化碳的容量滴定法,但其结果稳定,可信度较高,国家行业标准常采用此法。而后者操作相对简单,仪器便于携带,甚至可以进行连续监测,但其结果差异很大,常用的感受器包括电化学感受器、红外感受器、半导体传感器、光离子化检测器等。

二维码 9-6
畜牧场及舍区
环境温度、湿
度实时监测

二维码 9-7
奶牛舍夏季全
天的风速连续
变化曲线

对畜舍进行环境监测时,选择的监测高度应视畜禽品种及体型、畜栏/架高度而定。牛舍选择高度为 1.0~1.5 m,猪舍高度为 0.2~0.5 m,鸡舍和兔舍应选择笼架垂直高度的 1/2 为最佳。光照测定位置应选择畜禽的饲槽处;风速的测定应根据畜禽舍类型、通风方式、测定目的选择合适的监测位点。如当鸡舍采用水帘负压通风进行舍内通风和降温时,进风口、排风口以及舍内均需布点,以反映舍内风速大小和风速的均匀性。

畜牧场其他污染源(贮粪池、堆肥场、病畜隔离舍、尸坑等)的四周也应进行有害气体的测定。在测定时,以污染源为中心,在半径 5 m、10 m、20 m、40 m、80 m、150 m、300 m、500 m 以内测定各点的污染物浓度,检查其是否对人畜健康产生危害。在测定时,根据当地主风向和周围地形等具体情况,选择测定点。

(二)水质和土壤环境

水质和土壤环境监测一般在场址选择时进行,畜牧场投产后须根据水质或土壤污染状况,一般一年测 1~2 次即可。水质常常采用化学分析法测定,而土壤采用其水浸出液进行化学分析。

四、环境监测的生物技术

传统的环境监测技术侧重于理化分析和试验动物的观察。随着现代生物技术的发展,新的快速准确监测与评价环境的有效方法相继建立和发展起来,这种新的技术能对环境状况做出快捷、有效和全面的回答,逐渐成为环境监测评价的重要手段。其主要包括利用新的指示生物监测与评价环境;利用核酸探针和 PCR 技术监测评价环境;利用生物传感器及其他方法等监测评价环境。

(一)指示生物

传统的指示生物常采用实验动物,但是实验动物存在周期长、费用高、测定结果偶然性大等缺点。为了获得大量的准确有效的监测数据，人们建立了多种多样的短期生物实验法，其分别用细菌、原生动物、藻类、低等动物和高等植物等作为指示生物。

以细菌的生长和繁殖迅速作为指示生物，其具有周期短、运转费用低、数据资料可靠等特点。根据污染物对细菌的作用不同，可分别选用细菌生长抑制实验、细菌生化毒理学方法、细菌呼吸抑制实验和发光细菌监测技术等监测环境污染状况。细菌生长抑制实验是依据污染物对细菌生长的数量、活力等形态指标来判断环境污染的状况；细菌生化毒理学方法测定的是在污染物作用下，微生物的某些特征酶活性或代谢产物含量的变化，常用的酶包括脱氢酶、ATP酶、磷酸化酶等；细菌呼吸抑制实验采用氧电极、气敏电极和细菌复合电极来测定细菌在环境中的呼吸抑制情况，进而反映环境状况；发光细菌监测技术是根据污染物改变发光细菌发光强度的原理来测定。1966 年，发光细菌首次被用于检测空气样品中的污染物。20 世纪 70 年代末期，第一台毒性生物检测器问世，并投放市场，相应地发展起来的是发光细菌毒性测试技术。

自 20 世纪 70 年代起，为了获得大量慢性环境污染的数据，国外开始对慢性毒性的短期实验方法进行了研究。例如，采用鱼类和两栖类胚胎幼体进行的存活实验。鱼类的胚胎期是发育阶段中对外界环境最敏感的时期，许多重要的生命活动过程都发生在这个阶段，如细胞分化增殖、器官发育和定形等，所以胚胎期的慢性毒理实验能有效预测水中污染物对鱼类整个生命周期的慢性毒性效果。与传统的慢性毒性实验相比，鱼类和两栖类胚胎幼体存活实验具有操作简单、效果明显的优点，不需要复杂的流水式实验设备，反应终点易于观测和检测等。

藻类和高等植物也能作为污染的指示生物。例如，一些藻类不能存活在某种污染物环境中，如果在环境中检测到这些大量存在的藻类，说明环境中没有该种污染物。

(二)核酸探针杂交和 PCR 技术

核酸探针杂交和 PCR 技术等是基于人们对遗传物质 DNA 分子的深入了解和认识的基础上建立起来的现代分子生物学技术。这些新技术的出现也为环境监测和评价提供了一条有效途径。

核酸探针杂交是指 DNA 片段在适合的条件下能和与之互补的另一个片段结合。如果对最初的 DNA 片段进行标记，即做成探针，就可监测外界环境中有无与其对应互补的片段存在。利用核酸探针杂交技术可以检测水环境中的致病菌，如大肠杆菌、志贺氏菌、沙门氏菌和耶尔森氏菌等；也可用于检测微生物病毒，如乙肝病毒、艾滋病病毒等。目前，利用 DNA 探针检测微生物成本较高，因此，无法用此项技术对饮用水进行常规性的细菌学检验。此外，当检测的微生物数量微少时，用此项技术分析有困难。因为必须先对微生物进行分离培养扩增后，方能进行检测。

PCR 技术是特异性 DNA 片段体外扩增的一种非常快速而便捷的新方法，有极高的灵敏度和特异性。用微量甚至常规方法无法检测的 DNA 分子经过 PCR 扩增后，其含量成百万倍地增加，从而可以采用适当的方法予以检测。该项技术可以弥补 DNA 分子直接杂交技术的不足。PCR 技术可直接用于对土壤、废弃物和污水等环境标本中的细胞进行检测，包括那些不能进行人工培养的微生物的检测。例如，利用 PCR 技术可以检测污水中大肠杆菌及类似细菌。首先，抽提水样中的 DNA；其次，用 PCR 扩增大肠杆菌的 LacZ 和 LamB 基因片段；最后，分别用已知标记过的 LacZ 和 LamB 基因探针进行检测。PCR 技术灵敏度极高，100 mL 水样中只要有一个指示菌时即能测出，且检测时间短，几小时内即可完成。

PCR 技术还可用于对环境中工程菌株的检测，这为了解工程菌操作的安全性及有效性提供了依据。有人曾将一个工程菌株接种到经过过滤灭菌的湖水及污水中，定期取样并对提取的样品 DNA 进行特异性 PCR 扩增，然后用 DNA 探针进行检测，结果表明接种 10～14 d 后仍能用 PCR 技术检测出该工程菌菌株。

(三)生物传感器及其他生物技术

近年来，生物传感器技术发展很快，有的传感器已应用在环境监测上。生物传感器是以微生物、细胞、酶、抗原或抗体等具有生物活性的生物材料作为分子识别元件。日本曾研制开发出可测定工业废水 BOD 的微生物传感器，此种传感器测定法可以取代传统的 BOD5 测定法。也有人研制出用酚氧化酶作生物元件的生物传感器，用它来测定环境中的对甲酚和连苯三酚等。另外，根据活性菌接触电极时产生生物电流的工作原理，国外研制出可测定水中细菌总数的生物传感器。因生物传感器具有成本低、易制作、使用方便、测定快速等优点，它作为一种新的环境监测手段具有广阔的发展前景。

酶学和免疫学测定法在环境监测上也常被采用。例如，美国利用酶联免疫分析法原理，采用双抗体夹心法，研制出微生物快速检验盒。用此检验盒检测环境中的沙门氏菌、李斯特菌 2 h 即可完成。

总之，利用基因工程和细胞工程等生物技术构建的工程菌或其他转基因生物进行环境卫生的监测是环境生物技术发展的方向，具有广阔的应用前景。

（舒邓群、臧一天、高玉红、沈思军、潘晓亮）

复习思考题

1. 简述紫外线的杀菌机理。
2. 次氯酸的消毒效果为什么比次氯酸根的消毒效果要强?
3. 简述消毒剂使用时的注意事项。
4. 简述畜牧场绿化防暑降温的理论依据。
5. 老鼠传播疾病的主要途径有哪些?
6. 蚊蝇对畜牧场可以造成哪些危害?
7. 列举畜牧场环境监测的生物技术。
8. 如何监测和评价畜牧场的空气环境?

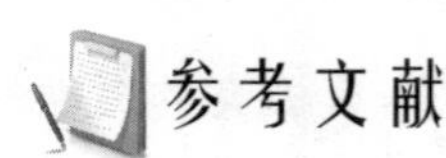

参考文献

[1]许道军．猪场环境保健技术．北京：中国农业出版社，2014.

[2]颜培实．家畜环境卫生学．北京：中国农业出版社，2011.

[3]王小强．规模化鸡场消毒剂的筛选与消毒效果测定．杨陵：西北农林科技大学，2011.

[4]康润敏．规模化蛋鸡舍消毒剂的筛选及空气消毒规程的研究．雅安：四川农业大学，2007.

[5]臧一天．微酸性电解水对进入鸡场物品表面消毒方法研究．北京：中国农业大学，2016.

[6]郝晓霞．微酸性电解水对畜禽场环境微生物控制研究．北京:中国农业大学,2014.

[7]孙宝权．猪场老鼠和蚊蝇的危害与综合防控措施．养猪,2012(4):79-80.

[8]李德荣,邓祖洪,李书宁,等．畜禽养殖场鼠害综合防制技术推广及应用．黑龙江畜牧兽医,2016(8):86-87.

[9]高玉红,郭建军,李宏双,等．寒区奶牛舍环境温湿度、粉尘和气载细菌的季节性变化及其相关性研究．畜牧兽医学报,2016,47(3):620-629.

[10]单春花,陈伟,高玉红,等．舍饲散栏有窗奶牛舍温热环境的年动态研究．中国畜牧兽医,2017,44(10):3106-3112.

[11]许红林．带鸡消毒的技术探讨．中国畜禽种业,2014,10(4):145-146.

[12]陈小强,王晶钰,张中航,等．规模化鸡场消毒剂的筛选与消毒效果评价．动物医学进展,2011,32(11):85-89.

[13]臧一天,李保明,赵丽杰,等．鸡舍带鸡消毒建议慎用人工喷雾消毒方式．中国家禽,2015,37(1):67-68.

[14]Zang Y T,Li B M,Shu D Q,et al. Inactivation efficiency of slightly acidic electrolyzed water against microbes on facility surfaces in a disinfection channel. Inter. J. Agr. Biol. Eng. 2017,10(6):23-30.

[15]Bing S,Zang Y T,Shu D Q,et al. The synergistic effects of slightly acidic electrolyzed water and UV-C light on the inactivation of *Salmonella* enteritidis on contaminated eggshells. Poultry Science,2019,98(12):6914-6920.

[16]Zyara A M,Torvinen E,Veijalainen A M,et al. The effect of chlorine and combined chlorine/UV treatment on coliphages in drinking water disinfection. J Water Health 2016,14:640-649.

[17]Wells J B,Coufal CD,Parker H M,et al. Disinfection of eggshells using ultraviolet light and hydrogen peroxide independently and in combination. Poultry Sci. 2010,89(11):2499-2505.

[18] Ugurlu M, Teke B, Akdag F, et al. Effect of temperature-humidity index, cold stress index and dry period length on birth weight of jersey calf. Bulgarian Journal of Agricultural Science,2014,20(5):1227-1232.

[19]Arias R A,Mader T L. Environmental factors affecting daily water intake on cattle finished in feedlots. Journal of Animal Science,2011,89:245-251.

[20]Berman A,Talia Horovitz,Kaim M et al. A comparison of THI indices leads to a sensible heat-based heat stress index for shaded cattle that aligns temperature and humidity stress. Int J Biometeorol,2016,60:1453-1462.